外国心理学流派大系

FOREIGN PSYCHOLOGY SCHOOL SERIES

郭本禹 主编

人性的彰显

——人本主义心理学

杨韶刚 著

山东教育出版社

·济南·

图书在版编目（CIP）数据

人性的彰显：人本主义心理学 / 杨韶刚著.
2版. --济南：山东教育出版社，2025. 1. --（外国心理学流派大系 / 郭本禹主编）. -- ISBN 978-7-5701-3449-6

Ⅰ. B84-067

中国国家版本馆 CIP 数据核字第 2024U4C798 号

WAIGUO XINLIXUE LIUPAI DAXI
RENXING DE ZHANGXIAN——RENBEN ZHUYI XINLIXUE

外国心理学流派大系　　郭本禹　主编
人性的彰显——人本主义心理学　　杨韶刚　著

主管单位：山东出版传媒股份有限公司
出版发行：山东教育出版社
地址：济南市市中区二环南路 2066 号 4 区 1 号　　邮编：250003
电话：（0531）82092660　　网址：www.sjs.com.cn
印　　刷：山东华立印务有限公司
版　　次：2025 年 1 月第 2 版
印　　次：2025 年 1 月第 1 次印刷
开　　本：710 毫米 × 1000 毫米　1/16
印　　张：22
字　　数：343 千
定　　价：88.00 元

（如印装质量有问题，请与印刷厂联系调换）印厂电话：0531-76216033

主　编　郭本禹

副主编　高峰强　杨韶刚　高申春

编　委　（以姓氏笔画为序）

丁　芳　方双虎　王国芳　李广军　杨韶刚　修巧艳

贾林祥　郭本禹　高申春　高峰强　崔光辉　熊哲宏

目录 Contents

总 序

著名心理学家艾宾浩斯曾说过:“心理学虽有一长期的过去,但仅有一短期的历史。”心理学的长期过去可以上溯到古希腊、古罗马时期的心理学思想,从大约公元前6世纪到公元19世纪中叶的这一时期被称为前科学心理学时期或哲学心理学时期。1879年,冯特在德国莱比锡大学创建了世界上第一个心理学实验室,标志着科学心理学的诞生。此后的短期历史被称为科学心理学时期。科学心理学是指具有科学形态的心理学,与之相对的是前科学形态的心理学。前科学形态的心理学主要指形而上学的心理学,它以纯粹思辨的方式进行推演研究,试图揭示心理现象的本质。科学形态的心理学即科学心理学,它主要受到近代科学尤其是自然科学的影响,采用经验尤其是实验的方式进行归纳研究,得出心理现象本质的知识。

从理论形态演变上看,科学心理学的发展主要表现为不同心理学流派的产生、发展和更替过程。这一过程大致沿着科学主义心理学和人文主义心理学两条路线不断演进。科学主义心理学是主流的心理学取向,主要包括内容心理学、构造心理学、机能心理学、行为主义心理学、皮亚杰学派心理学和认知心理学等流派。人文主义心理学是非主流的心理学取向,主要包括意动心理学、精神分析心理学、格式塔心理学、现象学心理学、存在心理学和人本主义心理学等流派。现代心理学流派的发展过程大致可以划分为三个阶段:一是哲学心理学时期的思想起源,从大约公元前6世纪到19世纪70年代;二是心理学流派自身的历史演进,从19世纪70年代到20世纪80年代;三是心理学流派的当代效应,从20世纪80年代至今。

一、现代心理学流派的思想起源

在前科学心理学的漫长历史中,心理学曾一度是“灵魂的奴仆”、“神学的婢女”和“哲学的附庸”。现代心理学流派萌芽于古希腊,发端于近代欧洲。古希腊心理学思想表现为存在(being)与形成(becoming)的张力,近代欧洲心理学思想表现为经验主义与理性主义的对立，到科学心理学时期就演变为科学主义心理学和人文主义心理学的纷争。

1. 思想萌芽

古希腊是现代心理学流派的思想源头。在哲学形成之前，古希腊人已经开始了对灵魂（psyche）的探索。当时人们认为灵魂是一种生命气息，它在人死亡时离去。“心理学”（psychology）一词就由此而来。大约在公元前6世纪，古希腊产生了哲学。古希腊哲学致力于探究世界的本原，其中包括回答灵魂是什么。因此，此时的心理学是灵魂的奴仆。

古希腊哲学隐含着存在与形成的张力。这一张力最初体现在巴门尼德和赫拉克利特之间。巴门尼德提出，要通过理性的道路来获得确定无疑的知识。他推崇理性认识的重要性，贬低感觉经验的作用，认为后者只能产生纷乱的意见。赫拉克利特则通过“人不能两次踏入同一条河流”来表述世界变动不居的特征。他重视感觉经验的重要性，甚至认为视觉经验比听觉经验更可靠。存在与形成的张力在柏拉图和亚里士多德那里达到顶峰。柏拉图发展了巴门尼德的观点，认为存在着普遍的理念世界，变化中的现实事物只是对不变的理念的一种模仿。理性是最高级的灵魂，并指导着意气和情欲。亚里士多德是古希腊思想的集大成者，其《论灵魂》一书可以视为西方心理学史上第一本心理学著作。他持有形成的立场，对柏拉图的观点进行了改造。在他看来，世间万物都是有目的的，朝向隐得来希即自身的全面发展迈进，因而处于时刻流转中，灵魂也是如此。他强调感觉经验在灵魂中的重要地位，认为感觉限定着灵魂的认识活动。

在古希腊之后，西方心理学思想的目的虽然发生了变化，但却依然延续着存在与形成的张力。到了中世纪，一切思想均转向认识上帝，此时的心理学成为“神学的婢女”。两位基督教哲学家奥古斯丁和托马斯·阿奎那为心理学思想指出两条不同的道路。奥古斯丁提出通过内心的感受来获得上帝的启示，从而走向形成立场；托马斯·阿奎那提出通过理性和逻辑论证来获得上帝的启示，从而走向存在立场。

总之，从古希腊到中世纪，心理学从作为“灵魂的奴仆”到作为“神学的婢女”，提出了许多朴素的心理学思想，构成了现代心理学流派的思想萌芽，其间一直延续着存在与形成的张力，开启了现代科学主义心理学和人文主义心理学纷争的历史源头。

2. 思想发端

经过漫长的中世纪，西方世界从文艺复兴时期进入近代。近代自然科学的进步使世界图景发生了根本改变，从中世纪以上帝为中心的神秘世界观转变为数学的机械世界观，对哲学以及心理学产生着越来越重要的影响。近代哲学的目的从古希腊探讨世界本原是什么转向如何认识世界。近代心理学由“神学的婢女”变成“哲学的附庸”，不再是对灵魂和上帝的探讨，而是围绕如何认识世界对心理学问题展开系统的理论阐述，表现为经验主义与理性主义两种对立的观点。这两种对立的观点由先前形成与存在的张力衍生而来：经验主义延续了形成的观点，理性主义延续了存在的观点。近代心理学思想在英国和法国表现为经验主义心理学思想，在荷兰和德国表现为理性主义心理学思想。

经验主义心理学思想主张，一切心理现象均是经验（如感觉和观念）的集合或联结。经验主义心理学思想从英国的培根开始。他认为，知识和观念起源于感性世界，感觉经验是一切知识的源泉。在培根之后，经验主义心理学思想有两种形式：英国的联想论心理学思想和法国的感觉论心理学思想。英国的联想论心理学思想以经验为基础，以联想为工具，试图揭示观念的形成和发展的规律。霍布斯是联想论心理学思想的先驱，他坚持知识和观念来源于感觉经验。洛克第一个提出“联想”概念，认为联想是观念的联合，简单观念经过综合、联系和分离形成人的心灵内容。贝克莱和休谟进一步发展了联想论心理学思想，解释了空间知觉和联想规律。哈特莱是联想论心理学思想体系的建立者，试图用生理学概念把经验论和联想论结合起来，用联想去解释一切心理现象。培因是联想论心理学思想的集大成者，对联想的规律、种类和动力等进行了系统化的阐述，在联想论心理学思想向科学心理学的过渡上起到承前启后的作用。

法国的感觉论心理学思想主要受到笛卡儿关于身体是机器的思想和洛克的唯物主义经验论的影响，强调感觉经验在认识中的作用。与联想论心理学思想一样，感觉论心理学思想也认为，一切观念源自经验，所有的心理事件都能用感觉和联想规律来解释，同时，它还重视心理与脑的关系，认为心理是脑的属性，脑是思想的器官，这对科学心理学的产生起到积极的作用。拉·美特利提出了“人是机器”的观点，对后来行为主义心理学有重要的影响。孔狄亚克改造了洛克的经验论心理学思想，形成了感觉论心理学思想体系。此后经过爱尔维修和波纳等人的发展，到卡巴尼斯那里，感觉论心理学思想发展到极致，并推进了生理心理学的发展。

理性主义心理学思想主张，人的心理是一种主动活动的、富于理性的固有观念，即一切心理作用都归结为不同程度的理性。理性主义心理学思想从法国的笛卡儿开始。他认为，人的知识不是来源于感觉经验，而是来源于理性，理性的演绎是唯一正确方法。作为理性表现的知识和能力是先天具有的，因此，他主张天赋观念论。莱布尼茨是理性主义心理学思想的开创者，他提出统觉说，认为心理从无意识的微觉到最有意识的统觉，具有把握对象的不同程度。他把统觉视为对感知自身内在状态的意识，即自我意识。沃尔夫是官能心理学的创始人，他认为人的心灵具有各种官能，心灵利用其不同的官能从事不同的活动。康德提出心理的先天范畴论，并使心理过程的知、情、意三分法流行起来。他认为，统觉是人的一种先验的综合统一的认识能力。赫尔巴特第一次明确宣称心理学是一门科学，但还需要建立在形而上学之上，仍属于哲学的科学。他还将统觉团等思想应用到教育心理学中。陆宰是实验心理学建立前的最后一位哲学心理学家，提出空间知觉的符号部位说，在理性主义心理学思想向科学心理学的过渡上起到承前启后的作用。

总之，近代心理学思想具有丰富的内容，形成了系统的心理学思想体系。它与近代科学一起，直接促成了科学心理学的诞生。经验主义心理学思想提出被动的心灵观，强调主体后天的经验性、心理活动的元素性和被动性，将人的心理视作静态的联想过程。理性主义心理学思想提出主动的心灵观，强调主体先天的主动性、心理活动的整体性和动力性，将人的心理视作发展的过程。经验主义心理学思想演变为现代心理学中的科学主义心理学，理性主义心理学思想演变为现代心理学中的人文主义心理学。正是在这种意义上，近代心理学思想成为现代心理学流派的思想发端。

二、现代心理学流派的历史演进

科学心理学产生于19世纪70年代，一开始就表现为两种理论形态，即科学主义心理学和人文主义心理学。科学主义心理学的第一个学派是冯特创立的内容心理学（主要是实验心理学），人文主义心理学的第一个学派是布伦塔诺创立的意动心理学。内容心理学与意动心理学形成了心理学史上两条路线之间的第一次对立与纷争。自此，科学主义心理学与人文主义心理学各自相对独立发展，两者之间少有相互交流和彼此借鉴。

过去人们主要是从狭义上来理解科学心理学，认为科学心理学完全等同于冯特创立的内容心理学（主要是实验心理学）。现在人们倾向于从大科学观来看待科学，认为科学既包括自然科学也包括人文科学和社会科学。尽管两者的研究对象不同、追求的真理目标和价值不同、探究真理的方式和方法不同，但它们毕竟都是科学，都以探究终极真理为己任。对于以既具自然属性又具社会属性的人为研究对象的科学心理学来说，只有以实验心理学为代表的科学主义心理学是远远不够的，还需要另一种心理学即人文主义心理学。历史发展的事实也是如此，1874 年，冯特的《生理心理学原理》（下卷）和布伦塔诺的《经验观点的心理学》同时出版，这两本著作都把新心理学界定为一门经验科学，分别标志着现代科学主义心理学和现代人文主义心理学的开端。因此，科学心理学有两个创始人或者说有两位“父亲”，一个是冯特，另一个是布伦塔诺。过去人们之所以只提冯特是科学心理学之父，是因为波林那本著名的《实验心理学史》教科书造成了我们的误解。波林是铁钦纳的学生，铁钦纳力图把自己标榜为冯特的正统传人，要求波林按照他的实验心理学内容重新解读冯特的心理学体系。① 因此，在《实验心理学史》中大量论述冯特等人的实验心理学内容，而对冯特的对立者布伦塔诺等人的贡献则不予重视，以至于布伦塔诺被历史埋没了近半个世纪，成为学术史上的“隐身人”。这不能不说是一个历史的误会！我们今天需要澄清铁钦纳和波林所造成的误解，还布伦塔诺及其意动心理学的历史本来面目。

在现代心理学流派的演进过程中，有的作为一个心理学派别已经消失，融进了心理学的历史进程，如内容心理学、意动心理学和机能心理学等；有的犹如老树常青，如行为主义心理学和精神分析心理学在今天仍然具有活力。某些较大的心理学流派又包括一些较小的分支派别，如行为主义前后有三代，精神分析更是分支派别繁多。

1. 科学主义心理学流派的历史演进

科学主义心理学亦称自然科学心理学，是指一种以自然科学为价值定向的心理学研究取向，它坚持心理学的自然科学观和实证主义的客观实验范式，力图建构以自然科学为模板的心理学理论模式。科学主义心理学是主流的心理学取向，它从内容心理学开始，依次表现为构造心理学、机能心理学、行为主义心理学、皮亚杰学派心理学和认知心理学等派别。它们之间具有明显的连续性，要么是一种继承关系，如构造心理学对内容心理学的继承；要么具有对立关系，如认知心理学对行为主义心理学的反动。

（1）内容心理学。

科学主义心理学从冯特的内容心理学（content psychology）开始。在冯特之前，心理学一直附庸于哲学，处于默默无闻的状态。冯特全面总结了哲学心理学、生理学和心理物理学的研究成果，把哲学心理学的理论观点、自然科学的研究方法与心理学的有关研究课题结合起来，将实验法引入心理

① 据说波林每写完《实验心理学史》的一章，都要交给铁钦纳审读。

学研究领域，于1879年在德国莱比锡建立了世界上第一个心理学实验室，使心理学获得了科学的形态，标志着现代科学心理学的确立。莱比锡成为世界新心理学的圣地，各国的学生都前往跟随冯特学习。

冯特创立的实验心理学，开辟了科学心理学的科学主义研究路线。冯特认为，科学心理学应该是一门经验科学，他把心理学的研究对象规定为直接经验，而不同于自然科学所研究的间接经验。他认为，心理学作为研究心理、意识事实的一门经验科学，其任务就在于分析出心理或意识的元素，并确定元素构成复合观念的原理与规律。冯特通过实验内省法分析，发现最基本的心理元素有两个，即感觉元素与感情元素。任何复杂的心理现象都是由心理元素结合而成的，简单的心理元素通过联想、统觉结合成为心理复合体。正是从这个意义上说，冯特的实验心理学被贴上"内容心理学"的标签。冯特的内容心理学与其同时代的布伦塔诺的意动心理学形成直接对立，这也是科学主义心理学与人文主义心理学长期纷争的开始。

与冯特同时代的德国心理学家艾宾浩斯和缪勒等人发展了他的内容心理学。艾宾浩斯创造性地运用实验法研究记忆这种高级的心理过程，开辟了实验研究的新领域。缪勒在哥廷根大学创建了一个设备完善的心理学实验室，其地位仅次于莱比锡心理学实验室，吸引了从欧洲和美国来的许多学生，取得了多方面的研究成果。以冯特的学生铁钦纳为代表的构造心理学(structural psychology)又称构造主义(structuralism)，其思想体系继承和发展了冯特的内容心理学的主要观点，特别是在坚持心理学是一门实验科学的观点上，二者一脉相承，可以看成是冯特的内容心理学的极端形式。

(2) 机能心理学。

机能心理学(functional psychology)产生于19世纪末20世纪初的美国，是美国本土出现的第一个正式的科学心理学思想体系。早在1890年，美国心理学之父詹姆斯在《心理学原理》中就将机体适应环境的心理功效规定为心理学的研究对象，这为19世纪末20世纪初的美国心理学定下了机能心理学的总基调。美国机能心理学与德国实验心理学之间存在着密切的关系。冯特在德国创建了心理学实验室之后，美国有许多年轻人来到冯特的实验室学习新的内容心理学，这些人回国后热心倡导生理心理学和实验心理学，并在各自所在的大学开设新课程，建立实验室。这样，德国实验心理学的科学形式就传入了美国，为美国的心理学家们提供了一种科学的思维方式和研究手段。但是美国年轻一代的心理学家不赞成冯特只以实验的内省方法研究纯粹的意识内容，强调用观察、测验和实验等多种方法研究意识或心理功能。他们认为，心理学可用于解决人们在不同的环境中如何活动、如何适应不同的环境等日常生活问题。

机能心理学有狭义和广义之分,与构造心理学直接对立的是狭义的机能心理学,即以杜威、卡尔、安吉尔为代表的芝加哥学派。代表美国心理学一般特征和总体倾向的是广义的机能心理学,即以卡特尔、桑代克、武德沃斯为代表的哥伦比亚学派。随着构造心理学因1927年铁钦纳逝世而消失,狭义的机能心理学由于失去了对立面逐渐退出历史舞台。而广义的机能心理学由于随后行为主义心理学的产生,也完全融入了美国心理学发展的历史洪流之中。

(3) 行为主义心理学。

行为主义(behaviorism)是20世纪初起源于美国的一个心理学派别,它在20世纪70年代之前是实验心理学中最有影响的运动,被称为心理学的"第一势力"。1913年,华生发表的《行为主义者心目中的心理学》一文标志着行为主义的诞生。华生抨击了传统上研究意识的内省心理学,批判了构造心理学和机能心理学,并声称心理学应该抛弃内省法而采用客观的实证方法研究可观察的外显行为。由此,行为主义作为一种新生的力量登上了心理学的历史舞台,其浩大的声势很快席卷了美国,并几乎遍及全世界,成为心理学史上著名的"行为主义革命",被称为心理学史上的"第一次革命"。

行为主义的发展经历了三代。从1913年到1930年,是以华生等人为代表的第一代行为主义,又称古典行为主义。与华生同时代的魏斯、霍尔特、亨特、拉施里以及中国的郭任远等人,也对行为主义的推广做出了重要贡献。从20世纪30年代至60年代,赫尔、托尔曼、斯金纳等人对华生的极端简单化的观点和方法不满,都采纳操作主义和逻辑实证主义的哲学观点,开展了一系列研究,形成了各具特色的新体系,共同促生了第二代行为主义的心理学运动,也被称为新行为主义(neobehaviorism)。尽管第二代行为主义的术语名称、理论观点、概念体系等各不相同,但其行为主义的基本立场却是一致的。从20世纪50年代起,随着赫尔、托尔曼的过世,只有斯金纳等少数人仍坚持激进的行为主义观点,更多的批评者则看到了行为主义的实证主义哲学基础、严格的环境决定论以及人兽不分观点的严重缺陷。罗特、班杜拉、米契尔等更新一代的行为主义者,采取了更加温和的态度,大胆引入刚刚兴起的认知心理学的术语来说明人的行为,力图克服行为主义的危机,对行为主义进行认知心理学改造,形成了第三代行为主义,又称新的新行为主义(new-neobehaviorism)。

(4) 皮亚杰学派心理学。

皮亚杰学派(Piagetians)是20世纪20年代由瑞士心理学家皮亚杰创立

的。由于该学派的研究工作主要是在日内瓦大学及日内瓦发生认识论国际研究中心进行的,因此又称日内瓦学派。皮亚杰学派通过研究个体的认识发生,把认识论和心理学紧密结合起来创立了发生认识论,在心理学史上第一次系统而完整地描绘了儿童心理的发生和发展,指明儿童心理发展的实质是个体通过同化和顺化这两种形式来适应环境达到有机体与环境的平衡,并进一步详细探讨了儿童心理发展的结构、影响因素和发展阶段。皮亚杰学派对心理学、哲学和教育学诸多学科领域产生了广泛而深远的影响。

自20世纪50年代中期以来,皮亚杰理论受到了严重的挑战与诘难,出现了新皮亚杰学派(neo-Piagetians)和后皮亚杰学派(post-Piagetians)。新皮亚杰学派采用信息加工观点,对经典的皮亚杰体系作出一定的修正,使之更完善和更具解释力。后皮亚杰学派从地域上是指那些法语世界的学者(主要是法国和瑞士)所形成的一个松散的联盟,他们(也包括少数说英语的学者)在方法论上主张或实际从事以皮亚杰的临床法为标准构建发展量表和运算测验,在理论上主张差异心理学与发展心理学的真正整合。

(5) 认知心理学。

认知心理学(cognitive psychology)有广义和狭义之分,广义的认知心理学指的是所有侧重研究人的认知过程的心理学,狭义的认知心理学专指现代认知心理学。现代认知心理学表现为三种理论形态:信息加工论心理学、联结主义认知心理学和生态论认知心理学。

信息加工论认知心理学产生于20世纪50年代中期,其主要代表人物有纽厄尔、西蒙和奈瑟等人。它以“心理活动像计算机”为隐喻,用信息加工的观点看待人的认知过程,认为人的认知过程是一个接受、加工、贮存和输出信息的过程。由于这种观点以符号操作为基础,通过符号的串行加工方式建立心理模型,故又称符号论认知心理学。信息加工论认知心理学把以往被行为主义排挤到后台的意识重新拉回到心理学研究的前台,实现了心理学研究对象的回归。它还在继承传统科学主义心理学的客观实证方法基础上,综合运用反应时实验和自我观察法,尤其把计算机模拟方法作为重要研究工具,取得了心理学研究方法的突破。20世纪70年代,信息加工认知心理学成为心理学研究的主流,席卷了心理学的大多数分支。它的兴起被称作心理学史上的一场“认知革命”,相对于先前的行为主义革命是心理学史上的“第二次革命”。

20世纪80年代以来,联结主义认知心理学开始复兴。在联结主义心理学看来,人脑不能简单地等同于计算机,符号加工与真实的人类心理加工存在很大差距。它提出以大脑隐喻代替计算机隐喻,把大脑视为生物的神经网络，以平行分布加工代替串行加工。联结主义认知心理学试图构建一个更接近于神经活动的认知模型，暂时缓解了认知心理学遇到的困难。

从20世纪90年代开始，生态论认知心理学受到研究者的重视。它批判认知心理学注重实验室研究、远离日常生活的倾向，强调心理是人与环境互动的结果，主张心理学应当走出实验室、在现实环境中研究人的心理和行为，追求心理学研究的生态学效度，促进了认知心理学与实际生活的联系。

2. 人文主义心理学流派的历史演进

人文主义心理学亦称人文科学心理学，是指一种以人文科学为价值定向的心理学研究取向，它坚持心理学的人文科学观和现象学（存在主义、解释学）的主观经验范式，力图建构以人文科学为模板的心理学理论模式。人文科学心理学是非主流的心理学取向，它的发展有两条线索：一条从意动心理学开始，依次表现为格式塔心理学、现象学心理学、存在心理学、人本主义心理学、超个人心理学等流派，它们之间具有明显的连续性；另一条从古典精神分析心理学开始，依次表现为自我心理学、客体关系学派、自体心理学、社会文化学派、存在分析学、马克思主义精神分析学、后现代精神分析学等，它们之间也具有明显的连续性。当然，这种划分无论是时间上还是在思想渊源上都具有一定的相对性和交叉性。例如，存在心理学与精神分析学具有很大的关联性，存在心理学有时又称存在精神分析学或简称存在分析学。再如，作为存在心理学家的罗洛·梅和布根塔尔等人也可以归入人本主义心理学阵营。

(1) 意动心理学。

人文主义心理学从布伦塔诺的意动心理学（act psychology）[①]开始。意动心理学有狭义、广义之分。狭义的意动心理学主要是指布伦塔诺的意动

① 布伦塔诺开创了意动心理学的体系，但并未提出"意动心理学"这个概念。"意动心理学"进入心理学界，首先要归功于铁钦纳，他于1921年和1922年在《美国心理学杂志》上连续发表《机能心理学与意动心理学：Ⅰ》和《机能心理学与意动心理学：Ⅱ》，区分出两种心理学团体：关注生物学方面的机能心理学和关注意向方面的意动心理学。他明确指出，意动心理学以布伦塔诺、麦农、斯顿夫、立普斯、胡塞尔和屈尔佩为代表，英国的斯托特也受到布伦塔诺的影响。（Titchener，E. B.，Functional psychology and the psychology of act：I. *American Journal of Psychology*，1921，32，pp. 519～542）1921年，他又在《美国心理学杂志》上发表《布伦塔诺与冯特：经验与实验的心理学》，认为他们开创了不同的心理学取向。他说："心理学的学生，尽管其得益是双倍的，但依然必须在这一个和另一个之间作出选择。在布伦塔诺和冯特之间，没有中间的道路。"（Titchener，E. B.，Brentano and Wundt：empirical and experimental psychology. *American Journal of Psychology*，1921，32，pp. 108～120）在铁钦纳之后，他的忠实的学生波林继承了老师的观点，将布伦塔诺和冯特视作两种阵营。他说："19世纪后期和20世纪早期的系统心理学的分歧在于意动和内容，也就是在于布伦塔诺和冯特。"（波林著，高觉敷译：《实验心理学史》，商务印书馆1981年版，第406页）

心理学，广义的意动心理学除了布伦塔诺的意动心理学，还包括斯顿夫的机能心理学①、形质学派、符茨堡学派等。

布伦塔诺不同于冯特，他主张把意动作为心理学的研究对象，强调心理的意向性、活动性和整体性；提倡通过直接体验的方法，如内部知觉方法，来研究心理现象的组织规律和本质。布伦塔诺最先确立了意动心理学体系。在他之后，其学生斯顿夫提出机能心理学，麦农和厄棱费尔等人提出形质心理学，推进了意动心理学的发展。同时，冯特的学生屈尔佩站在意动心理学的立场上，领导符茨堡学派进行无意象思维的研究，并提出二重心理学，尝试调和意动心理学和内容心理学。此外，英国的沃德和斯托特、法国的里博和沙可也受到意动心理学的影响，推动了意动心理学在英国和法国的发展。

布伦塔诺等人的意动心理学与冯特等人的内容心理学相抗衡，开创了心理学中的人文主义路线与科学主义路线对立之先河。在意动心理学之后，弗洛伊德受到布伦塔诺的心理意动观的影响创立了精神分析心理学，惠特海默等人受到斯顿夫的影响，提出格式塔心理学，作为心理学中的"第三势力"的现象学心理学和人本主义心理学也回应了意动心理学。

(2) 格式塔心理学。

格式塔心理学(Gestalt psychology)又译"完形心理学"，包括两个分支，一是格式塔心理学的格拉茨学派，二是格式塔心理学的柏林学派②。1890—1900 年间，厄棱费尔和麦农将其老师布伦塔诺的意动心理学具体运用到形、形质问题的研究上，认为形、形质的形成有赖于意动。后来这一思想又通过威塔塞克和贝努西等人的努力继续传播于世。由于他们提出形质学说，故称为形质学派。这一学派是以奥地利的格拉茨大学为中心，又称格拉茨学派。

格式塔心理学的柏林学派由惠特海默、苛勒和考夫卡三位德国心理学家于 1912 年创立。这个学派最初以反对冯特的元素论作为出发点，强调经验和行为的整体性，认为整体不等于且大于部分之和，整体的性质决定部分的性质，部分的性质则有赖于它在整体中的关系、位置和作用。整体观贯穿

① 斯顿夫的机能心理学不同于美国心理学的机能主义，对后者也没有直接的影响。斯顿夫的机能强调的是一种逻辑的机能，而美国机能主义强调的是一种生物或适应的机能。

② 史密斯指出，格拉茨学派可以与柏林学派并列，作为格式塔心理学的两个中心。(Smith, B., *Austrian Philosophy*: *The Legacy of Franz Brentano*, Open Court Publishing Company, 1994, pp. 259～272)林登费尔德也指出："格拉茨学派本来能够轻易地成为战争时期[指第一次世界大战]格式塔心理学主要的中心。"(Lindenfeld D. F., *The Transformation of Positivism Alexius Meinong and European Thoug*, *1880—1920*. University of California Press, 1980, p. 237)

于柏林学派体系之中，在对知觉、心身关系、思维、学习和人格问题的解释上都体现了这一观点。由此出发，柏林学派十分注重心理各成分之间的动力性、交互性和系统性。

柏林学派承认形质学派的地位与作用，在诸多方面与其保持一致：它们都坚持整体论观点，反对元素论观点；都把对形式和图形关系尤其是知觉作为核心主题。不过，格拉茨学派与柏林学派间存在着一定的差异。两个分支的争论反而成了格式塔心理学发展的动力，这反映在后来意大利的格式塔心理学发展上。

格式塔心理学的柏林学派除了三位创始人之外，后来受到柏林学派影响的勒温转向团体动力学，可以视作是对格式塔心理学的一种继承和发展。海德和费斯汀格等继承和发展了团体动力学，各自提出新的理论和学说，并在美国社会心理学界长期占据着统治地位，而格拉茨学派在一定程度上被冷落了。

(3) 现象学心理学。

在20世纪五六十年代，美国的现象学心理学、存在心理学和人本主义心理学以相似的人文主义心理学观点共同构成心理学的"第三势力"，它们共同反对心理学的"第一势力"行为主义心理学和"第二势力"精神分析心理学。在严格意义上，"第三势力"心理学都是心理学的一种共同研究取向，而非一个严格意义上的学派。当然，从起源上看，现象学心理学和存在心理学都比人本主义心理学出现得较早。

现象学心理学(phenomenological psychology)是产生于20世纪上半叶的一种心理学取向，它上承人文科学心理学最初形态的意动心理学，并受到现象学哲学的直接影响。它从直接呈现的经验出发，坚持意向性观点，对经验加以描述。胡塞尔的现象学心理学和哥廷根的实验现象学构成了现象学心理学的最早思想雏形。从地域上看，现象学心理学可分为欧洲的现象学心理学与美国的现象学心理学。前者主要有以萨特和梅洛—庞蒂为代表的法兰西学派、以伯伊滕蒂克等人为代表的乌特列支学派。后者兴起于20世纪40年代，到60年代逐渐形成了以乔治为代表的迪尤肯阵营。美国的现象学心理学的兴起过程主要是吸收与转化现象学哲学和欧洲现象学心理学的过程，这个过程实际上是现象学心理学在美国的本土化过程。1970年，乔治创办《现象学心理学杂志》，在现象学心理学发展中具有标志性意义。从理论形态上，现象学心理学可以分为三个维度六种形态：在研究方式上，表现为思辨的与实验的现象学心理学；在研究取向上，表现为经验与解释的现象学心理学；在研究领域上，表现为存在与超个人的现象学心理学。

(4) 存在心理学。

存在心理学(existential psychology)主要受到存在主义哲学和精神分析心理学的影响,以人的存在为核心观点,采用现象学方法,来理解人的爱、本真、自由、焦虑、孤独、死亡等存在状态。存在心理学家在坚持心理学的存在主义观点和现象学方法方面是一致的,但他们在研究主题上又各有侧重。存在心理学在20世纪三四十年代兴起于欧洲,并在五六十年代发展于美国和英国。早期的欧洲存在心理学的主要代表人物是瑞士的宾斯汪格、鲍斯和奥地利的弗兰克尔等人。美国的存在心理学以罗洛·梅为领军人物,此后还有布根塔尔、施奈德和雅洛姆等人。1958年,罗洛·梅等主编的《存在:心理学与精神病学中的一种新维度》是美国的存在心理学发展的一个里程碑。1959年,在美国心理学会的年会上举办了关于存在心理学的研讨会,会议论文由罗洛·梅主编并以《存在心理学》(1961)为题出版。1960年开始,美国陆续创办了几种存在心理学杂志,如《存在精神病学》(1960,后更名为《存在主义杂志》)、《存在心理学与精神病学评论》(1961)、《存在分析者》(1964)、《存在精神病学》(1964)等,这些刊物成为存在心理学最重要的阵地。英国的存在心理学以莱因等人为代表。

(5) 人本主义心理学。

人本主义心理学(humanistic psychology)诞生于20世纪五六十年代,是美国心理学中的一种新思潮和革新运动。它假定每个人的内部都存在着一种成长的机制,这种机制可以促使人们在环境允许的情况下实现他们的潜能,而心理学家的目标和责任就是关注这种内部潜能,并寻求各种方法来帮助人们实现这种潜能。奥尔波特、马斯洛、罗杰斯等人是其主要代表人物,此外,存在心理学家罗洛·梅和布根塔尔等人的思想也具有人本主义心理学倾向。在20世纪60年代末,从美国人本主义心理学中又分化出超个人心理学,它是人本主义心理学创始人马斯洛和萨蒂奇等人在对人本主义心理学进行自我扬弃的基础上提出来的。超个人心理学超越了人本主义以个人的自我实现为目标的狭隘认识,迈向以研究人类心灵与潜能的终极价值和真我完满实现为目标。人本主义心理学理论形态包括以奥尔波特、马斯洛、罗杰斯等人为代表的自我实现理论、以罗洛·梅和布根塔尔等人为代表的自我选择论和以马斯洛和萨蒂奇等人为代表的自我超越论。

(6) 精神分析心理学。

精神分析(psychoanalysis)由奥地利著名医生弗洛伊德于19世纪末创立,它既是一种治疗心理疾病的方法,又是一种潜意识的心理学说。精神分析最初是从神经症治疗实践中产生的,逐渐发展成为现代西方心理学的一个主要流派，被称为西方心理学的“第二势力”。自20世纪20年代以来，精神分析逐渐超越了心理学的范围，扩展到社会科学的诸多领域，开创了一场人类思想文化运动。可以说，精神分析心理学是西方心理学史上绵延最长、影响最大、分支派别最多的一个心理学流派。

自从弗洛伊德创建精神分析理论以来，精神分析运动已经经历了百年的发展历程，其发展循着内部和外部两条路径。内部发展路径指的是精神分析内部的不断分裂与重组、演变与发展。其逻辑线索是，弗洛伊德所倡导的驱力模式，经过荣格、阿德勒等人的过渡之后，进一步演化为自我模式、关系模式和自体模式，分别对应着以安娜、哈特曼和埃里克森等人为代表的自我心理学，以克莱因、费尔贝恩和克恩伯格等人为代表的客体关系学派和以科胡特等人为代表的自体心理学等，它们从学科内部推动着精神分析运动向前发展。外部发展路径指的是弗洛伊德之后的精神分析从外部学科，如医学、社会学、文化学、哲学、语言学等积极汲取养分，一些精神分析学家把传统精神分析学与其他学科相结合，分别出现了以霍妮、沙利文、卡丁纳和弗洛姆等人为代表的社会文化学派，以宾斯万格、鲍斯、罗洛·梅、莱因等人为代表的存在分析学，以赖希、马尔库塞和弗洛姆等人为代表的马克思主义精神分析学，以拉康等人为代表的后现代精神分析学等，它们推动了精神分析运动向外发展。

精神分析百年运动的发展历程是一个不断分裂与整合的过程。其整合过程就是不断地克服片面性、极端性从而逐渐地走向互相吸收、融合的历程，表现在它的不同发展阶段之间、其内部的各种模式之间以及它与外部诸多学科之间的相互吸收与融合。精神分析运动的整合逻辑与其发展逻辑相一致，也循着内部整合与外部整合两条路径。内部整合路径是指精神分析内部的各种模式之间的整合，即对驱力或本能、自我、客体关系与自体模式之间的不断整合，包括雅可布森的自我理论整合、克恩伯格的客体关系理论整合、科胡特的自体理论整合和米契尔的关系理论整合等。外部整合路径是指精神分析与外部邻近学科，如社会学、文化学、哲学、语言学、医学和神经科学之间的整合，包括社会文化学派的文化理论整合、存在精神分析的人本主义理论整合、拉康的语言学理论整合和神经科学的科学化整合等。无论是内部整合还是外部整合都推动了精神分析运动不断向前发展。

三、现代心理学流派的当代效应

20世纪80年代以来，西方心理学进入"后体系时代"(postsystem era)①。尽管一些学派和思潮如行为主义心理学、认知心理学、精神分析心理学、人本主义心理学等依然存在，但是，学派纷争日益淡化，学派界限日趋模糊，大多数心理学家更倾向于具体问题的研究，提出一些微观理论模型，而不大关心学派建设。就宏观理论观点而言，当代心理学也出现了一些新的研究趋势。这些新趋势一方面延续着科学主义心理学与人文主义心理学的分野。例如，联结主义认知心理学、认知神经科学、生态心理学、进化心理学等主要体现了科学主义心理学精神，后现代心理学、女性主义心理学、叙事心理学、文化心理学、积极心理学等主要体现了人文主义心理学精神。同时，这些新趋势在一定程度上也体现了科学主义心理学和人文主义心理学之间相互吸收和融合的新特点。当代出现的这些心理学的新趋势，只能看成是新的心理学研究取向，还不能视为严格意义上的心理学派别，而且，它们各自的代表人物也没有打算创立什么新的学派。

1. 科学主义心理学流派的当代效应

以自然科学为价值定向的科学主义心理学的当代趋势主要有：联结主义认知心理学、认知神经科学、生态心理学和进化心理学等。表面上看来，虽然不断有新的特征纳入到这些趋势中，比如多学科的交叉性以及研究方法的多元化，但是这些趋势在总体上却都反映出了诸如坚持经验证实原则、强调量化研究等科学主义心理学所固有的研究特征。

(1) 联结主义认知心理学。

联结主义认知心理学(connectionist cognitive psychology)是联结主义模型研究于20世纪80年代在认知心理学领域的复兴。它的复兴既逢信息加工论认知心理学遭到怀疑与困难之时，又得益于脑科学和神经科学的飞速发展。1986年，鲁梅尔哈特和麦克里兰编辑出版的联结主义"圣经"《并行分布加工：认知结构的微观探索》一书，标志着联结主义认知心理学进入发展的鼎盛时期。联结主义认知心理学以"心理活动像大脑"为隐喻基础，把认知过程类比为神经网络的整体活动，把认知系统看做是简单而大量的加工单元的联结网络，网络中的每一单元在某一特定时刻总是处在某种激活

① Brennan, J. F. (2003). *History and systems of psychology*. New Jersey: Pearson Education, p. 280.

水平上，其实际的激活水平与来自环境和其他与之相连的单元有关。在联结主义看来，知识并不存在于特定的地点，而是存在于单元之间的联结之中，学习就是建立新的激活模式或改变单元之间的联结强度，因此，不同的激活模式能够解释不同的认知过程。相对于信息加工论认知心理学，联结主义认知心理学所研究的人工神经网络与大脑的功能方式更为一致，因为人脑就是由大量神经细胞以复杂方式联结起来的。联结主义认知心理学为处于危机中的认知心理学带来了新的生机，被称作“在认知解释方面的一场哥白尼式的革命”①，但它以对大脑的同构型或同态型模型为研究对象本身就具有一定的局限性。

(2) 认知神经科学。

认知神经科学(cognitive neuroscience)是20世纪80年代末出现的一种主要研究趋势。这一趋势重在研究和探讨人类心理及其活动的脑基础，以便揭示出人类心理和大脑之间的关系。认知神经科学融合了多个学科，比如脑科学、认知科学、神经科学等。这一新趋势有两点基本主张：一是认为脑结构与脑功能具有多层次性的特点；二是认为虽然人脑的结构是脑功能的基础，但在结构和功能之间并非简单的对应关系。这一趋势以传统认知心理学的行为实验研究方法为基础，主要采用脑功能成像技术进行研究。这其中主要包括基于脑代谢或脑血流变化的正电子发射断层扫描技术(PET)、功能性核磁共振成像技术(fMRI)和基于脑电或脑磁信号的脑生理功能成像的事件相关电位技术(ERP)、脑磁图技术(MEG)。认知神经科学将认知科学中的精细、严密的实验设计和现代神经科学中的先进技术相结合，丰富了心理学的研究，促进了人们对心理学中的一些重要主题研究的深入。有观点甚至认为认知神经科学正取代认知心理学成为心理学发展的新阶段。② 虽然这一新的趋势目前还正处于进一步发展和完善之中，但相信它会给心理学研究带来更多的借鉴和突破。

(3) 进化心理学。

进化心理学(evolutionary psychology)是在20世纪80年代末期出现于心理学研究领域中的一种新的研究趋势，其主要代表人物有巴斯、考斯麦茨、巴库等人。进化心理学主要受到本能心理学、认知科学和精神分析理论的影响，在方法论上主要运用生物学的进化理论来探讨人类心理的起源和

① Andy Clark & Rudi Lutz(1992). *Connectionism in context*. Springer-Verlag, p. 9.

② 索拉索编，朱滢、陈烜之等译：《21世纪的心理科学与脑科学》译者前言，北京大学出版社2002年版，第12页.

本质，并尤其强调自然选择的机制。这一趋势的基本观点主要包括：理解心理机制的关键在于过去；功能分析是理解心理机制的最主要途径；人类在解决问题的过程中逐渐演化出心理机制；心理机制具有模块性；人类的行为和表现是外部环境和心理机制相互作用的结果。进化心理学的研究主要建立在多种方法和数据来源的基础之上，通常采用比较法和实验法对所提出的假设进行检验，数据资料主要来源于观察资料、自我报告、生活史、考古学记录、狩猎采集社会的数据等。进化心理学把心理学的研究融进了生命科学的研究范围之中，拓宽了心理学的研究领域，并对人性等问题做了深入探讨。虽然进化心理学目前尚存在诸多争议，但是它无疑启发并促进了心理学的深入研究和纵深发展。

(4) 生态心理学。

生态心理学(ecological psychology)是在 20 世纪 80 年代末最终确立并得以发展的心理学新趋势之一。它受到科学、哲学和心理学等多个学科的影响，但以心理学的影响为主。在心理学领域中，生态心理学既受到机能主义心理学、行为主义心理学、认知心理学等这些主要的科学主义心理学流派的影响，又受到格式塔心理学、精神分析心理学和人本主义心理学等人文主义心理学流派的影响。从这些影响中，我们可以看到生态心理学这一新趋势在总体上反映了科学主义心理学和人文主义心理学的融合迹象。生态心理学的特征主要包括：强调人类心理的整体性；主张心理学的研究应面向生活世界；主要关注生态危机。在研究方法上，生态心理学虽然倡导多元化取向，但在实际研究中往往以注重生态效度的实验法、以行为抽样记录为主的自然观察法、以背景评估为主的测量法以及档案法为主。由于生态心理学的发展处在以科学主义为主导的当代心理学氛围下，不可避免地对经验和实验尤为注重，这也在一定程度上限制了生态心理学的发展空间。

2. 人文主义心理学流派的当代效应

以人文社会科学为价值定向的人文主义心理学的当代趋势主要有：后现代心理学、女性主义心理学、叙事心理学、文化心理学、积极心理学等。它们主要以现象学为哲学基础，以质化描述和个案分析方法研究现实生活中人的整体经验世界，关注人的价值、尊严、情感的理解和体验等主题，重视社会和文化因素对人的心理的影响。

(1) 后现代心理学。

后现代心理学(postmodern psychology)是在 20 世纪 80 年代中后期，受到后现代文化思潮的直接影响，在西方主流心理学面临困境与危机的情势下产生的一种心理学新趋势。它直接缘起于在心理学界处于非主流地位的人文科学定向的心理学思想。它以批判和消解科学主义心理学，并从后现代视野重新审视和重构心理学为基本特征。后现代心理学反对把心理学视为一门自然科学，从总体上倾向将心理学划为人文科学阵营；反对只研究可观察的对象，主张扩大心理学的研究对象；反对以实证方法为中心和量化分析，主张质化研究；反对原子论、还原论、客观论、决定论，倡导整体论、建构论、去客观化、或然论；反对追求普适性真理、价值中立和把人视作机器的观点，主张淡化对普适性真理的追求，关注事实与价值的融合，张扬人性；反对将知识视为客观实在，主张把知识放到社会背景中，视其为人际互动和社会建构的结果。后现代心理学作为后现代文化思潮的重要组成部分，体现出人文科学的精神，对人文主义心理学领域具有积极意义。

(2) 女性主义心理学。

女性主义心理学(feminist psychology)产生于20世纪60年代末以来的西方女性主义思潮背景之下。其发展逻辑体现为三种研究取向：20世纪六七十年代出现的经验论女性主义心理学，20世纪80年代出现的立场论女性主义心理学和20世纪90年代出现的后现代女性主义心理学，其中后现代女性主义心理学占据主流地位。女性主义心理学的主流观点是：消除心理学中男性中心的偏见，建立“性别公平”的“好科学”；反对实证霸权，主张采用适于女性的多元方法，如质化方法；反对传统心理学的客观和价值中立的研究模式，提倡在社会文化背景下对女性的主观经验如价值、情感和信念的深度理解；主张从社会性别视角革新咨询关系，尊重女性能力、尊严及价值，强调赋予自我决定的治疗目标，建立平等的咨询关系。女性主义心理学对我们全面认识人类心理和关注女性心理起到独特作用。

(3) 叙事心理学。

叙事心理学(narrative psychology)诞生于20世纪80年代中期，它受到后现代文化思潮的影响，是现代文学中的叙事分析与社会心理学相结合的产物。它是通过分析神话、民间故事、小说等虚构文本来探讨和理解我们精神世界的意义系统和结构的一种人文主义心理学取向。叙事心理学以自我叙事表征心理过程的核心特征，主张用话语分析等质化方法研究人的意义、价值、情感和人格，研究人的生活故事，其目标是理解，而非实证和解释；它强调人的心理的情景性和生成性，既关注日常生活世界中人的发展过程的连续性，又注重对人生链条上每一个故事内容的分析；它认为心理问题产生的原因在于外界事物导致个体生活故事的连续性遭到破坏，心理治疗的目的是帮助个体“修复故事”或重构一个新故事。叙事心理学以其独特的研究方法和视角，启示我们重新审视传统心理学的目标和方法。

(4) 文化心理学。

文化心理学(cultural psychology)是20世纪末产生的一种心理学取向，是对主流心理学困境与危机的一种反应和结果。它主要通过人文科学模式研究特定文化中人的心理或行为，重视实际语境，强调生态学研究方法，重视主位研究、同文化研究和本体论解释学研究。它强调文化与心理的创生关系和互动关系，力图改变传统文化与心理学领域研究中的文化决定论模式。文化心理学主要有三种取向：符号理论取向、活动理论取向和个人主义理论取向。它对科学主义心理学进行了全面的批判和建构：反对物性，张扬人性；反对经验—理性理论模式，主张文化研究范式；反对传统心理学的本体论和普遍知识观，坚持文化相对主义与建构主义；反对二分主义和以此为基础的本质主义、基础主义和归因主义，倡导整体主义、非本质主义、非基础主义。文化心理学重视人性，突出心理学的人文科学性，弥补了科学主义心理学的不足。

(5) 积极心理学。

积极心理学(positive psychology)是利用心理学目前已比较完善和有效的实验方法与测量手段，来研究人类的力量和美德等积极方面的一种心理学思潮。它产生于20世纪末的美国，是相对于主流心理学中的“消极心理学”而言的。它反对传统心理学以消极、问题、障碍、病态心理为研究重点，反对本能驱力论、环境决定论和悲观人性论，强调对主观幸福感、美德、力量和潜能等积极品质的研究；反对心理学研究只关注对“问题”的修补，主张心理学关注和鼓励人保持积极心理品质。积极心理学的主要研究内容包括：积极情感体验，如主观幸福感、满足和快乐等；积极人格，如自尊、虔诚、宽恕、善良、爱、正直、感恩等；积极的社会组织系统，如工作制度、家庭关系和学校管理等。积极心理学虽然沿用了实证主义的研究方法，但也逐渐尝试借鉴质化研究方法，更重要的是它继承和发展了人文主义心理学的人性观与心理观，其目标在于寻求人类的人文关怀和终极关怀，它在总体上属于人文主义心理学，同时也体现了科学主义心理学与人文主义心理学的融合迹象。

在当前西方心理学中，科学主义心理学与人文主义心理学逐渐开始对话与交流，出现了相互融合的新迹象。例如，上述生态心理学和积极心理学两种研究趋向就表现出这种融合的特点。又如，精神分析心理学通过借鉴认知神经科学的研究方法和成果向科学主义心理学融合。神经精神分析学(neuropsychoanalysis)是一门将传统精神分析学与神经科学的理论和方法相结合的新研究领域。其领军人物马克·索姆斯指出，神经精神分析学“联系心理与大脑，以详细探究因不同大脑结构受损而带来的人格、动机和情绪变化的内部心理结构。如此，我们可以辨别引起这些症状和症候群的多重潜在因素，并将它们与其解剖的'活动场景'联系起来"[①]。1999 年《神经—精神分析学》杂志创刊，2000 年国际神经—精神分析学协会创建，标志着神经精神分析学的正式建立。神经精神分析学试图通过结合精神分析学与神经科学的理论与方法，实现精神分析的科学化，被称为 21 世纪精神分析研究的新范式。再如，认知科学通过借鉴现象学的方法向人文主义心理学融合。1996 年，认知科学家瓦雷拉提出神经现象学(neurophenomenology)构想，试图将认知科学与现象学结合起来。[②] 神经现象学是研究意识体验的神经科学，在理论上寻求对意识的神经生理层面进行具身化(embodied)与大规模(large-scale)的动力学研究；在方法上广泛而严格地使用现象学的第一人称主观经验报告策略，来量化和描述意识的大规模的神经动力活动。神经现象学鲜明地体现了实证方法与现象学方法的结合。

四、现代心理学流派的理论特征

现代心理学流派的发展与演进并非杂乱无章，而是有其内在的理论逻辑。这种理论逻辑从心理学的科学观、对象论、方法学和理论观等方面体现了科学主义心理学与人文主义心理学的分歧与争论。心理学史学家华生[③]、科恩[④]、金布尔[⑤]等人都曾对此进行过研究。我们在这里分别从科学观、对象论、方法学和理论观方面总结科学主义心理学和人文主义心理学的不同理论特征，以进一步深化对现代心理学流派的理解。

1. 科学观

心理学科学观是指心理学家关于心理学的学科性质、定位及其建构方式的理论观点，体现为心理学家对心理学研究对象的理解、对心理学研究方

① Kaplan-Solms, K. & Solms, M. (2000). *Clinical studies in neuropsychoanalysis*. London: Karnac, p. 62.

② Varela, F. J. (1996). Neurophenomenology: A methodological remedy to the hard problem. *Journal of Consciousness Studies*. 3(4), pp. 330～50.

③ Watson, R. I. (1967). Psychology: A prescriptive science. *Americcan Psychologist*. 22(5), pp. 435～443.

④ Coan, R. W. (1979). *Psychologist: Personal and theoretical psthways*. New York: Irvington Publishers, Inc.

⑤ Kimble, G. A. (1984). Psychology's two cultures. *Americcan Psychologist*. 39(8), pp. 833～839.

式的确定以及对其理论本身的表述。心理学家持有什么样的科学观，决定着他们怎样看待心理学，怎样研究心理学，致力于将心理学建构成什么样的科学。科学主义心理学与人文主义心理学在科学观上表现为自然科学观与人文科学观的差异。

科学主义心理学自冯特起，就确立了心理学的自然科学观，以物理学、生理学和生物学等自然科学为模板，反对旧的思辨的形而上学心理学，将心理学打造为自然科学的一个分支。这种科学观遵从17世纪以来流行于物理学等学科中的数学和机械观点，将世界视作遵循物理规律的自然物的世界，力图通过客观的实验研究发现自然物的成分及其运动规律。铁钦纳将冯特的内容心理学观点推向极致，认为心理学类似形态学，它通过类似于"活体解剖"的工作发现心理的元素及其结合规律。行为主义者华生曾明确宣称："心理学是自然科学的一个分支，它将人的活动及产物作为主题。"①华生将心理学的研究对象限定在可观察的行为范围内，同时将心理排除在心理学大门之外。认知心理学虽然实现了心理的复归，但仍将可客观操作的信息符号作为研究对象，来发现其中的运转规律。科学主义心理学通过采用自然科学模式，极大地推动了心理学的发展，但同时也存在过于强调自然科学观点、忽视心理的原本面目的不足。心理学史学家科克对此批评说："物理学的语言成了心理学的理想术语。科学的脸面远比真知灼见更具魅力。心理学史成了对自然科学的模仿史。"②

与科学主义心理学不同，人文主义心理学自布伦塔诺起，就确立了心理学的人文科学观，将心理学打造为人文(社会)科学的一个分支。这种科学观重视人的世界的整体性与独特性，将世界视作有意义的世界，力图在忠于心理现象原本面目的前提下，通过描述和理解阐发其中所蕴含的意义与价值。人文主义心理学强调心理的整体性、主观性、动态性和独特性，主张以人文(社会)科学的理论模式来研究心理学，以达到对人的心理生活的理解。狄尔泰通过区分描述心理学(descriptive psychology)与说明心理学(explanatory psychology)，明确提出人文科学的心理学观点。格式塔心理学提出"整体大于部分之和"的口号，强调心理现象的整体性。精神分析心理学力图通过理解与解释来考察人类心灵深处的潜意识现象。"第三势力"心理学则明确自己的人文科学立场，通过研究人的存在、潜能、意义、价值等主题，

---

① Watson, J. B. (1919). *Psychology from the standpoint of a behaviorist*. Philadelphia: J. B. Lippincott Company, p. 1.

② Koch, S. (1959). *Psychology: A study of a science* (vol. 3). New York: McGraw-Hill, p. 783.

彰显心理现象的整体性与独特性，揭示其中的意义源泉。人文主义心理学采用人文科学模式，丰富了心理学的主题和领域，推进了心理学的发展，但在方法落实等方面存在着不足。

2. **对象论**

心理学的对象论是指心理学家在研究对象上的主张与阐释，它对于心理学的研究主题和领域等具有重要的指导意义。科学主义心理学与人文主义心理学在对象论上表现为人性观和心理观两个具体层面上的分歧。

人性观是指对人的本性的理解。科学主义心理学在人性观上坚持自然科学的立场，表现出自然化倾向。这种人性观把人从各种背景中隔离出来，视其为纯粹物理世界中的自然存在。冯特在创立科学主义心理学时，就将人和物等同，通过考察心理的元素及其结合规律，把人降为自然的化合物。行为主义将人和动物等同，通过考察刺激—反应的联结来推断人的适应行为，把人降为大白鼠。认知心理学将人视作物理符号系统，通过计算机模拟来推导人的内部心理过程，把人降为机器。科学主义心理学的人性观有利于掌握人的心理机制和规律，但忽视了人的自身独特性及其社会性。而人文主义心理学在人性观上坚持人文科学的立场，强调人在世界中的独特地位，提倡从社会、历史、文化和精神的视角去理解人。格式塔心理学重视具体情境中的人，精神分析心理学侧重从人的生活史考察人的内心世界，存在心理学则从人在世界中的存在来展现人的精神面貌。人文主义心理学拓展了心理学对人性的丰富性理解，但对人的自然属性重视不够。

心理观是指对心理学研究对象的看法。科学主义心理学将研究对象视作具有物理特征的自然物，尤其强调研究可观察的对象，如认知、行为等，而那些不能观察或无法实验证实的经验都被排斥在心理学的研究对象之外。冯特的内容心理学和铁钦纳的构造心理学都将各种复杂的心理过程分析为基本的心理元素，结果导致严重脱离实际的"砖块和水泥"的心理学。华生和斯金纳等人的行为主义心理学因为排除了意识和心理而成为"无头脑"的心理学。信息加工论认知心理学从信息的输入与输出来推论人的内在认知加工的规律。而人文主义心理学重视研究心理的主观体验，如情感、潜能、创造、价值等，强调心理学研究对象的主观性、意义性、整体性以及与情境的独特关联。布伦塔诺通过提出心理的意向性本质，强调了心理现象与对象的关联性。精神分析强调过去经验的独特意义，由此来发掘潜意识的奥秘。现象学心理学力求从人所体验到的生活世界出发，来考察心理的本质。人本主义心理学关注人的内在体验，如潜能、需要和自我实现等。

3. **方法学**

从方法学上看，科学主义心理学与人文主义心理学无论在哲学方法论上还是在具体研究方法上都存在较大的分歧。科学主义心理学以实证主义为哲学基础，使用自然科学的研究方法，如实验室研究、量化研究和共同规律研究；人文主义心理学以现象学为哲学基础，使用人文（社会）科学的研究方法，如现场研究、质化研究和特殊规律研究。

（1）实证主义与现象学。

科学主义心理学与人文主义心理学在哲学方法论上存在分歧。科学主义心理学以实证主义为哲学方法论。实证主义坚持客观立场，强调研究对象的可观察性，提倡通过经验的验证来发现心理现象的机制和规律。实证主义包括孔德的激进实证主义、马赫和阿芬那留斯的经验实证主义以及维也纳学派的逻辑实证主义三代，它们分别为华生的行为主义、铁钦纳的构造主义以及新行为主义提供哲学方法论。在实证主义哲学的影响下，科学主义心理学提倡实验、测量等量化方法，力求得出心理的本质。人文主义心理学以现象学为哲学方法论。现象学从生活世界出发，强调忠于心理现象本身，提倡通过经验的描述和理解，来揭示心理现象的原本面目。现象学包括胡塞尔现象学、存在主义和解释学三代，它们分别为格式塔心理学、人本主义心理学、现象学心理学、存在心理学和精神分析提供哲学方法论。在现象学哲学的影响下，人文主义心理学提倡个案、现场等质化方法，力求理解心理的意义。

（2）实验室研究与现场研究。

科学主义心理学强调严格控制的实验室研究，而人文主义心理学注重日常生活的现场研究。科学主义心理学深受自然科学观和实证主义哲学的影响，信奉实验方法，主张通过精巧的实验设计、严格的变量控制来研究心理现象。例如，冯特把生理学和心理物理学的实验方法引入心理学，并把传统的内省法改造为实验的内省法，对感知觉、联想等进行了大量实验研究。行为主义更是笃信客观实验法，认为只有运用严格的实验程序与仪器设备，才能进行科学的心理学研究。信息加工论认知心理学也主要是在实验室内进行研究，运用反应时实验、眼动实验和计算机模拟等方法，并在使用中特别强调实验变量及其控制。与之相对，在人文科学观和现象学哲学的影响下，人文主义心理学认为心理学研究应当走出实验室，走进日常生活情境，采用访谈和自然观察等现场研究方法。精神分析心理学在临床背景下探究人的潜意识，对梦、口误、笔误、遗忘和疏忽等现象进行分析。格式塔学派主张采用实验现象学和自然观察法来研究人的直接经验。人本主义心理学采用个案、访谈等方法揭示个体的独特性。

(3) 量化研究与质化研究。

科学主义心理学侧重量化研究，而人文主义心理学突出质化研究。科学主义心理学关注研究的精确性，强调定量分析。铁钦纳说过："在科学中，一切解释对我来说，都是依存变量和独立变量的相关性。"①行为主义心理学通过数量分析来确定刺激与反应或环境与行为之间的关系，这在赫尔的逻辑行为主义和斯金纳的操作行为主义中表现得尤为突出。认知心理学用反应时作为感知觉、记忆、思维和语言等多种心理现象的主要指标，任何复杂的心理活动都可以转化为反应时指标或测验分数。而人文主义心理学并不排斥量化方法，但对科学主义心理学过于追求量化的倾向进行了批评，大力倡导质化研究。布伦塔诺以内部知觉方法研究心理的活动，精神分析心理学运用自由联想和梦的分析揭示潜意识的意义，格式塔心理学通过实验现象学方法揭示心理的本质，人本主义心理学和现象学心理学通过现象学方法发掘经验的意义。

(4) 共同规律研究与特殊规律研究。

科学主义心理学坚信客观的普适性原则，认为通过经验观察和实验就能归纳出适合所有人的共同规律，以此对心理与行为进行统一性解释。例如，行为主义者认为心理学可以发现人类行为的一般规律，并据此对人类的行为进行预测和控制。华生指出，心理学"在某种程度上成为探索人类生活的基础……为所有的人理解他们自己行为的首要原则做准备……应该使所有的人渴望重新安排自己的生活"②。认知心理学通过严格控制的实验室研究，得出人类认知的一般规律。而人文主义心理学主张，普适性的共同规律并没有多少意义，心理学研究不应离开特定的个体和具体的情境，而应重在发现适合个体的特殊规律。精神分析心理学从临床案例观察出发，得出适于某类病症的理论解释。人本主义心理学采取折中融合的方法论原则，马斯洛和奥尔伯特等人坚持在共同规律研究之外，一定要运用特殊规律研究法对个案进行深入研究。

4. 理论观

(1) 客观论与主观论。

科学主义心理学将实证主义哲学的实证性原则贯彻到心理学中，追求客观化，强调以量化方法研究可观察的对象。例如，机能主义心理学把人的

① 郭本禹主编：《西方心理学史》，人民卫生出版社 2007 年版，第 350 页。

② 华生著，李维译：《行为主义》，浙江教育出版社 1998 年版，第 304 页。

心理整体视为一种机体有效适应生活条件的活动过程，使心理学的研究重心转移到有机体与客观环境的适应关系中，进行开放、客观的研究。行为主义心理学是客观心理学的典型代表。华生反对把心理封闭在主体之内，主张以客观可观察的行为作为心理学的研究对象，以严格的客观法代替主观内省法。斯金纳把自己的新行为主义体系定性为："从科学的角度看，这个体系是实证主义的。它的任务以描述为限，不企图提出解释，它的一切概念都由直接观察的结果来给以定义，不涉及身体部位或生理的特点。"①信息加工论认知心理学也信奉客观主义，强调在严格控制的实验条件下，使用精密仪器观察自变量与因变量之间的关系。人文主义心理学则受现象学哲学的影响，认为心理学要抓住统摄经验的有意义的结构，以现象学的方法研究主体的意识活动。布伦塔诺以直接体验为方法研究人的内在的意动。格式塔心理学主张采用实验现象学方法与自然观察等方法研究人的直接经验，反对人为的抽象和元素分析。而人本主义心理学则突出了人的主体性和主观性在心理学中的地位，倡导以整体分析法、现象学方法研究人性、价值、创造性和自我实现等高级心理过程。

(2) 方法中心论与问题中心论。

科学主义心理学认为，要想使心理学真正成为一门实证科学，就必须采用曾经使自然科学获得巨大成功的研究方法和研究范式，坚持"以方法为中心"的研究思路。马斯洛指出："方法中心就是认为科学的本质在于它的仪器、技术、程序、设备以及方法，而并非它的疑难、问题、功能或者目的。"②方法中心论根据研究方法确定研究问题。这种观点在行为主义心理学那里表现得最为突出。华生宣称，行为主义的目的在于方法论的革命，并以研究意识和心理缺乏科学的方法为理由而将其赶出了心理学。信息加工论认知心理学尽管不像行为主义那样极端，但也具有方法中心论的倾向，强调以实验法和计算机模拟法研究人的信息加工过程。而人文主义心理学则反对方法中心论的倾向，主张以问题为中心，根据研究问题选择方法，既可采用实验法等定量分析的方法，也可采用个案、自陈、描述等定性的方法。例如，精神分析心理学为了研究潜意识心理，抛弃了实验室研究，而使用自由联想、梦的分析、日常生活分析等方法。人本主义心理学家马斯洛也明确指出，方法和手段是为目的服务的，其意义为问题所规定，心理学应以对个人或社会有意义的问题，如潜能、价值和自我实现为中心，然后才是选择适当的研究方

① 章益辑译：《新行为主义学习论》，山东教育出版社 1983 年版，第 295 页。

② 马斯洛著，许金声等译：《动机与人格》，华夏出版社 1987 年版，第 14 页。

法。

(3) 元素论与整体论。

科学主义心理学继承了联想主义心理学的传统,采用元素论来研究心理现象,认为确定心理现象的构成元素及其结合规律是心理学的首要任务。冯特最早提倡对心理进行元素分析,铁钦纳也坚持这种观点,并且分析得更为精细,提出意识是由感觉、表象和感情三种元素构成的。古典行为主义虽然在研究对象上反对冯特和铁钦纳,但在元素观上与他们保持一致。华生把复杂的行为简单化,将其视为刺激与反应的联结。信息加工论认知心理学继承了行为主义的元素分析传统,将心理视为信息及其符号单元。而人文科学心理学则更多地受到现象学方法的影响,主张对人的心理现象进行整体描述,认为整体不是部分或属性的机械相加,整体不为部分所决定,相反还决定部分。格式塔心理学是整体论心理学的典型代表。格式塔心理学家苛勒指出:"我们所需要的是那些可用以了解我们的直接经验的概念,至于感觉之类的分子,我们凭自己的观察没有发现这些分子。"[①]人本主义心理学也反对将人的心理和行为肢解为统计数字或数学公式的定量分析,强调将人作为一个整体来把握,如奥尔波特主张对人格进行整体的研究,马斯洛主张用整体分析法研究人的心理。

(4) 因果决定论与自由意志论。

科学主义心理学把人的心理现象看做自然现象,认为人的心理与行为都遵循因果决定论。决定论的观点认为,所有的心理事件都是有原因的,都是由某种先行的因素决定的,因而我们可以依据先前的心理事件来解释心理活动。科学主义心理学的创始人冯特指出,作为自然科学家,"我们必须把每一种行为中的变化都追溯到一种唯一可观察到的同一种东西,即运动。"[②]在后来的心理学发展中,行为主义在这方面的表现最为典型。行为主义强调行为分析的目的就是发现行为的原因,从各种各样的环境刺激中确定反应的决定因素,以便为预测和控制行为服务。尽管新行为主义包含着中介变量和行为目的等概念,但这些概念主要是对行为的刺激反应的操作化,与自由选择的意图和追求无关。与此相反,人文主义心理学强调人的自由意志和自由选择,认为人可以独立自主地做出决定,不受外在环境的干扰。存在心理学和人本主义心理学都坚持人具有自由意志,能够进行自由选择。如罗洛·梅指出,一个人若没有自由,他身上起作用的就只有达尔文

① 高觉敷:《高觉敷心理学文选》,江苏教育出版社 1986 年版,第 314 页。

② Ernst Cassirer(1950). *The problems of knowledge*. Yale University Press, p. 88.

的决定论原则了；心理治疗的目的是使人重获自由。弗兰克尔也指出，意志自由属于经验的直接性，即便是身体被囚禁了，人的精神也是自由的，意志自由赋予人新的生命体验。

(5) 机械论与生机论。

科学主义心理学固守“人是机器”的信念，主张研究物的范式同样适用于研究人的心理，并以机械论的观点解释一切心理事件。行为主义者华生认为，心理学的任务就是帮助和指导人这架机器能更快地适应新的环境、更好地运作下去。他公开宣称：“我们要把一个人之各方面的行为，完完全全地合拢起来，并把这样一个人看作一个复杂而又活动着的有机的机械。”①信息加工论认知心理学同样将人设想为机器，把人脑比作计算机，用计算机的信息加工过程来模拟说明人对外部世界的认知过程。与此相反，人文主义心理学则坚持生机论的观点，强调心理现象的有机性，重视人类意识的积极性和主动性，认为对于心理与意识的机械分析无助于对其本质的揭示。例如，格式塔心理学强调整体、组织作用、结构等在知觉过程及高级心理过程中的作用，注重人们对感觉信息输入的组织和解释的主动性。人本主义心理学肯定了价值、目的、意义等在人的心理活动和行为反应中的作用，认为个体的需要具有多种层次，人具有自主选择成长的倾向，在适宜的成长条件下会积极努力实现自己的潜能和价值。

(6) 价值中立论与价值负荷论。

在自然科学的研究中，许多人都信奉价值中立，主张科学只研究事实、知识，回答是不是的问题，不研究价值、意义，不回答该不该的问题。科学主义心理学以自然科学为模板，坚持价值中立论，其典型特征是强调心理研究的客观性，认为心理学研究探讨的是意识和行为的一般、共同的事实与规律，不掺杂任何个人的态度、情感，不涉及任何主观倾向和价值观念。例如，铁钦纳主张对人的心理进行纯粹客观的研究，并通过这种研究找到不受任何文化影响的一般心理元素及其结合规律。华生把人的行为看成客观的自然现象，认为可以对其进行严格的实验研究和价值中立的理论描述。信息加工论认知心理学因循了行为主义心理学追求实证性和价值中立的研究方式，试图通过计算机模拟揭示人脑的信息加工过程的普遍事实与规律，而不太考虑社会、文化、历史等因素的影响与制约。而人文主义心理学则采取了价值负荷论的立场，认为心理学的研究与所处社会的价值取向、意识形态有着密切的关系，心理学不能超越社会文化价值取向而进行纯客观的研究，心

① 华生著，陈德荣译：《华生氏行为主义》，商务印书馆1935年版，第427～428页。

理学研究必然负荷着所处社会的文化价值观。如人本主义心理学强调对人的需要、尊严和自我实现等的研究，这些经验体现人类真正的本性。马斯洛就曾指出："科学过去不是，现在不是，并且也不可能是绝对客观的，科学不可能完全独立于人类的价值。"①

总之，现代心理学流派的百年历程是科学主义心理学与人文主义心理学各自的相对独立发展，其间表现出长期冲突与纷争的局面。两者之间的张力在促进科学心理学长足发展的同时，也使心理学陷入分歧的困境。尽管当代心理学出现了科学主义心理学与人文主义心理学相互融合的某些迹象，但两者的分野在未来相当长的时间内仍会继续存在。虽然我们也希望两者走向统合，但这种统合之路漫长而艰巨，绝非简单地用一种主义叠加或消解另一种主义。历史已经证明，企图将两种主义合二为一的做法是不成功的。例如，二重心理学对内容心理学和意动心理学的调和，正像波林所指出的，只是一种"懒汉的做法"。当前，我们对两者的分歧应持尊重和包容的态度，也欢迎不同心理学研究取向之间的对话与交流。对科学主义心理学与人文主义心理学的融合，我们将拭目以待！

郭本禹

2008 年 12 月 18 日

于南京师范大学

① 马斯洛著，许金声译：《动机与人格》，华夏出版社 1987 年版，第 21 页。

导 言

记得德国著名心理学家艾宾浩斯说过一句名言:“心理学有一个漫长的过去,但却只有一个短暂的历史。”(Psychology has a long past, but only a short history)心理学作为一门独立的学科,若从 1879 年冯特在德国的莱比锡大学创立心理学实验室开始算起,只有 120 多年的历史,对于一门学科而言,这个历史的进程确实是非常短暂的。但是,追溯人类心理学思想发展的历史进程,我们却欣喜地发现,对心理学思想的研究却是伴随着人类的发展,尤其是有文字记载的历史发展而源远流长。

人本主义心理学作为心理学的一个独立分支,是 20 世纪五六十年代在美国诞生的。但是,如果不探讨人本主义心理学思想丰富多彩、源远流长的发展历史,我们就不可能真正地了解人本主义心理学的过去和现在,也无法正确地预测它的未来。我们也不可能真切地了解什么是人本主义心理学,它是怎样产生的,它的基本理论观点有何特色,它的实践应用有何价值,它的主要先驱者和领导者是谁,它给人类留下了什么样的思想财富和理论思考,人们对它的思想有何争论,以及它的最新发展趋势如何等等。这些都有待于我们在长期而又艰苦的学术研究中做出回答。本书就是对这种回答的一次理论尝试。

本书的第一章沿着历史的轨迹,着重探讨人本主义心理学思想的历史起源,探讨人本主义心理学与中国古代思想千丝万缕的联系。揭开尘封的史籍,展现在世人面前的将是一幅绚丽多彩、波澜壮阔的人本主义心理学的发展史。通过历史的追忆,我们将看到人本主义心理学不懈的精神追求,我们将更深刻地理解当代人本主义心理学的理论思想和实践精神的起源,更准确地把握科学心理学的未来发展趋向。作者深信,研究和探讨人本主义心理学的发展史,对推动心理学学科的发展,进而推动人类社会的进步都将起到积极的作用,至少也能使人产生某些思想的启迪。

本书的第二章着眼于当代西方人本主义心理学在美国社会的历史起源。人本主义心理学最初是打着反对主流的行为主义心理学的旗号走上西方心理学历史舞台的，但是，经过半个多世纪几代人的努力，它已不仅仅局限于作为对行为主义和精神分析的一种反抗，而且其本身在很多研究领域也取得了一些重大的研究成果。例如，人本主义心理学在理论建设方面提出的很多重要理论和观点，有些已经被主流心理学所采纳，或者已经成为人们日常概念的一部分，例如，潜能和价值、自我实现、整体研究方法、来访者中心治疗等。同样，在社会实践和日常生活领域，人本主义心理学的观点也产生了重大的影响。

第三章着重评述人本主义心理学的人性观。人本主义心理学的理论建设有一个重要的使命，就是探索人之所以为人的本质和核心。它批评传统的行为主义心理学不研究人，而只研究动物；批评精神分析不研究健康正常的人，而只研究病态的人。尽管在人本主义心理学内部存在着“性善论”和人性“既善又恶论”，在对人性的看法上还存在分歧和争论，但这些争论都是围绕如何研究人而展开的，其目的都是为了建立一门真正的关于人的心理科学。在这一方面，人本主义心理学家一直在进行不懈的人性追寻的精神探索。

第四章是对人本主义道德价值观的评述。人本主义心理学把人视为有价值、有个人潜能的存在，认为每个人都有自我选择、自我实现的倾向，因此，道德的人就应该是具有独立人格的自由个体，应该能够通过个人的价值澄清，确定自己的人生方向，成为健康的社会存在。当然，不同的人本主义心理学家对道德观的认识也存在争论。马斯洛、罗杰斯、罗洛·梅等人从各自的研究视角阐述了他们对人类道德问题的看法。

第五章是对当代心理学的一个热点问题——自我概念的探讨。它不仅追溯了早期人本主义心理学家对自我和自我概念的历史探讨，而且阐释了当代认知心理学和后现代哲学对传统的自我概念的批评和挑战。在对过去的历史和批评进行深刻反思的基础上，一些当代人本主义心理学家提出了新的自我观，论述了他们对这个概念的深刻洞见。

第六章是探讨人本主义心理学的方法论。这也是一个老生常谈但又非常棘手的问题。人本主义心理学强调质化研究，主张用现象学方法取代实验室研究，用整体研究取代分析研究。还有人提出和后现代思潮相结合，相应地在方法论上也采取多元主义的观点，甚至有很多方法也有严格的科学程序和数据分析，其中有很多新的观点和方法确实给人耳目一新的感觉。通过本章的论述，读者将对人本主义的研究方法有更加全面、深刻的理解。

从第七章到第十二章，着重评述人本主义心理学在实践领域的研究和最新发展。人本主义心理学是从西方社会的心理治疗和社会生活实践中发展起来的，因此，重视实际生活的应用始终是它的一个研究特色。正如布根塔尔在纪念罗洛·梅的颁奖仪式上所说："人本主义心理学是建立在对这种信念的奉献基础上的，即生活比人们所认识到的具有更大的潜能，它是对范围广泛的观察、方法和实践开放的。用这种观点，我们从认识到人类还有多少未知的事物中吸收了谦卑、获得了挑战和鼓励。献身、斗争、成功和失败，一个仍在继续远去的疆域正等待着那些愿意加入到我们当中来的人们。" ①

第一代人本主义心理学家，如彪勒、弗兰克尔、S·杰拉尔德、马斯洛、罗洛·梅、罗杰斯、佩尔斯、斯特、布根塔尔、奥尔波特等人在近半个世纪的奋斗中为人本主义心理学的应用研究奠定了雄厚而坚实的理论基础，也为人本主义心理学的应用研究开辟了广阔的发展空间。在现实生活中，心理学的应用领域是非常广泛的。人本主义心理学虽然主要是从心理治疗起家的，但是，除了心理治疗之外，它的很多早期代表人物以及当代的继承者们在其他领域也取得了令人瞩目的成就，例如在教育与培训、人格心理学、管理心理学、社会心理学、妇女心理学、环境心理学、战争与和平、医学心理学、艺术心理学、儿童游戏、超个人心理学等。本书因限于篇幅，着重从人本主义心理治疗、人格心理学思想、教育观、人本管理思想和超个人心理学及其发展这五个方面展开讨论。

总之，人本主义心理学有其深刻而悠远的历史根源，也有其坚实的时代根基和精神感召力。它虽然历经磨难，几起几落，但它的理论思想却在这些理论的交锋中变得越加成熟。进入21世纪后，一些矢志不移的人本主义心理学家们在当年起家的老塞布鲁克召开了一次重要的国际人本主义心理学大会，希望21世纪的人本主义心理学能够重振雄风。我们坚信，有这样一支心理学力量的存在，与科学主义思潮独霸天下的势力相抗衡，必将有助于科学心理学事业的发展。因为学术的进步和发展只有在争论中才能实现，心理学也只有在争论中才能不断前进和完善。

① Bugental, J. F. T. (1997, Winter). Rollo May Award. *Forum*, p. 2 (Saybrook Graduate School).

第一章

追根溯源:人本主义心理学思想的历史渊源

人本主义心理学有时被称为心理学中的人本主义运动,它是在20世纪中叶伴随着西方人本主义思潮和人类潜能运动的发展而在心理学中产生的一种学术思潮。它强调要对人的存在进行哲学的和科学的理解,要最大限度地实现人的潜能和价值。因此,人本主义心理学从一开始就非常关注如何在理论上和技术上寻求实现完满人性的道路。当代人本主义心理学的主要领导者亚伯拉罕·马斯洛(Abraham Maslow)、卡尔·罗杰斯(Carl Rogers)和罗洛·梅(Rollo May)等人对当时流行的精神分析和行为主义心理学提出批评,认为它们试图根据对精神病患者和实验室里的大白鼠的研究结论来解释人的本性。他们认为,这是一种心理学上的还原论,虽然它能在一定程度上说明人的本性,但不是完满的人性。马斯洛曾明确指出:"生活中的真正成就来自于我们自己的高级需要的满足,特别是自我实现的需要的满足。高级需要的满足能引起更加合意的主观效果,即更深刻的幸福感、宁静感,以及内心生活的丰富感……那些生活在自我实现水平上的人,事实上也是最博爱并在个人特质上是发展最充分的人。"①很多人本主义心理学家强调,我们可以根据人的最高潜能并通过对表现这种最高潜能的个体的研究来理解人。这样理解的人才是最有价值的,其功能得到了最大实现的人。

追溯历史,我们不难发现,当代人本主义心理学家对人的这种看法并不是无源之水,它有着深刻而悠远的历史渊源。无论是在古代的西方,还是在古老的东方,许多先哲所阐述的思想为今天的人本主义心理学奠定了重要的思想和理论基础。在这一章我们将通过对人本主义心理学早期思想的考察,探究其历史的根源,更深刻地理解它所阐释的完满的人性。

---

① 霍夫曼著,许金声译:《马斯洛传:人的权利的沉思》,华夏出版社2003年版,第159页。

第一节　人本主义心理学在西方的起源

一、人本主义思想在古希腊时代的萌芽

西方社会的文明是从古希腊发源的，西方人本主义思潮也和古希腊时代有着千丝万缕的联系。因此，谈到西方社会的各种学术思潮，"言必称希腊"不是没有道理的。这当然是与古希腊在当时得天独厚的政治、经济、文化、地理位置等诸方面的优势分不开的，其独特的文化传统至今仍然影响着西方现代社会的人们。对"人"的看法也同样伴随着这些文化传统的流行而延续下来。尽管由于时代的限制，他们没有像现代科学那样系统地阐述人本主义思想，但许多先哲对人的本质的深刻洞见却为后来的人本主义思想的发展奠定了基础。

1. 古希腊早期文化的影响

从公元前3000年到公元前11世纪，在古希腊的爱琴海地区，经历了漫长的克里特文化和迈锡尼文化的发展。从公元前11世纪到公元前9世纪，以荷马史诗为代表的古希腊史诗，在某种程度上反映了当时统治阶级对人的基本看法。例如，荷马史诗的代表作《奥德赛》创造了人类个体是英雄的神话，把人的生活视为探究和冒险。史诗中的主人公奥德赛，在经历了特洛伊战争之后，历尽千辛万苦，经历了重重磨难，才回到他在伊萨卡的家中。在这部史诗里，奥德赛被描述为一个孤身奋斗的英雄个体，一个勇敢地面对危险、战胜艰难险阻、勇往直前的孤胆英雄。希腊当代诗人卡瓦费（C. P. Cavafy）在他的诗歌中把人生描述为通往伊萨卡的人生旅途。

心中时刻牢记伊萨卡，
那里是你最终的目标要抵达。
但你不要急于求成，
最好让岁月伴你走遍海角天涯。
即便当你年老体衰停泊在海岛，

有你获得的财富与你相伴，

莫指望你的财富在伊萨卡。①

显然，古希腊的史诗着力描写了人类社会的矛盾冲突和人的情感意志，英雄的个体能用自己坚强不屈的力量战胜困难，人生就是在这种奋斗的精神中得到升华。这种对个人英雄主义的极力崇拜至今仍深深地影响着欧美很多国家的人们，人本主义心理学也同样从中获得了其最早期的思想启示。

在荷马时代之后，古希腊文化进入希腊悲剧时代。古希腊的悲剧作家们把人描述为与命运抗争的英雄。剧中的主人公是古代神话中的英雄，他们居住在一个由诸神、半神半人和人所组成的世界上，但是他们的人生之路是预先确定的，都是以悲剧告终。例如，索福克勒斯在他的悲剧作品中，把主人公伊底普斯的命运描述为是由托梦给国王的一个神谕所预先确定的。他的父亲（底比斯国王拉伊俄斯）命人在伊底普斯出生时就把他杀掉，却没有成功，后来伊底普斯长大成人后，做出了一系列英雄般的事迹，但所有这一切都未能改变他的悲剧命运。他最终仍然像神谕所预言的那样，杀父娶母，并在得知事情的真相后，于悲愤之中弄瞎了自己的双眼，流浪而死。所有这一切都是命中注定的。这个时代的悲剧作家对人的看法显然不同于荷马史诗时代，但却从另一个侧面反映了古希腊早期的人本主义思想，是带有存在主义悲观色彩的人本主义，可以视为当代人本主义心理学中的存在——人本主义心理学的最早期思想的渊源。

2. 古希腊繁荣时代的人本思想

公元前 5 世纪，以雅典为首的古希腊城邦联盟取得了胜利，雅典成为当时古希腊政治、经济和文化的中心。其政治领袖伯里克利奉行奴隶主民主制，他提出要把人作为衡量一切事物的标准。在他看来，“人是第一重要的，其他的一切都是人的劳动成果”②。在他的这一政治主张的支持下，当时的许多思想家开始关注人的问题。当然，他们对人予以关注和研究，其目的是通过对人的理性力量的颂扬，运用理性的方法来获得对自然和世界万物的绝对真知的认识和把握。尽管这在当时的历史和社会生产力发展的条件下是不可能从根本上做到的，就是在今天，我们也不能说人类已经获得了对世界万物的绝对认识，但他们的哲学主张却开创了对人的认识的先河。

古希腊智者学派的普罗泰哥拉（Prothagorus）就是在伯里克利时代倡导

---

① Schneider, K. J., Bugental, J. F. T. & Pierson, J. F. (Ed.)(2001). *The Handbook of humanistic psychology*. Thousand Oaks, CA: Sage Publication. Inc., pp. 6～7.

② 修昔底德著，谢德风译：《伯罗奔尼撒战争史》，商务印书馆 1960 年版，第 103 页。

以人为本思想的先驱。他曾提出一个著名的命题："人是万物的尺度，是衡量存在的事物所以存在的尺度，也是衡量不存在的事物所以不存在的尺度。"①这个命题的提出，在当时是为了反对"以神作为万物的尺度"的传统观念。因此，他在倡导人的重要性方面是有开创性意义的，至今仍闪耀着人性思想的光辉。其后的许多思想家从他那里确实汲取了不少有益的启示。但是，他所说的人也不是现代意义上完整的人，而是以人的感知或经验作为判断事物是否存在的唯一尺度，这显然在一定程度上违背了真理的客观标准。因此，在某种意义上说，这是一种十足的主观经验论。它为主观唯心主义的人性观提供了某些理论依据。

智者学派的另一位重要成员苏格拉底(Socrates)把研究人的精神自我作为其哲学研究的对象，在他看来，"精神"(psyche)是品格、理智和美德的住所，人类的幸福依赖于这种精神的状态。苏格拉底的哲学是一种伦理哲学和人学。他的演讲强调品格的完善，强调通过知识来灌输美德。因此，他极力主张人们应该"在企图解释宇宙之前先了解你自己"。他的名言"认识你自己"至今仍铭刻在希腊德尔斐神庙门前的石碑上，激励着世世代代的人们去进行人的探索。他把普罗泰哥拉的"人是万物的尺度"的观点加以修改，提出"有思考力的人是万物的尺度"的思想。意思是说，人要想达到完善，要想真正认识世界万物，就必须进行深刻的哲学思考。这种具有哲学思考力的人才能成为才智优异的贵族，才能成为国家的统治者。因为在他看来，"知识即美德"，无知即罪恶。错误的行为是不自觉的，是建立在无知基础上的。所谓有知识的人就是有哲学思考力的人，就是有德行的人。他在对其弟子的教学中以及在公共场所与年轻人的交谈中，运用他的所谓"思想助产术"和"对话法"与人进行辩论，鼓励人们独立思考和分析问题，让每个人都有机会充分发表自己的意见，把存在于每个人心灵中的真理引导出来。苏格拉底的这种哲学观和教学思想在激发学生积极思考、进行创造性判断和寻找正确答案方面，具有开拓性的理论意义和实践意义，可以看作是人本主义心理学思想的早期萌芽。

受苏格拉底的精神自我观的影响，柏拉图(Plato)在其《国家篇》中提出了建立理想的新世界的设想。在他的理论阐述中蕴涵着丰富的关于人的哲学心理学思想，可以说，他继承和发展了苏格拉底的人学观思想，并使之趋于完善。他认为，人生活在这个世界上，犹如生活在一个没有光亮的窑洞里，只有通过哲学的反思，人才能看到真理之光，即看到事物的超越的本质。

① 舒炜光、李秉平主编：《自然辩证法辞典》，天津人民出版社 1995 年版，第 854 页。

因此，教育就是对儿童的习惯给予影响和培养，通过教育的影响，“把快乐、友谊、痛苦和憎恨都适当地植根于儿童心灵之中”，通过这种精神上的爱与恨的教育，使儿童“心灵的和谐达到完善的境地”。[①] 当然，柏拉图所提倡的这种教育是为建立其“理想国”服务的，因此，他所理解的人是有严格等级划分和阶级性的。奴隶主贵族的子弟通过教育而获得严格的自我控制能力，才能成为“哲学王”，把国家建设成为一个理想的政治组织。柏拉图对教育在美好人性的培养中所起的作用是有启发意义的。他对理智、情感、意志和心灵等心理学问题的理论阐述，他提出的道德价值观、辩证法思想等，都从理性认识方面为人本主义心理学提供了丰富的思想渊源。

亚里士多德(Aristotle)是继柏拉图之后在古希腊繁荣时期的另一位伟大思想家。他提出了系统的伦理学和心理学思想，与此同样重要的是，他的思想带有浓厚的自然科学的实证取向。当这种思想和后来的基督教哲学结合起来之后，便成为中世纪经院哲学的理论基础，例如，托马斯·阿奎那把亚里士多德哲学引入基督教神学，从而把理性神学推向一个新的阶段。亚里士多德的人本主义思想在教育上则表现为一种自然主义的教育观。他最早提出教育应该与人的自然发展相适应。在他看来，儿童的发展是按照身体、情感和理智的顺序发展的，因此，在教育上，“实践必须先于理论，而身体的训练便在智力训练之先”[②]。然后是以情感为基础的德行培养，即通过道德教育把各种情感和愿望引向良好的轨道，形成人的完美的德行。最后才是进行理智的锻炼，即通过智育和美育，使灵魂中的思维、认识、理解和判断能力得到发展。显然，亚里士多德提出的这种教育思想是和当时的社会历史条件相适应的。在当时社会生产力水平极其低下、战争频繁发生的情况下，青少年首先应该具有健壮的体魄，以适应战争的需要。在贵族子弟中培养德行，也就是培养成为统治者所必需的德行，因此这种德行是有其特殊界定的。至于智育和美育，在当时的条件下也只能是通过对自然现象的观察、推理和思维，获得对自然的粗浅认识。由于这些认识并不能直接推动古代社会的前进，也由于战争等因素的存在，智育和美育在教育中的地位也就不得不退居最后了。

亚里士多德的哲学观也是自然主义的。他对存在的研究着重于事物从一种存在状态向另一种存在状态的转化过程。他曾明确说过：“从根本上说，自然就是运动和变化，而我们的研究所关注的又正是自然之如何。所

---

① 郑晓沧译：《柏拉图论教育》，人民教育出版社 1958 年版，第 49 页。

② 张焕庭主编：《西方资产阶级教育论著选》，人民教育出版社 1964 年版，第 564 页。

以，运动是什么，绝不能被置于不顾。谁不理解这些现象（指变化、转化等运动），谁也就没有理解自然。”①亚里士多德认为，这个自然过程就是自然事物的生成和变化过程，是事物从质料转化为形式的发展过程。但是，这个发展过程的先决条件是，事物本身的形式必须预先潜在地存在着。例如，橡树是橡树籽的潜在形式，成年人是儿童的潜在形式。如果没有这种潜在的存在，就不可能有生成变化过程出现。当然，除了具备这种潜在的形式之外，还必须要有适当的条件，才能使潜在性变成现实性。在亚里士多德看来，这个适当的条件就是支配事物成长的内在因素，是一种“最终的形式”，或“具有内在的目的或目标”的“隐得来希”（entelecheia），意思是指事物的内在潜能的实现或事物的全面发展。其实，在这里，亚里士多德并没有阐释清楚内因与外因之间的辩证关系，而只是把个体内在的自发潜能当做促进个体成长的内在动力，但却相对忽略了唤起这种内在动力的外部教育和环境影响等因素的作用，因而仍然是不完善的。但是，亚里士多德关于存在与成长或潜能与实现之间关系的论述却在一定程度上体现了人本主义的哲学世界观，许多当代人本主义者正是从他那里汲取思想营养的。

斯多葛学派是古希腊晚期的一场哲学运动，早期以芝诺（Zeno）为代表，晚期以塞涅卡（Seneca）、爱比克泰德（Epictetus）和奥勒留（Aurelius）等人为代表。斯多葛学派提倡一种自我修养、美德和智慧的人生。它呼吁个人要通过理性来掌握自己的生活和情绪，提出要把忏悔和个人揭露作为增强自知的一种工具，强调要通过理性和智慧来获得自我满足，不要考虑外部的灾难可能会怎样影响人的生活。总之，斯多葛学派关于自我考察、自律和自我决定的价值观和当代人本主义心理学的理论有很多一致之处。

古希腊文明不仅在史诗、戏剧和哲学思想中传播了一种关于人的观点，而且从伯里克利时代源起的雅典的生活方式也把人的能力和才智发挥到了当时最高的水平。雅典人崇尚人的体育技能、理智能力、政治雄辩和建筑的美。他们的民主政体、哲学学园、文学的繁荣和艺术的表现力等，都是民众所追求的更高水平的人类潜能。奥林匹克运动把这种完满能力的培养发挥到了极致。

二、基督教哲学中的人本主义思想

基督教哲学形成于古罗马时期，在欧洲中世纪得到极大的发展，成为封

① 苗力田主编：《亚里士多德全集》第三卷，中国人民大学出版社 1992 年版，第 66 页。

建贵族统治社会和奴役人民的意识形态和精神支柱。基督教哲学的人生观和教义在当时提供了一种新的和古希腊时代完全不同的人生观。早期基督教对人的看法不像古希腊哲学那样强调理性和人的自我满足，而是更多地强调对上帝、对邻居、对社会保持一种利他主义的爱。一位早期的基督教哲学家阿里斯泰德(Aristides)用一种理想主义的方式来描述基督教的人生观："他们以完全谦卑和仁慈的方式行走，在他们当中找不到虚假，他们相互爱戴。他们不歧视寡妇，不使孤儿伤心。有财富的人大方地把财富分给没有财富的人。"①尽管这种人生观仅限于基督教会和封建贵族，并不是真正意义上的人本主义，但这种"我爱人人，人人爱我"的思想却和当代人本主义心理学的公有社会运动有相当多的契合之处。

基督教哲学是站在宗教神学的立场上来思考宇宙、世界和人类的。这种哲学经历了两大时期，早期是古罗马时期的教父学，是奥古斯丁等人利用古代哲学来形成宗教理论的时期。教父学把人视为上帝的选民，认为一个人能否得救完全取决于上帝，人本身是无能为力的。但是，人并不知道上帝把谁挑选出来作为他的特选子民，为了使自己表现为上帝选定的子民，人们就必须通过自己的道德行为和崇拜活动来证实这一点。

基督教哲学的晚期则是中世纪的经院哲学时期，是教会更加走向理性神学，用哲学的理性思维来论证宗教教义的时期。经院哲学把早期教父学中的官能心理学思想进一步系统化和神学化，在灵魂论、认识论和行为论以及灵魂的功能等方面也提出了某些积极的见解。但是，由于它的最终目的是论证宗教神学的信条，因此，它首先肯定了上帝的存在，通过抽象烦琐的推论，阐明理性与信仰、哲学与宗教的关系，最终达到为宗教神学服务的目的。这种烦琐的论证和抽象的教条，从根本上压抑了人的自由，否认了人的本性和自我的价值。正如近代德国哲学家尼采(Nietzsche)所说："从一开始，基督教的信仰就是一种牺牲，一种对所有的自由、对所有的傲慢、对所有的精神自信的牺牲(而且)，同时也是一种奴役、自嘲和自残。"②马克思把基督教称为奴役民众的"精神鸦片"。他认为这种信仰是有产者用来抚慰和剥削工人阶级的一种工具。因为它承诺，只要工人不造反，不对这个世界表示不满，他们就能在来世获得幸福。

中世纪末期，在经院哲学内部展开了唯名论和唯实论的思想论争。以罗吉尔·培根、约翰·司各托、威廉·奥卡姆等人为代表的唯名论阐述了在

---

① 转引自 Foster, R. J. (1981). *Freedom of simplicity*. New York: Harper and Row, p. 69.
② Nietzsche, F. (1966). *Beyond good and evil*. New York: Vintage Books, p. 60.

当时比较先进的哲学思想。他们在强调个人感觉经验的重要性，反对宗教神学，提倡唯物主义认识论等方面提出了一些有益的见解，为后来文艺复兴时期的人文主义提供了某些经验主义的启示。

总之，从古希腊时代普罗泰哥拉提出“人是万物的尺度”以来，西方的人本主义及其心理学思想便以此为基础而发展起来。二千多年来，西方的历代哲学家们从对自然的研究，转向对社会和对人的研究。他们从不同的角度阐述了一系列关于人的根本命题，例如，人的本性、人在社会中的地位和价值、真与假、善与恶、美与丑、自由、幸福、道德、法律等等。当然，这些关于人的基本观点主要阐述的是人的伦理道德问题，追求人生的幸福快乐是他们的人本主义思想的主要特点。但是，由于时代和历史条件的限制，他们并没有提出任何系统的心理学理论和具体的措施，来阐述如何实现这种理想。随着时代的发展，人本主义运动在经历了文艺复兴和近现代的哲学论争之后越来越走向成熟。

三、欧洲的文艺复兴与人文主义运动

欧洲的文艺复兴运动是14世纪起源于意大利，15—16世纪流行于西欧国家的一场人文主义的学术思潮。“文艺复兴”一词最早是瓦萨里于1550年在他出版的一本书里杜撰的。“Rinascita”一词的意思是再生、复活、复兴。在1751—1772年编辑出版的法国《百科全书》中第一次使用了“Renaissance”这个词，用来说明14—16世纪一批具有进步思想的古典学者和艺术家们所发动的一场复兴古希腊、罗马文化、学术和艺术的文化运动。它最初表现为对古希腊和古罗马文献的重新发现，这意味着必须对这些哲学和文学作品进行新的翻译和阐释。随着研究的进展，柏拉图主义和新柏拉图主义哲学逐渐取代了已成为中世纪哲学之基础的亚里士多德哲学。古希腊时代对尘世的美和人性完善的理想化观点，以及古希腊人对人的欲望的强调和满足，在文艺复兴时代又重新出现，并成为15—16世纪人文主义精神的主要特色。

“人文主义”(humanism)虽然在英文中和“人本主义”是同一个词，但其内在含义和人本主义是有区别的。概括地说，“人文主义”是一个文化学概念，主要指14—17世纪发生在意大利和西欧许多国家的一种思想文化运动，是对当时已经牢固确立下来的封建教会、对神学权威和经院哲学权威的一种反抗。人文主义者强调个体能通过独立的批判性思维达到对自我的认识，这种认识是通过对客观的自然世界，而不是对人的精神世界的认识来达

到的，因此，人文主义者“寻求的是以共同的语言和日常真实的意象来表述普通人的情感。它并不藐视学习和艺术，但它的确反对任何无实际意义的、学究气的、刻板的东西……它包含着理性(和精神)……启蒙的激进主义，应把它和迷信及无政府主义区别开来”①。在这个意义上，我们完全可以说，文艺复兴、宗教改革、科学与民主思想，以及对自由追求知识的强调、发展理智和反对教条主义权威等，都是这个时期人文主义精神的发展和表现。

当然，文艺复兴并不是简单机械地复兴古希腊、罗马的文化，而是具有更深刻的社会哲学、政治、经济和文化含义的。它的人文主义思想和精神为近现代的人本主义学术思潮和当代人本主义心理学的发展提供了直接的思想来源。这种人文主义表现出如下一些思想倾向：

1. 用人本性取代神本性

文艺复兴时期的人文主义者主张哲学应摆脱神学婢女的地位，以人来取代神，因为在他们看来，“我是人，人的一切特性，我无所不有”。以这种思想为指导，文艺复兴时期的哲学开始提倡其世俗性和科学性，重视人的世俗生活和世俗享受，进行世俗教育和传播科学知识，从而使作为封建社会精神支柱的中世纪神学不断地受到冲击。在这种情况下，“唯物主义日渐占优势，无神论也开始在酝酿，对自然的观察与实验代替了经院派的烦琐思辨；感性认识得到了空前的重视，归纳逻辑打破了演绎逻辑的垄断；因果律代替了目的论(天意安排说)；理性代替了对权威的盲目崇拜，精神解放了，人的地位提高了”②。显然，它不是一种狭隘的复古的哲学体系，而是一种新的具有反抗精神的人学价值观。从狭义的观点看，它是“与人类文化，特别是与古代拉丁和希腊古典文化有关的专门知识和学问”③，这当然也包括对艺术和自然科学的研究。在文艺复兴时期还没有我们今天所谓的学术专业化，也没有“人文科学”与“自然科学”的截然划分。当时的人文学研究(studia humanitatis)在15世纪指的就是对语法、修辞、历史、文学和道德哲学这类科目的学习，它包含着现代自然科学和社会科学的研究在内。不过，这时人们已经开始转向心灵内部去寻找一种内部的整体性，以取代古代人所体验到的人与宇宙的外部统一。正是这种由外部向内部的转向，才引起了人们对个体与宇宙之间分离关系的关注，从而萌发了人文科学与现代自然科学

① Barron, F. (1979). *The shaping of personality: Conflict, choice and growth*. New York: Harper & Row, pp. 5～6.

② 朱光潜：《西方美学史》上卷，人民文学出版社1979年版，第148页。

③ Procter, R. E. (1988). *Educational great amnesia*, Indiana University Press, p. xiii.

相分离的倾向。而且"正是这种向人的心灵内部转向，才导致了一种独特的自主的自我的产生。"①从广义的观点来看，这种人文学研究把人和人的价值放在首位，强调人的理性至上，反对神性的绝对统治；强调个性自由和人的全面发展，反对神学权威和压抑人性；强调人的价值和尊严，反对宗教神学和禁欲主义。其核心就是现代西方社会所倡导的个人主义价值观的早期表述。

2. 用人中心取代神中心

意大利是文艺复兴的早期发源地和学术中心，许多人文主义思潮的主要代表人物都活动在这里，如阿里吉利·但丁(1265—1321)、弗朗西斯·彼特拉克(1304—1374)、卓万尼·薄伽丘(1313—1375)、洛伦佐·瓦拉(1406—1457)、达·芬奇(1452—1519)、尼可罗·马基雅维利(1469—1527)、马希里奥·斐西诺(1433—1499)、佩特洛·彭波那齐(1462—1525)等人。后来在法国、荷兰、西班牙和德国等西欧国家，也先后出现了像爱拉斯谟(1466—1536)、朱安·路易斯·斐微斯(1492—1540)、米歇尔·德·蒙田(1533—1592)、库萨的尼古拉(1401—1464)和马丁·路德(1483—1546)等人文主义者。虽然他们各自活动在不同的文化领域，但他们有一个类似的或共同的思想倾向，这就是：强调和重视人的地位和作用，把人作为人类文化和社会生活中的中心，因而反对中世纪以神为中心的世界观。彼特拉克把人视为有感官情欲之爱的现实生活中的人，人应该能够认识自己。在他看来，人如果不能认识自己，就不能认识上帝。他曾明确宣布："我自己是凡人，我只要求凡人的幸福。"②这句话一语道出了人文主义者对人的基本看法。薄伽丘则把其名著《十日谈》中的主人公描述为拥有人的一切情感和欲望的人，并把这些情感和欲望视为人的自然本性，认为对这种自然本性加以满足是完全合理的。薄伽丘无情地批判和嘲弄了中世纪那种以神为中心的宗教道德。

在中世纪，由于宗教神学思想的长期灌输，人被看作是生而有罪的，人生活在世界上只能永远不停地在上帝面前赎罪，以求得来世的幸福。而在文艺复兴时代的人文主义者的笔下，人的尊严和价值得到一定程度的高扬。这种观念上的转变，反映了文艺复兴时代人的觉醒。在艺术上，这种观点表现为对自然事物的模仿，把人与自然视为一切活动的中心，运用艺术表现手

---

① Procter, R. E. (1988). *Educational great amnesia*, Indiana University Press, pp. 23～24.

② 北京大学西语系资料组编：《从文艺复兴到十九世纪资产阶级文学家艺术家有关人道主义人性论言论选辑》，商务印书馆 1971 年版，第 4 页。

法充分展现自然美和人体美。昔日被宗教异化而失去了的人性在文艺复兴的艺术作品中得到复归,并且作为美的化身而得到表现。在社会生活方面,人文主义者把人们的兴趣和注意力从追求来世的幸福转向尘世生活。他们为了满足富裕起来的市民阶层追求现实利益的需要,主张现世幸福高于一切,情感和欲望的满足应该符合人类本性。例如,瓦拉的思想中具有心理学意义的是他关于人的自由意志和个人至上的观点。他认为人的天性和上帝的预知同为一体。上帝虽然能预见到人的行为,但这并不意味着人就完全没有意志自由。既然追求幸福和快乐是人的天性,而这种天性又是善的,那么,进行这种追求就是无罪的,就应该成为人生的正确目标。爱拉斯谟的人性观集中体现了他的人文主义思想。他把人看作是自由的,并且具有无限的发展潜力。因此,人们就可以充分发挥教育的作用,使人的潜在的可能性变为现实性。他们的这些观点在文艺复兴之前几乎是不可想象的,这一方面反映了人的觉醒和人性的复归,另一方面也敲响了封建宗教制度的丧钟。

3. 用人文教育取代神学教育

尽管人文主义者在许多具体问题上仍存在分歧,但有一点却是共同的,即他们都强调教育的重要性,强调通过教育来开发人的潜在能力。许多人通过创办新中学和开设人文主义课程或传授古典文化来培养他们所谓的治国人才。人文主义教育的根本目的是唤醒人的潜在能力和创造能力。人文主义者相信每个人都有潜在的善的天赋,因此,教育就是把人从自然的状态中解脱出来,以发现他自己的潜能、实现自己的人性的过程。正如维尔捷留斯(1370—1445)所说:“按照你自己的本能去做,你便是一个有价值的人。”[①]这和基督教神学的原罪说是截然对立的。在教学内容上,人文主义者强烈反对经院神学在教育中的泛滥,主张通过人文学研究来达到人性的完满。其中,语法和修辞既能引导学生熟悉古典研究和培养他们具有较高的演说和写作能力,也能引导他们熟悉文学、历史和道德哲学。在教学方法上,人文主义者反对神学教育的死记硬背,提倡通过创造良好的学习环境,来启发学生产生学习的兴趣和主动性。所有这些都为人文教育奠定了根本的思想基础。

总之,文艺复兴时期的人文主义者继承了由古希腊的先哲们所创立,并且被古罗马时代的西塞罗和昆体良等人所发展了的完满人性的思想,一方面,他们注重人的精神、体格与道德的和谐发展,另一方面又强调个性的发展和人的潜能的发掘,强调恢复人的尊严和价值,使人和人的主体性成为世

① 参见杜时忠:《科学教育与人文教育》,华中师范大学出版社 1998 年版,第 58 页。

界的中心，从而沉重打击了封建神学，为近代西方资产阶级的发展奠定了思想基础，因而在反封建斗争中是具有积极作用的。但是，他们所提倡的人文主义精神还没有深入到人的社会本质的深度，也没有从人的心理和发展的角度进行深刻的思考和探究，而这项研究的深化是由近现代的人本主义者和人本主义心理学完成的。

四、近现代人本主义思潮的发展

文艺复兴运动之后，西方社会相继进入资本主义时代。从 16 世纪到 19 世纪初，英国的经验主义者、法国的感觉主义者、德国的理性主义者以及其他一些有影响的西方哲学家，从各自不同的角度阐发了他们对人的看法，他们的理论思想和学术观点对当代人本主义心理学同样产生了重要的影响。但是，从人本主义心理学的直接思想来源看，西方近代早期哲学思想的影响只是间接的，而 19 世纪末和 20 世纪的存在主义及现象学哲学的影响才是人本主义心理学的直接思想源泉，它为人本主义心理学提供了深刻的思想基础和理论基础。

1. 存在主义的人性观

19 世纪出现了很多重要的哲学思潮，其中，由克尔凯廓尔开创的存在主义哲学是影响最大的西方现代哲学思潮之一。

克尔凯廓尔(Kierkegaard)是丹麦著名哲学家。他的一生虽然只有短暂的 42 年，但他对个体存在的阐述却深刻地影响了几代人，甚至至今仍然闪耀着人学思想的光辉。他猛烈地批评当时的教会、哲学和社会是用一种虚假的安全感哄骗人们入睡，因此，在这种愚民政策的影响下，很多人认为没有必要为个人存在的方式而抗争，因为他们认为自己一生下来就是基督徒和现代人。克尔凯廓尔形象地把这类人比作躺在马车上鼾睡的农夫，是识途的老马把他驮回家的。要想使人清醒过来，哲学的启示作用是不可或缺的。它应该像蚊子一样，把那个自鸣得意的酣睡者叮醒，使他自己把握好自己的人生之路，或至少要使他对自己的发展方向能做出正确的判断。这就是“人的存在”，是指主观思想者对自己精神状态的直接体验和感受。显然，一个处在自鸣得意的沉睡状态的人，是不会有这样的直接体验和感受的，而这种沉睡状态也只不过是一种自我安慰的防御机制而已。他说：“一个人做他所能做的事情，这难道就是你所说的安慰吗？在你的内心深处你并不知道一个人能够做多少事情，这不正是你感到焦虑不安的理由吗？……只是说一个人做的是他所能做的事情，是不可能消除人们的重大疑虑，也不可能消除人们对事情的真正深切关注的。”①

克尔凯廓尔从人的内在存在的角度唤醒人的精神，这就为人本主义的存在价值观奠定了最初的思想理论基础。但是，克尔凯廓尔的这种精神个体是孤独的、排他的，他只能自己领会和意识到自己的存在。只有在一个人达到超越精神与上帝的关系中，他才能规定自身的存在。因此，哲学的出发点是个人，而最终的落脚点却是上帝。这样，克尔凯廓尔在绕了一个大圈子之后，又回到了宗教和上帝那里。这种反理性主义的思想倾向对后来的人本主义思想家也同样产生了重大的影响。

尼采(Friedrich Nietzsche)也是一位对人本主义心理学产生过重要影响的存在主义哲学家。和克尔凯廓尔一样，尼采也非常重视作为个体的人。但是，他发现随着资本主义的发展，西方社会的文明实际上已经彻底堕落了，而基督教的残余势力仍然在肆虐地扭曲着人的心灵。他强烈呼吁社会能够出现一个“灵魂的医生”，对这座已经摇摇欲坠的资本主义大厦进行诊治，找出其症结所在。他呼吁人们的价值观应发生转变，因为价值观是衡量一个民族优劣的重要尺度，也是人类的远大目标。为了做到这一点，就必须创造一个新的个体的形象，这就是“超人”(superman)。“超人是大地的意义”，是上帝死了以后代替上帝的一个至高无上的最新统治者。过去人们由于受上帝的蒙骗，把进入天堂当做自己人生的目标。而现在上帝已经死了，人必须创造一个新的价值世界，“超人”就能为人类创造本真的价值观。尼采认为，“超人”能够在更大程度上认识到，人有能力塑造自己的生活。因此，他说：“人们可以说，这样一个人通过克服幻觉和为他自己的生活负起责任而过着有勇气的生活。”②

尼采创立了一个替代上帝的“超人”，其目的是为人类设计和寻找一个理想的人格，为当时社会人类的生存和发展提供一种新的意义。这种观点无疑为人本主义心理学的健康人格学说提供了有力的思想来源。可以说，马斯洛的“自我实现的人”、罗杰斯的“功能充分发挥的人”等都在一定程度上受到了尼采“超人”思想的影响。

2. 现象学的人学思想

现象学哲学是在存在主义哲学影响下，由德国的胡塞尔和海德格尔所

① Moss, D. (1998). *Humanistic and transpersonal psychology: An historical and biographical source book*. Westport, CT: Greenwood, pp. 223～224.

② Moss, D. (1998). *Humanistic and transpersonal psychology: An historical and biographical source book*. Westport, CT: Greenwood, pp. 96～97.

创立，后来在法国经过梅洛·庞蒂、萨特等人的努力，成为20世纪最有影响的西方现代哲学思潮之一。另外，20世纪也是哲学、精神病学和心理学快速发展的时期，产生了很多重大的研究成果和理论突破，为人本主义心理学更好地理解和把握人的存在奠定了必要的思想基础和理论基础。

胡塞尔(Edmund Husserl)是现象学哲学的创始人。在哲学上，他通过呼吁回到"事物自身"，通过运用现象学方法，而发动了一场哲学和心理学中的现象学运动。在他看来，哲学家和科学家们应该抛开理论的假设，对当前直接的现象经验进行描述。运用现象学方法，首先要通过第一次"还原"，即"本质还原"来得到一个概念。这样做的目的是为了消除一切偶然的和完全靠经验获得的东西，从而抽象出事物的本质，并达到对"现象的本质"的真正理解。然后再运用"第二次还原"，即"现象学还原"，来解决本体论问题和形而上学问题。

在对待人的看法上，胡塞尔强调人的心理活动是有意向性的，这是因为人的心理活动总是指向超越自身的某个特殊的情境或目标，而且只有在这种背景关系中，才能有意义地理解人的心理活动。按照这种理解，意识就不仅仅是内在的心理活动，而且和被感知的对象一起参与到对人的感知之中。

在对待心理现象的看法上，胡塞尔强调日常"生活世界"的有效性和真实性。他不赞成笛卡尔的科学观，因为笛卡尔认为外部现实只是由内在的心理表现组成的。在胡塞尔看来，人和经验的世界是相互作用的。人正是通过这种意向性才"合作创造"了现象，而不仅仅是消极地登记已经存在于那里的东西。因此，胡塞尔强烈呼吁应该建立一门现象学心理学，它要抛弃医学、生物学和生理学所使用的"自然主义的"思维模式。在这一点上，人本主义心理学继承了胡塞尔的衣钵，它强烈反对当前流行的自然主义倾向的心理学，呼吁建立一门真正"人的心理学"。在20世纪形成和发展起来的现象学心理学就是现象学哲学思想在当代心理学研究中的实现。尽管这种努力目前还存在很多争议，但它的很多思想和理论观点都对心理学的发展产生了重大影响，甚至有些研究成果已经被融合到主流心理学之中。

海德格尔(Martin Heidegger)是继胡塞尔之后又一位著名的现象学哲学家，也是现象学哲学和存在主义哲学的集大成者。他把胡塞尔的现象学方法与存在主义结合起来，以此来把握人的存在的本质。他从对心理活动的研究转向对人类存在结构的详细考察。在他的名著《存在与时间》中，海德格尔把人描述为"世界上的存在"，认为"一切存在者的存在总是自我的存在"。这个存在是一个实体，其根本结构既沉浸在周围的世界之中，又向周围世界开放。人类已经发现，他们自己被投入到一个实际的情境中，这种情境确定了他们的历史真实性。海德格尔还研究了人生的短暂组织结构，在他看来，人们是在意识到自己的死亡之后才发现其整体性的，因此，死亡、焦虑、选择和命运等总是伴随着人的一生。

海德格尔认为，人是真正的形而上的存在，因为只有人才有自我的思维，而这种自我思维的存在才是真正的存在，才是万物存在的基础和前提。正由于此，人才把自己的存在当做一个必须考虑的问题来进行探索。当然，人的存在不是一个单纯个体的自我概念，而是一个有广泛包容性的、以自我为中心的存在，因此，必须打破传统的本体概念，构成一个存在于世界上的完整的存在。海德格尔的这种存在哲学对人本主义心理学有很大的影响，他的整体论思想，他关于存在于世界上的三种方式，以及自由选择的观点等，都在人本主义—存在主义心理学家以及超个人心理学家的理论思想中得到了不同程度的阐发。

总之，存在主义和现象学反映了西方现代哲学思潮中的人学思想，体现了一种人本主义的哲学思维。它的很多研究主题对当代人本主义心理学产生了直接或间接的影响，因此，把存在主义和现象学作为人本主义心理学的哲学基础是历史的必然。

第二节　人本主义心理学与东方思想

除了西方传统文化和哲学思想的影响之外，人本主义心理学还有一个重要的思想线索，这就是东方思想的影响。在现代社会，由于文化交流的增多，古代东方的心理学、哲学思想和文化传统被译介到西方，对西方社会也产生了重大的影响。例如，在20世纪50年代和60年代，许多西方国家的文学界就曾兴起对东方文化研究的热潮。人本主义心理学以及随后的超个人心理学从各种渠道逐渐了解了东方思想，认为东方的思想对西方有很多值得借鉴之处，因此，它们很想把东西方思想汇聚在一起，而不是把它们分离开来。从人本主义心理学家的论述中，我们可以看出，东方思想的影响主要表现在如下方面。

一、禅学思想的影响

禅学即佛教的禅观之学。在我国魏晋时期，禅学是和般若学并行的佛学两大派别之一。“禅”是梵文 Dhyana 的音译“禅那”的略称，其原初的意义是“思维修”、“弃恶”等，后来常译作“静修”。“定”是梵文 Samadhi 的意译，意思是指修行者要通过静坐收心，专心致志于某一心境而不散乱，久而久之达到身心轻安、观照明净的状态，这就是“禅定”。早在古代印度，这种方法就被许多宗教教派用作修行的方法，后来佛教也采纳了这种方法。南朝宋末时期，菩提达摩从南印度来到广州，后来定居北魏。他把从印度输入的复杂繁难的禅定方法进行简化，提出了“理入”和“行入”的修行方法。“理入”也被称为“壁观”或“坐观”，修行者要面壁静坐，以达到“舍伪归真”、“无自无他”的境界。“行入”则包括“抱怨行”（即放弃一切反抗心理）、“随缘行”（即放弃辨别是非的心理）、“无所求行”（即放弃一切要求和愿望）和“佛法行”（即按照佛教教义去行动），认为这样就可以达到“直指人心、见性成佛”的境界。到南北朝末期，禅学开始和般若学融合。到唐朝中期，慧能大师（公元638—713年）正式创立了禅宗学派，到唐朝末期它几乎取代了其他宗派，对佛教也形成了垄断，甚至佛学和禅学也成了同义词。因此，哲学史上一般把慧能以后的禅宗之学称为“禅学”。后来，禅学的一个分支流传到日本，在日本得到了很大的发展。

据有关资料记载，许多西方学者大都是从日本了解到禅学的。20世纪中期，西方一些受过教育的文化人非常欣赏东方的文化艺术和形而上学思想，有时他们也参加一些官方举行的佛教仪式，并逐渐对其中的深刻内涵有了更多的理解和体验。

禅学思想对人本主义心理学的影响主要体现在心理治疗中。例如，罗杰斯认为，治疗学家或咨询师可以有大量的相关知识或经验，也可以没有，但重要的是在治疗过程中要把这一切都留给患者，让他自己不受任何知识、理论和经验的干扰，通过反思来解除自己的心理障碍。他说：“你必须做的就是放弃，放弃你自己的一切思想，把你的心灵清理干净，使之保持新鲜、天真、新生和敏感，就像一个没有曝光的胶片，可以拍摄你周围的任何印象，接纳一切进入其视界的东西。这就是充实的空虚，是一种丰富的无心状态。

这是非先入之见，是发现的开端。”[1]虽然这种观点并不是原始意义上的禅定，但这种心理治疗方法的原理和禅学的思想是一致的。

超个人心理学是从人本主义心理学中分化出来的一种心理学流派。三十多年来，它对“沉思”(meditation)所做的研究和治疗实践就是禅定思想的当代发展。沉思成为超个人心理学用来研究意识状态改变的一种重要方法。按照这种方法，人们只要经过严格的沉思训练，就能深入到自己的内心世界认识自我。超个人心理学家还通过大量的心理治疗实践，发现沉思在促进长寿、提高心理机能等方面都有积极的作用。这样，源自古老东方的禅学思想和方法便和西方当代的心理治疗手段结合在一起，成为研究人的心理和意识活动的一种特殊技巧。

禅学思想的本质和道家学说一样，也是无为而治，或不干涉道。老子认为，圣人治国应该采取的策略是：“我无为而民自化，我好静而民自正，我无事而民自富，我无欲而民自朴。”因此，治理国家并不需要去讲什么仁、义、礼，因为，“夫礼者，忠信之薄，而乱之首”。意思是说，缺乏忠信之实而仅剩礼仪之壳，正是一切祸乱的根源。人只有处在一种平和的、平等的处境当中，才不会有冲突和战争，才会相安无事，和平共处。其实，这里面也隐含着非常深刻的道德心理学思想。西方的当代人本主义心理学家吸收了道家的这种思想，但主要把它用在心理治疗中，马斯洛称之为“道家治疗”(Taoistic therapy)。它和西方所谓“勿拔苗观长”(not pulling up the roots to see how the plant is getting on“不要把根拔出来看看植物的长势如何”)的思想也有相似的意义。

当然，西方人对待问题的看法和东方人是有很大区别的。当他们发现问题的时候，常常是主动地面对它、把握和解决它。其通常的做法是，首先把问题变成一种危险的事情，并提出一个与之相对立的方面。这样，问题及其对立面便成为需要进行解决和探讨的方面。

人本主义心理学虽然也起源于西方，但它对这种科学主义的解决问题的方式提出了质疑。例如，有人曾质问说：“用同样的测验对两个不同的人进行施测，这种观点真的有意义吗？”如果我们把人当做机器，或许这样做是有意义的，因为我们知道如何对付机器，但是，我们能以同样的方式来对付人吗？如果真是这样的话，那么，想要对人进行预测和控制的“我们”又是谁呢？作为一个人，你愿意被人预测和控制吗？正是怀着这样的疑问，人本主

[1] Rowan, J. (2001). *Ordinary ecstasy: The dialectics of humanistic psychology*. Hove: Brunner-Routledge, pp. 11～12.

义心理学家才非常欣赏古代东方的思想，也就是，让问题随心所欲地涌出，然后在适当时机顺其自然地解决。

二、道家学说的影响

东方思想对人本主义心理学的另一个影响是道家学说。例如，在对待自我的看法上，道家学说认为，人就是一个一个的自我，是个体生命的存在，它是靠自我来认同的。因此，老子主张，“知人者智，自知者明”。这种自知就是对自我的认识，它既以肯定“我”的个体生命的存在为前提，又意味着唤起我对这种存在的自我意识。换句话说，它是从人对客体自我的认识开始，最终又返回到主体的自我。这是一种非常明显的自然主义的人本主义思想。另外，道家对逍遥的追求，也体现了一种个体性的价值取向。所谓逍遥，就是一种摆脱了外界束缚的自由自在的精神境界，它使人的个体性得到充分的展示。道家的这种思想在中国的传统文化中产生了重要的影响。魏晋时期的嵇康、阮籍等人反对以名教束缚自我，要求“舒其意，逞其情”，其基本思想就是提倡发挥人的个体性。李贽在其晚年提出，人的性情不可以一律强求，意思也同样是反对把自我的精神世界纳入单一的纲常规范。在这些论述中所体现的是一种人本主义的自我观，它们对西方当代人本主义心理学家的影响是相当大的。

我们知道，人生存在这个世界上，就其生存空间和时间而言，实在是微不足道的。然而，就是这样一些在浩瀚的宇宙空间和漫长的太空时间中如此微不足道的人，却是有自己的生命价值和自我尊严的独特主体。所谓“比土地广阔的是海洋，比海洋广阔的是天空，比天空广阔的是胸怀”指的就是这种有自我主体性的人的精神世界。客体世界虽然可以通过各种方式随时对人类产生影响，但这些影响却必须通过主体的自我感受、认知和情感等来体验。在这个意义上说，人是主观的、能进行思想、有自我意识、能做出价值判断的主体，因此可以自诩为“万物之灵”。人的一生虽然非常短暂，但却是一个不断发展的、不断超越自我的过程，在这个过程中，人必须进行不断的自我选择和采取行动，从而塑造了自我的人格、肯定了自我存在的价值和生命的意义，这些正是东西方人本主义者不约而同的自我观。

道家学说带有明显的个人中心思想。它反对把自我与社会相认同，主张追求个性逍遥，在主体的内心世界发现自我的价值。当然，一个人生活在世界上，不可避免地要按照社会习俗来生活，这是任何人也难以回避的。儒家主张克制自然的我来适应社会，所谓“克己复礼”就是这种自我观的典型表现。而道家则主张把社会看作一个大舞台，人们在上面扮演着各种各样的角色，但同时又必须看穿这是人为的，就像看一场演出，不要过分严肃地把它当回事。

西方当代的人本主义者对自我的认识和道家的思想基本一致，主张用自我超越来取代自我疏离。他们常常谈论西方要向东方学习，其中，老子的道家思想最合他们的口味。老子观点的核心是自然主义的人生观，西方人本主义心理学家对此非常赞同。例如，马斯洛把人的自我实现看作是人的一种自然禀赋或潜能，自我和社会都应该努力创造条件促进人类潜能的自我实现。

新精神分析学派的人本主义心理学家弗洛姆(E. Fromm)在它所著的《占有与存在》一书中，曾提到两种典型的自我观：一种是"占有的方式"(Having mode)，另一种是存在的方式(Being mode)。换句话说，一种是"有我的方式"，另一种是"无我的方式"。前者总是把自身的利益得失放在高于一切的地位，对身外之物经常持有获取和占有的心态。这种"有我的方式"在崇尚物质利益至上的现代社会是相当普遍的。而后者则是具有独立、自由和批判性精神的自我，其特征就是按照自己的内在愿望积极主动地去生活，随心所欲。这里的"无我"实际上就是人本主义的自我，它类似于老子《道德经》中的"无我"。所谓"生而不有，为而不恃，长而不宰"的美德，就是一种"无我"的胸怀。

罗杰斯在其著作中也曾把自己的思想和老子的哲学观进行过对比，认为老子的观点中包含着与他的思想相一致的某种东西。例如，对"道"不说，就是一种"无为原则"，或不干预"道"，罗杰斯在心理治疗中以"无条件积极关注"来表述这种无为原则。在他看来，这种无条件积极关注有助于创造一种心理气氛，充分发挥自我的指导作用，促进人格的健康发展。反之，有条件的关怀可能会干扰或破坏人的内在体验，对人的自然成长造成破坏。这和老子所主张的"道无为而无不为"在本质上是一致的。正如西方精神病学家和东方研究学者戴克曼(A. Deikman)所说，"因此，应该提出一个不同的问题(不是我应该做什么，其含义是别人必须为我提供答案，而是)：'我的能量要去向何方？'"[①]要回答这个问题，一个人就必须转向自我内部，进行深刻的自我反思，让自己的行动方式随着自我的意志而去，以此来达到行动本身希望达到的目标，也就是达到道家的"天人合一"、"万物并育"的境界，达到

① Deikman, A. (1976). *Personal freedom: On finding your way to the real world*. New York: Grossman Publishers, p. 146.

马斯洛的自我实现的人、罗杰斯的充分发挥作用的人和佩尔斯的自由功能的有机体等人本主义的理想境界。

人本主义心理学所强调的人是一种具有一定社会性的“大我”。人生活在现实的社会中，这并不意味着个别的、具体的我的消失和泯灭，也不意味着人成为一种无差别的众多原子的简单集合，而是在与他人保持同一性的同时，又保持其个别性和特殊性。由这样的人组成的社会是一种“和而不同”的群体，是一种共性与个性的有机统一，这才是人之所以为人的道理。这种社会的“大我”和道家的学说也有很多的一致之处。马斯洛指出，“‘道家的’意味着提问而不是告诉，它意味着不打扰、不控制。它强调非干预的观察而不是有控制的操纵。它是承受的和被动的，而不是主动的和强制的。”①可以说，来自古代中国道家学者的观点深深地打动了西方现代人本主义心理学家，马斯洛等人从中吸取了不少有益的观点，认为道家学说可以在一定程度上弥补人本主义心理学的狭隘性。或许这就是当代西方的人本主义心理学家更青睐道家学说的根本原因。

在马斯洛论科学的一本著作中，他说，如果我们想要更多地了解怎样才能真正地研究人的科学，我们就必须走向道家学说，并从中学到所需要的东西。“要能够倾听——真正地、完整地、被动地、谦卑地倾听——没有预先假设、没有分类、没有改进、没有反驳、没有评价、没有赞成或不赞成，没有与人们所说的话进行斗争，没有对辩驳进行事先练习，没有对所说的各个部分的话进行自由联想，从而使后面的部分一点也听不到了——这样的倾听是很少见的。”②

这显然是和道家的无为而治的思想是一致的。马斯洛认为，我们只有这样做，才有可能更接近人的心理的现实。例如，沉思是一门很难学会的技术，但毕竟是可以学会的，它是对人的心理和精神世界进行深入研究的一个非常重要的手段。虽然马斯洛本人由于过早地去世，没能在他的研究中具体地研究和实践这种技术，但在萨蒂奇(A. Sutich)等人的努力下，超个人心理学得以建立，沉思的技术也在其实践中得到了发扬光大。

---

① 林方主编：《人的潜能和价值》，华夏出版社 1987 年版，第 20 页。

② Maslow, A. H. (1969). *The Psychology of science: A reconnaissance*. New York: Henry Regnery, p. 96.

第二章

第三势力:当代人本主义心理学的兴起

上一章我们提到,人本主义心理学无论在西方还是在东方都有深厚的思想和文化渊源,其悠久的历史为人本主义心理学的诞生奠定了坚实的基础。但是,作为心理学上的一场革新运动,人本主义心理学却是和当代西方的心理学发展以及美国社会的思想和社会变革有密切联系的。在西方心理学发展史上,人们常常把行为主义称为心理学的第一势力,把精神分析称为心理学的第二势力。人本主义心理学强烈反对行为主义的"刺激—反应"模式,也对精神分析的性本能理论进行了批判性反思,对它的思想进行了扬弃。在20世纪中叶,人本主义心理学便打着"心理学第三势力"的旗号登上了西方心理学发展的历史舞台。现在,我们就来看看人本主义心理学是怎样发展成为心理学的第三势力的。

第一节　对行为主义的批判和对精神分析的扬弃

19世纪末,冯特在德国创立了当时世界上第一所最完备的心理学实验室,标志着心理学正式脱离了哲学的母体,成为一门独立的实验科学。显然,在心理学创立之初,它就被界定为以自然科学为模型的实证科学。在此限度之内,心理学的基本前提和目标便成为对人的心理活动进行所谓科学的预测和控制。其实,追根溯源,这就是自17世纪以来西方社会崇尚科学理性这种科学主义思潮发展的必然结果。几百年来,西方的自然科学在这种理性的追求中确实取得了令人瞩目的成就。冯特等早期心理学家紧步其后尘，因此在19世纪末便以孔德的实证主义哲学、马赫和阿芬那留斯的经验批判主义哲学为理论基础，以自然科学的实验研究方法为手段，建立了具有强烈自然科学倾向的实验心理学。

20世纪初，心理学从欧洲传入美国，很快便引起美国人的强烈反响。以华生等人为代表的行为主义心理学家力主心理学应该成为一门经验的事实科学，一种机械决定论的实证科学。他们在高度人工的实验室条件下，以动物为被试，把各种外部的行为"变量"引入到实验情境中，企图以此来预测和控制动物的行为，并把这些研究结果机械地照搬到人类情境中。应该承认，在20世纪的前50年里，心理学研究确实取得了一些有效的研究成果，对人的生物性的方面和某些规律性的方面有了一些初步的了解，但显然并没有取得像自然科学那样的巨大成功。人本主义心理学家，例如，马斯洛、罗杰斯、罗洛·梅等人，对这种唯科学主义的倾向表示了极大的不满。他们认为，人所特有的不同于动物的心理活动是相当复杂的，如果完全按照自然科学的模式来研究人的心理，是永远也不可能获得真正人的心理学研究成果的。因为它丢失了人的最本质的东西——心理和意识。

一、环境决定一切：行为主义心理学的研究取向

从20世纪初到20世纪中叶，美国乃至西方心理学的主流是行为主义心理学。在对人的行为的看法上，行为主义者所倡导的是一种机械的、严格的环境决定论。行为主义心理学的创始人华生试图把人的行为，包括思维、情绪等高级心理活动，统统归结为肌肉跳动和腺体的分泌；新行为主义者斯金纳则提出要发展一种行为技术和设计得更好的环境来控制人的行为，它甚至在其小说体作品《沃登第二》中设想了运用行为主义原理来建立理想社会这样一幅乌托邦式的社会图景。然而，这种人为的设计根本无视人与动物、人与机器的根本区别，把人当成了外部条件作用的牺牲品，因而遭到了包括人本主义心理学家在内的许多人的强烈反对。他们认为，行为主义心理学把人类主体、人类存在这个创造了人类社会生活的心理学的真正核心抛弃了，运用僵化、刻板的技术手段，把人的本性描绘成"机械形态的意向"，这样的心理学并不是真正人的心理学。

1. 对行为概念的批评

行为主义者认为，行为就是刺激与反应的函数（即S—R），因而极力主张通过对刺激和反应的研究来预测和控制人的行为。人本主义心理学家对此给予强烈批评。他们认为，这种行为概念至少在三个方面是错误的：

(1) 刺激和反应假设否认了具有独特主体意识的自我的存在，从而完全否认了人的主体性，把人等同于机器和动物；(2) 这种行为概念认为人是受外部条件控制的，完全没有考虑到人的主体心理活动对外部条件的反作用；(3) 行为主义者把人的自由视为一种幻想，否认人有自由选择的能力。对此，人本主义者从不同角度阐发了他们对人的行为的看法。早在 40 年代，罗杰斯就曾这样表述过他的观点："从临床得到的经验可以概括如下，人类有机体的行为可以由作用于有机体的那些影响力量所决定，但同样也可以由有机体自身所创造的、一体化的悟见所决定。"①罗洛·梅也指出，行为主义过分关注外部行为是企图模仿物理学和生物学中过时的机械模型和技术，但是，这样做的结果不仅不能有效地控制人的行为，反而更增加了人的焦虑，成为造成现代人心灵困境的一部分。② 美国人本主义心理学会第一任主席布根塔尔也批评行为主义背负着"心理学"之名，只不过是一种历史的偶然。因为这种行为概念是一种简单含糊、纯粹量化的自然科学概念，企图用"刺激—反应"的简单公式对人的行为进行预测和控制，以取代人类心理生活的丰富性，实际上是一种狭隘的心理适应理论，因此是不符合人的心理实质的。

2. 对方法中心论的批评

行为主义心理学秉承自然科学的研究取向，它不仅在其心理学实验中提出了一套严格的行为研究方法，而且把这种观点运用于人类社会，要求科学家用它的行为控制方法来掌握政治机构和进行社会统治。例如，斯金纳认为，人的个体完全是环境条件作用的产物。一个人只有很少的，或几乎没有自我理解、自我指导或控制自己命运的意志和能力，因此，只有依赖专家才能对人的行为进行准确有效的测量和评价。显然，这是环境决定论在行为主义方法论中的思想表现。这种以方法为中心的心理学必然导致对人的心理生活的误解，因此，人本主义心理学家对此给予了强烈的批评。马斯洛指出："自然科学的机械主义方法论在科学所研究的是那种非人的自然界事物或低等动物时，尚有一定的成功之处，但当科学的研究对象是人时，这一方法论简直谈不上有多少作用。"③罗洛·梅也批评说，斯金纳没有认识到老鼠与人之间的根本区别，老鼠可能没有像人那样的自由选择，而人在有可能成为外部条件作用的牺牲品时，人的自由选择能力就要求人根据自己的具

---

① Kirschenbaum, H. (1979). *On becoming Carl Rogers*. New York: Delacorte, p. 261.

② 杨韶刚:《存在心理学》，南京师范大学出版社 2000 年版，第 78 页。

③ 转引自彭运石:《走向生命的巅峰——马斯洛的人本心理学》，湖北教育出版社 1999 年版，第 56 页。

体情况来决定是让这种条件作用暂停，还是对此进行反抗，还是允许它继续下去。在这个意义上说，对人的行为的研究就不能单纯诉诸自然科学的方法中心论，而要运用适用于人的多种方法，从不同角度对人的心理和行为进行整体的分析和研究。

3. 人本主义心理学对人的看法

在对行为主义进行批评和反击的同时，人本主义心理学家也强烈呼吁无论在概念上还是在实践中都必须研究真正意义上的人。他们之所以把人视为心理学研究的中心，其目的并不是为了支配和控制个人，而是为了更好地理解人。当代美国人本主义心理学家沃兹指出："我们需要一种肯定的心理学，而不是控制的心理学；一种见证和公认的心理学，而不是测验和测量的心理学；一种有深刻内涵的心理学，而不是表面预测的心理学……一种包容的心理学，而不是吞噬的心理学……它具有鼓舞人的力量和行动，而不是加以管教和消耗；在面临差异时能容忍意义不明确和对人表示同情，而不是进行可怕的毒杀和要求标准化。"①

显然，人本主义心理学家对人的看法和行为主义是截然不同的。在他们看来，每一个人都通过自己的意识活动而发展起他自己独特的参考框架和个人经验世界，这就构成了每一个人存在于世界上的独特基础。因此，心理学研究应该以人及其在现实生活中的存在为主题，重视研究人的主体存在和意识经验，使人类本性中的自我实现倾向得以展现和发掘出来。总之，人本主义心理学家通过对行为心理学的批评，提出了他们对人的心理科学研究的初步设想，对促进心理学的发展提供了有益的知识基础和理论基础。

二、本能至高无上：精神分析的自然主义人学观

精神分析心理学是19世纪末20世纪初由奥地利精神病学家弗洛伊德创立的。一个世纪以来，它的许多理论和观点深刻影响了人类生活的各个方面和学术研究的许多领域，并由此导致了许多心理学研究新领域的开发。人们把弗洛伊德的精神分析分别冠以"潜意识心理学"、"人格心理学"、"动力心理学"、"深度心理学"、"梦心理学"、"性心理学"、"本能心理学"等名称，在一定程度上反映了这种广泛影响。

精神分析心理学的研究在很多领域确实产生了相当大的影响。但是，

---

① Wertz, F. (Ed.) (1994). *The humanistic movement: Recovering the person in psychology*. New York: Gardner Press, Inc., p. 11.

精神分析心理学主要是从心理治疗领域中发展起来的一门探究人的心灵的科学，它是以患有各种心理疾病的病人的心理活动为依据，来寻求探讨正常人的内在心理活动的心理学理论。“人是什么?”这个数千年来人类一直在询问的哲学问题，在弗洛伊德那里便成了由“自我”、“本我”和“超我”组成的一个统一的人格结构。当三者关系协调时，个体就能有效地对付外部环境，人的心灵也就处在正常的健康状态，当三者关系失调，甚至发生冲突时，个体就会产生心理紊乱，甚至造成严重心理失衡。因此，人们批评精神分析是根据生物学的本能理论来解释人的心理和行为的。弗洛伊德从生物决定论的观点出发，认为在这三种人格结构中，真正发挥心理动力学作用的关键是作为人的生物学本能的“本我”(Id)，它是所有心理活动能量的基本来源。“本我”潜藏在人的潜意识深处，受“快乐原则”支配。但由于它经常受到自我和本我的压抑和稽查，因而难以进入到意识中来。为了满足其本能的欲望，它便在梦、神经症、幻想和幻觉等非理性的潜意识行为中表现出来。因此，精神分析治疗的目的就是通过对患者的自由联想和梦的分析等方法，来揭示患者心灵深处的潜意识奥秘。

精神分析的本能决定论显然是错误的，但本能和遗传对人的影响却是不容忽视的。对于弗洛伊德及其精神分析心理学，以及弗洛伊德之后的其他新精神分析学家的观点，人本主义心理学家并没有简单地予以肯定或否定，而是采取了一种扬弃的态度。

1. 对弗洛伊德学说的扬弃

(1) 本能与似本能。

人本主义心理学家既反对弗洛伊德的本能决定论，但又不完全否认人的本能的存在。马斯洛说过:“甚至仅仅从逻辑上看，我们也没有理由一定得在完全的本能(各部分都充分发展的本能)与非本能之间进行取舍。为什么不能有残存的本能，不能有似本能的某种尚属行为的东西，不能有程度的不同，不能有不完全的本能呢?”[①]人既是自然进化和生物遗传的产物，又是具有独特的自我意识、自由选择倾向的，有焦虑和痛苦，也是具有价值和道德感的活生生的现实社会中的人。因此，人既有低级的生物方面的本能需要，也具有不同于生物的更高层次的精神需要。目前我们已非常熟知的马斯洛的“需要层次论”就是这种观点的比较全面的表述。罗洛·梅也承认，弗洛伊德学说扩大了对意识的理解，并深化了对存在的愿望方面和非理性方面的看法，但他却不赞成弗洛伊德潜意识理论中性本能的决定论意义。

① 马斯洛著，许金声等译:《动机与人格》，华夏出版社1987年版，第92页。

在他看来，在神经症中真正起作用的不是本我冲动，而是存在的象征意义。这些观点在一定程度上扩展了对意识、潜意识和神经症心理机制的认识。

(2) 意识与潜意识。

弗洛伊德通过对癔症的创造性研究发现，精神病的症状可以被理解为病人对其内心情绪生活的语言表述，因此，潜意识在人的心理生活中占据核心地位。这种观点对人本主义心理学家很有启发。他们对精神分析的某些基本概念如自由联想、潜意识、移情、自我等，给予了积极的肯定和改造。一方面，他们认为，这些概念弥补了主流心理学所忽略的研究领域，构建了一种以经验理论为主导的研究取向，扩展了心理学的研究范围；另一方面，他们又不完全赞成弗洛伊德的潜意识决定论，认为人的心理是意识与潜意识的统一，其中意识起着主导的作用。例如，弗洛伊德认为，每一个人的行为，无论多么细小，都是人的生活史的一个有意义的重要部分，因此，对患者的内心潜意识进行深入的研究是探究人类心灵奥秘的重要手段。马斯洛则用"健康潜意识"取代弗洛伊德的"病态潜意识"，认为在每个人的心灵深处都有一种奋发向上、力求自我实现的潜能，只有通过对健康人的研究，才能达到对健康人格的完整建构。罗洛·梅则对移情（Transference）这个概念做了存在主义的改造，认为在心理治疗中，移情可以变成两个意识到各自同一性的人所体验到的一种共同参与的关系，成为起源于人的自我核心的一种内在的温情。这样，人本主义者就把"自我"（self）看作是一个能够产生意识、进行选择、做出决定和负责任的自我，从而扩大了弗洛伊德人格结构的内涵。

(3) 研究方法。

弗洛伊德依据他对心理生活的直接观察而提出了一种描述性的研究方法，弗洛伊德认为这种方法才是把握事物意义的根本方法。因为，意义（就其根本本质而言）并不依赖于一个孤立的事件，而是依赖于心理生活内部的关系。心理过程的意义由其意向或目的组成，由其来龙去脉组成，由其在全部心理秩序的持续过程中的地位或作用组成。这样，就必须运用一种不同于自然科学的方法来进行研究。在这一点上人本主义心理学和精神分析的看法是基本一致的，但在具体方法上，弗洛伊德运用的是自由联想、梦的解释、移情分析等临床方法，而人本主义心理学家则提出了各自不同的研究方法。例如马斯洛主张使用"整体分析法"、罗杰斯主张使用"现象学方法"、奥尔波特主张使用"个体特征研究法"或"特殊规律研究法"，而罗洛·梅则主张各种方法兼收并蓄，不要严格地受某种固定方法的制约等。这些方法虽然各有不同的侧重点，但都是对心理学研究方法的重要发展。

2. 对新精神分析的兼容

弗洛伊德的精神分析心理学不仅建立了一套与主流心理学不同的理论体系，而且培养和吸引了一大批对精神分析感兴趣的心理治疗医生和心理学家。在弗洛伊德之后，这些新精神分析学家提出了许多不同于经典精神分析的观点，对人本主义心理学家有很大的启发。

(1) 阿德勒的个体心理学。

阿德勒是最早追随弗洛伊德的早期精神分析代表人物之一，但由于他和弗洛伊德观点的分歧，最终导致他和弗洛伊德的分道扬镳。阿德勒创立了所谓个体心理学，并围绕这个主题进行了三十多年的研究，提出了很多对人本主义心理学有影响的概念。例如，阿德勒强调，每一个个体都会创造一种“生活风格”，这种生活风格反映的是一个人据以组织其生活的核心目标。同时，人又是和社会密切联系的，在人的一生中必然会发展起某种“社会兴趣”，良好的社会兴趣的形成对人的健康发展是至关重要的。阿德勒不赞成弗洛伊德关于人的行为是受过去的本能决定的观点，认为人的行为是有目的的和朝向未来的。由于阿德勒和很多人本主义心理学家如马斯洛、罗杰斯、罗洛·梅等人都有直接的学术交往和个人联系，阿德勒的思想和观点在很多方面都深刻地影响了人本主义心理学家。

(2) 荣格的分析心理学。

荣格是瑞士精神病学家，也是早期追随弗洛伊德的精神分析学家。他也不赞成弗洛伊德的性本能理论，在和弗洛伊德决裂之后，他创立了分析心理学，目前已成为有国际影响的心理学组织。在学术思想上，荣格坚持人的精神经验的有效性。他通过对在原始民族和宗教中发现的人的经验的象征和原型的研究，提出了集体潜意识的概念，认为人的心理发展是世世代代的心理积淀的产物。人的生活是一个永无止境的心理和精神个性化与整合的过程。因此，在人类的集体潜意识内部都有一种朝向实现的潜能，这种潜能是受所谓“自性”(Self)支配和调节的。荣格把“自性”描述为一种比“自我”(ego)更深刻的、更没有理性的心理结构，它可以在人的梦境、意向和直觉中表现出来。因此，一个人要使自己得到健康的发展，就必须学会信任和接受从自性中产生出来的那种智慧。荣格的观点虽然带有一定的神秘色彩，但其深刻的思想内涵却深深地吸引了人本主义心理学家。这是因为“荣格的分析心理学理论主要来自他的心理治疗实践，这和同样依赖心理治疗的人本主义心理学不谋而合。而且在荣格的理论中已表现出较明显的人本主义倾向，就是人本主义心理学家也大都把荣格视为人本主义心理学的思想先驱”①。

（3）兰克的意志心理学。

兰克是第三个与弗洛伊德决裂的早期精神分析学家。他的影响虽然没有阿德勒和荣格那么大，但他所阐述的“意志心理学”思想在很多方面反映了尼采的思想主题，因此，对人本主义心理学同样产生了积极的影响。兰克研究了艺术家的创造过程，他得出结论认为，人的生活，包括神经症患者的生活，都是自我创造的过程，因此，自我创造是人类英雄主义的基础。因为在人的一生中，人总是冒着创造自我的危险，而只有这种冒险才能使人不断地发展到更高级的阶段。兰克认为：“神经症患者由于经常遭受失败，而不得不压抑自己的冲动，甚至放弃艺术活动而寻求在神经症中逃避冲突；只有创造性的艺术家才能够独立地评价自己的意志，他们能超凡脱俗地从事艺术创作。而一旦他们回到现实生活中，便成为精神分析千方百计想要创造的新人。”②兰克对艺术和创造的这种表述对人本主义心理学家产生了很大的影响，他们在论述自我实现的人格时就吸收了兰克的很多创造性人格的观点。另外，在心理治疗中，兰克强调要注意患者言语背后的情感，并给予及时反馈的观点；要通过对人的潜能的探索，帮助患者正视自己的观点和对他人的看法，已经被罗杰斯等人本主义心理治疗学家吸收到自己的理论之中。

（4）赖希的性格分析和生物能量治疗。

赖希也是一个曾与弗洛伊德有过亲密交往，但最终因观点分歧而与弗洛伊德分道扬镳的第二代精神分析学家。在学术观点上，他把心理治疗引向了性格和心理防御的研究，这些研究结果对安娜·弗洛伊德研究自我及其防御机制产生了重大的影响。后来，在心理治疗方面，赖希指出，精神病患者经常使用一种“身体盔甲”(body armor)或“肌肉防御”来对付那些不可接受的情感和冲动。它“构成了自我的牢不可破的外壳，为了解决本能与外界的冲突及其带来的焦虑，人类只好在自己和外界之间建立了一道保护机制，即性格盔甲”③。以这种理论观点为基础，赖希和他的学生亚历山大·洛温提出了“生物能量”(bioenergetics)的研究方法。这种方法运用多种技术来促进那些抵抗情感体验的肌肉或身体障碍系统地释放出来，然后才能有

① 杨韶刚：《精神追求：神秘的荣格》，黑龙江人民出版社 2002 年版，第 16 页。

② 郭本禹主编：《心理学通史·第四卷·外国心理学流派（上）》，山东教育出版社 2000 年版，第 492 页。

③ 车文博主编：《弗洛伊德主义论评》，吉林教育出版社 1992 年版，第 1094 页。

针对性地进行治疗。这种生物能量的治疗方法对人本主义心理学强调身体治疗和身心统一都产生了重要影响。

总之，人本主义心理学以自己的理论研究和实践为依据，坚持对行为主义进行批判，对精神分析理论进行扬弃，并从中吸收了某些有益的内涵，在自己的心理治疗和社会生活实践中发展成为一种有别于行为主义和精神分析的"第三势力心理学"。当然，"作为'第三势力'出现的人本主义心理学，并不是一种全新的心理学，而只不过是一种新的心理学倾向或思潮。正如马斯洛所描述的，它是'一种更大的超乎寻常的结构'，能够容纳行为主义、精神分析和其它心理学观点。当我们考虑到人本主义心理学的一个重要方面直接产生于戈尔德斯坦和佩尔斯的整体论时（他们都强调人是一个有组织的整体，可以在人与环境的相互作用的背景中得到最好的理解），我们就不难发现为什么人本主义观点很容易包容其它观点了。"[①]或许正是这种包容性才使人本主义心理学在当代的研究中与主流心理学有越来越多的融合性。

第二节　人本主义心理学的早期创立和发展

如果有人询问，人本主义心理学究竟是在什么时间和什么地点正式创立的？对这个问题确实很难做出准确的回答。因为从形式上看，美国人本主义心理学会是1962年正式建立的，由布根塔尔担任第一任主席。但是，1964年在老塞布鲁克召开的那次全国性的人本主义心理学研讨会，才是一次更为重要的事件。因为这次会议不仅使美国人本主义心理学会有了正式的组织形式和内部机构，而且吸引了美国各地许多很有影响的心理学家的参与。当然，人本主义心理学的发展不像其他学派那样，在短时间内以某一位领导者为核心而形成其组织机构的，人本主义心理学有一个较长的发展历程。其主要领导者除马斯洛之外，还有布根塔尔、罗杰斯、罗洛·梅等人。对人本主义心理学的兴起和组织机构的建立做出重大贡献的还有奥尔波

① Glover, J. A. & Ronning, R. R. (Ed.) (1987). *Historical foundations of educational psychology*. New York: Plenum Press, p. 162.

特、凯利、墨菲、默里、牟斯塔卡斯、彪勒等人。一般地说，从1954年到1973年可以看作是人本主义心理学发展的黄金时代。

一、人本主义心理学发展中的重大事件及其影响

在20世纪的美国社会，一些人本主义心理学家亲眼目睹了人类社会的巨变和由此而带来的人的精神危机。很多心理学家都亲身经历了20世纪上半叶心理学的学派纷争，亲自感受到了唯科学主义倾向对人文精神的压抑和摧残。大约从50年代开始，在马斯洛、萨蒂奇、布根塔尔、罗杰斯、罗洛·梅、彪勒、牟斯塔卡斯等人的领导下，终于在六七十年代发展成为西方心理学领域中一支不可低估的力量。概括地说，下述一些重大事件可以看作是当代人本主义心理学发展的独特里程碑。

1. 20世纪中叶，一批有重大影响的人本主义心理学书籍出版

例如，马斯洛的《动机与人格》(1954)、奥尔波特的《成长：对人格心理学的基本考虑》(1955)、克拉克·牟斯塔卡斯的《自我：对个人成长的探索》、墨菲的《人类潜能》(1958)和罗洛·梅的《存在：心理学与精神病学的一种新维度》(1958)等，这些著作都以各自不同的方式提倡和表现出一种强烈的人本主义心理学倾向。

2. 约翰·克亨发表《人本主义心理学》一书

1958年，英国心理学家约翰·克亨发表《人本主义心理学》一书，这是国际上第一本以“人本主义心理学”作为书名的学术专著，表明国际社会开始表现出对人本主义心理学的关注。

3. 《人本主义心理学杂志》创刊

1961年，在马斯洛、萨蒂奇等人的努力下，《人本主义心理学杂志》正式创刊，由布兰迪斯大学资助，成为人本主义心理学家阐发自己的主张和观点的理论阵地。

4. 美国人本主义心理学会的成立

1961年，马斯洛等人酝酿成立美国人本主义心理学会，1962年正式建立，布根塔尔担任第一届学会主席。

5. 伊瑟琳研究院的建立

1962年，M·墨菲和R·普赖斯在加利福尼亚州的比革色(Big Sur)组建了伊瑟琳研究院。他们创建这所研究院的目的是希望在一种开放的、非

教条的、人本主义的自由探讨气氛中研究人类的全部潜能。该研究院后来成为人本主义心理学的大本营，至今仍然是从事人本主义心理学研究和培养人本主义心理学家的中心和摇篮。

6. **布根塔尔发表《人本主义心理学：一种新的突破》论文**

1963年，布根塔尔在美国心理学会的官方刊物《美国心理学家》杂志上发表了一篇题为《人本主义心理学：一种新的突破》的论文，对宣扬人本主义心理学的主张起到了重大作用，也表明人本主义心理学开始受到主流心理学的重视。

7. **第一份研究生教学大纲试行**

1963年，人本主义心理学的第一份研究生教学大纲在加利福尼亚州的索诺玛州立学院试行，揭开了以人本主义观点培养高层次人才的序幕。

8. **老塞布鲁克会议**

1964年，在布根塔尔的亲自组织下，在加利福尼亚州的老塞布鲁克（Old Saybrook）召开了一次重要的人本主义心理学的学术研讨大会，与会者当中有很多重要的心理学家，如G·奥尔波特、J·巴尊、W·本尼斯、C·彪勒、V·巴特菲尔德、R·杜布瓦、G·凯利、R·H·纳普、A·A·拉斯科、R·麦克利奥德、A·马斯洛、M·马特森、罗洛·梅、D·C·麦克利兰、C·E·牟斯塔卡斯、G·墨菲、H·A·默里、C·罗杰斯、T·R·萨宾、E·J·肖本、A·萨蒂奇、R·特拉奇、R·W·怀特等人。这些人当中不仅有心理学家，也有其他领域如文学、哲学、教育界的著名专家学者。这些人的参与对人本主义心理学的传播产生了积极作用。

9. **美国人本主义心理学会更名为人本主义心理学会**

1965年，美国人本主义心理学会与布兰迪斯大学脱离关系，成为一个独立的机构。1969年，《人本主义心理学杂志》也移交给美国人本主义心理学会主办。同年，它把“美国”二字去掉，成为“人本主义心理学会”，标志着人本主义心理学的国际化。

10. **60年代中期，一大批具有人本主义主题和观点的著作出现**

60年代中期，一大批具有人本主义主题和观点的著作开始出现。例如F·T·塞弗林的《心理学中的人本主义观点》(1965)、布根塔尔的《人本主义心理学的挑战》(1967)、马斯洛的《存在心理学探索》(1968)、罗洛·梅的《爱与意志》(1969)等，使人本主义心理学的影响开始得到广泛传播。

11. 人本主义心理学会正式成为美国心理学会第 32 分会

1970 年，美国心理学会正式接纳人本主义心理学会为它的第 32 分会，表明人本主义心理学得到了美国官方的正式承认。

12. 人本主义心理学会第一次国际大会召开

1970 年，美国人本主义心理学会正式改名为人本主义心理学会，C·彪勒担任主席，并于同年在荷兰的阿姆斯特丹召开了第一次国际大会，与会国包括美国、荷兰、英国、丹麦、瑞典、挪威、比利时、法国、德国、瑞士和南非，标志着人本主义心理学会正式成为一个国际性的心理学组织。

13. 在埃克塞特大学举办两个重要的系列讲座

1971 年，为了使人本主义心理学在学术界产生更大的影响，人本主义心理学会在英国的埃克塞特大学举办了两个重要的系列讲座：一个是约翰·赫伦所做的关于行为不同方式的演讲，第二个是雅各布·斯塔特曼所做的感情在群体中的具体化的演讲。此时正是英国心理学会在此召开年会之际。人本主义心理学的新闻简报对此做了详细报道，认为这是人本主义心理学研究国际化的重要标志。

14. 第一次召开欧洲的人本主义心理学大会

1972 年 4 月，人本主义心理学会在瑞典的斯德哥尔摩大学召开第一次欧洲的人本主义心理学大会，有 140 多人参加。同年 9 月，人本主义心理学会举办了一个为期 4 天的学术研讨会，题目是“高等教育的创造性变革”，表明人本主义心理学开始涉足教育领域。

15. 第二届欧洲人本主义心理学大会和在印度举办大型人本主义心理学研讨会

1973 年，第二届欧洲人本主义心理学大会在丹麦的罗斯基勒大学召开，有 250 多人参加大会。同年 7 月在印度举办了一个大型的人本主义心理学的研讨会，探讨了人本主义心理学与印度哲学的重要联系。

16. 人本主义心理学会在英国积极举办的各种活动

1973—1974 年，人本主义心理学会在英国积极举办各种活动，包括学术讲座、研讨会、座谈会等，其中有很多内容和心理治疗有关，表明人本主义心理学开始在心理治疗领域发挥作用。

此后在整个 70 年代，人本主义心理学会一直都很活跃地开展各种活动，也取得了不少令人瞩目的成果。在 80 年代，人本主义心理学受到了来自心理学和其他方面的批评，人们对它的兴趣和热情开始减退，但这并不意味着人本主义心理学的消亡。每年人本主义心理学会仍然举办国际性的学术会议，许多与人本主义心理学有关的杂志，如《人本主义心理学家》、《人的潜在资源》、《欧洲人本主义心理学杂志》相继创刊。即使是在今天，人本主义心理学仍然在顽强地坚持着它最初创立时所倡导的思想。2001年，由布根塔尔、施奈德和皮尔森主编，由当代许多著名的人本主义心理学家和存在主义心理学家、现象学心理学家和超个人心理学家等撰写的《人本主义心理学手册》出版，对人本主义心理学近半个世纪的发展历程做了详尽而真实的评述，也预示着人本主义心理学在21世纪的复兴。2002年，美国《人本主义心理学杂志》的前主编托马斯·格林宁(Thomas Greening)等人本主义心理学家应邀来我国访问，并在北京做了学术报告。我国的心理学工作者也有很多关于人本主义心理学的研究论文和学术专著不断问世，这同样显示了人本主义心理学旺盛的生命力。

二、人本主义心理学和超个人心理学的一些地区性的研究生院

美国人本主义心理学会在20世纪中叶建立之后，为了培养它所需要的研究人才，一些人本主义心理学家在美国各地相继建立了专门致力于人本主义心理学研究和人才培养的研究生院。以下是其中的一些主要组织机构。

1. 西部地区

安迪奥奇大学，Marina Del Rey，CA
安迪奥奇大学—西雅图，Seattle，WA
加利福尼亚整体研究学院，San Francisco，CA
文化与创造性精神研究所，Oakland，CA
超个人心理学研究所，Palo Alto，CA
肯尼迪大学整体研究研究生院，Orinda，CA
肯尼迪大学职业心理学研究生院，Orinda，CA
纳罗帕研究所，Boulder，CO
太平洋研究生院，Carpinteria，CA
派珀丁大学心理学系，Culver City，CA
玫瑰桥整合心理学研究生院，Concord，CA
塞布鲁克研究生院和研究中心，San Francisco，CA
西雅图大学心理学系，Seattle，WA
索诺玛州立大学，Rohnert Park，CA

西南学院心理学系,Santa Fe,NM

2. 中西部地区

人本主义研究中心,Detroit,MI
美国研究生院,Minneapolis,MN
联邦研究所研究生院,Cincinnati,OH
沃尔登大学,Minneapolis,MN

3. 南部地区

西乔治亚州立大学,Carrollton,GA

4. 东北部地区

杜奎森大学心理学系,Pittsburgh,PA
格达德学院,Plainfield,VT
莱斯利学院,Cambridge,MA
诺维奇学院,Montpelier,VT
萨尔弗·里贾纳大学,Newpot,RI

以上是一些与人本主义心理学和超个人心理学有密切联系的主要的研究生院和研究机构。关于其他有关的研究机构,请对此有兴趣的读者与西乔治亚州立大学的心理学系联系。

第三节　面对挑战的人本主义心理学

今天,人本主义心理学的早期领导者像马斯洛、罗杰斯、罗洛·梅、萨蒂奇等人都已相继去世,但是,他们的学生仍然在教育教学领域、心理治疗领域进行研究和实践,他们的学生的学生目前也已经成为人本主义心理学会的中坚力量。在心理治疗领域,虽然学派林立,各种治疗方法多达400多种,但是作为四大治疗取向之一的人本主义心理治疗仍然是一种主要的治疗取向,其中解放治疗、经验治疗、格式塔治疗、存在治疗、整合治疗、超个人治疗、建构主义治疗等都以不同的研究风格体现了人本主义心理治疗的精神。即使是最具有行为主义倾向的心理治疗学家也认识到人本主义的心理学思想在个人心理改变中的作用。①

但是,人本主义心理学走过了近半个世纪的历程,也逐渐暴露出它的很多不足。来自不同领域的批评之声也使人本主义心理学经常面对各种它必须认真面对和反思的挑战。目前,人本主义心理学会正在计划对它的过去、现在和未来进行认真的思考,准备召开一系列研讨活动,为人本主义心理学的继续发展和进步寻找新的突破点和出路。

一、对人本主义心理学的批评

首先,人本主义心理学是打着反对行为主义的旗帜走上心理学的历史舞台的。它反对行为主义心理学过分强调实证研究,以数量化的观点和动物研究为手段的机械的环境决定论。它强调心理学应该从根本上改变其基本概念和实践研究,应把整体的人作为心理学的研究对象。但是,批评者认为:"人本主义心理学很大程度上一直保持着只是主要针对行为主义和精神分析而提出的心理学自我解释的一种抗议运动。虽然'抗议'远非人本主义心理学的主要意图,但实际上人本主义心理学没有达到自身成熟的体系。"②换句话说,人本主义心理学反对得多,而自身建构得少。它试图创立一门"人的科学心理学"的目标还远远没有达到。

其次,人本主义心理学在组织机构的建设上止步不前,难以保证凝聚起巨大的力量完成它想要完成的历史使命。现在,人本主义心理学研究所(HPI)已成为塞布鲁克研究生院和研究中心,成了一个专门培养博士研究生的机构,其学术倾向主要是人文社会科学,而不是人本主义心理学或超个人心理学的。美国心理学会第32分会虽然冠名为人本主义心理学分会,但其规模很小,参加的人数也较少。其官方杂志《人本主义心理学家》杂志多年来一直没有扩大订户销量,因此在财政上也困难重重。人本主义心理学会虽然活动很多,但主要局限在心理治疗、反主流文化等方面,仍然没有在马斯洛等人所期望的深入的心理学研究方面获得突破性的研究成果。《人本主义心理学杂志》也由于经费紧张,已经不是由人本主义心理学会主办的刊物,而成为加利福尼亚大学塞布鲁克学院主办的独立刊物。虽然美国心理学会的大多数心理学家都不同程度地接受了人本主义心理学的某些理念,

① K. J. Schneider, J. F. T. Bugental, J. F. Pierson (Ed.). (2001). *The handbook of humanistic psychology*. Thousand Oaks, CA: Sage Publications, Inc., p. 16.

② 伍麟:《人本主义心理学的危机与僭越》,载《心理学探新》2003年第4期,第3页。

如以人为本、非指导性、成长倾向等，但很少有人自称是人本主义心理学家，或者用人本主义来描述这种倾向。

再次，在人本主义心理学内部也有很多不同思想的争论。可以说，从一开始，它就是一个由多种思想和观点组成的混合体，很多人是怀着不同的目的和想法加入到人本主义运动中来的。但是，随着人本主义心理学组织机构的建立，以及其研究的不断发展，思想的争论和不同观点的交锋变得越来越激烈。一些心理学家开始和人本主义运动相疏离，他们认为人本主义心理学是非科学的，其研究具有很大的模糊性，无法进行重复验证。另外一些心理学家则认为，人本主义心理学研究的是人的存在状态，而具有更深刻内涵的精神状态才更应该成为心理学研究的对象。在70年代初，这些人便从人本主义心理学阵营中分离出来，成为所谓"第四势力的心理学"，这就是"超个人心理学"。人本主义心理学内部的分裂表明，时至今日，它还不是一个成熟的思想体系。

最后，人本主义心理学的未来也同样面临挑战。90年代以来，一些人本主义心理学家看到了人本主义心理学的不足。为了挽救人本主义运动，一些心理学家开始采用主流心理学的研究方法进行实验研究和统计分析。虽然其研究得到了主流心理学的认同，但同时却失去了它自身的独到特色。正如人本主义哲学心理学家乔吉(A. Giorgi)所说："当《人本主义心理学杂志》刊登实证研究时，这些实证研究所使用的方法与主流心理学刊物上使用的方法几乎没有差别。"①再者，人本主义心理学涉及的主题太多，而且其中很多主题都没有进行深入的研究。如果人本主义心理学仍然沿着这条道路走下去，把注意力分散在很多不同的研究主题上，认为它的未来就在于提出已经过时的后现代主义的理论，却忘记了他们在心理学中的基本根源，那么，他的命运最终也会像其他心理学流派一样，成为过眼烟云，或者迟早将被主流心理学所吸收和同化。

二、在变革中寻找出路

人本主义心理学确实面临着严峻的挑战，有人形象地称之为"处在十字路口的人本主义心理学"②。人本主义心理学何去何从，已经成为摆在人本

① 伍麟:《人本主义心理学的危机与僭越》，载《心理学探新》2003年第4期，第3～4页。

② K. J. Schneider, J. F. T. Bugental, J. F. Pierson (Ed.). (2001). *The handbook of humanistic psychology*. Thousand Oaks, CA: Sage Publications, Inc., p. 21.

主义心理学家面前的一个非常紧迫的问题。很多人本主义心理学家也在苦苦思索和寻找出路。从目前的情况看,人本主义心理学表现出如下变革的倾向。

1. 注意研究具体问题

一些人本主义心理学家开始把注意力转回到心理学学科本身,从一个个具体的问题入手,进行深入研究,希望以此改变以往遍地撒网,却收获甚少的局面。例如,在一些当代重大理论与实践问题方面的研究,如生态学、战争与和平、自我与自我实现、创造力与价值、质化与量化研究方法,以及心理治疗、教育等领域都取得了一些新的研究成果。本书将围绕这些研究主题展开评价,读者可以从中把握人本主义心理学的基本发展倾向。

2. 表现出重新恢复其学术地位的强烈愿望

它开始逐步摆脱给人们留下的仅仅作为一种激进的心理学抗议运动的印象,而重塑它在软科学中的历史地位。很多人本主义心理学家通过自己的努力,成为被人们认可的科学家、治疗学家和行政人员。为了做到这一点,他们把很多精力都放在心理学研究方面,例如,很多人试图把人本主义的观点和当前流行的"积极心理学"联系起来,还有人用人本主义的观点来解释神经科学的研究,特别是意识方面的研究。这些做法的确有助于使心理学成为一门更多地以人为中心的科学,一门把人作为主要研究主题的心理科学。应该说,人本主义心理学在这方面所做的努力是成功的。

3. 恢复与主流心理学家的对话并在应用领域发挥重要作用

人本主义心理学通过对人格、社会心理学、变态心理学、临床心理学等方面的研究,开始恢复与主流心理学家的对话,并在很多应用领域发挥着重要的作用。例如,在健康人格的培养、对临床心理学家的培训,用超越的教育取代单一的神经科学,在承认实验方法的同时,也突出了人的存在性在心理治疗中的作用。一些人本主义心理学家还建议更好地发挥第 32 分会(即人本主义心理学分会)在美国心理学会中的作用,以便获得更多的财政支持、会员支持和杂志的订户支持。

4. 注意加强实证研究和对东方思想的研究

在实验心理学的研究方面,一些人本主义心理学家通过对威廉·詹姆斯的激进实证主义的研究,通过对弗洛伊德、荣格精神分析理论的研究,通过对保罗·蒂利希、马丁·布伯等存在心理学家的研究,以及通过对胡塞尔、梅洛·庞蒂等现象学家的研究,提出应该强调实验研究过程中的现象学,认为现象学的认识论可以成为实验科学的基础。他们还强调应加强对东方思想的研究，例如佛教和道家学说等，因为一门科学的心理学应该关注人类的全部经验，东西方思想的交流会有助于人类共同经验的整合。

在新世纪之初，人本主义心理学已开始表现出新的气象，一些新的、有影响的重要著作和论文的出版，表明人本主义心理学家开始对他们在20世纪的发展历程进行深刻的反思。存在问题并不可怕，可怕的是面对问题无动于衷。人本主义心理学能够勇于面对自己的挑战，大胆地进行变革，这就表明了它仍然具有强大的生命力。笔者深信，人本主义心理学的理想在很多方面是正确的，也已经展示出光明的发展前途。尽管在前进的道路上确实充满了荆棘和艰难险阻，但人本主义心理学已开始通过自己的努力向世人展示它在新世纪的魅力。

第三章

精神追求:人本主义心理学的人性观

人本主义心理学从建立之初就宣称,要为建立一门真正"人的科学"而奋斗。那么,这门科学究竟是什么?在心理学领域内,它所要解决的重要问题有哪些?作为有独特精神和意识存在的人,心理学如何对它进行研究,才能更有效地把握人性的心理实质和独特内涵?诸如此类的问题是人本主义心理学家所面对的重要挑战,也是它竭力想要解决的。那么,人本主义心理学在早期是如何看待和解决这些问题的呢?经过50多年的努力,它对人性的看法有哪些新的变化,有哪些值得我们深入思索和带给我们启示的东西呢?

第一节 人本主义心理学的早期人性观

人性观是人本主义心理学建立的基础。要了解人本主义心理学的人性观,首先要明确什么是"人性"。概括地说,"人性(human nature)是指人所具有的区别于一切动物的特性,亦即一切人(包括古今中外,不分性别、年龄、种族、民族、国籍、阶层、职业等等区别)所普遍具有的共同属性之总和"[①]。这种人性的定义是要寻找人类共同拥有的基本属性,是人区别于动物和其他物种的根本属性。

早期人本主义心理学家如马斯洛、罗杰斯、罗洛·梅等人在反对行为主

① 车文博:《人本主义心理学》,浙江教育出版社2003年版,第365页。

义和精神分析的人性观基础上，提出了他们对人性的看法。我们知道，人本主义心理学家大都是从事心理治疗的医生，他们在心理治疗中发现，20世纪中叶，西方社会面临严重的传统价值观的丧失，而新的价值观尚未建立起来，这种社会的精神现实常使现代人感到无所适从，社会的剧烈变化使很多人感到难以适应。再加上文化理性和技术至上的学术思潮的推波助澜，使人与人之间的关系变得日益冷漠和疏远。许多人在痛苦的精神探索中一遍又一遍地询问着："人生的意义何在"、"人生的价值何在"、"我活着究竟是为了什么"。在无法与强大的社会机器相抗衡的情况下，一贯强调个人主义、靠个人奋斗而起家的美国人陷入了深深的心灵和精神的苦恼之中。显然，对于这类由于焦虑、失望、空虚、孤独以及由此而引起的感到人生无价值、无意义感等现代心理疾病，是不能只用行为矫正疗法和精神分析的性本能理论来解决的。那么，早期人本主义心理学家在理论上怎样解决这些问题的呢？

一、马斯洛的似本能理论

马斯洛认为，人的本质依赖于生物和文化两个方面，如果没有人的身体的物质存在，就不可能有人的精神本质的存在。但是，我们却不能简单地认为运用生物学的观点就能解释人的本质。马斯洛指出，行为主义和精神分析都是以生物决定论和达尔文主义为基础的，"这种世界观的一种表达方式就是把我们内部的这个动物和狼、老虎、猪、秃鹫或蛇相认同，而不是和更好的，或至少更温和的动物，比如鹿、大象、狗或黑猩猩相认同。我们可以称之为对我们的内在本性的一种坏动物解释，并且指出，如果我们的推理必须是从动物向人过渡，那么，要是我们选择那些最接近我们的动物，即类人猿，那就比较好了。因为这些动物从总体上说是令人高兴和可爱的动物，和我们一起享有我们称之为美德的许多特点，坏动物的观点是不受比较心理学支持的"①。

为了说明人本主义心理学不同于行为主义和精神分析的人性观，马斯洛用"似本能"(instinctoid)的概念来说明人的本质。所谓"似本能"，是指人的内在能力、天赋和特质在人的内部所具有的生物基础。"当我们在种系阶梯中上升时，我们可能会逐渐发现新的(更高级的)欲望，发现另一种本能，

① Maslow, A. H. (1987). *Motivation and personality* (3rd ed.). New York: Harper & Row, p. 50.

它在本质上是似本能的，即在强弱程度上是由机体结构和作用所决定的。"①这种似本能潜藏在每个人的心灵深处，物种的等级越高，其似本能的需要就越强烈，人是具有最高等级的，具有独特人类意识和思维的高级动物，因此，人的似本能需要是最强烈的，它随时期待着个体去主动地发展使其显现出来。

马斯洛认为，这一潜能的实现过程有心理和文化两个维度，一方面人的潜能形成于家庭、教育、环境和文化，另一方面取决于个体自身的选择和意志。外部环境和文化固然能创造出一定的条件使人的似本能的本质得以实现，但更重要的是，个体必须通过主动的选择来达到自我实现。换句话说，一个人固然需要满足自己的基本生理需要，但是，人作为主体的存在，他还必须为实现自身的个性化和自身的存在方式负责。否则，即使满足了基本的生理需要，若不能继续满足人的更高级需要，个体仍然会感到人生无意义、无价值，他仍然会得心理疾病。因此，马斯洛相信，人的似本能是以价值的形式深嵌于人的本质的结构之中。正确的价值导向可以促进人的自我实现，使人的潜能得到最大限度的发展；错误的价值导向则有可能压抑人的潜能，或者使人格不能得到全面的发展。如果外界能提供一个和谐的环境，并给人以充分的自由和能动的价值选择，那么，人的本质就能沿着正确的方向发展，并最终得到完满实现。

二、罗杰斯的人性形成观

罗杰斯把他对人的本质的看法建立在更广阔的进化论背景中。在他看来，有一种"形成的直接趋向"(direct tendency on becoming)渗透于宇宙中所有的存在物之中，从水晶到恒星空间再到生命组织无一例外，而且这个"形成的直接趋向"将朝着越来越复杂的方向发展。罗杰斯指出："当我们能够把个体从防御中解放出来时，这样，他就会对大范围的环境要求和社会要求开放。可以相信，他的反应是积极的、向前驱动的、有建设性的。"②

在罗杰斯看来，适应就是人对经验开放，不论这种经验是来自内部还是外部。他说："在我看来，经验是最高的权威。有效性的检验标准就是我自己的经验。别人的观点，以及我自己的观点都不像我的经验那样有权威。

① 转引自彭运石：《走向生命的巅峰：马斯洛的人本心理学》，湖北教育出版社1999年版，第103页。

② Rowan, J. (2001) *Ordinary ecstacy: The dialectics of humanistic psychology* (3rd Ed.). Hove: Brunner-Routledge, p. 246.

这就是体验到我必须一遍又一遍地反复，就是去发现一个更接近真理的东西，因为它就是在我身上的一种形成过程。”①在人类进化的某一点上，人类有机体的这种“形成趋向”发展成为意识，使人能够意识到自己的成长和发展，也给人带来了一种能够帮助人理解其内在自我的能力。正是这种能力，使人具有了人所特有的尊严和价值。罗杰斯指出：“我看重人的价值。在我看来，在世间所有那些令人惊叹的生命和非生命形式之中，人的个体是最富潜能、最有发展的可能性、有最丰富的自我意识的存在。虽然我不能证明个体是最有价值的，但我能说，我的经验引致我赋予人以最高的价值。”②

罗杰斯把他的这些思想观点运用在心理治疗实践中，提出了心理治疗的一些基本原则：① 要创设一种情境，使患者觉察到治疗者的本真、真实和一致性，从而在医患之间建立一种具有权威性的、可以信赖的关系；② 应该使患者体验到治疗者对他予以无条件的积极关注；③ 努力帮助患者意识到自我内在的世界和情感，意识到自己的潜能和价值，进而唤醒他的“形成趋向”，使他通过自己的自由选择恢复心理健康。

显然，罗杰斯对人的本性是持“性善论”的。在这一点上，他曾经和罗洛·梅在80年代初发生过激烈的争执。罗杰斯主张人性是生而善的，人所表现出来的恶行是后天的环境和文化造成的。他明确指出：“在有利于成长和选择的心理氛围中，我从未听说有任何人选择残暴的或破坏的道路。选择似乎总是趋向社会化，改善与他人的关系。我的经验使我相信，文化的影响才是造成恶劣行为的重要因素。生育的粗陋方式，婴儿和父母的经验混杂，教育系统的约束性和破坏性影响，财富分配的不公，对于不同于我们的人抱有很深的偏见——所有这些和许多其他因素使人的机体转到反社会的方向。”③据此，罗杰斯以他的“形成倾向”和“自我成长”的人性观勾画了一幅美好的人类社会文化的蓝图，希望人性中的善能够最终战胜社会中的邪恶，使人类走向更加美好的未来。

三、罗洛·梅的存在主义人性观

罗洛·梅是人本主义心理学中具有存在主义倾向的心理治疗学家，他

① Seeman, J. (1990). Theory as autography: The development of Carl Rogers. In *Person-centered Review*, pp. 383～384.

② 转引自江光荣：《人性的迷失与复归：罗杰斯的人本心理学》，湖北教育出版社 1999 年版，第 223～224 页。

③ 杨韶刚：《存在心理学》，南京师范大学出版社 2000 年版，第 88 页。

在长期的医疗实践中，通过对患者的心理现实和对社会问题的深刻反思，对人的本质提出了存在主义的观点。他认为，人不同于动物和植物，人有自己独特的本质和存在。在某种意义上说，人及其自我既是客体又是主体。作为客体，人是受大自然、外部现实和社会环境约束和限制的存在物；作为主体，人又可以自由地形成自己独特的存在，因为人可以通过自由的意识、计划和选择来实现他的潜能。在分析存在的基本成分时，罗洛·梅指出，自由是存在的基础，是人格完善的基本条件；个体性是自我存在的前提；社会整合是完整存在的条件；宗教紧张感是人格完善的动力。如果这四个成分缺乏，人就不是一个完善的存在，就有可能在某些方面发生心理疾病。

罗洛·梅把他对人的存在的看法运用于心理治疗。他在分析当代西方心理疾病增多的原因时，把它归咎于现代社会人的价值观的丧失。他说："在一个变换的时期中，当旧的价值观是空虚的，传统的习俗再也行不通时，个体就会体验到特别难以在世界上发现自己。"①在罗洛·梅看来，现代人价值观的丧失在很大程度上是由于人们普遍感到，在庞大的社会机构面前他们是那样无能为力，传统的价值观使他们根本无力改变政府和有关部门的政策和行动。在这个迅速变化的当今世界上，人们也来不及提出能恰当地对付现代生活困境的价值观。个人的无力感和无助感在日益变化的社会生活中也自然而然地发展起来了。另外，通货膨胀和经济衰退几乎同时对人们的心理承受能力进行着剧烈的冲击。灾难性的战争、核战争的威胁、社会治安的恶化、工人失业、物价飞涨……所有这一切都使现代人脆弱的心灵备受冲击。在这样一个足以威胁人类生存的不确定的世界上，人的生活和成长就会受到阻碍，就有可能引发心理疾病。罗洛·梅形象地比喻说，现代人就像是一场恐怖游戏中的人质，在少数当权者的控制之下，他们的生命随时受到严重威胁。在这样混乱的环境中，人们根本找不到自己的价值和尊严，他们怎么能不发生焦虑，怎么能不患上心理疾病呢？在这个意义上说，罗洛·梅不仅分析了患者心理疾病的原因，而且对当时美国社会的残酷现实进行了猛烈的抨击，显示了人本主义心理学家参与社会政治事务的强烈愿望。

在对人性善恶的看法上，罗洛·梅不赞成罗杰斯的性善论，而主张人性是善恶兼而有之。在他看来，人性的形成不同于经济和技术的发展。因为人性当中既有善的成分，也有恶的成分。他批驳罗杰斯的观点，认为社会文化本身无所谓善恶，其中所表现出来的善恶都是人类自我本性的反映。因

① May, R. (1967). *Psychology and the human dilemma*. New York: Norton, p. 25.

为“文化的善与恶是构成文化的我们这些人是善的或恶的。我们的文化在一定程度上是破坏性的，是因为我们生活在其中的这些人在一定程度上是有破坏性的”①。罗洛·梅深刻分析了美国社会的现实，认为美国社会世风日下、美国人的道德观和价值观沦丧，是导致心理疾病增多和自杀率不断上升的根本原因。世界上各种战争和恐怖事件层出不穷，核战争的威胁时刻笼罩在人们心头。世界的经济形势也不容乐观，许多国家和人民忍受着食品短缺和饥馑的威胁。罗洛·梅询问说，在这些严峻的社会现实面前，谁还能相信人性中的善与社会文化的事实是一致的呢？美好的生活蓝图何以未能降低居高不下的自杀率和心理疾病的发病率呢？显然，社会中的恶是由人性中的恶造成的。不过，罗洛·梅是一个主张人性既善又恶论者。他也承认人类社会中有很多值得称道的善行，认为这也是人性的反映。所以，人性应该是既善又恶的。当然，罗洛·梅还没有办法拿出科学的证据来证明其观点是正确的。但是，现代脑科学和基因研究已开始在这方面进行探索，并且部分地揭示了其中的某些真理。或许在不久的未来，人类不仅能用社会科学的观察事实来证明人性的善恶，也同样能够运用自然科学的实证研究来证实或证伪前人的这些假设。

显然，正是通过对人类本性的这种认识，以及对当时美国社会现实的这种反思，才引发了人本主义心理学家深深的思考。他们认识到，单凭物质财富的满足和经济生活的繁荣，不增强个体对自己内在价值的认识和开发，既不能解决人类社会的根本问题，也不可能给人类带来真正的幸福。人类应该由外部空间的开拓转向“内部空间”的探索。因此，他们强烈呼吁关注人的本性，关注人的内部心理现实，促进人的潜能的开发和实现。这些具有时代反叛精神的思想促进了社会各界对人的尊严和社会问题的重视，构成了人本主义心理学迅速发展的社会历史条件。

但是，随着心理学研究的不断深入，人们对人本主义的人性观也不断地提出质疑。即使在人本主义心理学内部，也不断地产生出一些新的观点和看法。社会要前进，人的思想观念也在变化和发展，这是历史的必然。现在，我们不妨通过对人本主义心理学的当代人性观的分析，看一看人本主义心理学对人的本性的看法究竟发生了哪些新的变化。

① May, R. (1982). The problem of evil: An open letter to Carl Rogers. In *Journal of Humanistic Psychology*, 22(3), p.19.

第二节 人本主义心理学的当代人性观

人本主义心理学从建立之初就强调，每个人都有自由选择和自我发展的能力，因此，强调个人价值的最大实现便成为人本主义心理学一贯的主张。但是，在美国这样一个充斥着多元文化、科学技术至上的社会里，人本主义心理学的这种观点是怎样实施的？它能否得到有效的实施呢？随着认识的不断深化，在人本主义心理学内部逐渐分化出不同的学派，例如，现象学心理学、存在心理学、超个人心理学等。在这些复杂情况下，它的最新领导者们是怎样阐释他们的人性观的，也成为当代心理学所关注的一个根本的理论问题。我认为，人本主义心理学在对人的本性的看法上主要有如下新的论点。

一、多元文化社会中的人与多元价值

到 20 世纪初，美国社会便逐渐成为一个多元文化的社会。各种不同肤色、不同国家、不同文化背景的人移居美国，使美国迅速成为一个由 100 多个民族组成、多种价值观并存的社会。虽然经过黑人奴隶解放运动，有色人种在很大程度上被美国社会所接纳，但是，人本主义心理学家所倡导的人是积极的、负责任的、有价值的，人通过自己的自由选择就可以实现自己的理想和价值的主张是否变成了现实呢？在现实生活中有色人种是否和白人获得了同样的权利、地位和待遇呢？我们不妨来看看人本主义心理学家的看法。

首先，在美国的心理治疗中，治疗学家大多数是欧美文化背景的人。虽然按照正规的心理治疗要求，治疗者要对患者进行谈话、测验和系统的观察，对任何人种的患者都应该一视同仁，但实际上，治疗学家对有色人种的看法却常常成为一种非正规的评价过程，时常影响正规的评价和治疗活动。正如一位人本主义心理治疗学家琼斯(E. E. Jones，1985)所说："任何患者都能引起治疗者不予帮助的情绪反应……黑人患者可能会引起更多复杂的

反移情反应，并且更经常地[这样做]。这样做的原因似乎是，黑人的社会形象使他们更容易成为治疗投射的靶子，有文化差异的患者使感情移入(empathy)更容易出现失败。"[①]当然，治疗学家是从他们所持有的西方文化的观点来看待非西方文化的患者的，在这一点上，人本主义心理治疗学家虽然比较宽容，但在本质上也同样不能例外。再者，由于有色人种在经济和社会地位上与白人和中产阶级的人存在很大差异，他们对心理治疗的态度也和白人及中产阶级的人大不相同，因此，虽然人本主义心理治疗学家声称他们对人的看法是以患者为中心的，但这种治疗方法对有色人种的疗效并不显著。

其次，西方人对人格的看法和自我观也同样影响治疗者对人的本质的看法。西方的心理治疗方法目前已有400多种，可谓五花八门，但它们有一个共同点，那就是通过心理治疗来改善作为个体的患者的心理功能。这是"西方社会对人的个体特点的本质的一种独特的本土观点所导致的结果。但是，由于人们可能把自我看作是反映了'在一个独特的文化内部对人之为人的共同的道德理解'，西方人对这个主题的看法就不一定是被其他文化所共享的看法"[②]。我们知道，西方人对自我的文化理想是强调个体的自主性和独特性，自我和他人是有明确的个人分界的，注重的是个人的自我控制和排外的单一自我观。自我与他人的关系则是次要的和派生的。这种自我观和许多其他文化显然是有冲突的。甚至许多美国人也开始认识到，他们并不是独立的、自主的实体，他们体验到自己和他人是相互依赖的，人是高度社会化的。只不过他们生活在一个过分强调个人主义、以自我为中心的西方主流社会的文化中。

相反，很多其他的社会文化把自我看作是和他人相同的，而不是相对立的。例如，非洲国家的人们认为，"之所以我在，是因为我们大家都在，由于我们大家都在，所以我在"。这种观点使一个人的自我和他人并没有本质的区别，是一种以社会为中心的自我观，许多居住在美国的非欧美文化的人都具有这种自我观。因此，一些具有人本主义心理学思想的治疗学家建议，对具有这种文化背景的人进行心理治疗，就不能简单地运用适用于主流的美国社会文化背景的治疗方法，而应该采取更适合他们的文化特点的方法，例如家庭治疗或网络治疗等。这些方法不太强调个人的自主性。虽然它们和

① Jones, E. E. (1985). Psychotherapy and counseling with black clients. In P. Pedersen (Ed.), *Handbook of cross-cultural counseling and psychotherapy*. Westport, CT: Greenwood, p. 178.

② Schneider, K. J., Bugental, J. F. T., Pierson, J. F. (2001). *The handbook of humanistic psychology*. Thousand Oaks, CA: Sage Publications, p. 39.

传统的以患者为中心的人本主义心理治疗有很大区别，但也反映了一种新的以人为本的心理治疗观。

再次，在美国的主流文化中，作为个体的人被看作是一个独立的心理存在，他是自主的，有自由选择能力的。但是，一个在非美国主流文化中成长起来的美国新移民，或生活在这种主流社会却难以融入其中的少数民族的美国人，却很难从根本上接受这种人性观。例如，儒家学说是占据亚洲社会达2 000多年的主要的社会文化传统，即使是生活在美国的亚洲人也时常受到这种文化传统的熏陶和影响。按照这种观点，自我的发展是一个终生的过程，是通过身心的修养而不断发展的学习过程。在这个过程中，人必须是社会生活的积极参与者，只有在参与人际交往、家庭事务、社会活动和国家大事的过程中，才能真正达到"修身、齐家、治国、平天下"的最终目的。再比如，对美国印第安人来说，社会同一性以及个人对群体的责任，会使一个人感到他就是这个集体的代表，无论他在哪里。同时，生活在这个传统中的人必须努力发展自己的技能，使之达到最完善的境地，这就要求他们发展自己的自由意志，具备进行认识和选择的能力，培养坚忍和适应环境的能力，当然，这些发展的最终目的还是为了群体的利益。

现在，人本主义心理学家开始认识到，一个人的人类行为和个人独特性的发展，只有在一个人所生存的社会文化背景中才能出现。一个民族长期形成的文化传统对人的个体性的发展会产生长期的重大影响。例如，亚洲国家尊敬长辈的传统孝道在美国社会也开始受到人们的推崇，因为，随着老龄化社会的到来，老年人的问题已成为全人类都应该关注的重要问题。在这一点上，人本主义心理学家对多元文化的差异表现出一种宽容和理解的态度。

二、现象学心理学眼中的人

在美国，现象学心理学是和存在心理学的发展密切联系的。存在心理学的主要领导者罗洛·梅、布根塔尔等人，早在20世纪50年代就发表有关存在主义—现象学方面的论著，他们和当时流行的存在主义现象学的哲学思潮有很多一致之处，和正在形成中的人本主义心理学产生了很多共鸣，从而极大地推动了现象学心理学的产生和发展。可以说，"美国心理学中的现象学运动是20世纪50年代末受罗洛·梅的那本标志性选集的出版和杜奎森大学建立的一种开创性的心理学研究生教学大纲推动的"①。

后来，杜奎森大学的临床心理学家凡·卡姆（A. Van Kaam）专门讲授存在—现象学心理学，并在此基础上提出了"经验的精神现象学方法"，开设了相应的博士学位课程，为现象学心理学的发展奠定了良好的基础。

目前，现象学心理学的主要代表人物是加利福尼亚大学塞布鲁克研究生院和研究中心的心理学教授乔吉（Amedeo Giorgi）。他虽然在1958年获得了实验心理学的博士学位，但他却深受铁钦纳的学生本特利（Madison Bentley）的影响，认为美国的心理学是分裂的，心理学对人的心理现象的研究是受外部因素制约的。在最近的一篇文章中，他例举了90年代3位有影响的心理学家的著作，指出："诺累特兰德斯（1991）是从物理科学、计算机设计和技术方面来理解人的。他承认确实存在着意识，但它只是大脑的活动，甚至不像大脑活动那么好，因为大脑比意识所能接受的信息显然要多得多。沃恩（1997）是从事精神分析的，但是，作为一位精神病学家，他却相信，经验—行为的病理现象只有根据神经过程才能得到科学的理解。由于神经活动显然参与了我们的经验世界、意义世界的某些动态活动，因此，我们可以用它来解释为什么我们会经验到我们所做的事情。最后，平克尔（1997）是一位认知科学家，他相信，软件设计的原理，再加上进化论的原理，就完全可以说明人类的行为。他承认，这种完全的理解还有很长的路要走，但理解最终将服从于这些原理。所以，物理科学、神经学、进化论和认知科学基本上都能做要求心理学去做的工作。我的论点是，这是不可能的。"②

乔吉对心理学中的这种研究取向深感不满。他在对此进行反思和批判的基础上，借鉴胡塞尔和梅洛·庞蒂的现象学思想，提出了一种研究人的心理学的科学框架，并把现象学心理学作为研究心理经验的一种方法。

首先，心理和环境相互作用的观点。乔吉认为，人的精神世界和心理现象是一种特殊的现象，它的主题没有明确的界限，也容易引起争论。我们决不能说，完整的人纯粹就是心理学所寻求的人，因为一个人可以对人采取多种不同的看法。我们也决不能说，纯粹的人就是心理学的研究主题，因为人还必须和环境发生各种复杂的联系。因此，由于人和环境的相互作用是辩证存在的，环境会影响人，人也会对环境产生反作用。所以，对人的心理现象的研究就要把这种相互作用考虑在内，就要考虑人的心理在与周围环境

---

① Kazdin, A. E. (2000). *Encyclopedia of psychology*. London: Oxford University Press, p.163.

② Schneider, K. J., Bugental, J. F. T., Pierson, J. F. (2001). *The handbook of humanistic psychology*, Thousand Oaks, CA: Sage Publications, p.58.

相互作用时是怎样发挥其功能的。在这个相互作用的过程中，人是行为的主体，他不是简单地受环境支配的产物。

其次，身心整合的观点。人的心理在与环境的相互作用中扩展了其生物能力，这种扩展是在身心整合的基础上做到的。当然，这个整合过程是相当复杂的，既有纵向的关系，也有横向的水平。心理学所能研究的只能是其中的一部分，因为在这个过程中还有其他学科所感兴趣，而心理学却无能为力的东西，例如，逻辑思维和数学思维的发展等。还有些方面，例如，解剖学和神经学，不是心理学所能直接介入的方面。乔吉认为，心理学所能直接探讨的是“意识和身体的整合功能”，他称之为“主体性”(subjectivity)。我们知道，在现象学中，意识的本质是“意向性”(intentionality)，而不是“觉知”(awareness)。这意味着，意识总是指向某个对象，而这个对象往往超越使它现身的那个行动。所以，意识是一种开放的原则，它使人能够对外部世界开放。身体也具有这种意识的意向性，因此，也指向外部世界。人的潜意识也同样具有这种性质，惟独觉知常常没有这种指向性。乔吉指出，身体作为一种指向外部世界的主体，实际上是心理学上的一种身体感受，它具有一系列意识活动的主体性，但却不一定在身体上表现出来。这种整合是以个人的方式进行的，是包括行为、意识和潜意识在内的功能的整合。心理学只是研究其中的一部分，其他学科也从不同的角度对这种整合进行研究和分析。

再次，心理生活的情境性和多变性。既然人是与环境相互作用的产物，人的心理生活就是相当丰富多彩的，也是复杂多变的。人与外部世界的相互作用中，心理活动主要是受人的兴趣支配的，或者说，是受“我心目中的真理”(truths for me)支配的，因此，它的结构常常是超理性、超逻辑的。它所遵循的规范是因时间、地点和人的情况不同而随机应变的。就是说，此时的我可能和彼时的我是不同的；在不同情境下所感受到的客体也同样是因人、因时、因地而变的。在这个意义上说，心理学研究中对人的“应然性”的理解也应该通过对情境的解释来进行。在实验室里得出的所谓科学的结论，在不同的情境下可能会有不同的含义。因此，乔吉建议，心理学应该把情境作为心理学分析的基本单元。因为心理学对人的分析是从特定情境中人的具体行为和经验开始的，而行为和经验的未来状况和历史都是从属于具体情境的。这种观点显然和西方管理心理学中流行的“权变理论”是遥相呼应的。

三、存在心理学的人性观

在美国，存在心理学是人本主义心理学运动中一支十分重要的力量，至今仍在发挥着重要的作用。它的早期创立者就是人本主义心理学的早期领导者罗洛·梅和布根塔尔①。罗洛·梅于1994年去世。布根塔尔现已年过90高龄，却仍然笔耕不辍，不时有文章和论著出版。目前，存在—人本主义心理学的主要领导者是科克·施奈德(Kirk J. Schneider)。他是美国旧金山存在—人本主义研究所的合作创立者和现任所长，目前担任《人本主义心理学杂志》的主编。1995年，他和罗洛·梅合著的《存在心理学：一种整合的临床观点》一书出版，标志着罗洛·梅存在心理学的终结，也标志着施奈德存在心理学思想的新起点。当然，存在心理学的阵营中还有其他一些有影响的代表人物，例如，阿尔文·玛勒(Alvin Mahrer)、凡·卡姆等人。在这里，我着重评述他们在心理学研究中对人的一些比较一致的看法。

1. 对人的完整理解

存在心理学认为，心理学应该提出一种完整的人的概念，从人的全部存在现实出发来理解人。为了实现这个目的，存在心理学家主张用特殊规律研究法来研究具体的人，而不赞成用普遍规律研究法来研究人。因为每个人在自己的内心生活中都有独特的心理存在，他对客观世界的知觉和评价是以他个人的经验为依据的，因此，即使在相同的实验情境下，不同的被试者也会表现出大相径庭的心理活动。因此，研究具体个体的意识、情感及其个人内心的体验应成为存在心理学的主要研究内容。当然，这样做的最终目的仍然是要发现人类心理生活的基本力量和倾向，为全面理解人的本性提供更真实的证据。正如凡·卡姆在他所主编的《存在心理学与精神病学评论》杂志中所说，存在心理学和精神病学“寻求通过鼓励行为科学和人的现象学之间的对话，来理解人类存在，并且旨在把心理学和精神病学的理论与数据整合成为一门关于人的科学，这门科学是建立在对人的基本本性的日益了解基础上的”②。

---

① 关于罗洛·梅和布根塔尔的人性观及其心理学思想，请参见杨韶刚：《存在心理学》，南京师范大学出版社2000年版。

② Misiak, H. & Sexton, V. S. (1973). *Phenomenological, existential, and humanistic psychology: A historical survey*. New York: Grune & Stratton, p. 100.

2. 人有选择的自由

提倡自由选择是存在心理学区别于提倡自我实现的人本主义心理学的一个重要的理论取向。存在主义者认为人性是既善又恶的，在人的一生发展过程中，人的自由选择的存在性质就决定了人的本质。“我们能运用我们的自由创造任何我们所希望的生活，无论它是好是坏。”[①]他们反对精神分析的生物决定论，认为推动人的理智和非理智行为甚至病态行为根本动力的是人本身。即使是潜意识的内容，归根结底也是受人的自由意志支配的。“因为我们是自由的，我们不能因为我们的不幸而责备上帝、父母、遗传和环境，而只能责备我们自己。”[②]

3. 潜能冲突的人性观

玛勒的作品及其影响主要是在马斯洛之后开始的，他对人性的看法与马斯洛有共同之处，但也有很大区别。在他看来，我们与世界的关系来自于我们与自己心中的一些内在人物（inner figures）的关系。他把这些所谓内在人物称为“潜能”。但这些潜能并不都是“善”的，也不是按照需要层次逐级而上的，而是经常发生冲突，有时甚至可能成为致命的威胁。正是由于潜能的存在，在某些情况下我们的很多能量就耗费在我们自己的潜能之间的内在冲突上了。对这些潜能，我们有时能意识到，有时却意识不到。玛勒认为，在发生严重内心冲突时，我们经常采用的一种方法是，进入一种无感受状态（a state of unfeeling），也就是把自己隐藏在一堵安全墙之后，使自己不要对外部世界产生过多的感受。心理治疗就是要把人从这种内在冲突中解放出来。他说：“当你和你的内部存在接触上几分钟之后，或在经历了一天的精细的自我探索之后，或在接受了几个月良好的心理治疗之后，你从第一次内在过程中浮现出来时，你就不同于——或许只是轻微地，或许是极大地不同于——过去的你了。成为这样一个新人，无论它是什么样的新人。”[③]要使人真正获得解放，就必须接受正确的治疗。玛勒认为，大多数心理治疗旨在调整和治疗症状、减轻焦虑和恢复正常功能。这种旧的治疗方式实质上是为了避免使人发生改变，是治标不治本的。真正的治疗应该是正视人的内心最深处的人格冲突。近年来，玛勒对此又做了新的扩展。关于他的心理治疗的主要论点，我们将在后面的有关章节中再行论述。

---

① 赫根汉著，郭本禹等译：《心理学史导论》，华东师范大学出版社 2004 年版，第 887 页。

② 赫根汉著，郭本禹等译：《心理学史导论》，华东师范大学出版社 2004 年版，第 888 页。

③ Rowan, J. (2001). *Ordinary ecstasy: The dialectics of humanistic psychology*. Hove: Brunner-Routledge, p. 29.

4. 解决人的生存困扰的存在心理治疗

在心理治疗中，施奈德等人力图用存在心理学的框架对其他学派的治疗技术进行整合，形成一种存在心理治疗的理论体系。20 世纪 90 年代他和罗洛·梅一起建构了一个“整合的存在治疗分层模型”。该模型共有六层：最外面是生理层，第二层是环境层，第三层是认知层，第四层是性心理层，第五层是人际关系层，位于最核心部位的是存在层。相应的，心理疾病由于发生在不同的层次，治疗的方法和效果也有所不同。① 施奈德等存在治疗学家发现，很多人的心理疾病都和孤独、寂寞及情感疏离有关，这是一种时代的精神疾病。存在心理治疗着重于解决人在生存的意义问题上遇到的困扰，而这种困扰恰恰是由人的本性所决定的，只有用存在治疗的方法才能提供有效的治疗。

总之，人本主义心理学对人性的看法是随着时代的发展而不断发展变化的。在西方科学主义至上的社会环境中，虽然它的人性观还不能从根本上解决心理学的生物学化和机器化倾向，但它的存在的确在一定程度上对这种倾向产生了制约作用，这对正确地把握心理学的未来发展方向是有进步意义的。当然，它对人性的看法虽然有不少变化，但在本质上仍然看作是先验的存在。它虽然强调人的自由选择，但在强大的社会机器面前，它又常常采取逃避的人生态度。它想要建立人的科学心理学的理想虽然令人向往，但它建构这种理想的成效却微乎其微，这意味着人本主义心理学在人性观的理论建设上也还有很长的路要走。

---

① 杨广学：《心理治疗体系研究》，吉林人民出版社 2003 年版，第 323 页。

第四章

价值升华：人本主义心理学的价值观

人本主义心理学在研究人类本性的过程中，把人的内在价值作为人性的核心。其中，马斯洛的“自我实现”理论、罗杰斯的“充分发挥作用的人”、罗洛·梅的“存在感的自我体验”等都是这种内在价值的表现。正是出于对人自身价值的重视，人本主义心理学家相信，只要社会能够提供良好的教育条件，人的内在价值就不会受到压抑，就可以自发和自主地发展起来。在早期人本主义心理学家那里，这些关于人性和内在价值的阐述构成了其价值观的一个重要组成部分，但由于他们的研究重心并没有放在道德心理学上，因此，他们对道德问题和价值观的这些阐述都是零散的、不系统的。在人本主义心理学家的影响下成长起来的“价值澄清学派”，在20世纪六七十年代成为美国道德教育心理学的主要代表之一，也形成了一些较系统的道德教育的理念和实施方法。在80年代，人本主义心理学和价值澄清学派受到人们的广泛批评，经过深刻的反思之后，一些心理学家又开始提出一些新的理论观点和实施策略，在道德价值观的研究方面走向了一个新的发展阶段。

第一节　人本主义心理学的早期价值观

根据他们研究取向的不同，早期人本主义心理学家可以大体上划分为两大派：一派是以马斯洛、罗杰斯等人为代表的主张自我实现的心理学家，另一派是以罗洛·梅、布根塔尔等人为代表的主张自由选择的存在心理学家。由于这些基本理念的差异，在价值观的研究方面，他们也表现出两种既相互联系，又有所不同的研究取向。

一、自我实现的价值观和道德准则

1. 马斯洛等人的观点

(1) 每个人生来就有一种内在的自我实现倾向，这种倾向使整个人类都具有共同的价值观和道德准则。

马斯洛指出："我们越来越清楚地看到，人的身上有无限的潜在能力，如果适当地运用它们，人的生活就会变得像幻想中的天堂一样美好，从有潜能的意义上，人是宇宙中最令人惊异的现象，是最具有创造性、最精巧的生物。多少年以来，哲学家们一直在寻求真、善、美，论述它们的力量。现在我们知道，寻求它们的最佳地方就在人们自己身上。"①

显然，马斯洛的这种观点带有先天论和生物本能论的色彩。但这种先天的生物本能主要是善的，是人性中可以信赖的美好的方面。而且，现在基因和遗传学的研究已经在一定程度上证明了遗传基因在人的心理发展中的重要作用。因此，我们不能简单地认为，马斯洛等人主张人有自我实现的先天倾向就是遗传决定论，在理论上就一定是错误的。

马斯洛等人在承认人有先天的对知识、真理和价值进行追求的本性基础上，也阐述了人具有不同于动物和高于动物的多种价值观和道德准则。例如，他的著名的需要层次论提出：人有五种或七种需要，其中生理和安全的需要是人和动物都具有的；而爱与归属的需要、尊重的需要以及自我实现的需要则主要是高等级动物，尤其是人类所独有的。物种的等级越高，这些高等级的需要就越明显。越是高级的需要，就越带有人类的性质。例如，爱和归属的需要在灵长类动物和人类身上都有，而创造性思维则是人类所独有的，是人的自我实现需要的一个重要组成部分。这样，马斯洛等人的观点就和撇开人和动物的根本区别来研究人的行为的行为主义心理学区别开来，使人本主义心理学成为以人的价值观为核心的心理学体系。

(2) 教育的作用是发掘人的自我实现潜能，使人的真、善、美的道德本性得到最大限度的实现。

马斯洛等人相信，每个人都有先天的优良素质，他不是被教育和环境浇铸或塑造成人的。教育和环境的作用，只是对他提供一定的和必要的帮助，使他自己的潜能得到实现，而不是使教育者或环境的潜能得到实现。为此，

① 霍夫曼著，许金声译：《马斯洛传：人的权利的沉思》，华夏出版社 2003 年版，第 145 页。

马斯洛指出:“人性在根本上并不是被塑造的……环境也不会赋予他潜能和才干。他本身就具有一定初步的或胚胎性质的品质,就像他有胳膊和腿一样。创造力、自发性、个性、诚实、关心他人、爱的能力、向往真理等等,都有与生俱来的初级潜能,正如他一生下来就具有胳膊、腿、大脑和眼睛一样。”①

在道德教育方面,马斯洛认为:道德教育所面对的不是具有空洞心灵的人,不是在此基础上为他创造一种新的道德灵魂,也不是对所谓不良品德的人进行“改造”,而是要创造条件,使人的内在道德潜能得到发展和实现。早在20世纪50年代,马斯洛曾应邀参加了美国哈佛大学的索罗金领导的“创造性利他主义研究会”的活动,并且花费了大量精力,为该研究会今后几年的工作制定了具体的计划。其主要的研究领域包括:

• 详细研究在人类关系中以及非人类种系之中,创造性的、无私的爱和有害的利己主义各有什么主要的存在形式。

• 哪种全面的价值观体系特别有助于个人、群体、机构和文化向利他主义或利己主义转变?

• 产生利他主义和利己主义的原因和要素是什么?

• 哪种基本社会结构一般易于形成利他主义和利己主义?哪种个人和群体尤其如此?

• 哪种方法对于个人和群体形成利他主义是最有成效的?对具体的个人或群体形成利他主义有什么特殊方法?②

根据这个研究总课题的要求,马斯洛和研究会的其他成员一起努力,提出了20多项具体的研究计划,例如,研究大众媒介和美国主要的宗教派别对社会价值观和道德的影响,进而找到一些方法来拯救日益衰弱的家庭价值观;设计一些有效的教育方法,向儿童传授利他主义的价值观;通过研究以确定爱、同情、憎恨等人类情感的生理学基础等。经过数年的努力,他们取得了一些很有价值的成果。1957年该研究会主持召开了一个跨学科的关于价值观问题的研讨会。在马斯洛的组织编辑下,该研讨会的演讲以《人类价值观的新知识》为书名于1959年正式出版。

2. 罗杰斯的道德价值观

如果说马斯洛主要在理论上为人本主义心理学奠定了基础,那么,罗杰斯则是在理论和具体实践方面都卓有建树的人本主义心理学家。尤其是在教育领域,罗杰斯“以学生为中心”的教育思想至今仍具有重要的学术价值。

---

① 霍夫曼著,许金声译:《马斯洛传:人的权利的沉思》,华夏出版社2003年版,第206页。

② 霍夫曼著,许金声译:《马斯洛传:人的权利的沉思》,华夏出版社2003年版,第203页。

对此，我将在有关教育的章节中详述，这里重点阐述罗杰斯的道德价值观。

罗杰斯强烈反对传统的学校道德教育对人性的压抑。在他看来，要实现人本主义的道德理想，就必须摒弃强行灌输道德信条和机械训练道德习惯的传统做法，就必须建立一种“以学生为中心”的学校道德氛围。这个道理就像心理治疗一样，要改变患者的人格，就必须在医患之间建立一种可以信赖的咨询关系。同样，要使学生的道德潜能得到发展和实现，师生之间也必须建立良好的师生关系。“在结成关系的两方之中，至少有一方存有这样的意图：想促进另一方的成长、发展、成熟，想促进对方的潜能，以及他应付生活的能力的发挥。”[①]在确立了良好的师生关系之后，还必须满足三个基本条件，才能有助于实现人本主义的道德教育目标。这三个条件是：

(1) 真诚一致(authenticity)。

在心理治疗中，真诚主要是指心理医生的真诚，就是说，医生必须是一个表里一致、真诚、统整的人。“在咨询关系中，治疗者越是他自己，越是不戴专业面具或个人面具，来访者就越有可能发生建设性的改变和成长。真诚意味着治疗者对当时当地流过自己心头的情感和态度保持开放。”[②]把这种观点运用到道德教育中，就要求教师在学生面前要保持坦诚真实的态度。换句话说，在和学生进行心与心的交流时，要把道貌岸然的学术权威的假面具揭除，把自己真实的思想、情感坦诚地展现出来，以真诚的话语和宽阔的胸怀打动学生的心灵，这样才能在师生之间建立起相互信任的思想感情。正如罗杰斯所说：“当我们能够使个体从防御中解放出来，使他能对广泛的环境和社会要求开放时，就可以相信他的反应是积极的、是向前的、是建设性的。”[③]

(2) 无条件积极关注(unconditioned positive concern)和接受。

这是指一个人发自内心地对他人表示看重、认可，对他的价值表示赏识。在心理治疗中，“当治疗者发现自己怀着一股温情，接纳来访者的任何感受，把它视为来访者的一部分，这时候他就在体验着对来访者的无条件积极关注”[④]。把这种观点运用在道德教育中，就要求教师要充分尊重学生的人格，无条件地接受学生有自己独特的思想观点、习惯和行为等。当然，这种接受不是丝毫不给予任何评价，而是为进一步深入了解对方提供沟通的

---

① 江光荣著：《人性的迷失与复归：罗杰斯的人本心理学》，湖北教育出版社 2000 年版，第 113 页。

② 江光荣著：《人性的迷失与复归：罗杰斯的人本心理学》，湖北教育出版社 2000 年版，第 114 页。

③ Rowan, J. (2001). *Ordinary ecstasy: The dialectics of humanistic psychology*. Hove: Brunner-Routledge, p. 246.

④ 江光荣著：《人性的迷失与复归：罗杰斯的人本心理学》，湖北教育出版社 2000 年版，第 116 页。

桥梁。这样,师生之间才不会相互戒备,才有可能把自己内心真实的想法表达出来,真正的道德教育才有可能进行。

(3) 移情理解(empathic understanding)。

这里的移情(empathy)不同于弗洛伊德的所谓移情(transference),而是指两个人之间的一种感同身受的体验和理解,也就是把自己放在对方的位置上来体验对方的心理感受,并且认识到对方不会对自己妄加分析和判断,这时他才会敞开心扉,展示自己内心的真实感受。正如罗杰斯所说:"只有当接受包含着理解时,接受才有意义。只有当我理解了对你来说似乎如此可怕、如此微弱、如此感伤,或如此稀奇古怪的感受和思想时——只有当我像你那样来看待他们,并且接受他们和接受你时,你才会真正觉得可以自由地探讨你的内心深处所有暗藏的隐蔽角落和可怕的缺欠,以及经常被掩埋起来的体验。"[①]在学校道德教育中,教师应该设身处地地站在学生的立场来考虑问题,体验他们的思想和感受,努力表达我能理解你为什么这样做。其特征之一是,教师对学生的思想和道德品性不做出直接的判断,不做定性评价,只表示同情、理解和尊重。当然,一个人要完全进入另一个人的内心世界是不可能的。移情理解只是通过不断地追问和探求,以便尽可能真实地理解对方,这是进一步沟通和相互理解的基础条件。

二、自由选择的道德价值观

1. 罗洛·梅的存在主义道德价值观

20 世纪四五十年代在美国出现了存在主义哲学思潮,罗洛·梅等人把这种哲学思潮与心理学相结合,在推动人本主义心理学的发展和存在心理学的建设方面发挥了重大的作用。存在—人本主义心理学的主要创立者罗洛·梅,深切关注现代人的存在境况,倡导发现人生存在的价值、真谛和意义,强调人的意识是自由的,人可以通过自由选择实现自己的存在价值。这种浓厚的存在主义倾向体现在罗洛·梅的道德价值观中,形成了人本主义心理学中注重个人自由选择的道德价值观。因此,有人说:"罗洛·梅的每一本主要著作都是对价值观的解释,他认为价值观是解释人类本性的基础,因为价值观赋予人类——他曾把人称为'道德动物'——以'存在感'或本体

① Rogers, C. R. (1961). *On becoming a person*. Longdon: Constable, p. 34.

论。"[1]概括地说，罗洛·梅的存在主义道德价值观主要包括如下内容：

(1) 自由是道德价值观的根源。

罗洛·梅认为，价值观的获得是一个人主观评价的动态过程，价值观不能独立于主体的评价过程和个体的投入之外而存在。因此，在对个人的道德价值观进行评价的过程中，自由是最基本的前提条件，所以任何导致人的潜能完满实现的道德系统都必须保证人的自由不被剥夺，因为自由"是所有价值观的根源"，而且"评价过程本身就依赖于自由"。[2] 为了阐明人的价值观的起源，罗洛·梅从下述三个方面做了论述。

① 自由的意义。罗洛·梅重视自由在个人道德发展和价值观形成中的作用。他认为如果没有自由，传统的理念就不能丰富个体的智慧，而是起桎梏作用，传统就会变成一套内化了的"交通规则"，对于个人的内心发展几乎没有任何积极影响，甚至当"人们被迫放弃其自由以后便会释放出巨大的仇恨"[3]。因此，自由比生命更宝贵，例如，有人宁愿为他们所热爱或信奉的政治、自然和精神的自由而死，也不愿意放弃其价值观，自由是人类尊严、勇气、诚实和爱的根源。

当然，罗洛·梅也承认自由的限度及其与责任的关系。人不可能完全摆脱决定论的生命力量，谁也不能完全摆脱身体的决定，摆脱其心理构成及其文化的历史现实。但是，一个人越是意识到它被决定的方式，就越能自由地对这种决定论的力量做出反应。因为自由和责任是相关而不能分离的，他把这种道德称为"有意向的道德"，意思是我们必须为我们的自由的意向负责。

② 文化传统是价值观的最初体现。人的道德价值观是在社会的长期发展过程中形成和发展起来的，因此，价值观离不开社会的文化传统，神话就是这种文化传统的一部分。罗洛·梅把价值观与文化传统中的神话联系在一起，认为神话体现着人类经验的原型或格式塔，给个体的生活赋予了意义，因为神话是形成某种心理模式的象征，它是在自发的水平上揭示人的价值观的。罗洛·梅接受了精神分析的观点，认为在童年早期建立的神话是人的价值观的最初体现，它在意识和潜意识、理性和情感、个体与社会、历史与现实之间架设桥梁，并在这些意义被理智化之前指导着个体的存在以及

① DeCarvalho, R. J. Humanistic Ethics of Rollo May. In *Journal of Humanistic Psychology*, Vol. 32, No. 1. Winter, 1992, p. 8.

② DeCarvalho, R. J. Humanistic Ethics of Rollo May. In *Journal of Humanistic Psychology*, Vol. 32, No. 1. Winter, 1992, p. 13.

③ 罗洛·梅著，冯川译：《罗洛·梅文集》，中国言实出版社 1996 年版，第 584 页。

与别人之间的关系。当这些神话失去意义时，就不再作为一种整合的力量而起作用，社会也因缺乏整合而破裂。20世纪的西方社会之所以出现价值观丧失，就是因为神话失去了其原始的意义，现代人的价值观当然也就不足为奇地随之四分五裂。我们时代所具有的高度焦虑和神经症患者的增加，就是传统文化中神话价值观的丧失，而使人们失去了对生活的有意义理解和目标。

罗洛·梅借助于对体现在神话中的价值观的论述而突出了传统道德的意义，他建议人类要重视把从先祖那里继承下来的道德与宗教传统化为己有。他说："我们今天的痼疾之一是在相当程度上失去了与过去的智慧的创造性联系"，"……历史乃是我们社会的躯体，我们生活、运动、存在于其间，切断自我与历史的联系或认为它无关紧要，就好像是说'我的身体已逃之夭夭'一样的不合情理"。①

③ 评价过程促进道德价值观的成长。造成现代社会道德价值观混乱的原因很多，道德评价过程的不一致是一个主要的原因。罗洛·梅认为，要把价值作为个人评价过程的一个产物来解释，要以人投身于其中的重要因素来加以评价。例如，一个人真正在价值上看重的东西，如家庭关系、占有物、理想和生活目标等，把它们作为由主观投入、个人选择而引起的具体现实来接受，而不是作为毫无意义的抽象理论探讨的结果来接受。因而，抽象的和孤立的理论阐述并不能创造价值，只有价值观的主观体验才能提供评价标准，使人把自己当做一个人来看待。只有当一个人的动机和道德觉知(moral awareness)成为出发点时，它们才具有意义。因此，在罗洛·梅看来，道德行动是内部动机和态度的表现，是由自我和主张个人权利所选择和肯定的行动。因此，价值观可以促进人的道德评价行动，这些行动要求有勇气和投入，其个人目标和生活方式是经过他自由选择的。

这样，评价过程以及成为一个人的过程，就是使人围绕自我选择的价值观建立内在核心的过程。按照这种理解，罗洛·梅把人生的意义建立在使自我具有价值核心这一过程上，这种价值核心不仅因人而异，而且在个体内部也有差别。就是说，在个体内部并没有一个人们永久满足的固定的核心，它是一个持续不断地围绕价值观核心建立的过程，它是整合与统一的心理核心，这些核心随着时间和环境而改变。例如，从发展的观点来看，从父母处得到的养育、爱和认可，会随着儿童的长大而变成渴望获得社会成功和需要获得同伴的认可。在成熟的成年人身上，这些价值观的目标是自由、宗教

① 罗洛·梅著，冯川译：《罗洛·梅文集》，中国言实出版社1996年版，第640页。

和科学。罗洛·梅指出，随着个体的成长，价值观的成熟便包含着原始价值观持续不断的转换。成人的价值观根植于母亲的关怀与爱，但不是永久不变的。因为永久固定的价值观会僵化成教条，因此，我们不仅要根据我们的核心价值观而采取行动，而且应该继续进行重新评价并使之符合新的环境、时代和人。

(2) 道德困境与价值核心的丧失。

现代社会弥漫着对科学技术理性的无限崇拜，西方社会早已撤销了对性的道德禁令，人们不再像弗洛伊德时代那样遭受性禁忌和宗教势力的压抑。按照弗洛伊德的观点，心理疾病的发病率应呈下降趋势，但事实上来找心理医生咨询求助的人却越来越多。罗洛·梅发现，他们并不是感到性的本能受到压抑，而是感到空虚、孤独、焦虑和失望，感到生活毫无意义，没有了目标和理想。社会在伴随科学技术的进步而产生了硕果累累的物质财富的同时，人类的精神世界却日渐萎缩。无处不在的焦虑是个体必须面对的危机的标志，空虚感和贫乏感则来自于"人们自感无力从事任何活动以影响自己的生活和自己的生活世界"，"人感到自己不能作为一个实体而在指导自己生活方面有所作为，不能改变他人对自己的态度或有效地影响他周围的世界"。[①] 罗洛·梅以深邃的目光对现代人所处的道德困境进行了剖析，他开始从新的视野和角度探讨相应的心理治疗理论和方法。

在现代社会，这种困境以及人与自己的疏离感起源于科学技术与人类价值观的分离，起源于人类世界的"机械化"。20 世纪科学技术的进步给人们留下了难忘的印象，但这种进步却误导人们，以为道德与科学的分离将会改善人类世界。其结果是人类道德并没有取得相应的进步，机械化的现代世界塑造了人类文明，也使人成为它的奴仆。同时，人类价值观的发展并不遵循科技进步的模式：人类不会像技术那样自动地发展到更高的心理与道德水平。例如，我们今天的桥梁比古代社会的桥梁建造得好，但这并不意味着我们的道德价值观也取得了比古代人更大的进步。

道德困境的产生还源于这样一个事实：西方社会正处于剧烈变化的时代，"一种生活方式已陷入垂死的痉挛，另一种生活方式正在诞生"[②]。人们的传统价值观和目标都相继受到了不同程度的冲击和怀疑。在上个世纪起作用的某些价值观到了本世纪却不一定起作用了，因为当今的世界发生了巨大而迅速的变化，我们甚至都没有时间提出能恰当地对付现代生活的新

① 罗洛·梅著，冯川译：《罗洛·梅文集》，中国言实出版社 1996 年版，第 462 页。
② 罗洛·梅著，冯川译：《罗洛·梅文集》，中国言实出版社 1996 年版，第 483 页。

价值观。“在一个变化的时期中，当旧的价值观是空虚的，传统的习俗再也行不通时，个体就会体验到特别难以在世界上发现自己。”[①]罗洛·梅在心理治疗的实践中发现，有三种传统的价值观已被现代西方社会所抛弃：

① 最大限度地谋求利益的健康的个体竞争的观念。

以个人主义和实用主义为特征的价值观曾使个体自我能有效地适应世界。但是，今天的人们却采取了一种不健康的掠夺式的竞争方式，“这使每一个人都成为其邻居的一个潜在的敌人，从而造成了人际间许多的敌意和仇恨，并极大地增加了我们的焦虑和相互疏离”[②]。

② 相信个人的理性。

在西方社会，理性和相信个人竞争精神的价值是在文艺复兴时期被引进的。理性最初是包括意志、情感等因素，它促进了科学的进步和教育的普及。20世纪情况开始发生变化，理性成为科学的代名词。很多人以为通过科学理性就可以提供解决所有问题的答案。今天，理性的意识和非理性的情感更加分裂，进而造成人格的分裂。因此，很多人便采取不恰当的行动，在需要我们用经验加以统一的情境中，人们却擅自对其施加理性的或非理性的影响。这种人格分裂导致了具有进步意义的理性价值观的丧失。

③ 人的价值感和尊严感。

罗洛·梅认为，价值感和尊严感都属于自我感的核心范畴，它们的丧失很大程度上是由于人们普遍感到在庞大的社会机构面前软弱无力，个体根本无力改变政府和有关部门的政策和行动。同时，战争和美国社会的通货膨胀、经济衰退等都使人们的心理承受能力受到剧烈的冲击。在这样一个足以威胁人类生存的不确定的世界上，许多人感到环境是无法控制的，个人的力量实在是无能为力的。当人们找不到自己的价值感和尊严感的时候，就肯定会发生心理疾病。正是这些价值观的丧失才是导致现代人心理疾病增多的重要原因。

2. 布根塔尔的存在主义道德价值观

除了罗洛·梅之外，早期存在—人本主义心理学家还有布根塔尔。他之所以认同存在主义，正如他自己所说：“在思考人的生存境况时，我发现存在主义观点最能说明我的日常生活经验，包括我对这些人进行治疗的实践

① 杨韶刚：《寻找存在的真谛——罗洛·梅的存在主义心理学》，湖北教育出版社1999年版，第100页。

② 杨韶刚：《寻找存在的真谛——罗洛·梅的存在主义心理学》，湖北教育出版社1999年版，第100页。

经验。”[①]布根塔尔以罗洛·梅的存在心理学为理论基础，以精神分析方法为治疗手段，通过对现代人存在的基本状况、存在困境、存在过程和存在理想等的系统分析，阐发了他的存在主义的道德价值观。其主要论点包括：

(1) 被给予的存在是人之存在的基石。

在对人的存在的看法上，布根塔尔认为，人就是世界上的存在的被给予性(existential givens)，意思是指人是本体论意义上的存在。换句话说，人的存在是以有机体的存在为基础的。它首先是物质的，是人的所有存在的先决条件和基石。若没有有机体的存在，那么包括人的精神世界在内的一切存在也就不复存在了。当然，作为一个存在—人本主义心理学家，布根塔尔所关心的还不是物质上的存在，而是由人的被给予性所引起的主观经验的存在。1993 年，布根塔尔对存在的被给予性做了如下总结性的阐述：

- 我们是有觉知的，并且能觉知到这种觉知(即人是有意识的)；
- 我们是具体化的，生活在物质的实体内或实体之中；
- 我们是有限的，在我们的存在的所有方面都是有限的；
- 我们是能够行动的，能够移动和做事情，或者也能够不行动；
- 我们在存在的方式和做事情的方式上是有某种选择的；
- 我们和所有的他人既是疏离的又是关联的。[②]

布根塔尔把存在的被给予性视为人之存在的基石，并且成为他的整个理论观点的基石。在此基础上，他进一步阐述了其焦虑、人格、心理健康和心理治疗的观点。

(2) 觉知的存在是人之存在的过程。

布根塔尔认为，觉知(awareness)是在存在的被给予性基础上对自己存在状态的意识，其中最核心的成分就是对自我的意识。“人正是通过觉知才发现了他自身和世界，才能评估他与世界之间的关系。”[③]但是，由于人的存在是被给予的，因此，一个人绝不可能达到真正的自我觉知。在这个意义上说，成为“主我的过程”(I-process)就永远是一个过程，是一个人不断朝向自我实现的发展过程，只是每个人实现的程度不同而已。

觉知除了表现为一种发展过程之外，还表现为我在不同的发展阶段有

---

① Bugental, J. F. T. (1965). *The search for authenticity: An existential-analytic approach to psychotherapy*. New York: Holt, Rinehart &Winston, p. vii.

② Bugental, J. F. T. & Sterling, M. M. (1993). The meld experience in psychotherapy supervision. In *Journal of Humanistic Psychology*. Vol. 33, No. 2, p. 40.

③ Bugental, J. F. T. & Sterling, M. M. (1993). The meld experience in psychotherapy supervision. In *Journal of Humanistic Psychology*. Vol. 33, No. 2, p. 40.

不同的形式,甚至在同一时间内也可能表现为多种形式。为此,布根塔尔列举了如下一些主要的形式:

- 人际对话时所表达出来的内容;
- 自我对内外部现实的持续知觉;
- 个体在觉知时所产生的情感评价;
- 对未来的预见和准备采取行动时的觉知;
- 短时记忆和长时记忆的觉知;
- 与幻想有关的觉知;
- 表现在全部觉知中的完整意识流。

既然觉知包含着多种不同的形式,个体就可以要么把注意力集中在某种形式上,要么在不同形式之间进行转化。因此,觉知不是一个僵化不变的过程,而是一个主动地朝向本真存在的发展过程,这是人的存在的灵活性和发展性特点。

(3)本真的存在是人之存在的理想。

布根塔尔从存在分析的立场出发,强调人在世界上的存在有一个理想的目标,即本真的存在。他曾写过两本关于本真的书,详细阐述了他对本真价值观的看法。他说:"所谓本真,我的意思是一种具有核心意义的真诚和对存在的觉知。本真就是一个人在当前时刻所全面觉知到的他的生活状况的表现。本真是难以用言辞表达的,但却很容易在我们自己和他人身上凭经验感觉到。本真有三个基本的特点:① 本真的人对他自己、他的关系以及他在各个方面的世界有广泛的觉知。② 本真的人接受并准备面对下述事实,即他不断地处在做出选择的过程中,这些决定是生活的真正本质。③ 本真的人为他的决定负责任,包括全面认识到它们的后果。"①

首先,本真就是一种内心的体验和感悟。如果一个人对其真实自我的存在或重要性予以否认,就意味着他没有获得关于其真实自我的体验,因此,他就不是一个本真的人。换句话说,这种人能够用言语来谈论自由,但却不能用行动来实施自由。罗洛·梅说得好:"自由是有核心的自我采取行动的一种性质。"②因此,"只说不练"的人是一个没有自我核心的人,是一个非本真的人。例如,在人本主义心理学中,自我实现是一个非常重要的核心概念,但存在心理学家认为,自我实现绝不仅仅是一个概念,而是一种体验。

---

① Rowan, J. (2001). *Ordinary ecstasy: The dialectics of humanistic psychology*. Hove: Brunner-Routledge, p. 42.

② May, R. (1980). *Psychology and human dilemma*. New York: W. W. Norton, p. 176.

它不应该只是在哲学水平上进行争论的东西，而是一个在日常生活的体验中经常遇到的现象。在这个意义上说，本真就是对真实自我的一种直接体验，是对一个人的自由、解放的真实体验。但是，如果一个人认为，本真就是对存在的开放性，就是对被给予的东西的接受，以及我们对其进行反应的自由，那就意味着他根本无法感受到本真。所谓本真也就成为一种毫无用处的抽象概念。

其次，本真是一种理想的存在状态。这种状态就是个体与自然、与他人、与社会的大一统，类似于我国古代道家所提倡的天人合一、道法自然的状态。这和西方大多数存在主义者反对主客二分、赞成主客一体的思想是一致的，也非常类似于罗洛·梅等人所主张的存在于世界上的三种方式。在布根塔尔看来，本真和真诚之间存在着某种重要的联系，这种联系就是和谐一致。他说："我觉得，和谐一致是存在本真的一部分，一个在其世界上的存在是真正本真的人，在他自己内部也是和谐一致的；一个人在其生活中获得了本真的存在，在这个程度上说，他是和谐一致的。"①

当然，在现实生活中，真正的和谐一致是很难达到的。一些人沉溺在灯红酒绿的放纵生活中，企图用表面的奢华来掩盖自己空虚的心灵；有些人则愤世嫉俗，对他人和社会充满了仇恨，他们用抢劫、杀人、犯罪和暴力等来报复社会，同样是为了满足其空虚的心灵；还有些人则悲观厌世、怨天尤人，对生活失去希望，于是，自杀、自残、抑郁等心理疾病便成为其寻求精神摆脱的唯一方式。凡此种种，都是人的非本真的存在状态。布根塔尔认为，正是由于社会上存在着这些非本真状态，追求本真才成为人类存在的一种价值理想。

总之，存在主义的价值观和人本主义的价值观在大方向上是一致的，是一种提倡个人价值、重视自由存在的价值观。在道德观念上，它们都否认任何永恒的、普遍的道德价值，主张教育的作用是促使学生意识到自己个人的存在。以此为基础，再按照自己的自由意志来选择道德标准，并对自己的选择结果承担责任。在这个意义上说，存在主义和人本主义的道德观就为道德教育指出了一条个性化、人性化的发展方向。它们重视个人学习，而不赞成集体学习比个人学习更重要，因此，它们重视个别教育，而不赞成传统的教育灌输。它们虽然重视教师的作用，但不把教师看作知识的传授者，而是看作学生发展的促进者，是促进学生走向自我实现的人。因此，师生之间的

① Rowan, J. (2001). *Ordinary ecstasy: The dialectics of humanistic psychology*. Hove: Brunner-Routledge, p. 44.

关系就像医患之间的关系一样，是一种相互依赖、相互尊重的关系。这样一些关于道德和价值的观念在道德教育领域产生了很深刻的影响，直接导致了道德教育中价值澄清学派的产生和发展。

第二节　价值澄清学派的理念与方法

价值澄清学派是20世纪60年代在美国产生的一个道德教育流派，是美国当代道德教育复兴运动中最有争议、应用极为广泛的一种学校道德教育的改革尝试。价值澄清学派并没有一个单独的倡导者或发起人，路易斯·拉斯(Louis Raths)、梅里尔·哈明(Merrill Harmin)和西尼·西蒙(Sidney Simon)1966年合著出版的《价值观与教学》(Values and Teaching)，标志着价值澄清理论作为一个独立的理论流派正式形成。拉斯等人就被公认为是这一学派的创始人。但实际上，价值澄清学派的很多理念和实践是由许多人共同努力完成的，在这个意义上说，它和人本主义心理学派非常相似。它是在20世纪中叶人本主义心理学运动的推动下，以人本主义心理学的理论观点为思想基础，以美国学校的教育现实为依托，经过十几年的研究和实践而形成和发展起来的。当然，从其当代发展的起源来看，价值澄清理论最早作为一种教学方法出现于20世纪20年代，但价值澄清的理论和方法却是在这本奠基性的著作中第一次得到了系统的论述。1978年该书第二版面世，标志着这一理论和实践体系的日臻完善。

迄今为止，价值澄清还没有一个绝对的理论权威，对于价值澄清的发展过程人们有着不同的阐释。我们认为在某些问题上，起码可以把价值澄清分为早期价值澄清和后期价值澄清两种观点，早期以拉斯、西蒙和哈明在《价值观与教学》(1966)中的论述为代表，后期以柯申鲍姆的《超越价值澄清》(1973)、《对价值澄清的澄清：一些理论问题》(1976)中的阐述为代表。柯申鲍姆早期对人本主义者罗杰斯(Carl Rogers)的"以来访者为中心"的疗法感兴趣，60年代末转向价值澄清学派。作为西尼·西蒙的学生和同事，他成为价值澄清学派后期的一个主要代表人物。柯申鲍姆著作颇丰，主要有《价值澄清：师生实用策略手册》(1972)、《对价值澄清的澄清：一些理论问题》(1976)、《高级价值澄清》(1977)和《在学校和青年环境中改善价值观和道德的100种方法》(1995)等，澄清了人们对价值澄清方法的误解，也使价值澄清理论得到了补充和发展。他把价值澄清的理论和实践紧密结合在一起，赋予了价值澄清顽强的生命力和应用性。

在学术界，严格地说来，价值澄清学派并不是完全意义上的一种道德教育理论，因为它不仅讨论道德和道德教育等理论问题，更关心价值和价值观教育的理论与方法，关注年轻人价值观和性格的养成，涉及到了人类价值中的善恶、是非、自由、平等、人权与福利等道德问题。因此在美国，人们往往把它当做一种道德教育的方法来使用，看成是当代道德教育理论和实践的一个重要组成部分。价值澄清方法的提出主要是源于学校道德教育实践所面对的挑战，因而具有较强的实践性和操作性，是区别于当代其他道德教育理论的一个重要特征，受到了教师和学生的普遍欢迎。这也是价值澄清方法能在实践中广泛应用的一个主要原因。

任何科学理论的产生和形成都是与其当时的社会历史条件和社会实践的需要分不开的。价值澄清理论产生于20世纪的美国，从一定意义上讲，是对美国五六十年代社会道德状况日益衰落、价值观混乱的一种理论反思。价值澄清方法就是许多有识之士发动起的复兴道德教育运动的一个重要组成部分。价值澄清法和科尔伯格的道德认知发展理论成为当时影响最大的"在美国过去20年的时间中最主要的两种道德教育方法"。

一、社会背景

道德和价值观教育的历程与美国社会的历史是紧密相连的。20世纪50年代强调的是顺从、麦卡锡主义和"组织人"(Organization Man)，由于注重父母、宗教、价值观和道德教育的一致性，这一时期的价值观教育方法主要是说服和榜样示范法。学校在价值教育中的主体地位是不容置疑的。60年代以来，美国爆发了一场理想主义文化运动，社会发生了一系列激烈变化：由于人们在种族、性别以及收入地位和社会待遇等方面存在的巨大差别，争取种族平等、关心妇女的平等机会等民权运动风起云涌。教育者不仅在社会上目睹了这场风暴，而且在学校里每天都亲身经历着类似的场面，导致他们不再相信他们自己的道德指针。因而学校已不再重视向学生传授价值观念了。当时的美国总统肯尼迪曾向全国青年提出，"不要问国家能为你们做些什么，而要问你们能为国家做些什么"。到60年代末，美国经济虽然得到了迅速发展，带来了社会生活的巨大变化，但人们的道德堕落现象日益增加，社会道德水准每况愈下，许多社会人士和教育工作者对这种经济发展与道德发展极不协调的畸形现象感到十分担忧。

70 年代，美国国内开始广泛出现不信任、更加注重个人权利的现象。随着越南战争美国以高昂代价、不光彩的结局告终，以及水门事件使美国总统的辞职，许多人对政府领导者和其他权威人物产生了怀疑，谴责美国政府的强权和特权政策，并坚决要求民主和公正。出现了诸多新的社会问题，如吸毒、酗酒、性解放、同性恋、离婚和堕胎等，都向传统的道德观念和价值标准提出了严峻的挑战。人们发现现代社会已经完全改变了传统单一的社会结构，电视、电影、报刊、书籍、电脑等各种传播媒介给儿童提供了更多的信息和选择，但也使儿童身置于前所未有的价值观混乱之中，以灌输和说教为主的传统道德教育对此显得越发无能为力。在这一时期，两代人之间的关系更加紧张，学校里出现了一种新的反权威精神，“不要相信年过 30 的任何人”这句话一度在美国学生中具有很强的吸引力，甚至有的黑人学生在课堂上大喊“学校是一听道德垃圾罐”时，教师也只是保持沉默，学校教师的权威受到很大削弱。在这种状况下，对青少年的道德教育的形式、内容和方法也相应地提出了新的要求，道德教育和价值观教育也必然地要反映出这种变化。教育者不再仅仅使用说服和榜样的方法，开始鼓励学生澄清自己的价值观，学习更高层次的道德推理和价值观澄清技术。他们不再把自己的价值观强加给学生，把自己的作用仅仅局限于向学生传授信息和技能。良好的课程应该帮助年轻人学会道德推理和做出负责任的决定的技术，使他们的生活更具有个人满意感和社会建设性。一些教育者努力探索新的途径以促进学生道德水准的提高，价值澄清方法就是其中出现的比较新的方法。

还需要提到一点，在美国人们一直面临着道德和宗教价值观之间的关系问题，宗教是否独立于道德？对这个问题的回答影响到学校和家长对孩子所采取的教育。有人认为应该把对上帝的信仰和祈祷搬进课堂，因为道德和宗教是不可分的。但由此使得多元民主体系下的教师和管理者面临着在不同的宗教价值中进行选择的问题，对美国一些学校的教师和管理者来说，这个问题是一个独特的法律上的两难选择，因为一方面要进行道德教育，另一方面又不能违反第一自由修正案及宪法中不能隔离教会和州郡的相关条款。因此价值澄清学派体现的价值相对主义，不提倡任何有目的的道德或品格教育就受到了学校和地区机构的欢迎，这样就可以简单地完全避免这个两难问题。

二、思想背景

价值澄清的哲学基础和方法与人本主义心理学的思想相一致。价值澄清学派深受当时的人本主义者马斯洛和罗杰斯等人思想的影响。人本主义比较注重人自身的价值，注重发挥人的潜能，倡导独立自主地发现和以开放的心态探索生活的真谛。两者都强调潜能、经验对价值的决定作用，人本主义关心人的心理健康和心理治疗，价值澄清也致力于改善受价值困扰的儿童，尤其是价值澄清的后期代表柯申鲍姆曾与罗杰斯共同工作过，对罗杰斯的思想赞赏有加。在谈到罗杰斯在理论、哲学思想以及实际方法上对他的影响时，柯申鲍姆认为：罗杰斯的"'以人为中心'或'以来访者为中心'的治疗、咨询和教育方法与我所欣赏的价值澄清方法几乎完全一致"①。在罗杰斯看来，道德教育乃至全部教育的目的就是培养和发展个体的"自我意识"(self-consciousness)，马斯洛则认为是"自我实现"(self-actualization)。价值澄清也认为人本身就有自己的价值观，只不过没有认真加以辨析，没有引发出来向公众袒露而已，如果设计一种外部情境和气氛，每个人都会澄清自身固有价值观的真实面目。于是他们提出了价值澄清过程理论，可以说这一学派理论是人本主义心理学应用的一个实例。

价值澄清学派的理论来源除了人本主义心理学之外，还受到杜威(J. Dewey)的经验主义和存在主义道德哲学的影响。

杜威的道德教育理论把价值或道德的产生诉诸个人的经验，把道德或价值的发展看作个体经验意义的增加，是一种经验理论。拉斯等人指出价值澄清直接来自杜威的思想，也强调经验在价值观获得中的作用，认为人们是通过经验来获得发展和学习的，价值会随着经验的发展、成熟而发展和成熟。价值澄清和杜威的道德理论一样，都强调道德或价值是发生发展的过程，是一种过程理论。杜威认为，道德发展的过程就是主体对在一定情境下产生的目的进行推理并最后付诸实践、检验行为后果的过程。价值澄清的评价过程就是个体对选择的行为思考、评估，最后通过行动检验并形成一定生活方式的过程。

存在主义对价值澄清的影响表现在两个方面。首先，它否认普遍的、绝对的道德原则或准则，认为一切价值或道德都是相对的、个人的，存在主义

① American Psychological Association, *Newsletter for educational psychologists*, July 2001, Volume 24. No. 3. p. 5

还重视个体的自由选择，认为只有经过个人自由选择的价值或道德准则才能变成个人的内在信念并为之负责。因此，针对价值澄清缺乏充分的理论基础的批评，柯申鲍姆给予了有力的反击，他认为价值澄清不仅有重要的心理学基础，而且得到了许多实证研究的支持。① “我们应该清楚的是价值澄清得到了心理学理论与研究的重要基础的有力支持。道德推理、批判性思维、创造性与解决问题、自我概念、精神疗法、辅助关系和技能训练方面的理论与研究在最近几十年内如雨后春笋般兴起。不管存在着怎样的理论与研究支持这些各不相关的研究的任何一个方面，它同样有力地支持了价值澄清……”②拉斯等人在《价值观与教学》一书中就已经表明，价值澄清的方法在基本理论倾向上与杜威、罗杰斯、奥尔波特(G. Allport)等人是相同的。③

三、基本理论观点

价值观对人的行为起着巨大的影响作用。青少年学生的问题行为有的是由于情绪紊乱所引起，有的则可能与低智商有关，但大多数是受到自身不正确的价值观念的导向，或价值观念混浊不清所造成。社会上的不良文化影响通过各种媒介对青少年学生的侵袭，使他们形成了一些不正确的价值观，或使他们在众多的价值观念面前莫衷一是、不知所措。处在这种情况下，青少年学生往往会产生这样那样的偏常行为。那些表现出态度冷漠、举止轻浮、学习倦怠、干事糊涂、毫无主见、过分从众等行为和心态的人，就是缺乏清晰价值观的典型表现，儿童比以往任何时候都感到难以确定自己的价值观。基于这种现状，价值澄清学派认为传统道德教育所采用的说教、榜样等方法不能解决学生的价值观问题，人们在面临诸多选择时都依据已有的价值观，但常常不清楚所持的价值观是什么就已做出了选择。因此，价值澄清学派认为，创造条件利用一些有效的途径和方法帮助青少年澄清他们选择时所依据的内心价值观，并把他们的价值观公之于众，这对他们进行正确选择并且付诸行动是有意义的。学校应是中立的，不应提倡任何一种价值。但学校在价值观教育中可以建立一种价值澄清过程，通过这种过程儿

① Kirschenbaum, H., “Clarifying values clarification: Some theoretical issue.” In *Moral education... It comes with the territory*, pp. 123～124.

② Kirschenbaum, H., *Advanced value clarification*, La Jolla, Calif: University Associates, 1977, p. 14.

③ Raths, L., Harmin, M. and Simon, S. B. *Values and teaching*. Columbus, Ohio: Charles E. Merrill, 1978. p. 11.

童可以确定他自己的价值。学校道德教育的任务就是运用一些价值澄清方法或策略帮助学生澄清自己的价值观，并根据价值观做出道德决定和道德行为。拉斯等人把这一过程称为“评价过程”(valuing process)。

1．评价过程的阶段划分

(1) 拉斯的阶段划分方法。

价值观澄清过程最早是拉斯设计提出来的，他将全过程分为七个步骤：

第一个过程：选择。

第一步：自由地选择；

第二步：从各种可能的选择中选择；

第三步：对每一种选择结果审慎地思考后进行选择；

第二个过程：珍视。

第四步：珍视自己的选择并为这一选择感到愉快；

第五步：非常乐意向别人公开自己的选择；

第三个过程：行动。

第六步：根据选择采取行动；

第七步：重复这种行动并形成某种生活方式。

(2) 柯申鲍姆的划分方法。

1976 年，柯申鲍姆提出了一个新的评价模式，我们把它与拉斯等人早期提出的三过程七步骤的模式加以比较，可以看出柯申鲍姆在某些基本观点上的变化：

• 思维。

在各种水平上的思维；

批评性思维；

在更高水平上进行道德推理；

发散性或创造性思维。

• 情感。

珍视、珍爱；

自我感觉良好；

意识到人们的情感。

• 选择。

从各种可能的选择中做出选择；

考虑后果以后做出选择；

自由选择；

成就设计。

• 交流。

清晰地传递信息的能力；

同情——倾听，设身处地为他人着想；

解决冲突。

• 行动。

重复行动；

一贯地行动；

在我们行动的各个领域熟练地行动。

柯申鲍姆认为，拉斯等人所提出的价值标准不太适宜实际操作，例如在某种信仰被视为价值观之前，个体必须在多大程度上感到自豪？个体必须考虑多少种可能选择？应重复多少次行动？在考虑后果中，怎样才算“深思熟虑”？

柯申鲍姆看到了这些问题，因此他在《对价值澄清的澄清：一些理论问题》①中提出了这一新的评价模式。在拉斯等人提出的选择、珍视、行动这三方面的评价过程基础上，扩展到五个方面：思考、情感、选择、交流、行动。他提出的新模式至少有两个方面的变化：首先是引进了一个新的范畴——交流，即人与人之间的相互交往和相互关系。他认为与人进行思想和感情交流是十分重要的，因此学生应学会倾听别人的意见，了解别人，并学会处理冲突的一些技能。另外，柯申鲍姆非常重视思维和情感在这一过程中的作用，他认为早期的价值澄清方法过于认知化，对情感的作用没有给予足够的重视。从这里我们可以看出人本主义对柯申鲍姆的影响：更为注重人的内心需要和感受。柯申鲍姆提出的选择和行动方面的内容类似于拉斯等人所提出的。毫无疑问，柯申鲍姆进一步完善了价值澄清的评价过程。

2. 当代道德教育的基本问题

个人与社会、理智与行为、说服、内容与形式等问题是道德教育的基本问题，我们拟从这几个方面进一步阐述价值澄清的理论思想。

(1) 个人与社会。

关于道德的个人性还是社会性的争论与道德教育的实践有密切的关系：如果道德根本上是社会的，那么道德教育的责任就是传递集体的道德规则；如果道德主要与个人的反省和选择有关，那么道德教育就要去发展个体反省和选择所必需的品质。西方众多的道德教育理论中对道德和道德教育

① Kirschenbaum, H. “Clarifying values clarification: Some theoretical issue.” In *Moral education... It comes with the territory*, pp. 119～122.

中的个人与社会的关系主要存在三种观点：第一种观点主要强调个体的独特价值，认为道德发展是个体选择的一部分，真正道德的生长发生在个体内部，道德教育的任务既不是塑造一个社会的存在，也不是促进社会性相互作用，而是把儿童从对自己的强制力量和外部控制下解放出来，使其无拘无束地自由发展。第二种观点则强调道德首先是一种社会现象，道德教育就是个体所进行的社会性学习，社会创造道德并通过教育把这些道德传授给年轻一代，没有这种教育，道德就不能存在。任何教育的方法和措施都只因其能保证这一过程的实现而具有合理性。最后一种观点基本是折中的立场，认为上面两种观点的错误都是由于过分强调某一因素而走向另一个极端。它们一方面坚持社会在道德和道德发展中的决定作用，另一方面又指出个体在道德发展中的完整性和独立性，道德教育的任务既要维持社会的道德秩序，又要发展儿童的个体品德。在个人与社会的关系问题上，价值澄清理论基本上属于第一种观点，即个人中心的观点，它与涂尔干的道德教育理论分别代表了当代道德教育理论在对待个人和社会问题上的两种极端的立场，涂尔干的道德教育体系是以社会为中心的。

价值澄清学派认为，现代人生活在一个复杂多变、充满价值冲突和混乱的世界上，各种价值观都在影响着儿童的选择，并采用各种方法迫使儿童接受自己的价值。在这些价值和选择面前，儿童常常感到无所适从，陷入了价值观混乱之中。为此，学校应该寻求一种新的方法，帮助儿童形成自己的价值观而不是教给他们价值观。价值澄清学派认为，从根本上说，价值是个人的而不是社会的。因此他们反对向儿童说教那些没有被公众认可的价值观，反对强迫儿童服从团体的价值。“因为我们把价值看作源于个人的经验，所以我们期望不同的经验会产生不同的价值。任何一个人的价值都将随着那些经验的积累和变化而发生改变……可以想见，一个人在价值的认识和方式上发生了重大变化，他(她)的价值也会随之改变。只要一个人与世界的关系不是静止的，价值就不是静止的。作为指导行为的价值是随着经验的发展和成熟而发展成熟起来的。”①由此可见，价值从根本上就是“个人的事情”，是个人关心、反省、选择的结果，而不是外部力量强迫的结果。拉斯等人指出，价值澄清方法所坚持的个人价值教育是符合美国宪法中的“民主”和“自由”原则的。价值澄清学派反对把任何道德看作是服从某种外在法则价值体系或完全由社会决定的合乎道德的习俗行为的观点。他们认

① Raths, L. E. et al. *Values and teaching: Working with values in the classroom*. Columbus, Ohio: Merrill, 1978, p. 26.

为，从个人经验或生活以外寻求价值的目的，价值便失去了它的意义。

(2) 理智与行为。

如果说道德是一种行为操作或实践，那么，学生在学校里获得的知识以及在此基础上发展起来的理智能力是否有助于这种行为的操作呢？人们的行为是否随着智慧和知识的增加更趋完善？什么样的知识以及在什么范围内、何种意义上讲这种知识有益于行为的发展？关于理智和行为之间关系的教育意义，如何通过学到的知识促进学生行为的发展是教育工作者最为关心的事情，知行脱节是德育工作中尤其棘手的问题。

价值澄清学派非常重视理智、行为在价值形成过程中的作用。理智和行为是评价过程中的两个既相互独立又相互影响的因素。在拉斯的模型当中，理智是"选择"过程中的一部分，表现为"在审慎地思考每一种选择结果后进行的选择"。只有当我们对每一种选择的后果有了清楚的理解才能做出理智的选择。在这里认知因素是非常重要的，只有对各种选择的后果进行审慎的考虑后，价值才会产生。柯申鲍姆对思维的分析更具体，他把"思维"从拉斯的"选择"中独立出来，包括四个过程。他认为根据我们自己或社会的标准做出良好价值判断的途径之一就是思考，学生要想通过评价过程学会管理自己的生活，学会在复杂的世界里与人融洽相处，学会依据各种信息做出关键的决定，思维是必不可少的。

行为也是评价过程的一个因素，但只有和珍视、选择过程结合在一起时才有价值意义。可以说价值澄清模式是由分析价值与行为之间的关系而衍生的。"我们发现儿童在学校与在家中表现的几种问题，很可以看成是由价值造成的，或者更精确地说，由于缺乏价值所致。"[①]柯申鲍姆强调："关切自己或社会的立场所可能带来的后果，总是澄清过程的核心。从一开始，价值澄清就不曾鼓励静态的'澄清'，那是个人价值的连续不断的'发展'，包含了对于所珍视的事物所采取的行动。"[②]他还指出："并非我们做的每件事都代表我们的价值。例如去教堂并不表示信奉宗教，因为一个人去那里有很多原因，仅仅观察人们做了什么并不能确定其是否拥有了某种价值观。我们要知道他的行为是否代表了他所具有的价值，就必须了解个体是否珍视他

① Kirschenbaum, H. (1977). *Advanced values clarification*. La Jolla, Calif: University Associtès, p. 4.

② Raths, L. E. et al. (1978). *Values and teaching: Working with values in the classroom*. Columbus, Ohio: Merrill, p. 9.

正在做的，是否选择了去做他正在做的以及是否构成了他的一种生活方式。"[①]总之，行为必须与思维、选择、珍视联系在一起，必须代表了行为主体的生活方式。关于思维与行动之间的关系，价值澄清学派并没有专门加以论述。

(3) 灌输。

灌输是当代道德教育哲学家最为关心、最感兴趣的一个问题。需要探讨的是一些具体的问题：判断一种教育是否为灌输的标准是什么？灌输与教育有什么区别？无灌输的教育是否可能存在？当代道德教育首先是否定灌输的教育意义的，尤其是受杜威的进步主义教育运动影响之后。价值澄清学派与大部分的道德教育理论一样，也极力反对道德灌输或价值灌输，基本上把它看作是一种在错误观念指导下错误的、消极的教育实践活动或教育方法。价值澄清学派不能接受灌输源于三点认识：首先，灌输的前提基础是错误的，即人们往往认定自己的价值观是"正确的"，所以可以传递给儿童。拉斯认为，如果认为存在着可证实的、为众人普遍认可、确定的价值观，这种认识本身就是错误的。因为世界的不断变化决定了不可能存在确定的、不变的价值观。其次，灌输代表的是一种错误消极的教育方法，这种方法以教师为中心，把儿童视为被动、顺从、需要塑造的客体，结果只能是学生虚伪地顺从，并不是接受了所传递的价值观。在这一点上价值澄清学派的观点是与人本主义相呼应的。人本主义强调人类潜能的重要性，强调发挥儿童的创造能力，尊重儿童的价值和能力。例如，罗杰斯提出以"以学生为中心"的教育思想，他反对把学生作为知识的接受者以及教师和学生之间的上下级关系。他认为教师应"接受"学生，"接受"是指教师把学生视为具有自身价值的一个独立个体的完整性给予充分的、无条件的尊重。马斯洛则从"自我实现"的角度指出，教育应当使每个学生感到他是自己的"主宰"，而教师的作用只是促进学生学习。最后，灌输采用外部的力量影响儿童的价值观，阻止了儿童的独立思考和自由选择能力。教育的作用在于帮助儿童自己充分地发展这种能力，而不是压抑这种能力。但是我们也应该看到，价值澄清学派不主张灌输，不主张强迫命令学生，甚至学生回答错误时也不给予纠正，这种理论主张已经受到了非议，因为教育者不对错误的方向加以制止，在实践中往往造成不可估量的损失。

(4) 内容与形式。

在内容与形式问题上，价值澄清学派关心的是形式而不是内容。价值

---

① Raths, L. E. et al. (1978). *Values and teaching: Working with values in the classroom*. Columbus, Ohio: Merrill, p. 30.

澄清专注于让儿童掌握评价过程、评价的策略，而不是向他们传递具体、特定的价值内容。因此，可以说“价值澄清学派是当代形式主义道德教育理论的典型代表”①。

价值澄清学派关注的不是价值的内容而是价值产生的过程。在拉斯等人看来，如何获得价值观比获得了什么价值观更为重要。由于社会变化不定，今天教授的价值明天也许毫无意义，所以重要的是教给学生持久发挥作用的技术或方法，使他们在未来的生活中能够独立地解决面临的各种价值两难问题。“我们不能教给儿童一套绝对的价值，但我们却能教给他们一些更好的东西，我们可以教给他们用来获得自己的价值的方法。”“教给学生一种评价的过程就是教给了他们一些终身受用的东西。”②

四、价值澄清的策略

价值澄清学说源于现实又服务于现实，是当代道德教育理论中最具有实用价值和可操作性的一种方法。价值澄清学派认为，传统的道德教育所采用的说教、榜样示范等方法不能解决学生的价值观问题，教育者应鼓励学生澄清自己的价值观，学习更高层次的道德推理和价值观澄清技术，不应再把自己的价值观强加给学生。价值澄清学派的倡导者拉斯等人对发展新的应用性策略具有浓厚的兴趣，后期涌现的大批价值观教育的支持者也把主要精力放在设计具体的价值观教育的方法和技术上。一时间，价值澄清策略方面的书刊汗牛充栋，各种方法技术不胜枚举，为不同场所不同的人以及不同的需要提供指导。

关于价值澄清策略的种类，一直处于不断发展更新之中。1966 年拉斯等人在《价值与教学》一书中列入了 21 种，1972 年出版的《价值观澄清——教师和学生实践策略手册》一书中讨论了 79 种策略。1995 年柯申鲍姆出版了《在学校和青年环境中改善价值观和道德的 100 种方法》，使价值澄清的方法和策略更加完善和系统化。

在西蒙和柯申鲍姆等人的努力下，价值澄清理论的方法在美国得到了广泛的应用和发展，几乎涉及到社会生活的方方面面，例如教育、生态、环保、健康、文化、性教育、预防吸毒、职业指导和咨询等，成为当时广受欢迎的

① 戚万学：《冲突与整合——20 世纪西方道德教育理论》，山东教育出版社 1995 年版，第 294 页。

② 转引自戚万学：《冲突与整合——20 世纪西方道德教育理论》，山东教育出版社 1995 年版，第 295 页。

道德教育方法。这些领域中出现的问题是当今各国所共同面临的，因此价值澄清作为一种方法仍然在实践中具有较强的生命力，是我们可以在实践中加以利用的。价值澄清策略的方法一直都在实践中应用，而且在不断推出新的策略。这些策略有以下一些特点：

1. 这些策略都有比较醒目的标题

例如，20 件你喜欢的事、价值观投票、价值观地图、填写名片、角色游戏、给编辑的信等。

2. 这些策略可在各种群体中应用

如全体、大组、小组、单独个人，这些策略可以与各科教学、各种文体娱乐活动、各种游戏结合进行，也可以在校内、校外、家庭等不同场合进行。大部分科目内容可分为几个层次：事实层次、概念层次和价值层次。例如，在历史课中教辛亥革命时，在事实层次可问些问题、地名和人名；在概念层次，师生可以共同讨论民主制度与君主制度的差异；在价值层次，教师可问班上同学：如果现在仍然由清朝统治，你会怎样？如果你不愿接受清朝的统治而想远走他乡，你会带走哪些你重视的东西？还可以用价值澄清活动来进行课程内容和技巧的学习，这样可使学生在获得知识和获得价值观两个方面都能齐头并进。例如，在生物学课上讨论到生态环境问题时，可用价值澄清活动来协助学生表达他们对环境问题的感觉与意见，然后全班研究有关的课程内容，也可以应用他们学到的新知识设计一个行动计划来改进生态环境。这样学生就参与了珍视、选择、行动三个价值观建立过程，同时也学到了课程内容。

3. 这些策略在实际应用中比较灵活

每个策略包括目的、程序、给教师的建议和附带建议四个部分。但这些只是为了清楚和便于参考使用，并不限制如何使用，你可以改变、修饰或使用自己的例子。教师自行决定花多少时间在活动上及随后的讨论上。

4. 价值澄清理论从不涉及回答人类存在的原始问题

诸如“宇宙的起源和创造者是谁”等类似的问题，价值澄清理论致力于在价值程序中，协助人们从过程中体验在其日常生活的积极价值，使其具有建设性的社会参与而不给予任何解答。

5. 包括认知、情感和意志三个部分

从心理学角度看，人们在形成自己的世界观、人生观和价值观时都必须经历认知的选择、情感的投入和行动中践履几个主要过程。价值澄清的策略与教育模式的结构基本上一致，这些方法和技术也可以用于世界观、价值观的教育活动。

(1) 认知选择法。

人云亦云、随波逐流是价值观模糊混沌的典型表现。因此价值澄清学派设计的价值观等级量表法就成为学校德育工作最常用的、促进学生积极思考的价值观澄清策略。这种教育方法简便有效，可使用于任何问题情境，不受时间、地点等具体条件的限制。

(2) 价值观情感分享法。

为了了解青少年学生价值观念中蕴涵的情感因素，价值澄清学者设计了一些策略，其中价值观情感分享法具有一定的代表性。该方法的基本要求是：课堂活动以学生为中心，使他们能自由活泼地阐明并赞赏个人对不同价值观问题的观点。

(3) 行为选择法。

价值观指导着人的行为。一个人总是愿意把自己的价值观念作为一种生活方式反复践履的。为了使青少年学生的日常行为能力与他们的情感、信念保持和谐一致，可以运用行为选择的澄清策略，培养学生学会在不同的行为情境中如何去正确行动。

价值澄清方法在我国台湾省应用比较广泛，台湾师范大学心理学教授洪有义于1983年主持编译了《价值澄清：师生实用策略手册》(1972)一书后，在台北市以中学生为实施对象予以应用，反应非常生动、有趣味性。

6. 必须具备四个要素

(1) 要选择一个负载价值或道德的主题或问题，比如一个与友谊、家庭、健康、工作、爱情、毒品、性、个体的趣味及政治等有关的问题。问题可以由教师选择也可以由学生来选择。

(2) 教师、咨询者、父母或组织者要把所选择的主题或活动向参加者介绍，帮助并促使参加者理解思考和讨论这个问题。

(3) 在活动和讨论期间，教师、父母、咨询者或组织要保证关于主题讨论的所有观点都得到同样的尊重，活动和讨论场所要始终充斥一种心理上的安全气氛。

(4) 活动的组织者要鼓励学生、被咨询者和其他的参加者在考虑活动主题时，运用七步骤的评价过程。

早期的价值澄清技术有各种形式的课堂讨论、课外活动及纸笔练习，鼓励学生自由大胆地表达自己的思想，但对同学和老师基本都是公开或半公开的，这就或多或少地涉及到学生的隐私问题。现在，人们尝试用电脑辅助教学(CAI)来改善这种情况。

随着电脑在生活中的日益普及,现在有些课程软件设计者利用电脑的功能,应用于价值教育中。同时也由于电脑具有"不厌其烦"的机械功能,这种功能迥异于人类不可避免的情绪作用,从而使得电脑在价值教育中扮演优良教师的可能性相对地提高。电脑不会刻意去记忆使用者的外貌和身份背景,也不会去调查使用者的性别、年龄,总之它可以完全地价值中立。相反,教师难免会因为学生所表达的情感、态度和信念在价值教学的互动过程中,显露出不可避免的负向情绪。教师无意的负向反应会影响学生的情感、学习和自我概念。对于那些不愿在公开场合表达自己价值观的学生,电脑可以帮助他们在类似的情境中进行价值澄清活动。学生可以从使用 CAI 中获得安全感,在发现和统整感觉、信念和行为中,获得源源不断的适当反馈,也使教师不至于陷入侵犯学生个人隐私的尴尬境地。

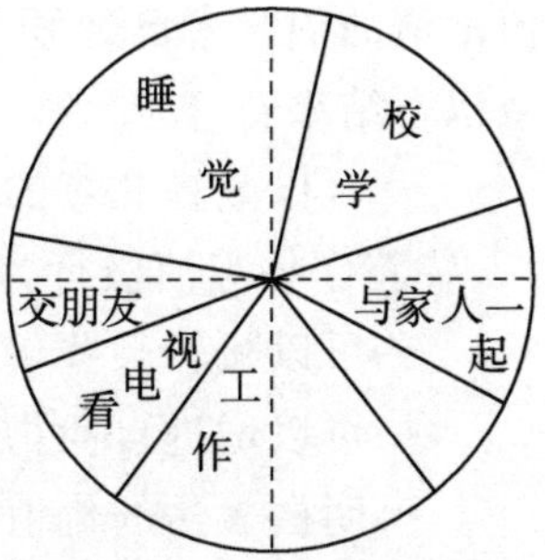

价值澄清策略和价值分析策略在 CAI 的应用上,是探路径式的选项群(cluster of options)作业,这种选项作业的电脑程序是为了协助学生在许多不同选择中,提供一个快捷客观的综合选择或分析可能的结果。学生的输入资料一定能进入记忆系统中,以便电脑增加其选择项群的提供。以拉斯(1978)的价值澄清活动"生活的馅饼"转换软件程序为例。首先电脑屏幕将呈现一系列日常生活的活动:学校、工作、睡眠、读书、看电视等,学生可使用键盘将各种活动所需要的时间输入,于是电脑即呈现一天 24 小时分配的生活馅饼图(见上图),接着电脑会问使用者是否需要调整各种活动时间的分配,若使用者改变活动时间,电脑会紧接着催促使用者写下自我契约。这些资料都可以随时储存和取出,以便学生评估自己。

其他的价值澄清活动都可借 CAI 的方式来进行,电脑也能同时储存及呈现其他学生的反应,但绝不会泄露他人的基本资料。对学习者而言,既可以观察自己的态度、信仰、兴趣等价值指标,也可以比较其他同学的价值抉择而不受到他人的防御攻击。电脑大量的储存能力,通常足够将整个学校系统的反应者资料快速地收集储存与输送。使用价值澄清软件程序时,有选项可提供学生要求以不具名方式呈现其他同学的决定作为参考。

个人电脑在价值观教育上的应用是以电脑来执行直接的教学工作,将已经设计好的课程软件用于教学活动的实施,维持学生和电脑间相互对话反应的形式。个人电脑执行价值教学,牵涉到教育工作和教育理论应用可能性的问题，虽然通过人与电脑的交互作用，可以确保学生自由抉择和十足的心理安全感，但电脑是否可以完全取代教师在价值教育中的角色，就这点而言，至少仍需要在课程设计的严谨和周密性上多下功夫。毕竟电脑将部分地取代教师成为未来各科课程中不可或缺的教学媒体，这是一种必然的发展趋势，但是否适合所有学科的学习，还是有很多人持保留态度的。尤其在我国大力提倡改进道德教育的今天，把电脑辅助教学与道德教学策略相结合，希望能拓宽道德与价值教育的视野，并落实到实际的教育情境中，这种教学科技的革新应该是未来可能发展的趋势。

自从 1966 年拉斯等人的《价值与教学》一书出版后，价值澄清技术已经成为教育和帮助人发展的有效方法，伴随着其方法的广泛应用，也发现了许多关于价值澄清理论的评价和对此方法目标的误解。但毫无疑问，价值澄清所使用的技术与活动，的确可以帮助儿童或成年人去澄清其价值观念，价值澄清的倡导者已经积累了很多研究证据，同时他们宣称价值澄清可以导致以下结果：

• 可以减轻儿童的冷漠、反复无常、摇摆不定、自相矛盾、放任自流、盲从、装腔作势等消极行为出现的频率和强度；

• 可以减轻某些偏差或中断行为（如使用药物和班上不合作的举动）；

• 可以增进自我指导及自信（包含更多的自我接纳）；

• 明白表达的价值观变得较成熟（从一般被判断为较不成熟的价值观转变到较成熟的价值观）；

• 学习气氛得到改善（更多地参与、更负责、对学习更有兴趣）；

• 增进社会关系（更多朋友、更团结、对他人更移情）；

• 增进学习成果（特别在阅读以及在生活应用上的学习）；

• 宣泄个人压力（表达问题、宣泄恐惧）；

• 增进希望与信心（更有自信：问题能解决、进步是可能的、个人精力可以掌握）；

• 增进师生关系（学生更能感受到老师是协助的、慈爱的，教师也更能感受到学生是值得尊重和疼爱的）。

五、价值澄清学派的理论贡献

价值澄清学派是当代最有争议的道德教育理论，人们对它的评价褒贬不一。但我们应该看到价值澄清之所以在六七十年代的美国道德教育领域受到广泛的重视和应用，是与其自身包含的积极因素及其理论贡献分不开的。具体来说主要有以下几点。

1. **具有鲜明的时代特点和现实性**

价值澄清学派的兴起是与当时的社会现状分不开的，是应社会对学校价值教育革新的强烈要求产生的，具有鲜明的时代特点和现实性。五六十年代的美国社会经历着巨大的变化，人们的价值观念也经历着前所未有的变革。社会的多元化使得不同社会阶层、社会团体有不同的价值标准，每个人都可以为自己确定价值标准，统一传统式的社会价值观已经不再存在。在这种情况下，人们要面对让儿童接受或服从哪种价值观以及哪种价值观是最合理、最正确的等现实问题。作为价值教育的承担者，学校必须面对并解决这些问题。价值澄清学派极为敏锐地觉察到这种社会变化对学校价值教育的冲击，试图根据社会现实的需要重新确立学校价值教育的基础，从而制定新的价值教育纲要。这是当代其他的道德教育理论所无法比拟的，价值澄清比当代其他的道德教育理论更加接近现实生活。价值澄清学说的倡导者设计了上百种澄清的策略和价值教学活动，都是以具体的价值生活现实为根据的。这些问题有助于激发学生进行探究的兴趣，提高学生感知社会问题的敏感性和适应社会生活的能力。“根据社会现实构建理论乃是价值澄清学说之所以保持长久生命力的根源之所在。”①

价值澄清学派提出的澄清策略题材广博，并且都与儿童生活特点相联系。有的策略需要学生运用纸笔进行，有的则类似游戏一样在娱乐中进行，也有的要通过讨论争辩来进行。这些优点在我国道德教育实践中也应该吸取和发扬。

2. **注重道德教育中个体的主体性**

自杜威于19世纪末20世纪初倡导“新教育”、反对道德教育中的灌输以来，尊重儿童的个性和自由，反对强制的教育方式得到了道德教育理论家的支持和拥护，并成为当代道德教育理论的一种共同倾向，体现了道德主体性、对道德主体自由意志的尊重。道德的本质是探索、认识、肯定和发展自己的一种重要方式，道德的产生是有助于个人的生活而不是对个人进行不必要的干预。价值澄清理论认为，儿童包括所有人都有发展自我、指导自我的能力，教育的作用在于帮助儿童充分地发展这种能力，而不是压制这种能力。价值澄清强调主体的内在因素，尤其是个体的需要、情感等在价值形成过程中的作用。在价值澄清学派看来，只有经过主体自己思考选择来的，是

① 戚万学：《冲突与整合——20世纪西方道德教育理论》，山东教育出版社1995年版，第315页。

自己珍爱的并付诸行动的才能形成价值。其中主体的自觉自愿、珍视、珍爱起关键作用。重视情感、认知、情感和行动的结合是价值澄清学说区别于其他各道德教育理论的一个重要特色。价值澄清还强调个体的自由选择,认为价值是个人自由选择而不是外部强加的结果。既然价值是个人经验生活的一部分,教师要尊重个人的生活,尊重个人的价值以及获得这种价值的权利。在价值澄清过程中,教师保持中立的态度,其作用在于帮助或鼓励儿童自己做出选择。拉斯等人提出在澄清过程中要注意做到:要避免道德说教,并不总要求学生有问必答;允许他们不回答;不盘查学生,问题只是为了激发学生思考等几点要求。

3. 具有很强的可操作性

价值澄清理论提供的各种方法都有一套能为师生掌握的可操作性程序,根据这个程序进行教学和评价,有章可循,易教易学。价值澄清建立了一套可操作的教学方式,如价值表格、价值表决法、充当角色、价值配对、排行榜等。还建立了一套测量有关价值观混乱和缺乏等功能的量表,如班主任工作量表、家长量表、学生之间的量表等,都很有实际可行性,使一直无法量化的德育工作变得具有可操作性,深受师生欢迎。另外,价值澄清还考虑到个体差异问题,设计了教师用的策略手册,不同年级学生、青年、成年人及不同职业领域的用书。这些是价值澄清之所以广受欢迎的重要原因。目前在互联网上搜索到的有关价值澄清的资料绝大多数都是介绍其在各领域中的应用情况。

六、价值澄清学派的衰落

进入70年代后期,价值澄清学派受到了来自多方面的批评与责难。它所倡导的价值中立在实践中表现为任凭学生各自选择自己的价值,所导致的最大结果是价值观混乱和无政府主义,这显然与价值澄清学说所倡导的澄清混乱的宗旨相抵触。其重形式过程、轻内容的教育方式使学校成为道德教育的旁观者。当时美国社会处于严重的道德困境,令人失望的现象无处不在,青少年的暴力与破坏行为不断上升呈恶劣态势,同时由于以自我为中心和公民责任感的不断减弱,青少年中的性乱行为和吸毒现象越来越让人担忧。在整个80年代,美国政府通过了一系列全国性的针对学校状况的报告,这些报告指出了与学生成绩下降有关的一些失败之处,认为学校的许多失败本质上是道德教育的失败:纪律差,暴力行为,对学生和教师的辱骂,学生通过看电视和吸毒逃避严肃的学术活动,等等。在这些道德困境面前价值澄清理论暴露出无能为力的缺陷。价值澄清崇尚的个人主义反抗社会压迫，强调个人权利和责任的自由，具有积极意义，但也破坏了人们对客观道德规范的信仰，使人们转向寻求内心的自我实现，弱化了社会信条，从而加剧了社会的不稳定。曾任美国教育部长的威廉·贝内特等人认为，学校有权也有责任向学生传授美国传统的价值观念，诸如爱国、勇气、尊重父母和教师。他们对六七十年代学校的道德教育状况提出了批评，表示要摆脱价值中立和没什么内容的道德教育方法。价值澄清学派的地位受到了严峻挑战。“价值澄清在整个 70 年代盛行一时，但在 80 年代就失去了魅力。尽管被广泛应用，其方法被融入到课程和各领域的训练当中，但价值澄清还是落入过时的行列中。”①

价值澄清学派的衰落体现了西方道德教育中存在的问题和危机。西方启蒙运动将人从传统道德的外在权威中解放出来，使人成为价值判断的最高法则。但这种解放带来了不同社会背景下产生的意识形态之间的冲突，道德失去了普遍有效的权威性，最后必然导致道德权威的缺失和道德相对主义的泛滥。在相对主义的教义下，道德判断的标准出于自己，每个人都可以自由地选择那种他自以为“是”的人的本质特征。由此，客观的道德标准丧失了。“当人们将社会生活中的道德判断、道德言辞及任何普遍原则的运用与表达，诉诸纯主观和情感性，将个人的道德立场、道德原则和道德价值的选择看作是一种没有客观依据的主观选择时，普遍性的道德和绝对的道德权威就不存在了。”②但道德相对主义及其引发的危机并没有让人们绝望，却激励人们做出严肃认真的反思，复归传统的道德规范。但这种回归不是简单地依从传统，而是从不同层面、角度批判地继承传统中的内容和观点，重构新的价值体系。“西方伦理学的这种回归与重构表明：在经历了道德相对主义危机之后，人们又在对人的基本价值表示关切了。”③品格教育的回归就是这种形势的必然反映。

了解价值澄清在 80 年代衰落的原因，为以后的价值观和道德教育指出建设性的方向是十分必要的。具体来说主要有以下几个方面的原因。

---

① Kirschenbaum, H. (1992): A comprehensive model for values education and moral education. *Phi Delta Kappan*. Vol. 73, No. 10. pp. 76～77.

② 王振林：《西方道德哲学合理性基础的摧毁与重构》，载《吉林大学社会科学学报》2002 年第 1 期，第 18 页。

③ 王振林：《西方道德哲学合理性基础的摧毁与重构》，载《吉林大学社会科学学报》2002 年第 1 期，第 19 页。

1. **外部原因**

(1) 时代变迁。

20 世纪 50 年代到 80 年代期间,美国社会和政治气候发生了很大的变化。尽管教育革新和研究取得了进展,但主要的经济力量和社会价值观的转变都将决定教育的方向。大部分完全是在教育的控制之外的。价值澄清衰落部分是由于更大的社会力量决定了它必将如此。

(2) 美国的教育存在一个追求时尚的问题。

行为主义在 60 年代的美国非常盛行,70 年代人们尝试了程序性学习、公开教育、价值澄清等,80 年代则又回归于基础。一般来说,新的方法和改革至多只能部分地解决教育问题,但人们往往加以吹捧,把它们作为灵丹妙药。一旦某些方法被证明只具有潜在的效果需要进一步的研究和发展时,最初的研究证明是模糊的或有争议的,改革没能在最初几年里有巨大的变化时,人们就会认为自己已经拥有了,就会寻求下一个管用的方法。人们缺乏对研究发展和教育改革中的训练的长期忠诚心是价值澄清失败的第二个明显原因。

(3) 对价值澄清方法的运用不具有稳定性。

这种责难几乎出现在任何的教育改革中。成千上万的从业者把价值澄清应用到自己的教学团体、工作和咨询中时,价值澄清经常是以肤浅的方式被实施的。有些教师运用随意而毫无联系的价值澄清,所以成就很小——既没有取得益处也没有什么伤害。

2. **内部原因**

(1) 价值澄清学派停滞不前。

价值澄清的领导人物在达到顶峰之后没有坚持下去,没有继续加深理论研究,没有开发课程和努力提高训练,而这些会共同支持一个不断成长的专业成就领域。相反,价值澄清的领导者转向从事其他行业的努力中。

价值澄清学派停滞不前,人们对其兴趣就会下降,领袖人物的注意力就会转向别处,从而增加了这种停滞。

(2) 倡导相对主义价值观。

相对主义是价值澄清学派受到的另一种严厉指责。这一学说以相对主义作为整个理论和方法体系的基础,否认人类共同价值的存在,认为价值是个人的、随意的,可以随个人的发展而发展,把个体的经验作为确定价值观的标准,来衡量和评判自身的社会行为。同时代的科尔伯格对价值澄清提出了质疑,他认为价值澄清方法只是道德教育中一个有用的组成部分,把道德教育仅限于价值澄清并不是解决道德教育问题的一个合适方法，并认为该理论的根本问题在于它的价值相对论。“接受所有的价值都是相对的这一思想在逻辑上必然导致教师不应该教授任何特殊的道德价值这一结论。”[①]例如，以学生考试是否可以作弊为讨论的问题，有些学生主张考试可以作弊，这可能与教师所建立的规则相违背。教师使用价值澄清法时，必须慎重决定哪些价值要运用评价过程去讨论。不然，若让学生讨论作弊问题而学生决定作弊是对的，则教师要么只有接受学生的立场，要么又退回到权威的立场，坚持学生不可以作弊。这种观点也有助于学生在学校中自以为是，在澄清价值时搞不清什么是应该做的和什么是不应该做的。

价值澄清产生的理由是社会的复杂多变引起价值观的混乱，而它本身却增添了更多的混乱。诸如种族主义、战争、贫穷和人权等问题足以证明解决冲突的必要，如果采取相对主义的态度，则人人可以任意运用其权威与势力，反而增加了混乱。

(3) 注重道德教育的形式，忽视甚至否定道德教育的具体内容。

价值澄清反复强调能力的培养和思维的训练，强调教学方法对道德问题评价的作用，认为可以不管价值观的内容。我们应该看到，价值澄清如果不能导致青少年形成正确的道德品质和行为，所谓价值观的形成就只能是一句空话。同时，没有内容的形式是不存在的，道德教育如果不把内容和形式结合在一起，就不能解决儿童面临的道德问题，也不可能使学生形成良好的道德价值观。

(4) 对待传统道德的不正确态度。

价值澄清对传统道德教育采取了简单否定的做法，武断地一概否定传统德育中的东西，一概地反对传递和控制，把灌输完全等同于教化、洗脑，不吸收传统德育中有用的东西，结果用一个极端来反对另一个极端，也忽视了内外因对儿童品德的共同作用的原理。

尽管价值澄清学派受到了许多指责，但其核心思想还是值得保留的，主要包括：

- 多数人在生活的某些阶段会遇到不清楚或相互冲突的价值观；
- 澄清个体价值观的目的通常是有价值的、有益健康的；
- 一般来说，人类至少是可以自由地行使意愿，并且必须为自己的选择负责的；
- 心理上进行诚实的自我检验和虚心地追求生活中的真理通常是有价

---

① 戚万学：《冲突与整合——20世纪西方道德教育理论》，山东教育出版社1995年版，第353页。

值、有益的活动；

• 批判性思考和对个体具体的价值冲突过程的讨论常常有助于解决冲突。

七、价值澄清学派向品格教育的转向

价值澄清学派在20世纪80年代受到了广泛的批评，其代表人物开始寻找新的出路，柯申鲍姆就是其中最具有进取精神的代表之一。他对价值澄清学派的衰落进行了深刻的反思，认识到其中的不足之处和存在的缺陷。柯申鲍姆意识到当时美国社会令人担忧的现状。不断上升的青少年犯罪、自杀、吸毒等社会问题的日益严重，价值澄清技术对于解决这些问题显得过于简单化。价值观和道德再次引起人们的关注，父母、教育者和社会强烈要求学校再次参与到对年轻人的价值和道德观的教育中去，要求年轻人接受基本和传统的美德或品格教育，“应该把民主及宗教传统中最好的品德、价值观和道德观传授给年轻人”①。这时期出现的品格教育在美国开始表现出回归传统的倾向。

1. 回到传统：品格教育的回归

品格教育是代表着美国传统的道德教育思潮，这种思潮曾在20世纪二三十年代的美国非常流行，是当时学校进行道德教育的主要方式。通过纪律约束、教师的示范和日常的学校课程，学校在爱国主义、勤劳、诚实、节俭、奉献、勇敢等美德方面力图指导学生。孩子们在阅读的过程中就可以从中得到教益，例如提倡英雄主义和美德的“麦加菲课本”②里的故事就是这样的例子。这些故事对于现代人来说似乎已经过时，但是在早期，这些美好的形象充满了人们的心灵。到1919年该书已经是世界上除了《圣经》之外发行量最大的书，其他的任何书都无法与之相比。“麦加菲课本”表达了一个时代的自信心，这个时代理解自己所认识的美德，知道如何去向孩子们灌输这些美德。③ 但随着时间的推移，传统的品格教育因失去民众信念的支持而崩溃。究其原因，可以归结为受到几种思潮的冲击。首先是受到达尔文主义的生物进化论影响，认为生物是由进化而产生的，这一观念使人们由此及彼地看待其他问题，包括道德问题，认为都是在不断进化的而不是固定不变或

---

① Kirshenbaum, H. From values clarification to character education: A personal journey, *Journal of humanistic counseling, education & development*, Sep., 2000, Vol. 39, Issue 1, pp. 4～17, Charts. p. 4.

② 麦加菲(1800—1873)，美国教育家，所编小学课本发行逾1.25亿册。

③ 里克纳著，刘冰等译：《美式课堂》，海南出版社2001年版，第5页。

上帝决定的。同时爱因斯坦的相对论虽然解释的是物理世界的现象，但也影响了人们对道德行为的思考，当涉及某一问题的对或错时，很多人就认为“你的观点是相对而言的”。

这时，一种新的哲学“逻辑实证主义”在美国和欧洲的大学里流行开来。“逻辑实证主义”将“事实”和“价值”从本质上区分开来，认为唯一的真实和真理是那些可以用科学描述的事物，而道德和价值的描述被认为是“情绪化”的，表达的是感情而不是事实。“当社会上的大多数人认为道德是一个相对于个体、易变的、对环境而言不肯定的东西时，学校就基本上从道德教育的中心地带退出。”①一位退休小学老师说：“在我们这一地区，这一现象出现在50年代中期，管理层传出指令：我们不再教授价值观，我们的工作只需要紧紧扣住书本知识……我认为一般的任课老师都愿意教授价值观，我记得我曾经与我的一些年轻同事进行了一场辩论，他们说：‘我的价值观不同于你的价值观。’我说：‘好，什么是诚实、友好、责任的价值标准？我们不能教这些价值观吗？’但我没有更深入地同他们辩论，因为我有一种新的感觉，即使我教给学生任何一种道德观，都有将我们的价值观强加给学生之嫌。”

20世纪80年代末以来，品格教育再度出现，并获得了社会各界人士的支持。到了90年代，由于社会的宽容和政治倾向影响的减少，品格教育受到更多的关注，迅速在美国各地的学校实行起来，从而恢复了把“良好品格”作为学校道德教育核心的历史地位。现在品格教育被认为是美国最实用的道德教育模型。品格教育的回归既是社会现实的要求，也是道德理论发展的必然。

品格教育的回归是青少年道德现状的直接反映。70年代末80年代初，美国青少年的道德状况陷入了非常糟糕的境地。据一份调查统计表明，15～24岁的白人男女青少年的犯罪率和自杀率均于1980年达到历史最高水平。1969年只有21%的高中生用过麻醉品，1980年这一比例竟达60.2%。青少年的犯法行为也增多，从1930年到1980年间，26岁以上人的犯罪率增长13倍，而18～24岁的犯罪率增长79倍，18岁以下青少年的犯罪率增长100倍。青少年对社会压力的承受力明显减少了，他们宁愿选择自杀或吸毒来逃避真实世界，为了一时的快乐而不顾自己的任性行为带来的后果，缺乏对他人、对社会的责任感。与此同时，家庭和学校也没有承担起责任来。个人道德和社会道德的堕落使美国的社会基础变得非常脆弱和不稳定，人们忧心忡忡，迫切要求加强青少年的道德教育。

① 里克纳著，刘冰等译：《美式课堂》，海南出版社2001年版，第7页。

品格教育的回归是对六七十年代道德教育的反动。从60年代末到70年代，在美国学校中占主导地位的道德教育主要是价值澄清法和科尔伯格的认知发展理论。价值澄清认为每个人都有自己的价值观，价值是个人的事情，其出发点是个人相对主义。由于儿童不清楚自己所持有的价值观是什么，所以学校道德教育的任务就是运用一些价值澄清方法或策略帮助学生澄清自己的价值观，并根据自己的价值观做出道德决定和道德行为。科尔伯格的理论认为，存在着普遍的连续的道德发展阶段，儿童的道德发展是一个有顺序的自然发展过程。学校道德教育的任务就是运用“道德两难问题讨论法”促进儿童的道德由低级阶段向高级阶段发展。价值澄清和道德认知发展理论都强调道德教育的过程和方法，认为通过价值澄清或对两难问题的讨论可以诱发学生的认知冲突，促进学生的道德发展，提高学生解决道德问题的能力。然而，只有形式没有内容的道德教育只会使儿童的价值观更加混乱。与这两种理论观点相反，品格教育认为必须把社会公认为有价值的、人类共同的价值观念教授给学生。道德教育必然是有内容的教育。品格教育肯定了价值澄清的应用价值，认为它突出了重要的道德问题，让学生进行思考，鼓励学生缩小自己所认同的价值标准与个人行为之间的裂沟。但也指出了价值澄清存在的弊端，价值澄清虽然以方法见长，但没能把个人偏向和道德价值区分开来，例如把很多琐碎的问题（你喜欢阅读戏剧作品吗?）与重要的伦理问题（死刑应该被废止吗?）混为一谈，还把肤浅的道德相对主义四处扩散并带进了校园。品格教育提出“成人（包括父母、教师）权威”对儿童的道德发展有不可替代的影响。针对认知发展理论“重知轻行”的缺陷，品格教育提出了“知情行并重”、“品格就是行为”，虽然科尔伯格强调道德推理很有必要，但对品格教育来说是不充分的，也低估了学校在促进儿童道德社会化中的作用。所以，如果说六七十年代的道德教育是对传统道德教育的反动，那么，新的品格教育则又是对六七十年代道德教育的一种反动。

2. 价值澄清向品格教育的转向

在价值澄清的领袖人物中，西尼·西蒙转向了其他的道德教育，哈明和柯申鲍姆先后离开了价值澄清阵营投入到品格教育运动（Character Education）之中，其中尤其以柯申鲍姆的离开标志着价值澄清学派向品格教育的转向。

霍华德·柯申鲍姆（H. Kirschenbaum）是美国人本主义教育中心主任，是价值澄清学派发展后期的一位关键人物，他为价值澄清理论的发展立下了不可磨灭的功勋。如果说，拉斯是该学派的创始人，那么柯申鲍姆则捍卫、补充、丰富了该理论体系，为价值澄清理论与方法的进一步完善做出了卓越贡献。因此可以认为柯申鲍姆是价值澄清理论的发展者和推动者。他的观点代表了该理论的一个发展方向。从一种教育运动的领袖人物转变为另一种与之相关的教育运动的积极参与者，反映了美国道德教育理论的转变，突出了美国道德教育的时代特点及其存在的问题，这种转变也与其个人经历有关。

柯申鲍姆早期接受了严格的犹太传统训练和美国传统的品格教育熏陶，尊重、信任、仁慈等美德给他留下了难以抹去的影响，品格教育灌输的是信任、忠诚、友好、善良、热诚、顺从、愉悦、勇敢等品质的重要性。但当时其父亲强硬的教育方式，以及社会中容忍种族隔离、歧视妇女、宣扬对亚洲的非正义战争等都使柯申鲍姆对当时的道德训练产生了反抗的思想。这些对于满怀理想主义的年轻人并自以为有道德的柯申鲍姆来说，正是他所憎恨的。因而，受过基本的价值观和品格训练的人最后成为价值澄清运动的领导者并不奇怪。

柯申鲍姆反对价值澄清受到的"价值中立"、"不要价值观"的指责，他认为教师、咨询者和父母不能把价值观强加给年轻人，但价值澄清的过程和策略中隐含着重要的民众与道德价值观。例如，让学生认真听讲，就是在教给学生尊重的价值观。这时，柯申鲍姆才惭愧地认识到，价值澄清其实在灌输某些基本的价值观，而这些正是他们公开承认并为之自豪的价值观。换句话说，传授传统价值观是有益处的。

如果传授给人们这些价值观有益处的话，那么除了价值澄清的方法之外还有什么方法可以运用呢？1982年的以色列之行给了他肯定的答复。以色列是个战争不断的国家，如果让这里的年轻人采用价值澄清法进行自由选择的话，就涉及到生与死及一个国家存亡的问题。如果有太多的年轻人离开祖国或拒绝服役，这个国家就不能存活下去。因此，柯申鲍姆认为应该鼓励年轻人更加慎重地思考重大的问题，也应该把民主和宗教传统中最好的品德和道德价值观传给年青一代。有鉴于此，他认为价值澄清的致命弱点是把价值观看成理所当然存在于人们内心深处的，认为人们能本能地理解是与非、公平、公正和品格力量等，人能自然地做出正确选择。价值澄清认为年轻人所具有的道德基础是理所当然的，没有承认他们早已接受的传统训练。但正是这些帮助人们形成是非、善恶等意识的传统价值观才使价值澄清的技术能得以成功运用，而且其中很多方法都超越了价值澄清法。价值澄清只是价值观教育过程中的一个部分。

正是在这种情况下，价值澄清学派后期的代表人物柯申鲍姆使得该理论发生了重要的历史转向。主要体现在两个方面。

首先，在思想倾向上，柯申鲍姆转向了当时正兴起的品格教育运动。80年代以来，人们强烈呼吁把美德伦理作为理解和补偿当前人们缺乏道德和精神支柱的一种手段，品格教育开始受到人们的关注。在这种情况下，品格教育表现出回归传统的倾向。诚实、礼貌、责任、忍耐和忠诚等良好品格得到人们的普遍赞同，学校进行有标准的道德教育、传授普遍认同的美德已经得到了政府和民众的支持。美国联邦政府和一些团体都相继推出了在学校中推行价值观和公民美德教育的条文和声明。在每一次的盖洛普民意测验中，家长都对学校是否需要教授道德课程这一问题做出肯定的回答。有84%的学龄孩子的家长都希望学校向孩子提供“伦理及道德行为规范方面的指导”。柯申鲍姆的个人思想认识与当时回潮的品格教育是一致的。他认为当时兴起的品格教育正试图在价值澄清停止的地方重新站起来。给予孩子自由选择的权利，但他们并不必然地做出正确的或符合人们期望的选择。柯申鲍姆加入到了当时盛行的品格教育运动的发展和传播之中，甚至被认为是品格教育领域的一个领导者。例如，他分别于1996年和1999年在品格教育联盟（Character Education Partnership）和品格教育国际中心（International Center for Character Education）担任职务。因此，可以说价值澄清学派的转向是当时历史条件及柯申鲍姆本人思想发展的必然结果。

其次，在方法上，柯申鲍姆认为综合的道德教育方法会收到更好的效果。例如，通过讲授一些学生可能会记住的价值观知识；通过演示和榜样宣传，学生可能会记住更多；如果在此基础上还能给学生提供一个自己处理信息、形成概念和判断的机会，学生将会记住更多价值观知识，而且保留时间更长，对其行为的影响作用也会更大。他认为价值澄清只是价值观教育过程中的一种方法，在实际运用中可以把几种方法结合在一起使用，“其他人（哈明）也把价值澄清与其他教育方法相结合”①。1995年，柯申鲍姆出版了《在学校和青年环境中改善价值观和道德的100种方法》一书，该书是其后期的代表作，集中体现了他近年来的思想。他认为包括他本人在内于六七十年代倡导新的道德教育方法（价值澄清法）贬低传统价值观是个错误。“如果大家能从‘我的方法比你的要好’这种认识倾向中解放出来，就会意识到传统的和新的方法一样都是必要的。”②综合的道德教育方法就是要把二

① Kirshenbaum, H. From values clarification to character education: A personal journey, *Journal of humanistic counseling, education & development*, Sep., 2000, Vol. 39, Issue 1, pp4. ~17. Charts, p. 8.

② Kirshenbaum, H. (1955). 100 *ways to enhance values and morality in schools and youth settings*. Allyn & Bacon, A., Simon & Schuster company, p. 8.

者结合在一起。综合性主要体现在四个方面：

• 内容上要有综合性。包括各种与价值有关的问题——从个人的价值观选择到伦理道德问题。

• 在方法上要有综合性。既要包括说服和榜样示范法，还要让儿童自己独立地做出决定。这些方法都是很有必要的。年轻人应该接受关心他们成长的成年人的教诲；也应该受到正直并且快乐生活的成年人的榜样影响；他们同时还应该有机会自己独立地思考问题，获得指引自己生活的技能。

• 综合的教育方法要能在学校的各种情境中运用，例如教室、课外活动、职业教育与咨询、颁奖典礼等学校生活的各个方面。

• 综合的教育方法要能在社会中运用，例如父母、宗教团体、民众领袖、警察、青年工人等都可以参加。

综合的价值教育方法是既保守又进步的。其保守性在于其中任何一种新的方法被提出来之后都运用了很久。同时，还由于说服和榜样示范法在整个综合模式中占有非常突出的地位。

在以前，教育者、家长等把精力和时间花费在为了维护自己的教育方法而去攻击其他方法上。目前，人们仍然批评灌输的方法过于简单化脱离实际等，这样往往延误了价值和道德教育的发展。而综合的教育方法就可以减少各种方法之间的误解，增进交流理解等。这是综合教育方法的进步性所在，其进步性还表现在给人们带来了希望。综合的方法在反对青少年吸食毒品中很有效果，仅仅使用价值澄清的方法是不能解决这个问题的。不要教他们怎样思考这个问题，而是要教他们思考哪些问题；不要教他们判断是与非的过程，而是直接告诉他们什么是对的，什么是错的；不要让他们自己去发现价值观，而要把最好的价值观传授给他们。

综合的道德教育方法具有很强的应用性。柯申鲍姆归纳提出的100种方法都有清楚的使用说明和施行建议等，教师、管理人员、从事青少年工作的人员都可以采用这种方法改变青少年的冷漠、混乱等。

柯申鲍姆的综合教育方法涉及到品格教育、伦理、道德教育、公民教育、道德推理、生活技术、性及毒品教育等15个领域，汇集了各个领域的方法和活动，以帮助年轻人过上更加满意和富有建设性的生活。他在该书中列出的100种方法并不是随意排列的，共分5类。第一类是把价值观和道德教授给年轻人，有34种方法属于这一类；第二类是价值观和道德的榜样示范作用，有21种方法属于这一类；第三类是推动价值观和道德的发展，有30种方法属于这一类；第四类是价值观和道德意识形成的技术，共有10种方法；最后一类是开展价值观教育活动，有5种方法属于这一类。前四类体现了综合价值观教育方法的特点，即运用传统直接的价值观教育法，如说服和榜样示范等，同时也采用了当代更多的间接教育方法，如给予年轻人机会和技术成为自立、富有建设性、自己做决定的公民。很多教师和从事青年人工作的领导者发现，这些方法有助于概念的形成以及价值观教育任务的实施。

柯申鲍姆在价值观教育研究方法上的转变并不突然，早在《高级价值澄清》中他就对价值澄清学派做了四种预测：

- “传统的”价值澄清方法在未来几年中仍然在教育、家庭教育和相关职业中保持独特可行的影响；
- 价值澄清还会呈现新的面貌；
- 价值澄清仍然会不断受到批评；
- 价值澄清法会得到扩展与其他方法相结合。

2000 年，柯申鲍姆在《从价值澄清到品格教育》一文中再次预言，21 世纪的道德和品格教育方法将是整合型的。①

第三节　走向 21 世纪的人本主义道德观

人本主义心理学在经历了 20 世纪中叶的兴起，70 年代的繁荣发展之后，在 80 年代受到来自很多方面的批评，在其影响下成长起来的价值澄清学派也同样受到株连。在道德价值观方面，他们主张的道德相对主义受到了严峻的挑战。进入 90 年代，伴随着品格教育的复兴，在道德教育中出现了回归传统、提倡核心价值观的品格教育。在 21 世纪到来之际，人本主义心理学家也开始重新审视自己的过去，纠正自己在道德观和价值观方面的不足。一些新兴的人本主义心理学家开始提出一些新的道德价值观，表现出一些新的发展倾向。

① Kirshenbaum, H. From values clarification to character education: A personal journey, *Journal of humanistic counseling, education & development*, Sep., 2000, Vol. 39, Issue 1, pp. 4～17, Charts. p. 9.

一、什么是道德的人

根据人本主义心理学的基本原理，一个人在没有成为真正的"人"之前，是不可能对自己进行认真的观察和深刻理解的。在这个意义上说，自我观察和自我理解就是成为一个人所必须具备的内在价值。但是，在现实生活中，我们却常常把一个人试图理解自己和理解人类本性以及理解人的心灵混为一谈。这样一来，有些人便成了理解人的专家，如在 18 世纪之前西方社会的牧师、哲学家、剧作家等；而大多数人却成了需要被人理解的消极被动意义上的人。进入现代社会，道德哲学家对人的行为的解释逐渐被心理学家和社会学家的解释所取代。在当今时代，随着科学的进步，人们对科学的崇拜与日俱增，神经科学家对人的解释似乎更有后来居上的趋势。按照神经科学的理解，仿佛人的心灵就是大脑。只要揭示大脑的工作机理，就能彻底地理解人。

把这种观点运用在人的道德和价值研究中，一些人认为，人本主义心理学对作为道德行为者的人进行研究是"不科学的"和不时髦的，要被把人当做（心理上的）病人来进行"科学的"研究所取代，人的行为是由这个人的大脑中的化学成分及其身体中的基因所决定的。这样，道德科学家就被神经科学家所取代，道德行为中的尊重、公正和法律规则被医学伦理学所取代。近年来，一些新的人本主义心理学家对这种新出现的价值倾向提出了强烈的批评，并阐发了他们对道德人的新看法。

首先，人是有内在价值体系和道德判断能力的，把人简单地还原为他的身体、心理和灵魂是不合适的。因为理解一个人的 DNA 是一码事，而理解人的行为则是另一码事，更不用说试图对人的行为进行毫无原则的控制了。对此，老一代人本主义心理学家如马斯洛、罗杰斯等人早已对行为主义心理学把人比作动物和机器的还原论思想提出过批评。今天，如果有人仍然想把希望寄托在物质还原论上，那只能是新瓶装旧酒，是不能从根本上解决问题的。但是，一些自然科学家无视人的独特本性，仍然坚持认为只有用生物还原论的观点来解释人的行为才是科学的。换句话说，只有在物理学和化学的基础上才能最终理解人的行为。这种无视人的差异、无视人的独特价值取向的极端科学主义态度，受到了今天的人本主义心理学家的批评。托马斯·萨茨指出："在所有的时代，每一个人对其生活中的一切事物都有某种理解。同时，就像每个人的指纹不同于每个他人的指纹一样，每个人对自己的理解以及对世界的理解也不同于每个他人的理解。这种实际上无限多样的个人洞见和看法就是为什么社会更重视一致性与和睦，而不太重视精确和争论的原因。”①因此，道德人的观念是：人类既是一个有统一性和一致性的社会群体，又是一个有差异性和独特性的个体。在道德价值观方面，既要提倡正确的社会价值引导，又要尊重个体独特的内在价值取向。

其次，道德的人有共同的道德德目。人本主义心理学在坚持个人中心和个别差异的同时，也开始认识到人类确实存在着某些超越文化差异的共同德目的。也就是说，在人类生存进化的长期活动中，人类逐渐形成了某些共同的道德基础。在社会生物学的研究中，人们已经发现了它们存在的某些证据。尽管由于道德发展和社会进步的条件不同，某些德目在某些人和某些社会中可能会受到忽视。但是，由于共同的道德德目表达了谦恭、礼貌、同情等基本美德，它们对人类的共同生活是必不可少的。人本主义者确定的共同的道德德目包括：

第一，正直品性。也就是说真话，不撒谎或骗人，以真诚、公正、坦率的态度对人。在行为上信守诺言、尊重承诺、履行合约，反对虚伪和搞阴谋诡计。

第二，信赖。在生活中要对爱人、亲朋好友忠诚和信任。在工作中应成为可靠的、令人信服和有责任感的人。

第三，仁慈。对他人要表达善意和高尚的情感。对破坏性的和不道德的行为要远离和反对。对处于困境中的人要给予援助，要有宽厚、仁爱和同情之心。

第四，公平。一个道德、文明的社会必须对不同人的行为进行不同的裁决。例如，对伤害他人的人进行惩罚，对受害者进行补偿，对做出道德行为的人表示感激和敬意。

当然，除此之外，还有很多其他的道德德目。可以说，在道德价值观方面，人本主义心理学已经和 90 年代复兴的美国品格教育的某些主张相融合，表现出一种务实的道德理性。

再次，通过价值观教育对儿童的道德形成进行引导。在价值澄清学派所主张的道德相对主义受到批评之后，人本主义心理学家开始对学校中的道德教育进行反思。他们认识到，人们有必要区分抽象的道德价值观和具体的道德价值观。前者是宏观的和超个人意义的，具有永恒的人类普遍意义的价值观，后者是微观的个人意义的价值观。在学校教育中，应把抽象的

① Schneider, K. J., Bugental, J. F. T., Pierson, J. F. (2001). *The handbook of humanistic psychology*. Thousand Oaks, CA: Sage Publications, p. 79.

道德价值观小心谨慎地传授给学生。但是，在传授过程中要使学生意识到为什么要向他们传授这些价值观，别人在这些价值观上有什么值得借鉴的经验，在给他们提供参考框架的同时，要求他们凭借个人的价值判断来理解和行动。价值观教育的内容主要包括：价值观概论课程，主要讲授在诗歌、报刊、宗教和文化中发现的人类共同的价值观；价值观解释课程，主要阐述我个人的价值观，以及我们共同认可的价值观；价值观发展课程，包括我自己确定的格言、契约、班级的共同谚语、个人有可能实现的自我价值等；人本主义价值观课程，讨论世界和平、交流与团结等。这些课程的实施有力地促进了学生道德价值观的发展，使学生能够比较明确地认识到他们有责任形成自己的新的价值观。这种观点也体现了人本主义心理学在价值观方面形成了一些不同于以前的新的思想。

二、动机在价值实现中的作用

动机是人本主义心理学的一个重要研究课题。在马斯洛的理论体系中，动机不仅是其需要层次论的理论基础，而且在其人性观和价值观当中占有非常重要的地位，我们甚至可以说，动机理论是马斯洛整个理论体系的支柱和基础。

马斯洛认为，人的动机和需要是一种分层的等级结构，人的心理生活就是按照这种结构由低到高逐级实现的。马斯洛最初把人的动机和需要分为五层，后来又增加了认知和审美的需要，成为一个由七个层次组成的类似于金字塔型的动机和需要结构。见下图。

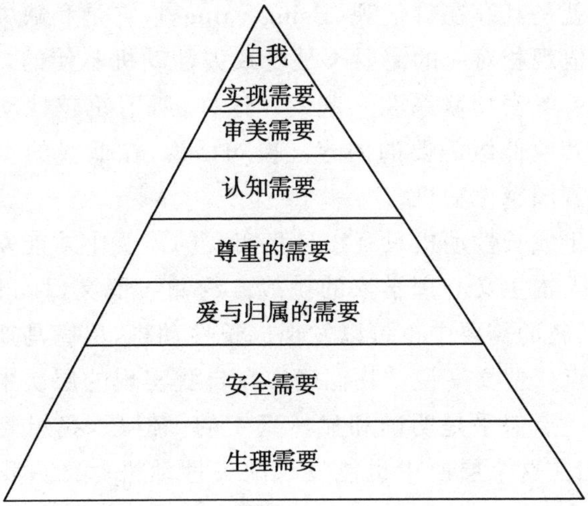

其中,生理需要和安全需要是低级需要,其他五层是高级需要。生理需要的内容主要包括:食物、饮水、氧气、温度、大小便、休息、活动和性等;安全需要的内容包括:避免有潜在危险的对象或情境(如风雨、生理疾病),避免有生理和心理威胁的事物(如害怕无知),日常和熟悉的事物的重要性;爱与归属的需要包括:接受和给予爱、感情、信任和接受,被某个群体所接纳,成为其中的一员(如家庭、朋友、工作单位);尊重的需要包括:尊重他人和自尊,有一种竞争感;认知的需要包括:知识和理解、好奇、探究、对意义和可预测性的需要;审美的需要:艺术和自然中的美,对称、平衡、秩序和形式美;自我实现的需要包括:实现你的所有潜能,"成为一个人所能成为的一切"。

马斯洛认为,自我实现是所有需要中最高级的需要,它是以人的低级需要的满足为基础的。在每个人的心灵深处都潜藏着这种自我实现的需要,它推动着人们努力达到这个最高的目标,因此,自我实现的需要是推动人的心理活动发展最根本的动力。但是,仅仅用需要层次论似乎还不足以说明自我实现的需要和其他各层次需要之间的根本差异。为了更明确地阐述自我实现的需要及其与其他需要的区别,马斯洛进一步划分了两种动机,即缺失性动机和成长性动机。缺失性动机是指有机体的基本需要或由于缺失而引起的需要。而成长性动机是指在自我实现需要的驱使下所表现出来的活动和过程。这样,马斯洛就把自我实现的需要从所有其他的需要中分离出来,使之上升为一种具有超越性质的"超越性动机"。

但是,在马斯洛去世之后,一些人本主义心理学家对马斯洛的观点进行了深入的探索和分析,提出了一些新的观点。例如,维纳(B. Weiner,1985)从现代心理学的角度对动机问题进行了全面考察。他认为,马斯洛所讨论的成长性动机就是其存在价值观(Being values),它是和缺失性动机相对立的。与存在价值观相对应的需要不是受缺失性动机驱使的,而是和好奇、欣赏、爱、高峰体验等密切联系在一起的。这样,所谓超越性动机就在一定程度上也包含着其他低级需要的内容。换句话说,在低级的生理和安全需要中也同样存在着超越性动机。

马斯洛关于成长性动机只有在自我实现的需要中才能发现的观点同样也受到了当代人本主义心理学家的挑战。约翰·罗文(John Rowan)认为,在自尊、爱与归属的需要中也可以发现成长性动机,尽管马斯洛本人并没有明确指出这一点。罗文又说:"我们确实在自我实现的层次中发现了丰富性动机,现在,这一点似乎是明确和显然真实的。但是,我想要就此谈两件事情。第一,我们在这个层次中也能发现缺失性动机;第二,我们在两个最低的层次中也能发现丰富性动机。”[①]这里的丰富性动机指的就是成长性动机或存在价值观，是每个人身上都存在的先天具有的一种心理倾向。例如，很小的婴儿就表现出探索的倾向、游戏性的活动、好奇心和自我发现等，这些高级的心理活动是自我实现的一部分，没有必要等到儿童成人之后再去进行。由此可见，在每一个需要层次中都能发现缺失性动机和成长性动机。就是马斯洛本人也承认，可能存在着受缺失性动机驱使的爱，他称为一种“爱的饥饿”，但同时也存在着受成长性动机驱使的爱，它是非占有的、不受生理需要驱使的。但是，我们是否可以据此认为，自我实现有时也是受缺失性动机驱使的呢？对于很多研究马斯洛的人来说，这似乎并不是马斯洛本人的看法。

但是，罗文在研究中发现，马斯洛也承认，在自我实现中的高峰体验有时候也是受缺失性动机驱使的。因为马斯洛说过：“如果生活中唯一的善成为高峰体验，如果达到这个目的的所有手段都成为好的，如果有更多的高峰体验比有较少的高峰体验好，那么，一个人就可以促使它产生，积极地推动它，为它们而努力、探索和战斗。因此，它们常常变成魔术，变成神秘的和深奥的，变成奇异的、玄妙的、戏剧性的、费力的、危险的，成为狂热的崇拜。”[②]如果换一句话来表达上面的意思，就可以这样说：此刻我觉得有点失常，因此，我认为在这个周末我需要有一次高峰体验。这显然是缺失性动机的语言。马斯洛指出：“代之以‘因欢乐而惊讶’，‘产生幻觉的兴奋’被安排在计划中，能保证产生，进行大肆宣传、销售，使之强行存在，并且开始被看作是一种商品。……越来越多奇异的、人造的、奋斗的‘技术’可能会进一步增多，直到它们成为必要的，直到它们筋疲力尽和软弱无力。”[③]

尽管马斯洛并没有明确指出在自我实现的需要中有缺失性动机，但他对高峰体验的表述已经隐含着这种意思。后来的人本主义心理学家只是把他的这种观点做了进一步的发挥。这一点似乎从另一个侧面说明，人在生活或工作中取得成就可以促进人趋向更高的自我实现，同样，人受到挫折也可以促进人更加努力地奋斗，以达到目标的实现。只不过这种促进作用在不同的人身上表现为不同的特点罢了。

① Rowan, J. (2001). *Ordinary ecstacy: The dialectics of humanistic psychology*, Hove: Brunner-Routledge, p. 248.

② Maslow, A. (1970). *Religions, values and peak experiences*. New York: The Viking Press, p. ix.

③ Maslow, A. (1970). *Religions, values and peak experiences*. New York: The Viking Press, p. x.

第五章

自我实现:人本主义心理学的自我观

“我是谁?”“我是一个什么样的人?”“我能够成为什么样的人?”诸如此类的问题不知被人们询问过多少遍。数千年来,人们一直不懈地对自我进行探讨。“认识你自己”已成为人类永恒的追求。但是,真正在心理学上对自我进行深入和系统研究的却是人本主义心理学。当然,这并不是说,其他心理学流派没有对自我进行研究。在20世纪上半叶,当人本主义心理学尚未创立的时候,一些早期心理学家、行为主义者和精神分析学家就从各自的研究视角探讨过它们对自我的看法,但行为主义过分强调外部环境对自我的控制,完全忽视了自我的主动性和创造性。而精神分析则把自我视为潜意识的附属品,也同样没有更深刻地阐释自我的本质。早期人本主义心理学家马斯洛、罗杰斯、罗洛·梅等人对自我心理学的研究,揭开了心理学史上崭新的一页。但是,他们的自我观也不是完美无缺的。在20世纪后半叶,人本主义心理学的自我观也同样受到了严峻的挑战。当代主流心理学和哲学对自我和自我概念提出了一些有价值的新理解,使人本主义心理学家不得不对自我及其实现进行重新思考。本章从历史发展的角度对人本主义心理学的自我观进行评述,以期对这条研究主线有一个清晰的了解。

第一节 从自我到自我实现,早期人本主义心理学的自我观

在西方心理学研究的发展历史上,自我(self)一直是一个非常重要的研究主题。一些早期的心理学家,如美国心理学的早期代表人物威廉·詹姆

斯和鲍德温，都曾把自我作为他们研究的核心问题。英国的F·W·H·迈尔斯在他生命的最后几年竭力探讨"阈下自我"的理论，美国的实验心理学家卡尔金斯还曾做过关于自我的实验研究。[①] 1913年，华生创立了行为主义心理学之后，美国心理学界便基本放弃了对自我的研究。在20世纪50年代之前，这个重大的研究任务主要是由社会学家来完成的，如库利(Cooley)、米德(Mead)、高夫曼(Goffman)等人。进入20世纪中叶，随着人本主义心理学的崛起，对自我的研究也开始重新进入心理学家的研究视野。在这里，人本主义心理学的早期代表奥尔波特(G. Allport)是功不可没的。针对当时美国心理学界的研究取向，奥尔波特写道："直到大约1890年，某些美国的作者们，包括杜威、罗伊斯、[和]詹姆斯，仍继续认为自我是一个必要的概念。他们觉得，新心理学的那些分析的概念失去了心理功能的明确一致性。但是，在随后的50年里，美国的心理学家几乎没有人使用过它……也没有人使用过'灵魂'这个概念。"[②]

奥尔波特呼吁心理学家应该关注自我的研究，人本主义心理学的其他早期代表人物，如马斯洛、罗杰斯、罗洛·梅和布根塔尔等人，也都主张把自我概念重新引入心理学理论研究之中，因为这个概念对于理解人的生活是非常必要的。在他们看来，自我是人的存在的内在可能性发展的基石，也是对患者进行心理治疗时使患者发生积极心理变化的一个重要因素。这种看法也是对"认识你自己"这个西方传统观念的现代阐释。

一、自我在促进个体发展中的作用

早期人本主义心理学家把自我看作是一种促进个体发展变化的模式(pattern)。罗杰斯认为，所有活的生物都有一种趋向完善和成熟发展的动态变化的基本模式，这是所有生物都具有的一种先天遗传的生物发展模式。但是，在人类身上，除了具有和生物类似的生理发展模式之外，还具有人类所特有的心理发展模式，这就是人所内在独有的潜能和价值。自我就是实现一个人的全部潜能和价值的这样一种自然倾向或力量。罗杰斯明确指出："这种以人为中心的取向依赖于在每个生物有机体中存在的那种实现倾向——朝向成长、发展和实现其全部潜能的倾向。这种存在方式使人朝向

① 墨菲、柯瓦奇著，林方、王景和译：《近代心理学历史导引》，商务印书馆1982年版，第291～292页。

② Allport, G. W. (1955). *Becoming: Basic consideration for a psychology of personality*. New Haven, CT: Yale University Press, p. 36.

一种更复杂、更全面发展的建设性方向流动。"①

显然，罗杰斯的这种心理发展观是一种先天的心理发展倾向，它在一定程度上决定了人都有朝向实现自己的潜能和价值的内在倾向。只要外部环境能够创造一定的条件，唤醒人心中的这种倾向，人就能奋力追求自我价值的最终实现。罗杰斯进而指出，实现人的潜能是一个自然的过程，只要不会受到环境的限制，例如缺乏来自父母的积极关注，儿童就会自然地发展成为一个功能充分发挥的人(a fully functioning person)。

其他早期人本主义心理学家也持有类似的观点，但在理解个人意志在实现自我和发展倾向中的作用方面存在不同见解。例如，和罗杰斯不同，具有存在主义倾向的人本主义心理学家认为，实现人的潜能需要个人的勇气和意志。罗洛·梅指出："人是在意志行动中理解自己的。或者说，人是以自己看待自己的方式来认识自己、认识其生活、认识其普遍存在的。"②马斯洛虽然不是存在主义心理学家，但他也同样承认意志在实现人的潜能中的作用。他认为罗杰斯"或许低估了意志、决定以及我们确实要通过我们的选择而造就自己的方式这些因素"③。

早期人本主义心理学家认为，自我不是一种静止的心理状态，而是一个动态的发展倾向。布根塔尔称之为一个"纯粹的过程，纯粹主观的我[自我]"。奥尔波特称之为一种"变化过程中的形成"。在这个意义上说，自我就是一种心理活动的驱动力，它驱使人去努力发展自己存在中所固有的潜能和价值，成为一个人真正想要成为的人。这和弗洛伊德所强调的人的本我竭力想要实现自己的生物本能的观点显然是有区别的。人本主义心理学家的自我是具有个体能动性的，自我的本质就是朝向健康的发展和潜能的实现，这也是人区别于动物的一个基本的特点。

虽然人本主义心理学家认为自我是一种先天的内在倾向，但这种倾向和精神分析的自我(ego)是大相径庭的。弗洛伊德认为，自我是比较虚弱、被动的，是从本我中派生出来的一种"副现象"，其功能就是扮演内化的社会禁忌(超我)和释放紧张的需要之间的协调者。对此，罗洛·梅指出："这种'我在'(I-am)的经验一定不同于转了好几个圈才发挥作用的所谓'自我的

---

① Rogers, C. R. (1986). A Client-centered/person-centered approach to therapy. In Kutash, I. & Wolf, A. (Eds.) *Psychotherapist's casebook*. San Francisco: Jossey-Bass, p. 200.

② 杨韶刚:《寻找存在的真谛:罗洛·梅的存在主义心理学》,湖北教育出版社 1999 年版,第 187 页。

③ Maslow, A. H. (1968). *Toward a psychology of being* (2nd ed.). New York: Van Norstrand Reinhold, p. 17.

功能'。"[1]罗洛·梅进而指出，在弗洛伊德之后新精神分析学家虽然发展了弗洛伊德的自我概念，但这种发展并不是本质上的改变。例如，安娜·弗洛伊德非常强调自我在人格中的重要性，但是，她强调的主要是扩大了对自我在发展和保持防御机制中的作用的理解，而并不强调自我在朝向发展方面的主动倾向，而这种主动倾向恰恰就是自我(self)的根本特点。

总之，早期人本主义心理学家认为，自我不是一种心理或物质的实体，它也不是一个人的执行官，仅仅负责收集信息和做出适应环境的身体行动。而是以先天的潜能为基础，通过个体主动的发展倾向，在动态的活动过程中不断实现自己的潜能和价值。在这一点上，人本主义心理学家的自我观和西方传统的笛卡尔、米德等人的自我观都是有区别的。

鉴于自我概念的复杂多样，而且容易引起混淆，奥尔波特认为，人本主义心理学家应该选择另一个术语来表示"自我"。他建议使用"proprium"一词，用它来强调人本主义心理学家所理解的自我是一种倾向，而不是一件事物这种独特性。他说："考虑使用 proprium 这个词的心理学家既使用'self'也使用'ego'——常常是交替使用的——这两个术语的界定都有不同程度的狭隘或综合。"[2]不过，尽管奥尔波特提出了这样的建议，而且 proprium 这个词在含义上也比较适合于人本主义心理学家所理解的自我，但由于这个词比较生僻，人们实际上很少使用，因此，奥尔波特的这个建议并没有被普遍认可，也没有流行开来。

二、对自我概念的基本理解

现代心理学认为，自我是人把自己与周围环境区分开来的产物，把自己看成是其心身活动的主体，把自己的过去、现在和未来统一起来，把我和非我区分开来。早期人本主义心理学家在研究自我概念时，首先对真实的自我和人们对自我的理解做了明确区分。前者就是我们在前面提到的那些略有争议的不同观点，后者就是"自我概念"，是指人们对他们是谁和是干什么的理解。之所以做这样的区分，原因在于他们认为，人们是根据自己对事物的理解，而不是根据事物的真实状况做出行动和反应的。因为人们在行为上是受他们对事物的内在理解和有关现实的理论观点指导的。例如，罗杰

① May, R. (1958). *Existence: A new dimension in psychiatry and psychology*. New York: Basic Books, pp. 45～46.

② Allport, G. W. (1955). *Becoming: Basic consideration for a psychology of personality*. New Haven, CT: Yale University Press, p. 40.

斯就曾说过，人们是根据其“内在参考框架”而采取行动的。他还说：“我不是对某一绝对的现实做出反应，而是对我关于这种现实的知觉做出反应。正是这种知觉在我看来才是真实的。”①

应该承认，人们对世界、他人以及对自我的概念性理解不仅使某些人生的经验得到了强调并使之具有了独特的意义，而且和其他经验区分开来。因为一个人的真实自我是一种发自内心的声音，它总是呼吁把自我当做积极潜能的一种力量，并力图使之得到发展和实现，但这种呼吁却可能会被社会和人们生活中的权威人物所施加的概念框架所埋没。这些既定框架的存在，使人们常常把自我理解为不符合社会期待的稳定的和不可改变的事物，他们的现状使他们束手无策，根本无法实现自己的潜能。但是，当他们认识到，社会所施加给他们的自我概念并不能代表他们真实的自我时，他们就会把注意力转向已被埋没的自我的呼唤。如果一个人的概念框架足够开放，他们就能使受到扭曲的真实自我被直接感受到。因此，个人对真实自我的体验是非常重要的。

罗洛·梅曾经把这种体验描述为一种“我在”的体验，或者一种“存在感”(a sense of being)。所谓“存在感”就是“一个人知道他发挥这种作用的能力”②。为了进一步阐明存在感的意义，罗洛·梅做了细致的理论描述。首先，罗洛·梅把存在感和自我意识联系起来，认为人的存在感越强烈，其自我意识越深刻，人进行自由选择的范围就越大。他超越自我，站在一旁“观察”自我的能力越强，就越有可能对自己进行认真的思考和预想，他的判断和选择就越准确清晰。其次，对存在感进行自我体验必须以自由存在为前提，因为自由存在的人才能进行价值和目标的选择。再次，语言是表达个体存在的一种手段。“语言对自我意识的表述是一种符号化的能力，是填补内在意义和外部存在裂隙的能力。”③

由此可见，所谓存在感的自我体验，其核心是人的强烈的自我意识。他能充分认识到自己是自由的，能对自己的全部存在有一个完整的认识，能确定自己的人生价值和自由地选择自己的未来，能灵活地掌握和运用语言来表述自我的感受和进行人际交往。能体验到这种存在感的人才是活生生的、健康的人，他才能发现生活的意义。

在现实生活中，人们经常会感受到在人们的自我体验和对自我的有冲

---

① Rogers, C. R. (1951). *Client-centered therapy: Its current practices, implications and theory*. Boston: Houghton Mifflin, p. 484.

② May, R. (1953). *Man's search for himself*. New York: Norton, p. 180.

③ May, R. (1961). *Existential psychology*. New York: Random House, pp. 21～22.

突的概念理解之间存在着某种张力。英国的现象学精神病学家莱因(R. D. Laing)把人们对所体验到的自我和自我概念之间的分裂的觉知称为“分裂的自我”。他在对精神病患者的治疗中发现，患者的一个突出的表现是意识与身体脱离。他们感受到自己的身体只是世界上的一个客体，是一个“虚假的我”的代表，它和“内在的”或“真正的”自我是相互脱离的。当精神病患者与他人发生相互联系时，就会以这种“虚假的我”来代替“内在的”自我。在别人看来，精神病患者就成了这种典型的人格分裂的人。但是，在患者的内心深处却有一个“真正的自我”，它并不直接参加身体的活动，而是通过想象创造一些远离现实的自我形象，“在自己的范围内创造与别的个人和事物的关系，而不向外部世界的任何个人和事物乞求。个人在自己本身中造成一个小宇宙”①。但是，由于这个“真正的自我”脱离社会现实，把自己孤立地封闭起来，而且不能及时地从外部经验中得到补充，长此以往，其内心世界就会变得越来越贫乏。其实，心理学研究早已发现，人的想象如果缺乏外部现实的补充，就会使人产生越来越孤立和封闭的感觉。精神病患者由于长期压抑和封闭自己的内心世界，其真实自我和虚假自我便产生了分裂。

人本主义心理学家罗杰斯在阐述自我概念的特点时，要求人们注意自我的几个典型特点：第一，自我是一个有组织的结构，一个格式塔，其中一个小小部分的改变会导致整个结构的改变。第二，自我是容易进入意识、被意识所反映的。第三，自我是一个在不断改变的结构，而不是一个固定不可更易的东西。由于自我的这些特点，在适当条件下自我就可能会发生异化，就会产生莱因所说的“分裂的自我”的体验。罗杰斯写道：“当我们能够和我们分裂的自我的两个方面——我们的意识表面和我们更深层次的体验——进行交往的关系不存在时，我们就会感受到一种没有和任何人建立真正接触的孤独。”②换句话说，自我要想不发生分裂或异化，就必须使其意识表面的自我和内心真实的自我相一致。

这样看来，未加任何处理的自我体验才是一种完整的自我体验，它可以用来更正一个人对自己是谁以及能成为什么样的人的理解。这种体验可以对外部强加的自我概念进行重新改造，使自我表现为充分实现其作为一个人所内在固有的潜能的基本倾向。当自我概念能够精确地描述自我时，我们就可以说，自我是一致的、和谐的，反之就会出现不一致和不和谐。

---

① Laing, R. D. (1969). *The divided self: A study of sanity and madness*. New York: Pantheon, p. 74.

② Rogers, C. R. (1961). *On becoming a person*. Boston: Houghton Mifflin, p. 94.

三、自我实现是一个不断发展的过程

在早期人本主义心理学家看来，人类存在的根本目标就是要充分实现人性中所内在固有的潜能。实现这个目标的手段就是要打通通往内在力量的通道，使人朝向完善的人性发展。换句话说，当自我概念使这种表现形式进入意识时，这条通路也就打通了。就是说，一个人必须在思想中意识到自己有这种潜能或倾向，并且努力要实现它。很多早期人本主义心理学家相信，要想使真实的自我能够影响人的行为，它就必须在意识中出现或得到精确的描述。当一个人有意识地表现其真实自我时，他就可以非常自由地使其心身功能得到全面地发挥，就能做出表达其本真价值观(authentic values)的选择，使未受歪曲的全部生命潜能得到发展和实现。这种理想的、功能得到充分发挥的人就会处在一致的、和谐的状态，也就是说，在他的自我概念和实现倾向之间没有不和谐的东西存在。

当然，自我实现的概念和使人的功能得到充分发挥是人类的一种理想，是一种应然的心理发展倾向。在现实生活中，人们虽然能够或多或少地实现自己的潜能和价值，但在很多情况下又是难以达到绝对实现状态的。在这个意义上说，实现并不是一个人想要成为的稳定不变的状态，而是一个因人而异的发展过程。在人的一生中，自我实现或功能充分发挥只是在相对意义上说的。有人实现得多一些，有人实现得少一些，但每个人在一生中总是朝向这个理想不断地发展。所以，马斯洛在论述这个问题时喜欢使用"自我实现"一词(self-actualizing)，并且把它当做一个动词来用。

具有存在倾向的人本主义心理学家把自我实现描述为成为本真存在的人，这也是一个人的发展过程，是朝向实现人的内在潜能的一个运动过程，而不是达到或全面实现其潜能的状态。作为一个发展的过程，一个人就会把自我当做一个发展的历史来体验，是一个朝向潜能实现的前进和后退的过程。罗洛·梅在描述"人类"(human being)这个词时较好地把握了自我的这种动态的性质。他说：

"如果读者牢记'人类'的'类'(being)是一个分词，是一种动词形式，含有某人正处在成为某个事物的过程中的意思，那么，这个术语的全部意义将会更加清楚。遗憾的是，在英语中把它作为一个普通名词使用时，'类'这个术语含有一种静态物质的意思，而且，当把它作为一个特殊名词，例如一种存在使用时，人们通常假设它指的是一种实体。……相反，当把它作为一个普通名词使用时，应该把'being'理解为含有'potentia'的意味，意思是潜能的根源；'being'是一种潜能，借助于它，一颗橡树籽就可以成长为橡树，或者，借助于它，我们每个人就可以成为他真正想要成为的人。而当我们把它用作特殊意义时，例如一个人类存在，它就总是具有处在发展过程中的某个人这种动态含义，这个人要成为某个事物。因此，在这个国家或许成为（becoming）更准确地包含着这个术语的意思。只有当我们看到他正在朝什么方向前进，他正在成为什么时，我们才能理解另一种人类存在；而且，只有当我们'把我们的潜能的根源投射到行动中去'时，我们才能认识我们自己。这样，人类存在的重要时态就是将来时态——就是说，重要的问题在于，我要指向什么，要成为什么，在不久的将来我将要是什么。"①

概括地说，人本主义心理学的早期创立者们坚持认为，人的内心深处潜藏着朝向本真、朝向自我实现的潜能，这个过程就包含着关于自我概念的发展。希望被他人所接受的需要和趋向于和社会一致也会形成一种自我概念，但它会歪曲和隐藏人们的真实自我的某些方面。在现实生活中，正是关于自我的概念才指导着人们的行动和相互作用，当它们和人们的真实自我不一致时，人们就不可能成为他们真正想要成为的人，这样，他们就会被社会所表现出来的那种歪曲的自我所指引。一些精神病患者或有心理疾病的人或多或少地受这种歪曲的自我概念的引导，由于心灵长期不堪重负，才患上心理疾病的。只有当人们的自我概念与其真实自我相一致和和谐时，他们才能自由地把他们的潜能展现出来。因此，这个朝向一致性的发展过程就是朝向功能更充分地发挥作用前进，就是朝向成为一个心理健康的人的目标前进。这是一个不断发展、永无止境的过程。

第二节　来自主流心理学和哲学的挑战

我们知道，在人本主义心理学创建之初，认知心理学也在形成和发展之中。由于西方社会对科学实证的强烈关注，认知心理学最终发展成为目前在西方社会占主流的心理学思潮。人本主义心理学创建50多年，对自我做

① May, R. etc. (Eds.) (1958). *Existence: A new dimension in psychiatry and psychology*. New York: Basic Books, p. 41.

了大量的研究和论述，但是，由于主流心理学把注意力转向了心理功能和认知，而哲学界则把注意力转向了后现代主题，因此，人本主义心理学要想和主流心理学展开对话，就必须把他们对自我的观点和自我实现的思想转化成为当代心理学的话语，这个现实本身就对人本主义心理学造成了严峻的挑战。

当代认知心理学和后现代哲学在很多方面和人本主义心理学的自我观是有分歧的。认知心理学竭力避免使用自我的观点，尽管它很关注自我概念。后现代哲学也把自我的观点排除在外，尽管它也经常对自我的观点进行批评。显然，人本主义心理学要想重新振兴，就必须面对当代心理学和哲学的这些挑战。

一、来自认知心理学的挑战

广义地说，认知心理学是侧重研究人的认知过程的当代心理学思潮。由于它把研究的焦点集中在认知过程，因此，对自我的特点和功能几乎很少涉及，它也不研究自我在人的心理生活中的作用。当然，这并不是说认知心理学对自我丝毫没有任何研究。它所关注的焦点是人们对其自我的看法或认识，也就是研究人们的自我概念，因为这里含有认知的成分。在这个认知转向的过程中，认知心理学家认识到，人们的主观经验和信念在认知过程中也会发挥重要的作用，因此，他们在研究中也开始接受关于主观经验和信念方面的数据。

其实，早期人本主义心理学家早就主张研究人的信念。他们对人的主观经验和信念的理解建立在一种有机体的隐喻基础上，认为有机体是不断成长、发展、改变，并且采取有目的的行动。但是，认知心理学却把他们对主观经验的理解建立在计算机隐喻的基础上，把心理活动和计算机的运算相类比，这样，对自我的看法就被心理活动的执行功能或综合功能所取代了。换句话说，研究心理活动的执行功能或综合功能就是认知心理学对自我的当代研究的一个重要组成部分。

把心理活动比作计算机的运算，就使认知心理学可以继续运用逻辑实证主义所遗留下来的研究设计方法。这样，对人的主观经验的研究便主要局限于人们的自我报告和他们的行为之间的相关。这些研究把焦点集中在人们对其自我的看法上，而不是集中在对世界和他人的概念上。例如，美国心理学家奥斯波恩(Osborne，1996)曾经考察了400多篇关于自我概念的心理学研究，并把这些研究分作三大类：① 研究了自我概念所包含的信息类别；② 考察了自我概念在童年期的发展阶段；③ 研究了人们的自我概念的变化是怎样与其行为的变化相关的。

在这些研究中，数量最多的是第三类研究，包括自尊、自我效能等方面的研究。例如，关于自尊(self-esteem)的研究，这类自我概念和人们对其自我的评价或尊严有关。这些研究想要说明的是，人们对其自我的看法给予的积极评价越多，他们在各种任务中的表现就越好。这些研究的结果使很多人相信，只要设计出提高自尊的教学计划，就可以使学校里的学生提高其学习积极性，进而提高其学习成绩。把这种研究推广到其他工作场合，也具有相似的作用。关于自我效能(self-efficacy)的变化方面的研究，主要关注的是一个人在完成某项任务时的实际表现和他能够表现得多好之间的变化关系。例如，一个人的自我对新信息的知觉和解释会影响他在其他方面的表现。换句话说，认知心理学的研究认为，人们对自我的认知决定着他们的活动质量。自我的认知发生改变，其外部行为表现也会相应地发生改变。

把认知心理学的观点和早期人本主义心理学家的观点进行比较，我们就会发现他们之间的一些重要区别。

第一，早期人本主义心理学家对人们的自我概念和真实自我做了区分。人们对自我的观念是人的自我的一种心理表征(mental representation)。一个人的自我概念可能是准确的，也可能是不准确的。当它是准确的时候，就说明他的自我概念和他的内在真实自我是和谐的和一致的，反之，就是不和谐和不一致的。因此，早期人本主义心理学家关注的是人们对自我的看法与其真实自我之间的关系。而当代认知心理学把关注的焦点放在人们对自我的看法的变化与其行为的变化之间的关系上。尽管两者之间确实存在着某种关系，但这些关系都是表面的，并没有涉及到人的内心世界。

第二，早期人本主义心理学家关注人们对自我观念的认知和真实自我之间的关系，而认知心理学却并不探讨人们内心的真实自我。虽然人们的认知活动可以部分地反映人们的内心世界的心理活动，但在某些情况下人们的认知可能是错误的。因此，只有通过对人们内心世界中真实自我的正确把握，才能正确地认识人们的外部行为与其内部真实自我之间的恰当关系。

二、来自后现代哲学的挑战

后现代主义是20世纪中叶在西方社会兴起的一种泛文化思潮。它从一开始，就打出了对现代文化哲学和精神价值取向进行批判和解构的旗帜。

我们知道，早在后现代主义兴起之前，西方的神学和哲学就把自我放在核心位置上。而后现代主义者高举横扫一切的大旗，对自我的观点进行了猛烈的抨击，并且认为自我存在的观念是一个哲学上的错误。这种错误来源于一个错误的假设，即在西方的语言中，语法要求动词必须要有一个执行该动作的主语，这就必须要有一个自我或主体作为行为的执行者。后现代主义者认为，虽然每个人都有一个自我的概念，但这个概念并没有任何所指，也就是说，自我实际上是一个空洞的概念。

后现代哲学的一个核心主题是：思想并不是对外部客体的简单的镜像表征。相反，思想是用言词来表达的，由于言词和它所指代的事物之间有一种人为的武断的联系，思想就成为一个人的语言的反映，而不是来自客观世界的客体的反映。由于不同的语言把世界划分成不同的部分，不同文化和语言的人们对世界的思考就有很大的差别。由于思想是以语言为媒介的，又由于不存在普遍的理由，因此，一个人无法确切地知道一个人的思想是否准确地反映了他所思考的东西。

因此，在后现代主义者看来，只是因为在我们的语言中有"自我"这个词，这并不意味着就一定有自我这样的东西。自我这个概念是西方语言和认知图式的一个虚构的创造物。既然没有自我，那么这个概念就不能用一个真实的语词所指的对象来说明，也不能加以更正。这样一来，人本主义心理学家所说的自我概念可以和真实自我一致或不一致的观点就被完全排除了，因为根本就没有所谓真实的自我。

后现代主义者把自我这个概念看作是西方文化的创造物，并且是为西方文化的特殊心理功能服务的。但是，不能因为它具有这样的心理学上的好处，就认为它一定存在。后现代主义者指出，并非所有的文化都信奉自我的存在，例如，东方文化中的佛教思想就不相信自我，而相信非我(nonself)。我们知道，在中国古代的《坛经》中有一首偈："菩提本无树，明镜亦非台，佛性本清净，何处惹尘埃。"这里指的就是一种"般若性空"的思想境界。但这种思想中虽然没有自我，却仍然有"佛性"。中国禅宗佛教的著名代表慧能则把这种思想发挥到极致。慧能一再强调"无念为宗，无相为体，无住为本"，这种"本来无一物"的空灵境界更能代表佛教禅自性空的哲学思想。[①]

和认知心理学家一样，后现代主义者不相信自我的存在，更没有对真实的自我进行探究，因而他们关注的焦点便局限于人们关于自我的概念所发挥的功能上。既然自我概念是文化的产物，那么它们就会随着历史时期和

① 王建疆：《修养·境界·审美：儒道释修养美学解读》，中国社会科学出版社2003年版，第323页。

人们的居住环境中的文化的不同而有所不同。19世纪的德国哲学家曾提出这样的观点，生活在不同历史时期的人们具有不同的认知框架；而人类学家进而认为，不同文化的认知框架也是不同的。后现代主义者根据这些研究发现指出，关于自我的概念并不具有普遍性，而是完全具有相对性的。人们对世界、他人和他们自己的理解是其不同文化所给予的解释框架的一种功能，人们的思想和行为总是通过这些框架的聚焦而建构起来的。在后现代主义者看来，现代人关于我们能够越来越真实地了解世界和自我的观念是错误的，因为人们对事物的不同理解就是不同的，一种概念框架并不比其他概念框架更能揭示真理。“任何真理都是由人来发现的，不免要受到时间地点和各种条件的限制，因而任何真理都只能解释一部分现象，适用于特定的具体的事物之上，如果把一种具体的知识（即使是真理）推而广之，变成放之四海而皆准的东西，这种方法本身不就是违背科学的吗？”①

显然，后现代主义者采取的是一种相对主义的怀疑论态度。这种态度在打击唯科学主义、纠正现代科学的纯粹实证倾向等方面确实发挥了重要的作用。但是，相对主义的怀疑论是对现代性的一种过度的反映，它对现代社会的批判性解构并不都是正确的。近年来，人们针对后现代主义的批评也日益增多。哲学家们开始转向探讨，人们怎样才能实际地指导自己的生活和解决他们所遇到的问题。他们不再接受所谓有某些真理和没有真理的二分法，而是转向探讨“足够好”的知识的观点。意思是说，一个人无需保证他对事物的理解是完全真实的，他理解的就是真理，他一样可以很好地知道，他要完成日常的工作任务，过一种有意义的生活。当代人本主义心理学正是在这种情况下开始重新考虑后现代主义者对自我观的批评，并且提出了他们对自我的新的理解。

第三节　自我观新解

当代西方哲学虽然仍充斥着后现代的声音，但是一些当代心理学家和

① 转引自高峰强：《现代心理范式的困境与出路：后现代心理学思想研究》，人民出版社2000年版，第130～131页。

哲学理论家们在重新考虑后现代主义者的批评的同时，也在建构新的理论，并力图超越后现代理论。他们得出的关于自我的结论和后现代主义者那种以批评和怀疑为主的结论有很大不同。进行认真的对比分析，我们就会发现，这些结论中有一些是和早期人本主义心理学家的观点与价值观相类似的，从而为人本主义心理学与当代理论思潮之间建立联系和沟通提供了可能的参考框架。我们知道，早期人本主义心理学家是从现象学和存在主义那里获得理论支撑，从而发动了对行为主义和精神分析的批评的。现代西方哲学的一些新观点也为人本主义心理学关于自我理论的复兴提供了支持。

一、奈瑟关于自我认识起源的理论

奈瑟(U. Neisser)是认知心理学的早期代表人物，他于1967年发表的《认知心理学》一书被认为是心理学史上第一部以《认知心理学》命名的专著。[①] 但是，奈瑟并没有就此止步，至今他仍在认知心理学领域进行不懈的研究。80年代末以来，他发表了一系列文章和论著，阐述了他对自我认识(self-knowledge)的论点，这种论点和后现代主义者的观点有同感，他们都反对有“一个(应该)最终为行为负责的内在的自我，‘真实的自我’”。他完全赞同当代哲学和神经科学的观点，认为“大脑不是通过在某个最深处的中心按照笛卡尔的观点来回流动而组织起来的”。[②]

表面看来，奈瑟的这种观点是一种没有自我的心理学，但实际上他并不否认自我的观点。和大多数认知心理学家一样，他也持有整体论的观点。在他看来，自我不是一个人的某一特殊的部分，而是从一种特殊的观点来进行考虑的完整的人。换句话说，自我是影响整个人的一种倾向。显然，这个观点实际上和早期人本主义者关于自我是一种朝向实现的发展倾向是一致的。马斯洛在阐述需要层次论时就指出，自我是指向发展一个人的所有方面的。

但是，奈瑟的研究和马斯洛的自我实现的倾向又不完全一致，因为他把自我理解为一种更具有普遍性的观念，而马斯洛指的则是一种单一的倾向。不过，奥尔波特在使用“自我”这个概念时，曾提到自我是一个人或人格的所

① 王甦、汪安圣:《认知心理学》，北京大学出版社1992年版，第17页。

② Neisser, U. (1993). *The perceived self: Ecological and interpersonal sources of self-knowledge*. Cambridge, UK: Cambridge University Press, pp. 3～4.

有方面，个体往往把这些方面视为他自己的。在这一点上，两者的观点倒有些相似。

奈瑟对自我的研究集中在影响人的自我体验的不同信息形式上。他确定了自我的五个方面，它们分别是由五种不同的信息提供的：生态自我、人际关系的自我、扩展的自我、私密的自我和概念的自我。

1. **生态自我**(ecological self)

生态自我是作为环境的感受器来体验的，这是在吉布森(J. J. Gibson)的视知觉运动理论意义上来描述的。根据吉布森的观点，一个人如果改变自己的运动和姿势，那么他对客体的知觉也会发生相应的改变。因此，生态自我就是在与自然环境的关系中和一个人对环境所施加的影响中所感受到的自我。正如奈瑟所说："我就是处在这个地方、参与这种独特活动的这个人。"①显然，这是一个和环境密切联系在一起的自我。

2. **人际关系的自我**(interpersonal self)

人际关系的自我是信息来源于与他人交往时直接体验到的情绪关系和面对面交往时的相互作用。人对自我的认识主要是通过个体与他人交往时的关系程度和情绪体验来展现的。由此可见，这两种信息来源是直接获得的，不是后现代主义者所提出的通过概念框架的媒介作用。

奈瑟把他近十年来对童年早期的研究作为其直接信息源观点的基础。他说："我们可以在生态上和人际关系方面看见、听见和感受到我们正在做的事情。"②这就意味着，奈瑟和早期人本主义者一样，并不把自我的各个方面，包括自我倾向，看作是自我概念的一种幻觉的投射，而是和经验直接联系在一起的。这些自我的直接经验可以更正文化和社会强加给我们的歪曲的自我。这些生态的经验和人际关系的经验是儿童早期获得的，随着其身心的发展，它们仍不断地给儿童提供新的信息源。当儿童掌握了语言，学会使用概念范畴时，它们也不会轻易地被那些用概念解释的经验所抛弃和取代。换句话说，这些经验已经作为认知结构的一部分储存在人的整个内在心理结构之中了。

3. **扩展的自我**(extended self)

扩展的自我是以一个人的记忆和想象的未来为基础的。通过对生态的

---

① Neisser, U. (1988). Five kinds of self-knowledge. In Schneider, K. J. (2001). *The handbook of humanistic psychology*. Thousand Oaks, CA: Sage Publication, Inc. p. 90.

② Neisser, U. (1993). *The perceived self: Ecological and interpersonal sources of self-knowledge*. Cambridge, UK: Cambridge University Press, p. 4.

经验和人际关系经验的回忆，一个人就可以对他的自我进行重新建构。这是通过一个人的主动的思维活动来进行的。

4. **私密的自我**(private self)

私密的自我是指一个人的经验在某些方面是不能和别人直接分享的。例如，一个人遭受某种独特的心灵的痛苦，只有他自己才能亲身体验到，其内心的隐秘不是一般人所能感受和体验的。

5. **概念的自我**(conceptual self)**或自我概念**(self-concept)

概念的自我是由人们对自己的看法决定的。奈瑟曾经说过："人们对自己的看法有明显的不同，而且并非所有这些看法都是真实的。"①这个观点和早期人本主义心理学家的观点有一致之处，因为他也相信自我概念可能会歪曲和隐藏一个人的真实的方面。

总之，后面这三种自我不是人们直接体验到，其信息的来源主要是通过自我建构，也就是通过对过去的生态自我和人际关系自我的回忆、想象和思考，对当前环境中的自我进行新的建构。这些观点在某些方面和早期人本主义心理学家的观点相似，但在某些方面又取得了一些新的进展。

二、莱考夫和约翰逊关于自我的身体哲学

莱考夫(G. Lakoff)和约翰逊(M. Johnson)是当代认知科学家。他们在研究中把认知科学的发展划分为两代人的发展。第一代是在20世纪五六十年代发展起来的，他们和早期人本主义心理学家一样，都是在反对行为主义的机械论和外周论基础上，作为一种心理学的新思潮而出现在西方心理学历史舞台上的。但是，当认知科学开始把计算机作为一种模型来说明心理活动的功能时，它作为一种认知革命的性质也就发生了改变。这是因为这种计算机模型和西方的分析哲学的观点是非常一致的，认为人的思维和推理活动就像计算机一样，是通过对符号进行逻辑操纵而发挥作用的。这样，在第一代认知科学家之后，许多人认为根据心理活动的认知功能就可以研究人的心灵，至于这些功能和神经系统以及大脑的关系，他们并未进行研究和关注。

第二代认知科学家是在70年代末期出现的。他们对那种认为思想是

① Neisser, U. (1988). Five kinds of self-knowledge. In Schneider, K. J. (2001). *The handbook of humanistic psychology*. Thousand Oaks, CA: Sage Publication, Inc. p. 91.

不受身体和大脑影响，而是根据形式逻辑的模式来进行活动的观点提出了质疑。他们通过大量的研究发现，概念形成和推理活动对身体有很强的依赖性，概念形成和推理活动的核心是想象的过程，特别是隐喻、比喻、换喻、原型、框架、心理空间和根本范畴。

莱考夫和约翰逊就属于第二代认知科学家。在他们看来，人们用来对世界、他人和自我进行解释并使之具有意义的概念是从身体的经验中获得的。传统的认知心理学观点认为，我们对经验进行组织的概念源自世界本身，就是说，我们的概念是对自然事物的简单表征。但是，后现代主义者不赞成这种观点，他们认为世界并不存在一个永久的秩序。所谓世界的秩序只不过是人类的一种错误的建构。人们对世界的感受只是人们所处的文化向人们提供了一些概念，使人们产生了这种错误的感受，但这并不反映世界的真实秩序。莱考夫和约翰逊反对这种后现代的观点，他们认为人们是根据基本的身体经验来确定概念秩序的。这些身体的经验经过隐喻的扩展，提供了更高层次的有结构的经验模型。在这个过程中，概念的隐喻(conceptual metaphor)就是我们的一个核心的理智工具。因此，"(概念的隐喻)是抽象推理的主要工具，是具体领域的推理结构借以在抽象领域中使用的手段。"[①]换句话说，抽象的概念主要是通过隐喻的形式而表述出来的。例如，时间就是通过一种隐喻来理解的，物体的运动被一个观察者所体验到，这个运动的过程就是时间。

和这种观点相一致，莱考夫和约翰逊进而认为，人的心理活动也是在内部表现的，因此思想在大多数情况下是潜意识的。他们反对笛卡尔关于心灵可以脱离肉体而存在的观点，认为思想就是身体本身的活动。这种观点和早期人本主义心理学家的观点也有一致之处。人本主义心理学家认为，自我实现是所有生物都具有的朝向发展和成熟的一种倾向。罗杰斯对自我的理解就是建立在这样一种机体论基础上的。奥尔波特也认为，一个人对自己的身体感受是其人格形成的一个方面。就是认知心理学家奈瑟也认识到，生态自我具有肉体的性质。这些观点表明，当代认知科学家也和人本主义心理学家一样，都注意到自我具有身体的特性。换句话说，自我不能脱离身体的发展而独立存在。

莱考夫和约翰逊还认为，思想在大多数情况下是人们所意识不到的，这种观点也和罗杰斯的观点相似。罗杰斯认为，对成长和发展倾向的操作是

① Lakoff, G. & Johnson, M. (1999). *Philosophy in the flesh: The embodied mind and its challege to Western thought*. New York: Basic Books, p. 155.

不受意识控制的。只有通过给患者提供一种积极关注的环境,把他被歪曲的关于自我的看法更正过来,人才能朝着成长和发展的方向前进。具有存在倾向的人本主义心理学家虽然强调人有选择的自由,并对这种选择负责,但他们仍然认为,对自我的这种体验是位于意识觉知的水平之下的。

三、詹德林的错综复杂的自我

詹德林(E. T. Gendlin)是一位心理治疗学家和哲学家。罗杰斯在芝加哥大学工作时,他和罗杰斯是同事,因此,他的理论和人本主义心理学有特殊的关系。

一般地说,詹德林的研究主要关注的是经验和我们对经验进行组织的概念之间的关系。他反对后现代主义的观点,认为经验并不是对文化所强加给人的那些结构的一种建构,而是人和世界之间更基本的相互作用的结果。因为在他看来,人的言行举止的根源就是经验或经验的过程。这种经验的过程就是我们与生活情境的相互作用,就是我们与这些情境所提供给我们的、并且被身体所感受到的意义的相互作用。这些过程是非常错综复杂的,是难以用语言来表述的。人的言行举止只是表达这种错综复杂而又多样的经验过程的一部分。言语只有在用于交流和反映人所感受到的经验的某一方面时才是有意义的。显然,詹德林并不同意概念特征和结构是言语和行为的决定因素这种观点。他认为,言语是在经验过程中产生的,在用来表述新的意义和概念时,言语常常是很灵活的。无论一个人多么有意识地用言语进行精心表述,都无法完全决定人的大多数行为。因此,在很多情况下,人的心理活动是"只可意会不可言传"的。他的理论也因而被称为"感受意义的理论"(the theory of felt meaning)。

詹德林早期曾出版了他的名著《意义的经验过程和创造》(1962年)。在这本书里,他认为他的感受意义的理论是对当时流行的逻辑实证主义语言学观点的一种替代。但是,经过40多年的演变,西方的哲学思想也同样发生了很大的变化。后现代哲学的兴起对詹德林的哲学观点同样产生了影响。最近詹德林对语言的观点采取了一条中间道路,它介于实证主义—理性主义传统和结构与后结构传统之间。前者认为,外部世界的表征是通过感觉信息的联想和明确以及不同的观点而在心灵中创造出来的。但这个观点的问题在于,一个人如何确定人的心理表征就是外部世界客体的确切反映呢?人们常常把语言当做交流人的心理表征的工具,认为语言就能代表外部世界的万事万物。后者则把哲学关注的焦点从主观的心理表征转向口头或书面表述的语言系统。某种语言的概念框架可以决定一个人据此来经验世界的形式和范畴。而后结构主义者和后现代主义者则反对这种符号意义的联结，认为一个人不能用语言来考虑语言之外的东西，因此，一个人也无法保证言词的意义。在他们看来，世界上根本就不存在客观意义这类东西，把一些特殊的意义和词语联系起来都是人为的，是受政治和权力支配的，而不是话语本身所特有的。从本质的意义上说，话语和世界之间原本是没有联系的。这样，后现代主义者就把这种观点扩展为一种极端怀疑论和相对主义。

詹德林既不赞成主客二分的实证主义和理性主义哲学，也不同意后现代哲学的相对主义，而是采取了一条可以替代的新道路。他所注意的是被这两种观点一直忽视的东西，即身体所感受到的意义。但是，这种意义是非常复杂的，难以用语言和概念来表述。于是，詹德林就使用省略号“……”来表示感受到的意义，认为这是意义创造的根源。当然，感受到的意义并不是外部对象的内部表征，它是由人们的反应和所处环境的相互影响构成的。

以上述理论观点为基础，詹德林阐述了他对自我的看法。在他看来，自我就是一个自我认识的经验过程。对自我的认识首先是一种在身体上感受到的认识过程，但这并不是概念的建构。自我是在一个人与情境相互作用的经验过程内部非常复杂地交织在一起的，这种相互作用就是一个人在生活中与世界、与他人、与自我之间产生的各种相互影响。由于其内涵非常错综复杂，因此，自我及其在经验内部的复杂关系是无法抽象出来，毫无歪曲地用语言概念来加以精确表述的。尽管我们承认语言概念具有高度抽象作用，但仍然无法精确地表述自我的这种错综复杂的关系。当然，用语言表述自我或多或少和人们所经验到的自我有一致之处，这也正是人比其他动物更高级之处。

据此可以认为，詹德林扩展了人本主义心理学对自我的理解。自我的存在超出了人们的想象，而这种想象又是由社会文化和环境建构起来的。所以，对自我的解释不能仅依靠现代社会环境和语言。在人类形成了语言能力之后，前语言时代的自我感仍然存在。我们对自我的理解也必须考虑到人与自然、与世界的那些原始的和有意义的关系。这显然和荣格提出的集体潜意识理论又有了某种程度的默契。

四、利科的自我解说概念

保罗·利科(P. Ricoeur)是后现代主义哲学家。在自我心理学研究方面，他和上述理论家一样，主要关注的是用来理解人的复杂经验并赋予经验以意义的那些概念形式。他也承认，存在着一个无法用语言表述的人类生活领域，因此，语言的结构和概念框架并不能对人类的经验过程进行镜像的文字描述。他相信，在生活经验中存在的复杂的结构过程和文字所表述的意义以及语言的结构是不同的。因此，利科支持莱考夫和约翰逊的观点，我们的经验和反应过程有很多是在不知不觉中发生的，文字语言并不能完全精确地描述人生最深刻的经验。

但是，语言虽然不能精确地描述现实，但也不是和现实完全割裂开的，它能在一定程度上对现实进行重新描述。因此，利科认为："对于说话的我们来说，语言不是一个对象，而是一个媒介。通过语言，以语言为媒介，我们表达我们自己，以及表达事物。说话是一种行为，借助这种行为，说话者带着向某人说关于某物的某些东西的意图，克服了符号世界的封闭性。"①这样，在利科看来，通过概念的描述功能，而不是文字功能，就可以把复杂经验的方方面面表现出来。换句话说，通过隐喻和解说的构形作用，就可以使复杂的经验展示出来。

利科指出，不同的概念是以不同的方式来说明话语所指的对象的。范例和解说就是两种主要的概念。范例概念把话语所指的对象描述为一种事物。例如，我们可以在概念上把一个人的自我描述为男性或女性、高或矮、胖或瘦、好或坏等等。但范例的概念是有局限性的，它所指代的对象被描述为某种固定范畴的事物。通过解说来构成的概念表现的是事物发生的过程和变化。我们知道，早期人本主义心理学家就认为，自我的本质就是一种变化的过程或模式，而不是一个具体的事物或形式，因此，范例的概念不能恰当地表现作为一个过程的自我。另外，早期人本主义心理学家认为，自我这个过程是受一种想要实现其内在潜能的倾向指导的，在这个意义上说，利科的解说概念与人本主义心理学的观点更接近。

解说是一种特殊的叙事，它借助于情节说明就可以把所发生的事情组合成一个有机联系的整体。一段情节就是一种概念框架，事件的背景意义和其间的联系可以通过它而表现出来。例如，"国王死了，王子在哭泣"，这段叙事就具有解说的力量，能说明这两个似乎相互独立的事件之间的关系意义。如果把这两个句子分离开，他们表述的是毫不相干的两个独立事件。只有把它们组合成为一个故事的时候，这些事件才成为整个戏剧的一个组成部分。王子的哭是对他父王去世的一种反应。

① 麦克尼著，贾湜译：《福柯》，黑龙江人民出版社 1999 年版，第 80 页。

一些主张解说叙事的哲学家指出，经验过程本身就具有一种解说的形式。例如，卡尔(D. Carr)说过，他一直“极力主张解说不仅是一种叙事，而且更主要地是一种生活的样式”[①]。另一位著名道德哲学家麦金太尔(A. MacIntyre)也指出：“我们在生活中都是靠解说来生活的，而且……我们是根据我们所依靠的解说来理解我们自己的生活的。”[②]按照他们的看法，经验过程本身就有一种解说的形式，这种观点就被称为“生活就是解说”的观点。还有一些主张解说叙事的哲学家则和后现代主义者持有类似的观点，在他们看来，经验过程是没有组织的，也没有可以辨别的结构。因此，叙事的形式就是把语言叙述出来的结构强加给实际上没有结构的东西。这种观点则被称为“生活与叙事相对”的观点。

利科认为，这两种观点把叙事结构与经验过程的关系夸大了。在他看来，在生活的叙事和活生生的生活之间有一种动态的关系。通过叙事来构成某种生活的形式需要经过三个阶段：第一个阶段是回到最初的前语言时期所感受到的人类行为。他认为，我们对我们自己和他人的原始的经验有一种“前叙事的性质”，因此是不完全的和早期的叙事。后来当我们逐渐觉知到这种特点后，我们便进行反思，认为还没有完成，还需要继续进行叙事。我们以前所描述的经验过程要求对我们在行为时尚未意识到的后果进行反思。这种反思把我们在行为当时的前叙事性理解和事后所获得的理解整合在一起，构成了一种新的理解。

第二个阶段是由这样的叙事构成的，被经验到的行为联系在一起，它可以促进或阻碍人们达到某个目标。通过把生活中的行为组成一个有意义的整体，一种前所未有的秩序与和谐便显现出来。建构一个叙事的故事就不仅仅是收集一些在第一阶段没有发现的零碎成分，并把他们按年代顺序排列好。解说的结构过程有助于推动我们的认识向一个内在固有的同一性迈进，但目前这个过程还没有完成。

第三个阶段是由一些新的行为组成的，它们是对第二个阶段的叙事所产生的“我们是谁”的一种新的理解的结果。这些新的行为又返回到第一阶段，成为一个人的生活经验过程的一个附加的成分。这些经验过程的持续不断的变化导致人生发展史不断的修正。总之，人对自己生活的这种叙事性理解就是围绕这三个阶段不断循环往复的过程。

---

① 转引自 Schneider, K. J., Bugental, J. F. T., Pierson, J. F. (2001). *The handbook of humanistic psychology*. Thousand Oaks, CA: Sage Publications, p. 95.

② MacIntyre, A. (1981). *After virtue: A study in moral theory*. Notre Dame: University of Notre Dame Press, p. 212.

从以上对利科观点的说明，我们不难发现，他对经验过程、这个过程的叙事建构以及行为变化之间的这种关系的阐述，在一定程度上为描述人本主义心理学的自我实现观点提供了一个可供参考的框架。一个人在其发展过程中是不断向前迈进的，当他经验到其内在潜能在行为中得到表现时，这就意味着他的自我在这个人的行为中得到了表现。尽管他所使用的具体词汇和描述方法有所不同，但其内在含义却和人本主义心理学的基本宗旨是一致的。

人本主义心理学对自我的研究在西方当代心理学中是具有开创意义的，在行为主义盛行的时期，自我在主流心理学中是没有地位的，当时的主要哲学思潮对自我的阐述并没有超过笛卡尔的自我观，也同样把自我看作是一种非物质的像灵魂一样的东西。人本主义心理学家在他们的临床实践中发现了患者身上具有这种朝向实现其自我潜能，并发展成为一个完善的人的内在倾向。由此，人本主义心理学家便逐渐形成了这种自我发展的观点，即自我是人性发展的核心，它是一个过程，一种发展的倾向，指引着个体不断地朝向实现自己的内在潜能和价值迈进。自从人本主义心理学创建以来，他们对自我的理解已经和许多心理治疗的观点达成了一致。但是，主流心理学和哲学却一直没有把人本主义心理学家对自我的理解真正结合到他们的研究中。现在，经过半个世纪的发展，心理学和哲学都发生了很大的变化，人们对自我的理解也需要在当代的新背景中进行。以上对当代西方心理学和哲学领域中的这四种主要观点的述评表明，心理学和哲学都开始把自我当做一种具体化的发展倾向，它驱使着一个人朝向本真的人类存在发展。这些略有不同的理论观点为我们更好地理解人本主义心理学的自我观提供了新的思路和补充。

第六章

科学与人文:人本主义心理学的方法论

人本主义心理学在与西方主流心理学的争执和融合过程中,形成了一系列独到的研究方法。这些方法既体现了它对人文社会科学研究方法的独特见解,又表现出它和当代西方学术思潮发展的紧密相关。在这一章,我将比较详细地分析人本主义心理学所推崇和使用的一些主要研究方法,如质的研究方法、现象学方法、解释学方法、叙事法,以及最近在研究方法方面的一些发展趋向,如后现代研究方法、多重案例深度研究法、单一案例效能设计等。这些研究方法对我们认真思考应该如何研究心理学这门人的科学提供了很多有益的启示。

第一节　质的研究方法

心理学是一门既带有社会科学性质,又带有自然科学性质的学科,因此,对人的心理现象的研究就既不同于纯粹社会科学如哲学、文学等所采用的方法,也不同于纯自然科学如数学、物理、生物等所采用的方法。它应该采取一种文理兼容,各种方法相互借鉴和补充,在必要时还可以相互验证和反驳的综合性的研究态度。质的研究方法就是这种综合性的典型表现。根据我国学者陈向明教授的理解:"质的研究是以研究者本人作为研究工具,在自然情境下采用多种资料收集方法对社会现象进行整体性探究,使用归纳法分析资料和形成理论,通过与研究对象互动对其行为和意义建构获得解释性理解的一种活动。”①

20世纪中叶以来，随着西方人本主义心理学的崛起，在心理学中出现了一种强烈反对主流心理学推崇的自然科学研究方法，主张用人文社会科学的方法来研究人的心理现象的思潮。持这种观点的人认为，人不同于自然界的其他物体和动物，因此，对人的心理现象的了解必须反映这些不同的特点。其实，这种观点在西方心理学正式独立之前就已经存在，且不说文艺复兴时代的人文主义者持有这种观点，就是近代的德国哲学家狄尔泰也对此做过详细的阐述。在心理学成为一门独立的学科之后，实验心理学之父冯特早期致力于用自然科学的方法对人的心理过程进行了大量实验研究，但其晚年主要致力于民族心理学的研究，并出版了十卷本的《民族心理学》专著，其中有很多高级心理过程的研究都是采用质的研究方法来做的。精神分析心理学对人的研究和主流心理学的实验方法有很大不同，但同样得出了许多有价值的结论。皮亚杰及其追随者对认知的发生和发展的研究也大量地采用质的研究方法。格式塔学派的知觉心理学也主要是通过质的研究方法进行的。就是目前占据主流地位的认知心理学也并不反对质的研究方法，只不过它主要采用的是数量化的实验研究而已。

人本主义心理学走上心理学的历史舞台之后，大力提倡质的研究方法，这种取向是和它的早期创立者的研究特色有密切联系的。现在，我们先来看看奥尔波特、马斯洛等早期人本主义创立者是怎样看待和使用这种方法的，然后阐述一下人本主义心理学在质的研究方法中的一些最新取向。

一、奥尔波特的个人文件研究法

在20世纪30年代，美国社会科学研究理事会(SSRC)的研究评价委员会为了改进社会科学的研究质量，呼吁人们用个人文件(personal document)对心理学研究进行评价。这里的个人文件不是指书面的个人文件，而主要是指个人对某些心理现象的主观体验。该委员会把这种观点界定为："对个体经验的解释，这些经验把作为人类行为者和社会生活参与者的个体行为揭示出来。"②1940年，奥尔波特主动请缨，接受了这项任务。他使用的是诸如个人传记、谈话和其他记录，如日记、书信、问卷等私人文件。奥尔波

① 陈向明：《质的研究方法与社会科学研究》，教育科学出版社2003年版，第12页。

② Allport, G. W. (1942). The use of personal documents in psychological science. In Schneider, K. J., Bugental, J. F. T., Pierson, J. F. (2001). *The handbook of humanistic psychology*. Thousand Oaks, CA: Sage Publications, p. 236.

特的研究报告于1942年出版，他使用第一人称的表达方式对当时所有的心理学研究做了全面的调查分析。他关注的焦点是研究者所使用的方法，各种个人文件以及这些文件的价值，从而宣布了用第一人称的方法来研究人类经验这种质性分析方法的合理性。

奥尔波特发现，大多数心理学家是用一种非批判性的方式来使用这种方法的，尤其是临床案例的分析更是大量地使用这种方法。因此，他呼吁应该创办一份杂志，专门登载个案研究的文章，关注的是使用个人文件时所包含的方法，例如归纳法、演绎法、跨学科研究法、科学报告的图解法、问卷法、测验法等等。在他看来，心理学不能只使用从自然科学中引入的方法，还应该在"一般规律研究法"(nomothetic approach)之外，使用"个性研究法"(idiographic approach)。对这两种方法来说，个人文件都是必不可少的。

使用个人文件的好处是：第一，可用于研究主观心理现象。心理学是研究人的，其中有很多心理现象是具有主观意义的。对这些心理现象，使用个人文件是非常必要的。但是，使用个人文件不是为行为观察和测量提供测验假设，也不是验证用统计方法获得的知识。奥尔波特指出："在探讨具有主观意义的重要领域时，行为观察……不如个人文件；这些主观意义的领域包括爱、美、(和)宗教信仰的体验；痛苦、抱负、恐惧、妒忌、(和)挫折的体验；计划、记忆、幻想和友谊；若没有个人报告的帮助，心理学家是无法全面研究所有这些主题的。如果把这些经验领域排斥在外，心理学家就会发现被限制在一个狭窄的主题上。"①

第二，有助于研究发现。运用个人文件进行质性研究，可以对个人的归纳概括进行证实，对支配个人心理活动的规律提供顿悟。即使对诸如理解、预测和控制这类科学方法进行测验，也需要使用恰当控制的个人文件。虽然有人对这种方法提出了批评，但奥尔波特认为质性方法的缺点并不比量化的实验方法多，两者应该是互为补充的。在对人的心理现象进行科学实证研究时，运用个人文件来书写研究报告和对数据进行分析，就是这种互补作用的明证。

二、马斯洛的自我实现研究法

马斯洛是人本主义心理学的早期创立者，他的自我实现理论是人本主

① Allport, G. W. (1942). The use of personal documents in psychological science. In Schneider, K. J., Bugental, J. F. T., Pierson, J. F. (2001). *The handbook of humanistic psychology*. Thousand Oaks, CA: Sage Publications, p. 237.

义心理学的最重大的贡献之一。但是，在马斯洛从事自我实现研究的时候，正是行为主义占统治地位的时期，因此，他最初只是想进行一次个人的探索式研究。他没有想到这项研究的发现会产生这么大的影响，会有这么大的科学价值和意义。于是，马斯洛决定把这项研究与大家分享，尽管他也承认其中还有一些"方法论上的缺点"。在马斯洛看来，他对自我实现的研究不是采用传统意义上的统计分析方法，没有进行所谓信度、效度、取样、常模之类的数据分析，但这项研究却具有重大的解释学价值，主要表现在以下几个方面：

1. 解释学的取样方式

在研究之初，马斯洛打破了常规的研究方式，他用一种纯粹解释学的方式来进行测量。例如，对被试的选择不是采用传统的随机取样或其他统计学方法，而是从他所熟悉的朋友、熟人、有影响的公众人物和历史人物中选取的。这是因为对自我实现的积极描述需要使用质的分析方法，要把那些表现有心理病理倾向的人排除在外。在取样的过程中，马斯洛也曾想使用大学生，甚至小说作品中的人物，但是，随着其研究的深入，他对自我实现的感受也在发生变化，因此，这些潜在的被试似乎并不符合他的标准，因此未被采用。经过多次的层层筛选，马斯洛最终确定了 9 个当代仍然健在的人，9 个历史和公众人物，5 个部分符合标准的人士，这 5 个人虽然不完全符合他的标准，但对这项研究仍然是有用的。

2. 定义的复式选择法

研究自我实现概念，首先要对这个概念提出一个明确的定义。最初，马斯洛使用的是一个常识的定义，其内容主要包括：没有心理疾病、自我满足、能最大限度地使用自己的才智、能力和潜能，有安全感、归属感、爱的能力和自尊，有哲学的、宗教的和价值论的内涵。显然，这种定义方法带有强烈的个人色彩和文化色彩，在对一个概念进行初步定义时，这是一种常用的方法。随后马斯洛对这个定义做了修改，以便使之获得更大的内部一致性。这时，他选取了两组被试，一组表现出所研究的这个主题，另一组则没有，然后对这两组被试进行比较。马斯洛称之为"临床定义"。研究者可以把那些最初表现出这种现象的被试判断为不合格的，并把他们从研究中排除出去。然后，马斯洛把这组精心挑选出来的被试做更明确的描述，进一步确定哪些是合格的被试，哪些是不合格的被试。最后把合格的被试留下来做进一步研究。马斯洛认为："用这种方式，一个最初很模糊而且不科学的民间概念就能变得越来越精确……因此，也越来越科学。”①

3. **观察和讨论的方法**

马斯洛主要是使用观察法来研究自我实现概念的，这些观察的内容非常丰富，也容易引起争论，但基本上能够反映一种理想的自我实现的人格。他对数据的收集是通过对朋友和熟人长期的深入了解，这种观察不是实证科学那种临时性的观察，因此，对于研究诸如自我实现这类复杂的概念来说，这种长期深入的观察了解倒不失为一种很好的方法。在把这些完整的印象收集起来后，马斯洛把一些相关的主题汇集在一起，组织有关人员进行讨论，最终确定了这些心理最健康的人的生活特点。最后，马斯洛把实证研究的方法与他的解释学方法相结合，对自我实现者的本质属性和特点做了完整的描述，其中一些最主要特点包括：对现实的知觉，愿意接受的态度，主动性，以问题为中心的认知，喜欢独处，自主的自我指导，喜欢新颖，经常出现高峰体验或神秘体验，对人性的亲近感，谦卑和尊重他人，民主的政治立场，密切的人际关系，强烈的道德标准，内在价值观倾向，有思想的（非敌意的）幽默感，很有创造性，能抵抗社会压力，易犯错误，以个人为基础的价值体系，对诸如理智与情感、自私与无私、精神与世俗、男性和女性等二歧式的问题能进行解决。

我们知道，马斯洛丝毫也不怀疑他的研究具有很高的内在科学价值，但这种科学并不是传统意义上的实证科学或“规范科学”，因为它不像传统的实验研究那样有严格规范的方法论体系。尽管它有很多不完善的地方，但是，实证研究的方法不也有很多它自身无法解决的问题吗？不能因为某种方法有问题就忽略它存在的价值。再者，马斯洛的研究是为了以某种整体的方式揭示人的本性，他的研究是经过认真设计的，其中也使用了一些科学实证的研究数据，有很多系统的概念阐释。应该承认，这种方法在一定程度上弥补了科学实证方法的不足，尽管它本身仍然有很多需要完善的地方。

三、质的研究方法的新观点

人本主义心理学从创立之初就是一个由不同思想观点，但又带有很多共同研究倾向的学者组成的松散的学术团体。因此，除了马斯洛、罗杰斯、罗洛·梅等早期人本主义心理学家提出了各自的研究方法之外，一些至今

① Maslow, A. H. (1987). *Motivation and personality*. New York: Van Nostrand Reinhold, p. 127.

仍然很有影响的广义的人本主义心理学家也提出了一些值得我们认真思考的质的研究方法。在这里,我简要提及几种重要的倾向。

1. 社会建构主义的研究取向

20 世纪 80 年代以来,建构主义成为一种风靡欧美的学术思潮,这种思潮以惊人的速度迅速扩展到文学、历史、教育等领域。美国心理学家菲什曼(D. B. Fishman)认为,时代精神的变化给建构主义带来了更大的权威和声誉,建构主义和占支配地位的自然科学取向是相对立的。这种新的时代精神就是我们现在所熟知的"后现代主义"。在方法论上,这种思潮坚持多元性观点。社会建构论就是这种多元倾向中的一种,其方法论假设是:第一,我们对世界的领悟是受有密切关系的人与人之间的主动合作驱使的;第二,领悟的方式主要依赖于社会过程的变迁,例如,交往、冲突、协商、会谈等过程;第三,由于协商领会和人们的很多社会活动密切联系着,因此,协商领会的形式在社会生活中具有重要的意义。该理论产生后,在西方心理学界产生很大争论,但它和人本主义心理学的方法论观点基本一致,而和主流心理学的实证主义方法论相抵触。

2. 女性主义的研究取向

女性主义是 20 世纪六七十年代兴起的一种学术思潮,它对支配当时学术研究的一些普遍法则提出了质疑,认为用这些法则来说明人类的活动是一种男性主义的霸权。女性主义者强调,学术研究应关注人与研究对象的关系,应该把合作、平等、直觉、感受和价值评价等因素包括在内。强调要考察女性在不同年龄阶段与男性心理的区别和独特的心理变化,强调女性感受、女性人格、女性权利与地位等心理变量和个别差异。这种对女性心理的强调是在人本主义心理学运动的推动下发展起来的,其方法论主张也和人本主义心理学有很多一致性。

此外还有很多新的研究方法和取向,例如,启发式的研究方法、现象学的研究方法、叙事法研究、多重个案深度研究、解释学的单一个案效能设计等,我们将在后面的章节中给予较详细的评述。

第二节 现象学方法

现象学是20世纪初由德国哲学家胡塞尔所创立，是一种研究意识的纯粹本质的科学。胡塞尔及其追随者经过几十年的苦心经营，提出了一套至今仍有广泛影响的现象学原则和方法。这种方法主张运用现象描述或本质还原法，即通过对个体当前经验的直接观察，尽可能不带偏见和不加解释地进行描述，进而直接审视和把握对象的本质。

胡塞尔从一开始就认识到，尽管他的研究主要是一种哲学思辨，但它对心理学具有重要的理论价值和实践意义。因为在他看来，心理学是研究个体人的经验的一门科学，用模仿物理科学的方法来研究人是不能从根本上解决问题的。在胡塞尔之后，其他欧洲哲学家如海德格尔、萨特、梅洛—庞蒂等人，开创了存在—现象学研究取向，这些哲学家仍然把心理学研究作为其哲学研究的核心。如萨特关于人类情绪和想象的研究；梅洛—庞蒂关于神经生理学、行为、知觉、智力、认知、性欲等心理学主题的研究。现象学方法的研究和使用不仅影响了德国的格式塔心理学家，而且被欧洲的精神病学家应用到临床心理学中，进而引起了美国心理学家的注意。

20世纪三四十年代，美国的一些人格心理学家如默里、奥尔波特、斯尼格、库姆斯等人深受现象学方法的影响，在人格心理学研究、临床心理的应用中大量使用现象学方法，为人本主义心理学的产生奠定了方法论的基础。在人本主义心理学诞生之后，罗洛·梅、奥尔波特、罗杰斯、布根塔尔、牟斯塔卡斯等人本主义心理学家把存在现象学的方法进一步运用在他们的研究之中，对诸如自由、疏远、本真和非本真、本体论罪疚等概念做了存在—现象学的解释。罗洛·梅的追随者凡·卡姆在他的博士论文中发展了存在现象学方法，提出了“实证的”心理现象学方法，用来研究他所谓“真正感到被理解的体验”。他的研究为“理解”奠定了一个存在—人类学的框架，把一些片段的心理学分支都整合到这个理论框架中，进而在他的母校杜奎森大学建立了一个教学计划，运用现象学方法来研究所有的心理学主题。当代人本主义心理学家乔吉(A. Giorgi)曾在这里接受培训，他的现象学心理学思想就是在这里系统地形成和发展起来的。目前，杜奎森大学仍然是人本主义心理学的一个重要研究基地，它所培养的学生和由此而组织起来的学术团体在北美地区的近50所高校中继续讲授和使用现象学方法。

一、现象学方法的概念背景

胡塞尔在提出现象学方法之初就呼吁科学研究“必须回到‘事物本身’中去”。这个观点的意思是说，每一门科学的基本概念和方法论必须准确地把握其研究对象的基本特点，而且日常生活中的具体事物应该为哲学反思提供基础。由于人类在本质上不同于自然的其他事物和动物，因此在概念体系的建构和方法论的使用上就不应该机械地模仿自然科学。现象学方法才是研究人的心理科学所应该采用的方法。其主要的概念依据如下：

1. 意向性

胡塞尔认为，任何一门研究人类日常生活的科学都有一个基本的理论基础，这就是确切地把握意识这个概念。非人的事物都有一个内在的“本质”，这种意识就总是对某个事物的意识，而不是对它自身的意识，我们必须把经验作为一种关系来把握，主体是通过“意义”来建立与客体的关系的。例如，对于一个口渴的人来说，水就是一种可以解渴的饮料；而对于一个需要洗东西的人来说，水则是一种可以清洗东西的用品。这就是水的那些被客观体验到的意义。在这个意义上说，“意向性”(intentionality)就是一种关系现象，其中意识和客体共同构成了一种不可还原的整体。换句话说，它是“指对对象的觉知与对对象的觉知的觉知本质上是相关的，对任何客观现实的分析也就是对与它相关的觉知模式的分析。可以说，正是这种本质的相关性体现了作为现象学核心概念的意向性的重要内涵”①。

一些心理学家把现象学观点运用在心理学中，就形成了一种现象学心理学。这种观点认为，人的心理经验的意向性包括知觉、想象、意志、期待、记忆、思维、情感和社会行为。它们和人所感受到的情境的意义有关，因此可以被理解为是人类的心理潜能或潜在的能力倾向。这样一来，意向性这个概念在每个人身上就表现得很模糊，因为每个人所处的情境不同，每个人对情境的体验也不同。换句话说，意向性表达的是自我与世界之间一种有结构的动态的关系。只有通过对每个具体个体与其生活情境的关系研究，

① 伍麟：《意识自然化的终结——论美国现象学心理学的基本精神》，吉林大学博士学位论文2002年，第111页。

把人放在研究的中心位置上，通过主客体的互动才能真正地理解人的心理。

2. **生活世界**

现象学家们在研究人的经验世界时发现，当我们从一个人比较简单的经验生活转向对其复杂的社会和生活历史进行深入的考察时，我们就会发现在每个人的心灵深处有一个充满意义的超越的世界。即使人类有很多共同的东西，例如语言、文化、社会生活习惯、风俗等，但具体到每一个人，世界的意义对他来说是千差万别的。因此，对人的经验世界的探询就是对整个人格及其世界之间的社会关系的探询。要想理解人的行为，就必须探讨人的内心“生活世界”。在现象学哲学中，“生活世界就是人们日常生活的普遍世界，即人们在日常经验中直接面对的、经验到的世界”①。在更广泛的意义上说，这个生活世界为所有科学研究奠定了一个必要的基础。因为“回到事物本身去就是回到知识之前的世界中去，回到知识总是在讲述的世界中去，回到每一个科学图式都是与这个世界有关的抽象的和派生的符号语言的世界中去，就像地理学与乡村有关系一样，在乡村我就预先了解了一片森林、一片草原或一条河流究竟是什么”②。

现象学哲学传播到美国之后，美国人本主义心理学的早期代表罗洛·梅对其做了存在心理学的理论阐释。在他看来，生活世界就是“个体关于现实世界的直接经验，或个体在现实世界的直接存在。不同于科学、艺术、哲学等特殊世界，前者是现实世界的直接经验，后者是经过思考、推论后形成的抽象的东西，是人最先接触的经验世界，而非科学、艺术、哲学等特殊世界。先于科学、哲学和艺术而存在”③。

正是由于生活世界和每个人的心理现实密切联系着，因此，要准确地理解和把握一个人的真实的生活世界是相当不容易的。也正是由于生活世界的这种复杂性，才导致了人文社会科学理论的多样性。在某种意义上说，每一种理论都揭示了生活世界的一部分事实。例如，精神分析心理学强调人的心理和他在童年时代的家庭情感事件密切联系着。行为主义则强调具体行为的工具性作用及其可能引发的偶然后果。认知心理学强调个体日积月累的组织作用，而建构主义则强调社会和文化的组织作用。由此可见，生活世界的每一方面的特征都是有重大意义的，都可能在一定程度上成为对心

---

① 伍麟：《意识自然化的终结——论美国现象学心理学的基本精神》，吉林大学博士学位论文 2002 年，第 103 页。

② Merleau-Ponty, M. (1962). *Phenomenology of perception* (C. Smith Trans.). London: Routledge and Kegan Paul, p. ix.

③ 林崇德、杨治良、黄希庭主编：《心理学大辞典》，上海教育出版社 2003 年版，第 1 109 页。

理和行为有决定意义的因素。但是,整体论的现象学概念则认为,实际上每一方面都是相互依赖的,和整体不可分离的。因此,在研究每一部分的同时要首先关注整个的生活世界。例如,没有现在和未来,过去的生活事件也不可能发挥作用;脱离了文化与个体,我们也无法理解家庭;如果不能对情境产生有意义的认知,工具性行为也不可能得到理解。简言之,现象学心理学旨在把其他心理学派的研究成果整合起来,从而真实地描述人类存在的各个方面。显然,这是一种整体论的哲学方法论,它对人本主义心理学的研究提供了重要的方法论基础。

二、现象学方法的实证研究

现象学心理学并非只是对现象进行理论阐述,它也有一系列具体的实证研究步骤和要求。简单地说,它包括以下四个基本方法。

1. 对所研究问题进行系统阐述

我们知道,严格的实验心理学研究是从实验假设开始的。实验假设是实验者依据一定的理论或实践经验而提出的关于研究问题的预想的命题。现象学研究虽然不是首先提出实验假设,但它要从一个基本的判断开始,这个判断认为我们的知识状态在某些方面是不完善的或有限的。例如,人们提出的理论是五花八门甚至是相互矛盾的,一些研究结果是不一致的,研究方法存在很多问题,或者对某一主题研究不够,从而驱使人们去进行研究。这些判断虽然不是实验假设,但其道理和实验假设是一致的,是实验者对目前的研究现状做出的经验思考。胡塞尔曾经明确指出,对现象的"本质"进行研究是指导实证研究的第一步。也就是说,在收集现象事实的资料和进行分析之前,要首先了解现象的本质,了解研究者究竟研究的是什么,这样才能确定哪些研究变量需要研究。现象学研究提出的问题就是,询问人们所经历的事情的意义或本质,探讨其基本的组成要素,以及它的发展演化过程等。显然,这种研究是和人的现实生活密切联系的,是在分析基础上进行的整体性研究。

2. 与现象形成直觉联系

要对某一现象进行反思,就必须在研究者与被试之间建立一种直觉的关系,这里的直觉是指可以直接迅速地被研究者意识到的现象。例如,心理学中的顿悟(insight)可以通过多种表达方式获得,如口头言语、书面文字材料中、在所观察到的行为和姿态中、在绘画和艺术作品中等,人们随时都可能获得对事件的顿悟。这时，现象学研究就可以使研究者与所要研究的心理事件建立一些直接的个人联系。换句话说，只有当研究者与所研究的事件建立了真正的个人联系时，他才有可能开始熟悉事件的本质。

那么，怎样才算建立了真正的个人联系呢？现象学方法认为，研究者必须对所做的描述进行反复阅读，从而开始产生一种整体感。这是对被试所描述的事件产生一种感情移入的直觉，并进行精细的放大，研究者要动员其全部的理解力，深入到被试的内心深处去进行敏锐的感受，从而产生设身处地的同感。但是，在把注意力集中在所要研究的事物上的同时，研究者又不能陷入其中不可自拔，还要抱有一种批判性的眼光来看待事件。要做到这一点显然是非常困难的。现象学研究的目的不是要研究者成为被研究对象的被动追随者，而是通过研究者与被试的共同努力，要被试进入到研究者的内心世界。只有通过这种相互的参与，才能对经验到的事件有共同的本质性的理解。同时，研究者始终保持批判性思维，又为下一步的反思性分析奠定了必要的基础。

3. **对数据进行反思分析**

对被试所做的描述进行现象学分析，主要是把他当时的体验和整体联系起来。这时一些与现象有关的理论、假设、以前的解释等都要“放在括号内”，即暂时搁置起来。研究者把关注的焦点集中在被试所体验到的情境的意义上。这个过程就是一个从“描述的事实”到“真实的意义”的转变过程，也就是从天真的描述到心理学反思的过程。被试所描述的常常是有很多事实存在的生活事件，个人在其中所起的基本作用和许多重要意义可能很含蓄地隐含在里面。现象学的还原就是要把这些内在的意义揭示出来。

研究者对被试呈现的资料进行反思和认真思考，就要把所描述的内容划分成有意义的单元，也就是，“把现象区分成组成要素，并探讨它们和邻近现象的关系及联系”①。这是一个辩证转换的复杂过程，研究者要从部分转向整体，然后再从整体转回到部分，目的是为了辨别和理解那些错综复杂的关系，研究者就是要在这些关系中发现他所要探究的心理学意义。

在组成要素中虽然也存在着意义，但很不明显，因此对数据进行分析就是要进行详尽的阐释。这种分析不是把它们简单地分析成为其组成要素、各个部分或有关方面，而是要以经验中的意义为依托，把经验区分为基本的、不变的意义和结构。对原始材料进行分析的结果，就是提出所谓“个体

① Spiegelberg, H. (1983). *The phenomenological movement: A historical introduction* (3rd ed.). Hingham, MA: Martinus Nijhoff, p. 691.

心理结构"(individual psychological structure)。这种结构包含着研究者在原始材料中所看到的各种错综复杂的关系,以及他对被试完整描述其经验所做的阐述。

现象学分析不只是纯个人意义的,它也包括不同程度的概括性。根据研究目的的不同,这种概括性从个体水平到具有典型意义的一般水平,甚至到普遍意义的经验水平都有。例如,就某一个人而言,"学习"是具有个人特点的,但是,即使是个体知识的获得过程也同时具有普遍性,要通过对不同的个别案例的比较和分析来达到。研究者在对个体的学习进行分析时,要对个体的普遍特征进行结构性理解,也就是对学习的相对普遍性产生深刻的洞见。

4. **心理学语言的描述**

现象学方法的最后一个步骤就是对材料进行心理学语言的描述。在这个过程中,研究者要对他的深刻洞见进行完整的说明,包括对当前心理生活的一致性结构、其组成部分及其在整体内部的关系,都要用心理学的语言表述出来。因为,"被试的素朴描述以隐义的方式表达多种现实。我们想在对事件深切合理理解中阐明心理学的方面。我们通过反思和想象变化过程来实现被试的日常语言转变为心理学语言"①。研究者要具备基本的心理学素养,这时研究者就不能再使用被试的话语,而要选择和使用那些能最好地把握被试心态的心理学术语。

在分析过程中,研究者要做好记录,这样可以和他的整个思想过程保持联系。虽然这些记录可能只是整个过程中的一些片段,但它们却是在撰写最后的研究报告时所表述的那些心理学理解的根源。用心理学术语对所有有关的描述进行说明,使最终的研究结论都有据可查。这样获得的新知识就有助于解决一些理论上的争执、实验和实践中的问题。

总之,现象学方法是一种科学的研究方法。现象学心理学家更是把这种方法和心理学研究结合起来,使之成为一种更适合于研究人的心理现象的人文社会科学的研究方法。有人可能会问,既然说它是一种科学的研究方法,它的信度和效度如何呢?应该说,提出这个问题本身就隐含着一种科学主义的方法论观点,因为科学实证的研究方法有它的规定标准和要求。但是,对于现象学心理学来说,如果一味地运用科学实证的标准来衡量它,就失去了现象学革命的意义。

---

① 伍麟:《意识自然化的终结——论美国现象学心理学的基本精神》,吉林大学博士学位论文 2002 年,第 119 页。

那么，现象学心理学方法的标准又是什么呢？简单地说，他依赖于另一位研究者是否能够对以前的研究者得出的那种观点做出假设，是否能够对原始的数据进行复审，是否能够发现研究者所提出的这些深刻洞见有意义地揭示了所研究的情境。正如现象学心理学家乔吉所说："对这种研究而言，需要记住的主要观点并不完全是另一种看法是否被采纳(这种观点事先就已经得到认可了)，而是(相反)采纳研究者表述的那些同样观点的读者是否也能发现研究者所发现的东西，他或她是否也对此表示同意。这就是质的研究的最关键的标准。"①

第三节 启发式研究方法

启发式研究(heuristic research)方法是美国人本主义心理学家牟斯塔卡斯(Clark Moustakas)在20世纪60年代提出来的。简单地说，这是一种自我寻求、自我对话、自我发现的研究方法。其目的是寻求发现现象自身的本质和意义，并且通过直接的第一人称的描述来进行说明，所谓第一人称是指个体要对所经验到的现象有直接的感受。启发式研究方法和现象学方法虽有某些共同之处，但其区别和差异也是很明显的。牟斯塔卡斯和道格拉斯曾对这两种研究方法做过如下比较：

"① 现象学主张与所研究的现象保持某种程度的分离，而启发式则强调要有一定的联系和关系。② 现象学允许研究者用经验结构的明确描述来做结论，而启发式则主张对基本意义进行描绘，对想要知晓的那种兴趣和个人意义进行描述。③ 现象学研究通常以呈现所提炼出来的经验结构来做出结论，而启发式研究则可能包括对所获得的知识进行重新整合，这种获得的知识本身就是一种创造性发现的活动，一种包括直觉和不言而喻的理解在内的综合。④ 现象学在描述分析的过程中失去了人，而在启发式当中，研究的被试在对数据的考察中始终是在现场可见的，并继续被描述为完整的人。

① Giorgi, A. (1975). An application of phenomenological method in psychology. In Giorgi, A., Fischer, C. & Murray, E. (Eds.), *Duquesne studies in phenomenological psychology* (Vol. 2, pp. 82～103). Pittsburgh, PA: Duquesne University Press, p. 96.

现象学以经验的本质作为结束，而启发式则在经验中保留这种本质。”①

总之，启发式研究方法的焦点就是从经验者个人的角度出发，对其经验进行完整而全面的描述，研究者和被研究者紧密地融合在一起，双方对某种经验的感知、描述和阐释都非常生动形象，仿佛身临其境一般。

启发式方法收集资料的方法也很独特。它主要是通过“谈话法”，也就是与某人自己或与合作研究者一起进行对话。通常这种谈话不受钟表的时间限制，而是受内在经验时间的限制。也就是，自己感觉时间差不多了，该说的基本都表达出来了，谈话也就结束了。在这个过程中，谈话双方的观念、思想、感受、想象等都是自然而然地流露和表达出来的，因此，结束谈话也是非常自然的过程。现在，我们就来具体地看看启发式方法的实施过程。

一、对问题进行系统阐述

启发式研究最主要的过程包括：把注意力坚持集中在某件事情上，这件事非常吸引人，或者促使人们想要寻找它的意义；把注意的焦点集中在一个主题上，或者对这个问题进行系统阐述；然后通过做准备工作、收集资料、进行组织、分析数据、综合数据等步骤进行研究。

启发式研究的第一步就是要有强烈的寻求发现的内在愿望，对于和自我有密切联系的某个问题感到非常困惑，并且强烈地想要加以了解和探询。换句话说，当一个人想要通过探讨自己或他人的经验的意义和本质，而决心要发现其中的基本真理时，所要探询的问题才会显现出来，启发式研究才有可能开始进行。

要发现一个有重大意义的问题，还要求研究者要有强烈的好奇心和长期坚持不懈的专注精神，并热情地投身到问题域之中，这样才有可能为将来解决这个问题打开一条可能的通路。另外，研究者提出问题的方式也会对整个研究过程产生影响，例如，研究者所说的话语或语词、话语的先后顺序等都会对问题中可能包含什么样的活动和材料，对人们将要发现的内容产生决定性的影响。因此，要想做一个好的启发式研究的设计，就必须用简洁、具体的术语对问题进行说明。这样，在什么时候用什么样的语词和话语就要事先设计好。当研究者把话说出来后，对方马上就能知道他想要寻找什么样的问题。问题显露出来之后，就为研究者探询其本质奠定了初步的

① Douglass, B. & Moustakas, C. (1985). Heuristic inquiry: The intimate search to know. *Journal of Humanistic Psychology*, 25(3), p. 43.

基础。

问题来自于人们对某一主题的浓厚兴趣。很难想象一个对某一主题毫无兴趣的人能够提出任何有价值或有意义的问题来。当然，仅有兴趣还不够，研究者还必须要有个人经验。凭借这些经验可以把问题的各个方面相互联系起来，使研究者对问题的系统阐述成为一个复杂的完整体系，研究者自己也必须对此有明确的意识。

概括地说，运用启发式方法所研究的问题具有下述基本特点：

- 它寻求更全面地揭示某一人类经验现象的本质或意义；
- 它想要发现的是质的方面，而不是数量方面；
- 它使一个人的全部自我都参与其中，并且使个人热情地涉入和积极地参与到这个过程中；
- 它并不是要进行预测或对因果关系进行确定；
- 它是通过仔细的描述、例证、隐喻、诗歌、对话和其他创造性描述，而不是通过测量、等级评定或分数而得到阐释的。

在确定了问题的特点之后，在阐述问题时还要遵循以下步骤：

- 把你所感兴趣的问题或主题的所有方面都列举出来，做这件事时要随意，把问题和思想先草草地记下来，即便它们还不完善；
- 把一些有共同性的主题组合成一些子题目；
- 把包含因果关系的子题目搁置一旁，把包含内在假设的子题目也暂时搁置一旁；
- 把剩余的所有子题目再看一遍，把它们保留下来，直到有一个基本的主题或问题作为核心出现。它能热情地唤醒你的兴趣、关注和参与；
- 对这个基本的主题或问题进行系统阐述，以清晰而明确的方式详细地说明你想要知道的究竟是什么。

显然，在启发式研究中，发现问题是进行研究最重要的环节。而这个发现问题的过程又是在对问题进行系统阐述的过程中按照一定的程序和步骤来进行的。它并不要求研究者一定要有某种先入之见，或者要有某种预先的假设，而是在探询问题的过程中使之自然而然地展现出来。

二、启发式研究的方法步骤

在对问题做了系统阐述之后，就要运用适当的方法去进行研究。这里包括对资料的收集、数据的组织和呈现、对所要研究的经验的主题、意义和本质加以说明。

但是，启发式研究的方法并不是固定不变的。它虽然有一定的规则和要求，但并不存在适用于每一种启发式研究的一成不变的方法和程序。换句话说，每一种研究都是以其独到的方式逐步展现出来的。只要它能有助于资料的收集，有助于揭示人生经验的本质和意义，这种方法的研究程序就是适用的。正如美国物理学家、科学哲学家布里奇曼(P. Bridgman)所说："科学就是科学家们所做的事……有多少位个体的科学家，就有多少种科学方法。"[①]在这个意义上说，"法无定法"正是所有人本主义心理学研究的基本方法论原则。

启发式研究的最终目的是要揭示与问题有关的个人经验的意义和本质，这个基本的目的要求使它也必须提出与实现这个目标相一致的一些方法步骤，主要包括以下几个方面：

1. 研究的准备

在研究的准备阶段，使用启发式研究方法的研究者一般可以采取下列步骤：

(1) 写好指导语，把研究设计的性质、目的、过程以及期望他们做什么等内容都告诉你的合作研究者。

(2) 对被试的安排和要求。提出一套选择被试的标准，例如年龄、性别、社会经济和教育因素，用言语表述个人体验的能力、合作精神、个人兴趣、参与该项研究的意愿、热情以及参与的程度。

(3) 签订合同。内容包括时间、地点的安排、机密性、是否同意参与研究、获得反馈的机会、是否允许在论文中使用材料、研究结果的核对等。

(4) 想方设法地创造一种气氛，使合作者在研究中相互信任、开放和进行自我表露。

(5) 运用放松—沉思的方法促进研究过程始终保持舒畅、放松和在家的感觉。

(6) 设想一种方式，把启发式研究设计的性质及其过程告诉合作研究者，即告诉合作者在研究中要全身心地投入其中，集中精力和暂时休息的时间间隔等。

2. 数据资料的收集

在启发式研究中，数据资料的收集是通过研究双方非正式的对话(dialogue)而获得的，因为对话可以使被研究的经验得到自由的表述。如果对话

---

① Bridgman, P. (1950). *Reflection of physicist*. New York: Philosophical Library, p. 83.

过程控制得好，研究双方可能会共同分享一些人生的经验，并且使被试做出更丰富、更全面的表述。

因此，掌握对话的技术是进行启发式研究的重要一环，其前提条件是对话双方要建立相互信任和具有良好的愿望。在这个基础上，通过认真的、感情移入式的倾听；向自己和对方敞开心扉；在对话过程中对提出的问题做出灵活、自由的回答；熟练地创造一种气氛，使被试在对话中感到舒适，能精确、全面和诚实地描述现象。

进行对话必然要提出一些问题。在启发式研究中经常需要探询的问题有：这个人对这种经验了解多少？这种经验的哪些性质或方面在这个人身上突出表现出来？哪些例子是生动的和活生生的？哪些事件、情境和人与这种经验有联系？这种经验能产生什么样的感受和思想？在这种经验中会出现什么样的身体状态和变化？影响这个人对经验的意识和意义的时间和空间因素是什么？以这些问题为主线，在对话过程中就可以逐步收集到所需要的材料和数据。当然，对这种经验材料的描述必须使用精确、全面、丰富和生动的术语。在启发式研究中，人们经常使用故事、例子、谈话、隐喻和类比等方式来形象地进行表述。

谈话的内容要用录音机录下来，然后用书面文字记录下来。谈话之后，要根据书面记录尽快地对问题进行阐述，对经验的组成成分、主题和实质进行分析，这些内容就构成了研究的基本数据。此外，研究者还要注意收集一些个人文献资料，例如日记、杂志、日志、诗歌和艺术作品等，以作为谈话之外对经验材料的补充。

3. 对数据的组织和分析

数据收集好之后，就要对数据进行整理和分析，这个过程包括如下具体实施步骤：

(1) 沉浸和酝酿。

研究者把收集到的所有资料进行排列，以讲故事的方式把被试的体验讲出来。讲述的方式多种多样：先从近期发生的事件讲起，然后再讲很久以前与该体验有关的事件，或者反过来讲也行；按照实际收集到的数据的顺序讲述；或者无论什么方式，只要能够促进人沉浸到这种材料中去就行。所谓“沉浸”(immersion)是指每个被试或一组被试要达到对所有材料都非常熟悉的程度。在分析过程中能够迅速地沉浸到材料中去，中间有一些间断性的休息，然后又回到材料中去，这样反复进行，直到对材料非常熟悉。

这个过程有时是比较漫长的，可能需要几个月的时间，因此，这是一个潜伏期，是酝酿产生材料的核心主题和模式的过程。其中包括一些很细微的环节，例如，要花费几个星期的时间反复倾听录音，然后做非常详细的记录。对每个主题做一幅画像，让被试对这个画像进行反馈。反馈材料中有很多有价值的内容，可以对研究者所做的画像进行补充。这些画像要分别剪裁成一定大小的图表，构成一幅全景图。如果内容丰富的话，可能要做几百幅这样的画像，每个画像说明这种经验的一个成分。这个全景图做好之后，研究者要经常沉浸在其中进行研究和酝酿。至少要用几个星期的时间，研究者才会产生很多新的看法，一些以前可能不明显的主题或观点之间的关系等就会浮现出来。

(2) 解释和说明。

某种体验的基本性质和主题被发现之后，研究者就要对它们进行解释了。解释主要对侧重于这种体验的意义和本质进行个人描述(individual depiction)，具体包括描述性解说、例子和数据中的原始材料，还可以包括谈话、诗歌和艺术作品等。通过这些个人描述，再构建成一个综合的描述(composite depiction)。然后研究者再把这些材料带回到被试中去，通过对数据的沉浸和分析，就可以得出 2～3 个可以作为例子的描述。它们虽然是一些独特的侧面画像的描述，却仍然包含着整体的特点。

(3) 创造性综合。

解释和说明的材料反映的是研究者对经验的意义和本质的一些直觉、想象和个人看法，创造性综合就是对这种材料的有创建的整合。其形式可以包括抒情诗、歌曲、叙事性描述、故事、隐喻的童话或艺术作品等。其中包含着对个人经验的深刻阐述和创造性的看法。作为个体的人在这种经验中是完整的和鲜活的。

(4) 制定数据分析的指导纲要。

对数据进行分析，大体需要采取如下步骤：

① 研究者要把被试的所有数据都收集起来(包括记录、抄本、笔记、个人文件、诗歌、艺术作品等)。

② 研究者迅速沉浸到材料中去，达到对被试个人经验的完全理解。

③ 把材料暂时放下，休息一会儿再回到数据中，这样可以使人产生一些新的观点。经过反复审读，研究者要做一些笔记，确定材料中的性质和主题。然后对材料和笔记进行反复研究，从而对经验做出个人描述。

④ 再次回到被试的原始材料中，看一看个人的描述是否与原始材料相符。如果相符，研究者就转向另一个被试；如果不相符，就对描述进行修正，把遗漏和删除掉的内容补充上。还要把个人描述让被试进行确定，看是否完整、准确，还有没有增删。

⑤ 前面的步骤完成之后，研究者要对每一位被试的材料采取同样的步骤，直到把所有被试的经验材料都做出个人描述。

⑥ 把所有的个人描述都收集在一起，研究者再次沉浸到材料中，中间有休息间隔，直到把经验的普遍性质和主题彻底内化和理解，并形成一个综合性描述，其中包括对例子的解释、描述性说明、谈话、例证和一些书面文字的摘记。这种综合性描述的内容应该是生动的、准确的、鲜活的和清晰的，还应该包括经验中所固有的核心性质和主题，包括被试者个人和整个被试群体都体验到现象的所有核心意义。

⑦ 研究者再次回到原始材料和对材料所做的个人描述中去，然后从中选出两三个被试来代表全体。研究者要用那些原始的个人描述对这些人做出个人的描绘，其内容必须是真实的。

⑧ 最后一步就是对经验进行创造性综合。在描述现象的特点时，这种创造性综合有很大的自由度，需要研究者有良好的直觉意识，通过几个月的沉浸、阐释和说明而逐渐成熟的认识。研究者要用艺术的美来展示这种现象的主题和基本意义，展开想象的翅膀，对经验的全部历程做出生动而丰富的描绘，其形式可以采用叙述、讲故事、诗歌、艺术作品、隐喻、类比、童话等。

4. 撰写研究报告

上述工作完成之后，启发式研究也接近尾声了。这时应该用语言文字把研究的过程和研究结果记录下来，这有点类似于科学研究的报告。牟斯塔卡斯对这个过程做了如下规定：

(1) 对研究的主题和问题进行介绍和说明。

包括主题的来源与出处，在你的生活中最突出的事件，使你感到困惑、好奇或渴望知道的东西，这个主题的社会相关性，新知识对你的职业的贡献等。把问题说出来，并对其中的术语加以说明。

(2) 文献考察。

在电脑中进行搜索，查找数据库、有关作者、关键词和年代。然后对查找过程进行组织，包括对所查找的主题及其意义进行介绍，对所采用的方法论进行说明，你所查找到的出版物，研究是怎样进行的；把一些主题集中起来，对研究结果加以组织和呈现，对那些与你的研究有关，但又在研究的问题、模型、方法论和知识等方面有所不同的核心的研究结果进行总结。

(3) 方法论。

把你在进行研究准备、收集数据、组织、分析和综合数据材料期间所提出的方法和程序步骤列举出来并进行讨论。

(4) 数据呈现。

包括原文记录下来的例子，作为对收集数据、分析和综合数据的例证。讨论主题结构并进行说明，包括把经验作为一个整体进行描述，以及进行生动、全面、鲜活和精确的示范性描述。在呈现数据时，要包括个人描述、一个全面描述、两三个示范性描述和一个创造性综合。

(5) 总结、含义和结果。

以简单生动的术语对你的研究全过程进行总结。你的研究结果和文献中所发现的别人的研究结果有什么不同？在你的研究基础上你或别人将来可能做什么样的研究？要提出可供将来研究的一两个设计。你的研究结果对社会有什么意义？对你的职业有什么意义？写出一个简短的创造性结论，讲述你的研究的本质及其对你和他人的意义。

5. **结论和理论反思**

启发式研究的过程是相当漫长的，它是以个人的经验为计量时间的。研究者一旦开始进行知识的探求和理解，一旦开始寻找相关的例证来解除你的困惑，就会使你欲罢不能。研究结束之后，在你面前就会呈现出一幅崭新的图画，使你对所研究的现象的本质和意义有了一种全心的了解。如果研究者运用启发式研究方法能得出这样的结论，那就意味着他真正掌握了这种方法的精神实质。其理论价值和实践意义都是相当大的。

第四节　叙事法研究的理论与实践

和人本主义心理学一样，叙事法也是打着反对逻辑实证主义的纯客观研究方法起家的。它把理解和描述人作为其目的，而不是对人进行测量和预测；它关注意义，而不关注因果关系和出现的频率，关心对现象的解释，而不关心统计分析；它承认语言和叙事的重要性，而不关心数字的代表性。在这个意义上说，它是人本主义心理学的当代继承人。它所关注的是在现实社会中的人，是正在经验着的、非常复杂和一体化的人。

叙事法是以解释学和现象学为其哲学基础的，因此，它把创造意义视为其研究的核心，要求对研究者和被研究者的这个心理活动过程进行反思。在它看来，意义不是在活动或经验中固有的，而是通过社会的叙述建构起来的。运用叙事法可以对生活在社会、文化和历史时代中的复杂个体有全面的把握。

相对于人本主义心理学，叙事心理学是比较年轻的。它只有大约20年的短暂历史，因此仍然处在其发展的早期阶段。J·布鲁纳、R·乔瑟尔森和A·利布里希被认为是这个研究取向的重要代表。当然，近年来又出现了很多运用叙事法进行研究的心理学家，因此，它也和人本主义心理学一样，实际上是一个松散的学术群体。20年来，叙事法研究以及叙事的概念和生活故事在人文社会科学领域中广泛流行。除了研究一些特定的主题之外，叙事法还把理解人的同一性、生活过程的发展、文化以及叙述者的历史世界作为一种研究人的手段，受到了很多学科领域研究者的青睐。

当然，叙事法研究也遇到了和人本主义心理学同样的挑战。人们经常提出的一些问题有：把完整的人作为一个分析单位来进行研究有什么意义？怎样才能知道我的观察是“可靠的”？怎样才能在更抽象的分析水平上对它们进行概括？为了写作的目的而会见另一个人的道德意义如何？一个好的叙事法研究的标准是什么？怎样创造一种既能研究个体的独特性，又能重复验证这种认识的理论体系？诸如此类的问题如何解决，不仅对叙事法研究是个重大挑战，就是对整个人文社会科学研究也是有意义的。

一、叙事法研究的哲学基础

我们知道，从心理学正式脱离哲学母体成为一门独立的学科以来，它就是以自然科学为楷模的。在哲学基础上，西方的主流心理学主要是以逻辑实证主义为理论基础的。而叙事法从一开始就坚决反对这种把心理学研究与自然科学的研究方法相提并论的学术霸权。叙事法把后现代的解释学作为其哲学基础，以此来反对主流心理学的自然科学取向。

首先，解释学相信，真理是相对的，人类经验的各个方面是一种意义建构的过程。心理学是研究人类经验的，因此，应该把心理学看作是“一种寻求意义的解释科学，而不是一种寻求规律的实验科学”①。叙事法把解释学的这种观点作为其理论基础，认为对人类经验的解释也是不断变化的，在阅读文本的过程中也要抱着批评的态度。这种观点得到了许多领域研究者的赞同，例如，现象学、符号相互作用论、社会建构论和女性主义等领域的研究者也基本持有类似的观点和看法。

① Geertz, C. (1973). *The interpretation of culture*. New York: Basic Books, p. 5.

其次，解释学重视语言和文本的作用。例如，伽达默尔认为，语言是理解必不可少的媒介，理解只有通过语言这个媒介才能进行。这就意味着两者之间存在着根本的内在联系。“语言和理解的关系主要在这个事实中可以看出，即传统的本质存在于语言的媒介中，因此，解释优先的对象是语言的对象。”[①]叙事法研究把这种观点运用在心理学的研究中，认为所有的知识最终都根植于对文本的统觉和释义之中，而文本就是由书写而固定下来的语言，是由人们寻求理解的世界构成的。换句话说，世界上并没有纯粹主观的东西，人类的经验是人的主体与环境这个客体相互作用的结果，是通过语言来表达和转换的。在这一点上，它和正统的人本主义心理学家存在分歧。人本主义心理学家把人看作是有自我实现倾向的，因此，主观性在人的心理生活经验中占有重要地位。

再次，以文学理论和语言学作为其理论模型。解释学和叙事法研究都反对以自然科学为其研究方法的基础，而主张通过语言的理解，通过对话，使人与人之间的关系得到更多更好的发展。80 年代中期，俄罗斯文学评论家和哲学人类学家米哈依·巴赫丁第一次在观念史的研究中使用了“对话体”(dialogic)一词。在他看来，人类各种形式的相互作用都是以人与人之间的相互对话关系为媒介的。意识本身就预先假定了一个“他者”和一种“可回答性”。因此，自我也是一种对话关系，对话中隐含着人的回答中有必要的多样性。所以，理解人就和理解文学作品一样，就是一个文本分析的过程。巴赫丁的这个观点引起了很多学科的学者们的关注。叙事法把对话体作为在语言中认识和理解人的基础，并对此做了新的发展。它把人看作是一些不同的文本，由于自我和社会现实的多种经验的相互作用，导致了人的复杂性。因此，叙事也具有本然的不确定性。

二、叙事法研究的基本特点

叙事法研究在心理学中的发展历史虽然不长，但已经积累了丰富的素材。通过这些素材的分析，我们可以看到叙事法研究具有如下一些基本特点：

1. 人本性

传统的实证心理学是过分注重方法而相对忽略意义的。由于其研究方法的局限性，使它把关注的焦点放在一些细微的研究方面，把统计分析作为

① 刘放桐等：《现代西方哲学》，人民出版社 1990 年版，第 772 页。

唯一的理想工具。而叙事法研究则把人放在研究的中心，关注的是研究人的经验的意义和对这种意义的完整理解，而不受方法范式的制约。叙事法的研究者们认为，这样可以使我们获得一些产生认识的新方法，并且使这种认识合法化。在研究中始终把人看作是正在经验中的人，是现实社会中存在的活生生的人，这就使叙事法研究和人本主义的研究特点一致起来了。

2. **灵活性**

叙事法研究是比较灵活的。在叙事过程中研究双方都试图认识和理解对方，认识的内容和方式会随着人的复杂多样性而不断变化。它不像实证科学那样有比较固定的工具手段或实验程序。叙事法研究把“被观察者”作为研究的合作伙伴，而不是研究对象，因此，谈话、日记、艺术作品等都可以成为研究的原始材料，成为分析的依据。双方的相互作用是很复杂的，这也就导致叙事法研究的灵活性，导致使用这种方法的人必须花费很多年的工夫才能逐渐把握其实质。

3. **对话性**

叙事法主要是通过双方的谈话来进行的，这在心理治疗中是经常使用的。谈话的双方都是有自己主体性的独立个体，同时，每个人又是和他生活的世界及环境有千丝万缕的联系。这就决定了对话的双方都包含着可以通过自由而不加限制的谈话获得相互理解和认识。在这个过程中谈话的双方要全身心地投入，用专业的术语讲，就是要“完全在场”和采取“感情移入”的态度。只有这样，才能通过对话来把握经验的本质。

4. **故事性**

叙事心理学的一个重要前提就是，人的经验只有用语言才能理解，经验本身是以故事的形式表现出来的。但是，叙事法研究反对给故事附加一个预先确定的理论，认为这会破坏故事的本意。例如，阿普特(T. Apter)在分析弗洛伊德关于“多拉”的案例时指出：“弗洛伊德试图损害他对她的解释。他把他听到的关于她自己的故事当做一种谎言、一种托词……，但事实上他是在等待有足够的信息证明他自己的理论。”[1]叙事法研究认为，人生就是一个故事，就是一个不断创造意义、不断地建构和重新建构故事的过程。如果没有创造人生故事的生活经验的选择和联系，自我的经验就是不可能获得的。叙事心理学就是要通过讲述故事，而在更高的抽象水平上进行解释。

① Josselson, R. (Ed.) (1996). *The narrative study of lives*: Vol. 4. *Ethics and process*. Thousand Oaks, CA: Sage, pp. 24～25.

三、叙事法研究的主要观点

叙事法研究是通过对话和语言的表述来说明其人生经验的。当然，这里的人生经验既可以是漫长的人生描述，也可以是生活中的一些片段描述。但不论怎样，这些讲述都是根据提问者的问题来回答的。一些典型的问题包括："请给我讲一讲你所能记住的你的生活。""你最早记住的是什么？""你在第一次旅游时（或上大学第一年）有什么样的体验？"讲述的材料可以包括儿童从幼儿园回到家里给母亲讲述的故事，只要是讲述者发自内心的真实讲述即可。讲述者自由地建构他的故事，而研究者则怀着感情移入的态度进行倾听，从讲述者的经验中进行学习。

但是，由于叙事法研究假设在人类的心理现实中不存在绝对的真理，对人生故事和文本的解释也没有唯一正确的解读。因此，它的研究观点也是比较难以把握的。从目前的研究来看，叙事心理学研究的主要观点包括如下几种：

1. 感情移入的态度

西方的现代观点很多都是和西方古代或近代的理论传统有密切的承继关系。例如，在心理学研究中，培根的认识论把知识视为对人进行预测和控制，这种观点影响了行为主义心理学。而柏拉图的认识论则以爱欲、统一、超越和爱作为认识的隐喻基础，这对人本主义和叙事心理学产生了重大的影响。它们认为，认识就是超越，就是克服知者与被知者之间的距离感。在某种意义上说，叙事法研究的"谈话"类似于罗杰斯的"交朋友小组"。倾听者怀着尊重的态度倾听对方的讲述，不做判断和评价。这种做法的背后就是一种感情移入的态度（empathic stance）。就是说，倾听者要设身处地地想象讲述者的真实心态，努力克服双方的距离感，通过对其独立自我和经验的理解，从"他者"进入"我们"的关系境界。这样，主客体之间的根本独立性便成为一种资源，而不是一种威胁。

由此可见，感情移入的态度既是心理学研究的工具，也是心理学研究的目标。只有通过对他人内在状态的感情移入，才能真实地感受和认识自我与他人之间的密切关系，为更深刻、更全面地理解人的心理经验提供机会。用解释学的观点来说，感情移入的态度为解释那些其本身也参与到解释过程中来的他人提供了可能性。

2. 主体性观点

叙事法研究想要探讨的是人的活生生的经验。但这是一个主观的研究领域，讲述这种经验的人才是自己人生经验的真正作者。后现代主义者认为，主体性(subjectivity)不是统一不变的，而是各种相互冲突的社会力量交会的场所，使人的自我同一性不断地发生变化，因此，主体性是难以把握的。人本主义心理学家认为，主体性是一种“被给予性”，即一种个体的创造及其自由的表述。叙事法研究则把这两种观点包容在一起，它既注重个人的主体性经验，又强调要分析个人和社会文化因素。这样，在叙事法研究中，被研究者个人的讲述和研究者所做的解释都是心理学研究所应该考虑的。

另外，即使是个人讲述的经验也是和他所生活的社会环境密切联系的。他对生活的看法和对其经验的建构既体现了他的个人主观性，又反映了社会现实的影响。这种主体性研究是相当困难的，但却更加接近人的现实，在这个意义上说，它要比把人的主体性还原为其组成部分更有实践意义，这也是其整体论观点的一种体现。

3. 意向性观点

受现象学哲学的影响，叙事法研究也把人视为有意向的。这样，它就把研究的焦点放在个体认为自己在做什么以及为什么要这样做上。我们知道，行为总是和个体的社会情境密切联系着的，但个体对情境的反应不是像行为主义所说的那种机械的“刺激——反应”。叙事法研究认为，个体是一个历史的实体，他可以在长期的历史发展过程中通过一些有特殊联系的事件来创造生活的意义。因此，他的行为总是有目的，有意向性的，不能离开情境忽视人的特殊心理状态来研究人。传统的实验心理学研究虽然可以通过观察和测量来了解人的行为的部分原因，或者是一些被认为是规律性的原因，但由于忽视了个别差异，而把一些在实验中对个人来说有意义的建构排除在外，从而不能全面地反映每个人的心理现实。

4. 相对主义倾向

由于过分强调人的个体性和独特性，叙事法研究也带有强烈的相对主义色彩。这里有其正确的方面，但也有错误之处。叙事法研究是通过个人生活经验的讲述来解释自己的心理活动的，而每个人的生活史又的确是有很大区别的。虽然对人类群体的研究可以揭示人类某些共同的心理特征，但对具体个人而言，其生活经验是在自己的社会文化和语言背景下建构的，以其独特的个人生活和历史事件为依托的。因此，在谈话中所了解到的生活故事只是其全部生活史的一部分，由此而得到的事实也是相对于他个人的心理现实而言的。

但是，人类的生活不是以个体的形式存在的，一个人总要在其生活中与他人交往，对个人生活经验和历史故事的研究同样可以得出一些有规律性的东西，如果过分强调个人经验的相对性，就是叙事法研究本身也只能永远在个案研究中探索，无法提出对整个人类的心理学更有普遍价值的真理。

5. **整体论观点**

叙事法研究反对传统心理学的内容分析法，认为这种方法把语言文字表示的非数量化资料转换成用数量表示的资料，是对完整的个人历史故事的肢解。因为一个人的故事是完整的，只有通过完整地阅读或倾听故事，才能对人的心理活动有完整的理解。美国女性主义心理学的代表人物吉利根及其同事提出了一种阅读不同声音的叙事材料的方法，这些不同的声音在谈话的文本中可能会出现，也可能不会出现。例如，一个人在故事的讲述中既有个人私密的声音，也有在公众面前可以公开讲述的声音。在倾听故事的时候要注意研究讲话者对这两个方面不断变化的强调和相互作用，而不是把它们分析成一个个孤立的成分。

另外，除了关注言语讲述中的主题、形式和结构之外，那些没有被讲述出来的话语也是需要研究者加以考虑的。最近，叙事法研究者罗杰司(A. Rogers，1999)及其同事提出了一种“不可说出的语言”，通过对外显和内隐主题的分析，来发现两者之间在整个文本中的相互关系。显然，这种整体观的研究方法是需要研究者有很深刻和敏锐的洞察力，要善于发现其中所隐含的或尚未说出的重要主题。而不是简单地根据说话者的讲述进行内容分析，也不是对不同讲话者的话语进行简单的比较。即使是必须进行比较，也应该始终抱有整体观的态度，而不是把人还原成为与整个个体相分离的一些特质和行为倾向的集合体。

6. **情境论观点**

从前面的分析中我们已经发现，叙事法研究是很重视情境的。因为讲述者是以自己独特的文化观和历史时代为背景来讲述自己的生活经验的。他所使用的语言和概念就是他对自己生活的独特理解，就是这些社会文化和历史情境的反映。此外，讲话者的性别、种族、文化、年龄、社会等级和性倾向等也是这些情境的组成部分，研究者只要留心注意，就能使这些情境因素成为值得研究的重要内容。

叙事法研究运用故事来探讨认识经验，而故事是在讲述者的文化背景中具体体现出来的，因此，叙事法研究非常关注讲述故事的情境。虽然由于研究的目的不同和一开始提出的问题不同，讲述者所讲述的故事内容会有差别，但所有这些故事都是和讲述者的情境及其对情境的理解相联系的。

此外还要特别关注研究者与被研究者之间内隐的和外显的关系这个独特的情境因素，因为没有两位谈话者能从被交谈的个体中得到两个完全相同的故事。

第五节　人本主义心理学与后现代研究方法

人本主义心理学是一种由多种观点混杂而成的心理学研究取向，因此，它本身就含有多种不同的学术观点。但与此同时，这些不同的观点之所以能会聚在人本主义的大旗下，是因为它们又有一些共同的观点和看法。一个最基本的共同看法就是，心理学研究应该把人看作是活生生的与社会情境密切联系的人，而不是动物或机器。正是这个共同的看法使人本主义心理学家把关注的焦点放在人的健康成长和自我实现上。

心理学正式独立 120 多年来，在方法论取向上主要有两种范式，一种是实验范式，另一种是经验范式。人本主义心理学采纳的是经验范式的方法论，它把对人的行为、经验和意向性的研究作为自己的科学研究取向，因而和许多其他的心理学流派及研究取向有很多共同之处。我们在前面已经提到了现象学、启发式、叙事法等和人本主义的某些共同之处。在这里我们再来看看人本主义心理学视野中的后现代心理学。

一、后现代心理学的哲学观

后现代心理学是“西方心理学界一种旨在探讨处于后现代境遇中的人的心理与行为机制的心理学思潮”①。在 20 世纪 70 年代末期，法国哲学家让·弗朗斯瓦·利奥塔德接受了加拿大魁北克的大学委员会的任命，对西方国家的知识状态进行研究。1984 年，他的研究结果以《后现代状况》为书名发表。在这本书里他得出结论认为，现代社会包括科学研究在内的所有知识体系都曾得到某种“元叙事”(meta-narrative)的支持，换句话说，所有的

① 林崇德、杨治良、黄希庭主编：《心理学大辞典》，上海教育出版社 2003 年版，第 490 页。

哲学体系都是以某种哲学观作为其理论基础的。但是,他认为这些哲学的元叙事总认为自己的观点是最正确的,而否认其他观点的正确性。而后现代的观点则对所有的元叙事表示怀疑。这种元叙事怀疑论的主张为后现代主义的流行奠定了基本的哲学思想基础。

1. 后现代性与后现代主义的分野

我们知道,从概念上讲后现代性和后现代主义是两个不同的概念。前者指人们所处的这个后现代的时代或状况,而后者指的是由这种后现代性所引发的各种学术思潮、流派、运动和观点等。前者是相对稳定不变的,而后者则经常发生变化。正如美国后现代哲学家安德森所说:"后现代主义将会你方唱罢我登台,而后现代性——后现代状况——则将仍然一如既往。"① 安德森得出结论认为,后现代世界有四个基本的东西:一是它要用许多不同文化观点来建构的同一性取代"已经确立的"同一性;二是认识到道德判断是在社会建构的文化世界观基础上做出的;三是强调艺术和文化的即席创作、变化、模仿和游戏性;四是意识到各种边界都是现实的社会建构,因此是可以跨越、消除和重新建构的。

2. 语言和价值观的作用

后现代哲学家们的这些观点对当代科学研究提出了严峻的挑战。在他们看来,人类对大自然的理解是通过语言来进行的,我们的语言中包含着大量的滑稽模仿、讽刺、象征和隐喻等语言表现手法。即使是在严格的科学研究中,人的心理现象也是会发生变化的,特别是当研究的被试获得了研究结果的反馈,并且知道了他们在研究中的角色和作用之后,他们的心理活动就会和此前有很大不同。在这个意义上说,科学研究并不是价值无涉的,其中有很多内隐和外显的价值观。换句话说,即使是科学知识也是具有研究者个人的价值观色彩的,而不是全人类普遍适用的。

3. 真理的相对性

当代心理学从一建立就把预测和控制人的行为作为其主要目标。但是后现代主义者则认为,人类最重要的心理活动是不可能测量的,当然也是不可能预测和控制的。我们所能测量、预测和控制的充其量是那些对个人而言并不太重要的心理现象。因此,对那些重要的心理现象,我们只能尽可能深入、彻底地加以确认、描述和理解。在这个意义上说,"真理"就是一种相

① Anderson, W. T. (1996). *The truth about truth: De-confusing and re-constructing the post-modern world*. New York: Tarcher, p. 7.

对的观点或看法，而这种观念则是社会交换或“对话”的副产品。例如，我们的语言能够描述世界，但世界却并不一定就是我们所描述的那样。我们对人的心理现象的研究，在本质上讲就是研究者与被研究者之间不断的对话。因此，后现代主义者希望科学家们认识到语言和对话在其研究中的重要性，希望通过在研究中对人与自然现象的交互作用的探讨，获得一些有深刻洞见的启示和新的解释。

4. 解构与文化差异

后现代性的一个重要标志是“解构”(deconstruction)。最初，解构是文学批评的一种方法，它把一个文本的语言还原成为多种可能的意义，而不是单一的意义，例如作者本人可能想要表达的那种意义。换句话说，作者自己都没有想到的事情，却被文学批评家通过文本的解构而表达出来了。在某种意义上说，解构可以揭示文本的内部矛盾，对其假设和结构体系进行无情的揭露，从而扩展了文本的价值和意义。应该承认，人们对自己经验的建构是以自己民族或地方的文化为基础的，是以自己的语言体系所提供的范畴为依据的。因此，不同的读者对文本的解构都带有自己本民族或文化的语言色彩。对心理现象的研究也同样带有这种民族性和文化性。正如戈尔曼所指出的：“西方文化主要是以心理病理学的术语来描述内在经验的，而传统的东方文化则有同样复杂的词汇来描述转换的意识状态和精神体验。再者，西方心理学把现实和在通常醒觉状态下感受到的世界相等同，否认在其他意识状态下感受到的现实的可信性，而东方的观点则认为自然的世界是一种幻觉而不予考虑，认为现实是在通常的醒觉状态下所无法把握的。”①但是，从后现代的观点来看，这种说法是否确实反映了东西方心理学的文化差异，其本身也是值得怀疑的。

二、人本主义者与后现代主义者的对话

大多数人本主义心理学家都是现代主义者。但是，他们的很多观点和主张却和后现代主义者有很多共同之处。例如，他们都反对唯科学主义，都坚持心理学研究要使用人文和社会科学方法，都主张人际沟通与关系重建，都提倡人与自然的交融，反对主客二分，都强调人的独特性和多元性，反对

① Walsh, R. & Vaughan, F. (Eds.) (1993). *Paths beyond ego: The transpersonal vision*. Los Angeles: Tarcher, pp. 13～17.

绝对普遍性。[①] 当然，他们也有很多方面不同于后现代主义者。现在，我们就来具体地分别看一看新老人本主义心理学家与后现代主义者的思想异同。

1. 马斯洛与后现代主义

马斯洛是人本主义心理学的主要创始人，人们所熟知的“需要层次论”就是他提出的。在他看来，人的需要是按照直线的形式发展，而且不存在文化差异。这个观点的提出是受他早期所接受的行为主义心理学实验研究方法影响的。他早期曾用类人猿进行过实验研究，但在 20 世纪 30 年代末，他开始用大学生作为被试，研究对人的控制和自尊。由此而引发了他对心理健康和人类动机的兴趣。

60 年代中期，当他开始研究中国道家学说的时候，后现代主义思潮也开始兴起。马斯洛认识到西方科学研究的方法是有组织的、有系统分类的和概念体系的，但是，这种方法需要用道家的“无为”思想来加以平衡。这种无为思想类似于胡塞尔的“回到事物本身去”的观点。由此而获得的知识就具有“道家的客观性”，它和西方心理学那种“经典的客观性”是截然不同的。

马斯洛批评西方心理学的原子论和机械主义。他认为心理学是研究人的本性的科学，它有其不同于自然科学的独特性，例如，研究者本身也是被研究者。因此，逻辑实证主义应该和存在反思的哲学观结合起来。在他看来，所有与人类存在有关的知识都是直接经验的产物，没有任何东西能够代替经验。因此，只有当人们有了这种经验之后，那些概念化的、抽象的理论知识才是有用的。用我们现在的话来说，若没有实践经验，理论的话语就是苍白的。因此，心理学研究应该把实验的方法和经验的方法结合起来，形成一种与生活经验尽可能密切联系的综合的心理学方法论。遗憾的是，马斯洛仅仅提出了这样一种构想，在他的有生之年还没来得及付诸实践。

2. 罗杰斯与后现代主义

罗杰斯也是一位现代主义者。他在自己的心理治疗实践中认识到，心理治疗实际上是把艺术和科学联系在一起的，因此，经验的学习要比认知的学习更重要。换句话说，罗杰斯把主观体验看得比客观测量更重要。他提出的“患者中心治疗”就是这两种方法的巧妙结合。在患者中心治疗中，只要治疗者对患者真诚，与患者保持一致的关系，并给予“无条件积极关注”，对患者的状况产生“感情移入”，患者的人格就会发生重大的改变。这是可

---

① 杨韶刚:《后现代主义思潮与人本主义心理学》,《长白学刊》1995 年第 6 期，第 22～25 页。

以通过操作和测量来确定的。在治疗过程中，治疗者的做法主要是经验的，而这种经验的疗效如何却是可以用实证研究来验证的。

到 50 年代中期，罗杰斯越来越认识到个人经验在心理治疗中的重要性。当医患之间进入一种治疗关系之后，一个人就试图理解和无条件地接受另一个人的内心世界，尤其是治疗师，他当然希望这样做能够使患者的人格发生重大改变。但是在这个过程中，医患之间是一个经验分享的有机整体，是两个主体之间本真的“成长过程”，就像马丁·布伯所说，是一种“我—你”关系。在布伯看来，与一个人真诚地交谈而不必扮演某种“角色”，即两个人在一种深刻而有意义的水平上相会，这种深刻的体验有一种治疗的效果。布伯称之为“通过会面而治愈”。罗杰斯认为，当患者开始认识到这种关系之后，就会逐渐产生一种信任的情感，甚至意识到机体的智慧，产生终生改变的疗效。罗杰斯还认为，这个自我发现的过程是不能教的，只能进行主观的体验，当然也不能用语言符号或其他理智形式进行重建。这显然是一种“只可意会，不可言传”的经验研究方法。

进入 60 年代，罗杰斯开始认识到实验法和经验法虽然是对立的，但对于心理治疗来说，它们又各有其存在的合理性。他写道：“在我接受教育、为之而深表尊重的逻辑实证主义和因为如此适合于我的治疗经验而根植于我心中的主观倾向的经验思维之间。”①存在着一种使他感到困惑的冲突，而最终用来解决这种冲突的是他提出的“主体间性（intersubjectivity）或现象学知识”，这是一种可以把主观和客观的研究方法整合起来的人本主义的方法论。

3. 罗洛·梅与后现代主义

罗洛·梅是人本主义心理学中具有存在主义倾向的心理学家，他和后现代主义的联系比其他人本主义者更密切。在方法论上，他承认实证主义的研究方法对研究人类有机体的生物方面还是有价值的，但要理解人的本体论特点，如爱与意志、希望与失望、焦虑与恐惧等问题，实证主义方法就无能为力了。因为这些特点包含着人们把作为主体和客体的自己联系起来的能力，包含着他们做出选择和采取道德行动的潜在能力，包含着他们的推理能力、创造神话、隐喻和象征的能力，以及参与到社会的历史发展之中的能力。一些坚持实证观点的心理学家试图通过把爱解释为性渴望、把焦虑解释为应激、把失望解释为抑郁、把快乐解释为紧张的释放等解决诸如此类的问题。但罗洛·梅认为，这是一些还原主义的客观论方法，并不能从根本上

① Rogers, C. R. (1961). *On becoming a person*. Roston: Houghton Mifflin, p. 99.

解决问题。

罗洛·梅在批评实证主义方法的偏见时指出:“如果心理学不能研究人类的全部经验和困境,那么,作为一种科学的心理学的概念或许就是一个很大的错误。”①罗洛·梅和其他人本主义者一样,非常赞同现象学的研究方法,认为这种方法的主旨是回到事物本身去,是要研究现实生活中活生生的人,而不是根据心理学家自己对人的本性的理论假设所进行的投射。显然,这是强调对心理现象进行“描述”而不是对现象的原因进行“解释”。在罗洛·梅看来,对诸如焦虑这类现象的解释无助于说明个体对焦虑是怎样体验的。因为人所面临的心理困境起源于人能够同时把自己作为主体和客体来体验。心理学家应该关注的就是这种包含主体和客体在内的整体存在。无论一个人的心态多么扭曲,心理冲突多么严重,他们都是在通过自我肯定来保持自我的核心性。

4. 新人本主义者与后现代主义

70年代以来,一些新的人本主义心理学家相继崭露头角,他们在思想倾向上和后现代主义有很多共同语言,但在心理学研究方法上也提出了各自的观点,有些观点甚至是相互冲突的。在这里,我们着重论述几位代表人物的观点。

(1) 蔡尔德的骨肉结合观。

欧文·L·蔡尔德从认知心理学的研究方法中获得了很大启示。在他看来,认知心理学把传统的心理学研究与复杂的人类心理现象结合起来,成功地开创了心理学研究的一个新天地,人本主义心理学也应该从这种结合中获得启示。由于人本主义心理学的很多研究是难以证实的,或者是很模糊的,因此,用认知心理学的研究方法不失为对它的一种补充。例如,他把皮亚杰关于儿童发展的研究,以及道德发展、创造性、催眠术、心理治疗、心灵学等研究都综合到人本主义心理学研究中来。之所以要进行这种综合,主要是因为人本主义心理学和实证研究的传统都是不完全的,“前者只有肉,而后者则全是骨头。这两种意象需要结合在一块儿”②。蔡尔德的这种骨肉结合的观点在心理学界引起较大反响。一些研究者认为,这是一种创造性综合,他能把两种取向结合起来,或至少把其中的大部分结合起来,最

① DeCarvalho, R. J. (1991). *The founders of humanistic psychology*. Praeger Publishers, New York, p. 129.

② Child, I. L. (1973). *Humanistic psychology and the research tradition: Their several virtues*. New York. John Wiley, p. v.

终构成一种更宽泛的人类心理的社会发展观。

(2) 乔吉的人的科学观。

现象学心理学家乔吉则不赞成这种综合，认为这样做既没有必要，也没有好处。在他看来，心理学必须成为一门研究"人的科学"。它应该包括"现象学研究、解释学的意义澄清，以及生活和案例史研究和各种使用质的数据的研究，还有重新概念化的准实验设计"①。乔吉承认，对人的心理现象的研究是很困难和复杂的，特别是在研究涉及到人的尊严时尤为如此。在承认每个人都有自己独特的个体性的同时，乔吉也指出，人类作为一个整体也有一些相互作用的共同特征。例如，所有的人都离不开社会，都要进行语言交往，都能把感受到的经验结构进行转换，都能参与到群体和社会中去。研究人的心理科学，就必须研究这些共同特征，但同时又要注意人在不同社会情境中的独特心理表现和体验。

(3) 克里普纳的混沌系统分析观。

克里普纳是具有超个人心理学倾向的人本主义心理学家。他和其他一些心理学家反对那种认为人的本性是可以预测和控制的现代主义观点，认为心理现象在很多情况下是以非线性的方式运作的，对心理现象的研究也应该使用与之相适应的"混沌系统分析"方法。这种方法的焦点是强调确定复杂的心理过程的模式、形式、自我组织和适应性的重要作用，对研究诸如记忆恢复、睡眠的动态变化、梦的内容、复杂的家庭相互作用等都有重要价值。例如，根据混沌理论对脑活动模型进行的研究发现，要比把脑活动与计算机进行类比而得出的大脑活动模型更有用。研究者用脑电图记录的方式对在睡眠和醒觉状态下混沌的程度进行分析，结果发现梦的产生是由于大脑试图把意义和想象结合起来，而想象是在睡眠者的快速眼动期间由大脑的视觉和运动中枢的混沌刺激引起的。

三、关于叙事的研究

从目前的研究现状来看，人本主义心理学家已不再仅仅局限于对实证研究进行批评，一些人本主义者也在进行实验或准实验研究。但是，这些实验或准实验研究的方法是否适合于研究人类的经验呢？换句话说，即使这种方法适合于人类经验的研究，人们仍然会问：是这种方法本身发挥的作用

① Giorgi, A. (1986). Status of qualitative research in the human sciences: A limited interdisciplinary and international perspective. Methods: *A Journal for Human Science*, 1, p. 70.

呢，还是由于它和经验研究方法相一致而发挥的作用呢？目前还无法做出明确的回答。因为只有当人本主义心理学家有足够的证据表明，他们用这种方法进行的研究确实对理解人的本性有重要作用时，才能对上述问题做出准确的回答。我们把了解人类的行为、个体的经验、群体和社会的活动等方面的知识作为心理学研究的一项重要任务。要把这些有关的知识和人类社会的现实生活紧密地联系起来，对人类真实的心理现状和发展做出如实的研究和回答，确实不是一件容易的事。人本主义心理学从方法论上也认识到这项任务的艰巨性。它在和后现代主义的联合与争论中不断地完善着自己的方法论体系。

我们知道，从他们对现代科学的根本态度来划分，可以把后现代主义分为解构的和建构的两种。前者主张完全放弃现代科学的研究方法，而后者则主张对科学研究方法进行必要和适当的重新建构。人本主义心理学家比较赞成后者的观点。在他们看来，现代科学的研究对人的心理现象的理解提供了很多近似的真理，尽管这种近似性还不够完善，还需要通过叙事的描述和理解对在特殊时间和地点发生的心理活动进行新的建构。在他们看来，用实验方法研究人类的某些心理现象可能不太适合，但对研究另外一些心理现象却可能是合适的。因此，正确的态度应该是把这两种方法有机地结合起来。正如安德森所说："测量、实验、复制、方法论和现代科学的所有仪器，在后现代世界中和它们在过去是同样重要的。科学要得到判断，以及一些可能的解释在争论。所提出的理论要得到检验，看他们能否'适合于'其他理论，适合于对现实的直觉感受——还要看它们能否适合于通过观察和测量所能收集到的任何一种数据。"①

后现代主义者还对"元叙事"研究的观点提出了质疑。在他们看来，元叙事强调对心理现实的规律性进行研究，强调一致性的方面，从而对个别差异造成了压制。但是，他们不反对特殊的叙事研究。因为在这类研究中，个人对自己独特体验的讲述在某种程度上是当时当地的社会文化建构的结果。研究者在这类叙事研究中可以发现一些共同的主题。有人称之为"核心信念"，由这些"核心信念"又引发出另一些"核心经验"。其中有些主题成为人本主义心理学研究的核心问题，例如关于自我的研究。但是，后现代主义者认为，这些主题必须进行大量的解构。当然，也有人提出了一些综合的方法，试图把社会建构主义的思想和自我、创造性、意向性的研究结合起来，对人的个别差异和共同规律性的东西进行说明。

---

① Anderson, W. T. (1990). *Reality isn't what it used to be*. New York: Harper & Row, p. 77.

人本主义心理学也开始关注研究策略、隐喻，甚至应用方面的研究，以帮助解决人类目前和未来所面临的一些紧迫的问题。在很多方面它和主张建构的后现代主义者有很多共同语言，并且仍然在继续不断地进行对话。当然，后现代主义的出现虽然猛烈批评了现代社会中的很多错误的东西，对推动社会的发展是起了进步作用的。但是，它对科学研究方法的批评也不完全是正确的。科学研究的目的并不是得出关于自然现象的绝对真理，而是要努力接近真理，它是通过对以前所持有的观点进行质疑和挑战，通过一些严格规定的程序和手段来达到的。这些科学研究的过程经过了长期科学研究的考验，尽管可能不完全适用于人的复杂心理现象的研究，但毕竟在很多方面使人类比较正确地接近了对人的心理现象的理解和认识。后现代主义对科学研究方法的批评有正确之处，但有些提法过于偏激。我们在认真学习和研究后现代主义的观点时，既要看到其革命性的一面，也要注意防止进入新的研究误区。正如前人所说“矫枉必须过正”，但也要注意“真理再往前走一步就是谬误”。

第六节 多重个案深度研究方法

科克·施奈德(Kirk. J. Schneider)是当代美国人本主义心理学家中比较有影响的一位具有存在主义倾向的人本主义心理学家和心理治疗学家。他深受罗洛·梅的存在心理学思想影响，1995 年出版的《存在心理学：一种整合的临床观点》就是他和罗洛·梅共同编写的。也是罗洛·梅 1994 年去世前所主编和撰写的最后一部著作。

在研究方法上，施奈德也不赞成主流的临床研究方法，认为它过多地依赖严格的实验变量控制，这会引起很多问题。例如，使用当时被奉为心理治疗的“金科玉律”的随机控制试验(RCT)，就严重偏离患者的心理现实，对患者心理痛苦的解释和说明过分简化，对健康和治愈的理解过分狭隘等。在施奈德看来，心理治疗面对的是活生生的人，尽管他们的心理出现了问题，但这些问题都是他们自己生活和心理经验的反映。因此，通过经验研究的方法来探讨和阐释患者的内心世界应该成为心理治疗的一个重要目标。在长期的心理治疗实践中他总结出一种“接近—经验”的研究方法，这种方法实际上是现象学、解释学、个案研究、启发式和观察研究等方法的一种总汇。

严格地讲，接近—经验的研究方法并不是施奈德首创的。在他之前已经有很多心理治疗学家通过使用言语转换、个人口头报告和对治疗过程的文字描述等进行过这种研究。施奈德的贡献在于对这种研究方法做了新的扩展。这一节所评述的“多重个案深度研究”（MCDR），就是他把多重个案设计和经验深度心理治疗结合起来所做的一种研究方法的新尝试。

一、多重个案设计的结构和理论

个案研究是一种“对特定个体进行个别、系统研究的心理学技术”①，是质的研究方法中的一种。根据我国学者陈向明教授的观点：“质的研究是以研究者本人作为研究工具，在自然情境下采用多种资料收集方法对社会现象进行整体性探究，使用归纳法分析资料和形成理论，通过与研究对象互动对其行为和意义建构获得解释性理解的一种活动。”②一般地讲，当所研究的现象与其背景之间的界限不太清楚的时候，使用质的研究方法是比较适合的。

这里所说的多重个案研究则是对单一个案研究的一种发展和改进。个案研究通过比较系统、完整地收集有关被试的各种材料，加深对某一个体的复杂心理现象的了解。由于研究的比较深入，因此能获得关于个体的大量丰富的、多侧面的背景资料。但是，由于这种方法只研究单一个体，没有其他可以进行比较或参照的个案，因此，其普遍适用性便经常受到人们的质疑。多重个案研究设计使用几个不同的个案进行研究，这就为进行个案之间的比较提供了方便，其研究结果也就具有更大的普遍适用性。

那么，我们如何知道研究的结果是否真实呢？换句话说，个案研究的“效度”是如何确定的？由于个案研究和实验研究的主题和复杂程度有很大差异，因此，用实验心理学的严格的科学标准来检验个案研究的效度显然是不合适的。一些人本主义心理学家认为，应该用一种更宽泛的科学观来进行评定。施奈德认为，殷（R. K. Yin）提出的下述观点可以作为多重个案研究评定的基础。“要提出一些清楚的问题并形成一个正式的研究设计；运用理论并对以前的研究进行评论，以便形成假设和与之相抗衡的假设；收集实

① 林崇德、杨治良、黄希庭主编：《心理学大辞典》，上海教育出版社2003年版，第404页。

② 陈向明：《质的研究方法与社会科学研究》，教育科学出版社2003年版，第12页。

证资料来检验这些假设和与之相抗衡的假设；建立可以由第三方进行检查的数据库——不依赖于任何叙述报告、解释或结论；以及进行……质的分析。”①除此之外，施奈德还提出要对个案中一些长期形成的人际之间的事件进行追踪研究，因为这是形成一个人的某个重大心理现象的一种“子文化”。虽然以前很少有人使用，但对于多重个案研究来说，这是一种个人历史方面的明证。

二、经验深度心理治疗

经验深度理论（experiential depth theory）是对多重个案研究的一种理论补充，也可以为个案研究提供很多有价值的研究启示。我们知道，弗洛伊德的精神分析心理学也被称为“深蕴（深度）心理学”，与此有关的荣格的分析心理学、存在分析心理学等都属于广义的深度心理学的范畴。因此，经验深度理论实际上是沿着精神分析、人本主义心理治疗这条研究思路逐渐发展演变而来的，像罗洛·梅、布根塔尔、莱因、玛勒等人都对这个理论的发展做出过他们独特的贡献。

由于经验深度理论是从心理治疗发展而来，而且在治疗中一般都采取医患之间单独面谈的方式，这样可以使治疗者比较深入地了解患者的内心世界。因此，经验深度理论有一个基本的治疗原则，那就是忠实地反映患者活生生的心理现实。要做到这一点，就需要治疗者掌握熟练的技巧和方法，深入到患者的内心深处，进行最深入、透彻的心与心的交谈，借以了解患者的这种心理体验的产生过程及其内涵。这样才能有效地提出有针对性的治疗方案。

确定经验深度心理治疗有效性的依据有四个：直接性、情感性、运动性和深刻性。实际上，这也是在心理治疗中指导医患关系的基本要求。直接性就是要求双方在交谈中直接面对主题，不要遮盖或隐瞒，情感性就是要求治疗者对来访者产生设身处地的感情移入，从情感上首先接受对方的内心经验世界；运动性就是强调治疗过程的重要性，在双方的相互交往和动觉体验中感受心理治疗的价值；深刻性就是要深入到患者的内心世界，发现隐藏在他的心灵深处的奥秘。如果在经验深度心理治疗中能够做到这四点，其治疗的效果就是显著的。

由此可见，经验深度心理治疗更看重心理治疗的过程，而不太看重其内

① Yin, R. K. (1993). *Applications of case study research*. Newbury Park, CA: Sage, p. xvi.

容。这是因为经验的过程往往发生在语言之前，是一个人在事件发生过程中直觉地感受到的，并且有一种共鸣的效应。而治疗过程中的内容则是经过语言加工的，很多内在深刻的体验却无法用语言来表述，这就需要治疗者用自己的心来进行体验。在治疗过程中注意观察患者是怎样把持自己的、他的姿态、言谈话语等。从这些看似微不足道的动作和过程中可以发现很多难以用语言表述的深刻体验。如果能够帮助患者也学会这种深刻的理解内心体验的过程和方法，那将会对其治愈产生非常积极的影响。从这个意义上说，经验深度治疗确实是多重个案研究的补充。

三、多重个案深度研究的理论模型和实践

把多重个案研究和经验深度研究结合起来，其意义不仅在于发明了一种新的治疗方法，更重要的是产生了重大的理论和实践价值。这种结合的主要好处是：第一，在心理治疗中有很多不可言喻的、象征的和有主观意义的过程，把这两种研究结合起来，可以有效地提高人们感受和引发这些过程的能力；第二，可以使双方在人际关系方面更加协调，而不仅仅是只发挥治疗者的作用，或者只倾听患者的倾诉。这种协调的要点在于，研究者可以对治疗中产生相互影响的那些成分进行评价和注意；第三，可以比较自如地对一些书面的或象征的隐喻进行评价和注意，来推动研究的深入；第四，通过对几个不同个案的比较分析，研究者可以更好地阐述研究数据的临床含义和书面含义。以上这些好处是这两种方法单独使用时所无法比拟的。

在理论上多重个案深度研究也对研究人的内在心理经验提供了许多重要的启示。首先，通过对某一经验的核心方面进行深入系统的探讨，可以促进理论的形成和应用。其次，从事这种研究的人必须接受过量化研究和质性方法方面的专门训练，这种要求是非常严格的。他们应该掌握三个基本原则：一是要认识到并克服对某一现象的偏见；二是最大限度地注意这种现象的经验和象征方面；三是要对这种现象进行始终一致的描述，不要经常无原则的变化。再次，研究者要形成一种广泛的能力，既要有实证科学家的严谨，又要有艺术家的批判性赏识精神。换句话说，研究者既要学会对研究数据进行组织、阐明和总结，又要像艺术家那样对某种经验的图画进行审视、感受和描述。

除了在理论上对多重个案深度研究进行阐述之外，施奈德还通过一个具体的研究假设阐述了这种研究方法的基本模型和实践步骤。

该研究假设由三个患者群体组成，每个群体有 5 个人，他们都来自同一

个美国大城市，性别比为女性60%、男性40%，年龄为25～60岁，75%为白色人种，经济地位为中产阶级，症状表现为75%患有抑郁和焦虑。所有的患者以前都没有接受过治疗。对这三个群体进行不同时段和方式的治疗。第一个群体接受5～12个疗程的简单的认知—行为治疗，第二个群体进行1～6年（50～300个疗程）的存在—人本主义治疗，第三个群体进行3～5年（150～300个疗程）的主体间性精神分析治疗。

从治疗时间来看，这个研究假设提出了两种治疗方法：一是短期的系统治疗（认知—行为治疗）；二是长期的探索性治疗（存在治疗和精神分析治疗）。这两种治疗方法孰优孰劣，长期以来在学术界一直有争论。设计这样一种研究背景就是为了验证和解决这种争论。施奈德认为进行这项研究首先要提出下列问题：① 怎样影响或在哪些方面影响这三个不同的治疗群体？② 能在多大程度上减轻患者的症状？③ 治疗者怎样发现患者潜在的变化过程？④ 在治疗之后怎样了解患者在不同时间和背景中的这些过程变化？⑤ 怎样把量化研究和质性研究结合起来进行比较分析？

针对上述问题，施奈德提出了各自的解决方案：第一个问题的解决就是要对患者的生活产生重大影响；第二个问题的解决则是通过长期治疗来缓解症状和解决其生活中的问题；第三个问题的解决则依赖于治疗中的证据，证明治疗确实引起了患者的经验变化；第四个问题的解决就要在患者的追踪研究中进行了解。施奈德还提出了进行多重个案深度研究的实践步骤，作为对第五个问题的回答。

1. 资料的收集

(1) 研究工具。

科学研究是从收集资料开始的。多重个案深度研究也要运用一些现代科学的手段和工具。例如，在和患者、治疗师以及有密切关系的他人谈话时用录像机进行拍摄；收集一些诸如日记、病历、学校或工作单位的评价等档案记录；运用标准化的心理健康量表，如贝克抑郁症量表，以及皮肤电反应的测量装置等。这些原始资料的收集分几个阶段进行，在正式治疗一开始先进行前测，在研究过程中还要根据情况进行，然后在三年之后还要用同样的方式收集相关的资料。

(2) 深度谈话和在场。

进行深度谈话是这项研究的关键。研究者要在患者或其亲戚朋友的建议下选择适当的地点与患者及其亲戚朋友谈话。谈话的双方不是传统的医患关系，而是研究者与合作研究者之间的关系。患者扮演的角色是研究者的合作伙伴，这样才会形成一种使他感到安全和信任的气氛，鼓励他愿意敞开心扉与研究者一起进行探讨。只有在这样一种充满温暖和信任的气氛中,合作研究者所提供的资料才是活生生的。

既然是深度研究,就要探讨合作研究者心灵深处的体验。这时研究者必须采取这种“深切在场”(deep presence)的态度,意思是说,研究者要为深入的探索创造一个安全的空间,还要善于启发和阐明探索中没有说出的东西。换句话说,研究者要把他自己心中以及双方之间所要探索的有关材料进行深刻的阐述。这样做可以产生的影响包括:合作研究者虽然没有说话,但却感受到他们在“会面”,双方是认真严肃地看待对方的,即使是把心中最隐秘的东西讲述出来,也不会遭到对方的抛弃,从而保证所收集到的材料是真实可信的。研究者的在场所能阐明的问题有:研究者对所揭露出来的问题在什么程度上感到最舒服?他们在多大程度上感到仓促、感到谨慎或坦率?合作研究者在谈话期间是怎样保持自己的,其语言表达和身体姿态如何?其身体表现和言语内容的匹配程度如何?合作研究者还有什么话没有说?他们还想揭示更多的东西吗?等等。

仅有研究者的深切在场是不够的,合作研究者还要促进这种深切在场。主要的方法有:① 鼓励合作研究者用第一人称的“我”进行说明,把那些对个人来说至关重要的事情暂时保留下来;② 注意他们的非言语交流(如身体姿态、声音的波动、面部表情等),鼓励他们做进一步的探索;③ 就这次谈话对合作研究者所说的话产生的相互影响进行对话。例如,如果研究者怀疑对方言行不一致,可以问问他,在他这样说话时有什么样的感受,然后让他先不谈现在的感受,而谈一谈与此有关的其他感受,从中可以发现他心中的其他重要想法。在整个研究过程中,研究者要始终追随合作研究者的思路,而不要由自己做领导者,因为这样才能比较真实地反映合作研究者活生生的人生经验。

(3) 沉思。

通过“沉思”可以促进合作研究者敞开心扉。例如,当合作研究者努力想要说明他在受到一次重大干预后的感受时,研究者可以让他设想一下这种感受的身体部位,比如他设想这个部位在胃部,那么,研究者让他把手放在胃部,并询问一下他的体验:当你保持这种身体体验时,你还有什么其他的情感、感觉或想象吗?这样做有几个好处:一是可以使合作研究者进一步探讨和阐述他对某一事件的最深刻感受;二是可以使这种体验以最直接生动的方式表达出来;三是给研究者提供有关资料的声调、范围和一样的感受,有助于研究者对材料做出准确的解释。

(4) 隐喻。

在谈话过程中，合作研究者可能会把自己比作某个电影明星，为了更好地了解他的这种想法，这时研究者可以经常重复使用这个术语或隐喻。当然，研究者也可以换一个新的隐喻。例如：你在治疗开始时对你自己所做的比喻使我想起了伍迪·爱伦。我这样比喻合适吗？这样做的目的是启发合作研究者更多地阐释自己对这种隐喻的真实看法。

(5) 对付抵抗。

在心理治疗中患者是经常会进行抵抗的，或者说，患者主观上愿意接受治疗，但客观上却无法与治疗师合作或配合。在深度心理治疗中，合作研究者也会因为抵抗产生联想困难、沉默寡言、止步不前，或拒绝继续进行心灵探索，这时研究者就要运用各种有效的手段努力克服这类抵抗。例如，了解什么原因使他产生这种抵抗心理；向他重新保证谈话的私密性，绝对不会泄露出去；向他轻轻地提示他产生抵抗的地方（比如："我注意到你在说到不再继续接受你的治疗师治疗时，你把这个话题一带而过。""你在说到你的丈夫最近所发生的变化时，你的声音低下去了。"）只有消除了患者的抵抗心理，治疗才能继续进行下去，才有可能保证疗效。

(6) 征求意见。

资料收集完之后，邀请合作研究者观看在治疗开始、中间和最后阶段的录像，请他们谈谈在这些治疗过程中的一些体验，特别是在疗程与谈话之间可能存在的某些不一致的方面，或许在档案材料中，在与他的亲戚朋友的交谈中也有某些他不赞成的方面。经过认真核对，把不正确的地方改正过来，从而保证了原始材料的准确和客观性。

2. 数据的归纳整理

这个过程实际上是对原始数据进行认真的推敲，使其前后一致，并分门别类地归类到相应的范畴中去。为了保证数据分类的有效性，要尽可能避免研究者本身的选择偏见，例如，可能忽略了材料中对研究者来说一些存在问题的方面。要想避免这类偏见，最好是请合作研究者或其他有关人员对研究者所做的阐述和分类等进行评论，甚至在必要时进行修正。这种层层把关的方式既可以消除不必要的偏见，又可以保证数据材料的准确可靠。

3. 数据的解释

这是多重个案深度研究的最后一个阶段，主要是通过对以前的理论观点的检验，发现它们的不足，并根据自己的研究提出新的理论观点。有人可能会问，这种新的理论观点的效度如何验证呢？鲁考夫等人得出的结论是：

"效度依赖于把数据和理论联结起来的那些论点的质量。"①这就需要寻找其他一些可以替代的解释对这一研究结果进行比较分析。我们知道，一个新的理论观点的提出总是会听到挑战和反对的声音的。通过对那些不同的解释进行比较，特别要关注那些相反的案例和对这种解释提出疑问的观点，然后请一些独立的判断者对这项研究的结果进行重新评价。只要确保研究的数据来源是可靠的，而且不同来源的材料又能够相互印证，并且可以重复验证，就可以得出结论认为这种理论的解释是正确的。

第七节　解释学的单一个案效能设计

近年来，一些人本主义心理学家针对传统的个案研究的不足，如过分强调因果分析，提出了一种以解释学为理论基础，旨在探究单一个案研究效果的一种新的研究设计，这就是"解释学的单一个案效能设计"(HSCED)。它提出了一系列实际可行的研究方法，可以对心理治疗中运用单一个案进行研究的疗效进行评价。之所以称之为解释学的，是因为它运用大量的网络信息进行描述，而不是依赖于精心的设计；运用解释的方法，而不是实验程序对知识进行或然的，而不是绝对必然的说明。这是因为在心理治疗中有大量的信息是很复杂的，甚至是模棱两可的，难以用准确绝对的科学术语来加以解释和说明。运用这种方法可以找到一些有效的证据(正面的和负面的)对研究者做出的结论进行新的解释。解释学的单一个案效能设计的提出是对传统的评价方法的一种补充。它主要包括如下具体步骤。

一、收集有关患者的各种信息资料

和所有的实证研究一样，解释学的单一个案效能设计也是从收集资料开始的，当然，它所收集的资料和治疗效果有关。研究者要尽可能全面地收集与患者目前的心理问题有关的事实材料，收集有关治疗过程和结果的信

① Lukoff, D. Edwards, D. & Miller, M. (1998). The case study as a scientific method for researching alternative therapies. *Alternative therapies in Health and Medicine*, 4(2), p. 49.

息资料，大体上可以包括如下几种信息资料：

1. **对治疗效果进行数量化测量**

对心理治疗的效果进行评价既需要采用描述性的、质的方法，了解患者是怎样发生改变的，又需要采用数量化的评价手段，了解患者发生改变的具体程度。要做到这一点，就要使用一些数量化的测量手段，包括一些标准的自陈问卷，例如90项症状核查表，让患者对自己的精神症状或心理问题进行自我评定。使用该类量表进行测量时最好能多次进行，至少要在治疗一开始和治疗结束时各进行一次，如果有可能的话，也可以每隔8～10个疗程进行一次测量。

2. **每周进行有关测量**

在治疗过程中总会出现一些与治疗有关的问题，单一个案效能设计要求每个星期都对患者身上出现的一些有关的问题或目标进行测量。这样做有两个好处：一是可以把治疗和生活事件与患者所发生的改变联系起来；二是在治疗过程中患者有时会突然不再来接受治疗了，通过每周进行一次测量，就可以获得他最后一次来治疗的结论性信息。进行这类测量可以使用埃利奥特、夏皮罗和麦克1999年编制的一个简化的个人问卷。

3. **对效果进行质性评价**

只进行数量化的测量还不能全面地了解患者发生改变的方方面面，因此，进行质的描述是对量化研究的一种补充。质性研究的方式是通过询问进行的，而且至少要在治疗结束时进行一次详细的询问，如果能每隔8～10个疗程进行一次最好。但是，如果是治疗者亲自询问，患者有时可能不愿意批评治疗者，因此很难得到正确的信息，这就需要安排一个第三方来进行询问。最近，埃利奥特等人刚刚编制了一个《变化访谈表》，可以用来对治疗效果进行质性的分析。

4. **收集有关重大事件的质性信息**

在治疗过程中，患者的心理症状发生好转是表现为间歇性的，并不是一下子就彻底治愈的。因此，对治疗中的一些重大事件进行必要的研究分析，可以获得关于治疗效果的有益信息。有时候通过对这些重大事件的内容进行分析就可以直接了解到患者发生改变的原因。这既可以通过《变化访谈表》来进行了解，也可以在每一个疗程结束之后对患者进行问卷调查，解释学的单一个案效能设计采用的是《治疗助益表》。

5. **对患者自述疗效的归因进行评价**

无论是使用量化研究，还是进行质的分析，都需要通过询问来了解患者发生改变的原因，这就需要进行详细认真的访谈，让患者自己陈述治疗过程是怎样对他们的生活发生影响的。患者所讲述的故事和丰富的描述可以对疗效的归因提供有用的信息。

6. **收集治疗过程的直接信息**

在治疗过程中会出现大量与疗效有关的信息，它可以通过患者的自述，也可以通过医患之间的相互作用来获得。因此，对治疗过程中的所有细节都要做好记录。所采用的方法有简单的等第评定量表，关于治疗过程的详细记录。当然，使用现代化的录音和录像可以更好地进行记录，对信息的记录也更真实和完整。另外，还可以把每个疗程之后的等第评定与每周的治疗效果联系起来，以便确定某种重要的治疗过程或事件与某种疗效之间的联系。

二、收集治疗过程与疗效之间联系的积极证据

要想证明某种治疗过程和疗效之间存在着必然的因果联系，就必须首先寻找能对此提供支持的有效证据。例如，患者把这种改变明确地归因于心理治疗；患者详细描述了导致其心理疾病发生重大改变的治疗过程中的某些方面；通过对每周治疗过程中的有关资料的分析，说明在治疗过程与患者每周的心理变化之间存在着一致的变化关系，或两者之间存在着符合逻辑的必然联系。然后再通过每周进行施测的《治疗助益表》、治疗后的《变化访谈表》以及简化的个人问卷等，了解患者目前存在的问题和最终所要达到的目标之间的关系，了解他所发生的改变和以前的治疗过程之间的联系。有了这些积极的证据，才能证明治疗所采取的措施是恰当的。

三、对与疗效有关的其他因素的解释和评价

除了对治疗过程和疗效提供上述积极证据之外，还要对治疗者所观察到的和患者所自述的变化提供一些其他的解释。这样做的目的是通过对其他可能的解释进行排除，以确定治疗的措施是否就是导致患者发生改变的根本原因。这样，就必须发现一些可能和患者的心理改变有关系的“非治疗过程”(nontherapy process)，然后通过一些必要的评价方法来确定或排除它们的影响。以下是对这些非治疗过程的说明及其评价方法的阐述。

1. **没有发生明显的变化或变化是消极的**

例如，病情恶化或只发生了一些微不足道的、细微的变化。可以通过对

病情恶化或没有改善的原因分析、通过对消极变化的询问、通过对变化的临床意义的分析，以及请患者评价治愈的重要性或意义，以确定其原因。

2. 由统计分析或随机误差导致的明显变化

例如，测量误差、向平均数回归以及实验方面的误差。评价的方法有：对变化的可靠指标进行计算；使用多重前测以观察症状迅速消失、稳定不变还是更糟糕了；对心理问题的持久性进行评价，对多种测量方法的一致性进行评价，对可靠的全面变化进行计算（在三个指标中至少有两个发生了可靠变化）。

3. 由关系所导致的变化

例如，患者有时为了表示他与治疗者之间的联系，或者使治疗者感到不错，或者想要表示治疗该结束了，而经常使用一些问候语。评价的方法有：测量社会期望性；请研究者（不是治疗者）与患者谈话，鼓励患者做出一些消极的评价；倾听患者自发说出的表达高兴或评价理解的愿望；提供一些积极的和消极的描述。

4. 由于文化或个人期待所导致的明显变化

例如，患者试图使自己和他人相信自己的心理疾病消除了，而实际上并没有消除。评价的方法有：请患者评价一下他所期待的变化和使他感到惊讶的方面；考察患者的描述与其文化习俗的一致性；发现患者自发地试图向自己和治疗者证明他确实治愈了。

5. 病情时好时坏

例如，有时回到刚开始治疗时的状态；通过患者自己的更正或自我限制而恢复正常，这种情况不是由治疗引起的。对这种现象要通过谈话或等第评定来评价该问题的持久性；请患者自己评价如果不进行治疗有没有可能治愈；使用多种前测，在治疗开始之前就寻找其变化；寻找患者自述的在治疗之前所做的自我帮助的努力。

6. 由生活中的一些积极事件导致的明显改变

例如，人际关系或工作关系的改善；与治疗有关的身体健康状态的改变等。评价的方法有：与患者进行质性研究方式的谈话；寻找在治疗中患者自述的一些重大的生活事件或变化；寻找与每周的变化有关的一些与治疗无关的生活事件。

7. 由非直接的心理生物过程导致的明显变化

例如，通过心理药物治疗、中草药治疗；由于身体受到损伤，如中风或出生损伤，用荷尔蒙来进行平衡而使患者康复。评价的方法有：对使用的药物进行记录，包括疗效和剂量调整；寻找患者在治疗期间就使用药物进行治疗所做的描述。

8. 由于对研究产生反应作用而导致的改善

例如，由于研究活动中的评价而产生的影响；和研究者的关系比和治疗者的关系好；从帮助别人中获得利他主义的感受等。评价的方法有：通过质的谈话询问患者，这项研究对他产生了什么样的影响；在收集资料时不要炫耀，使用那些比较自然选择出来的患者，而不是招募的患者。

从上面所提到的一些现象可以看出，人的心理现象确实是非常复杂的，有些疗效是带有假象的。这就需要研究者注意分析这些变化的真假，前面的四种表现是尤其需要注意的。只要把这些问题解决了，后面四种现象就比较容易说明。其次，要运用一些研究程序来说明导致患者发生变化的可能解释。因为治疗中的有些变化是由机遇引起的，因此，机械地收集资料和进行分析是不会发挥作用的，研究者必须通过质的分析和量化研究相结合的方式，既使用不同的信息提供者所提供的信息，也进行数据资料的收集和分析，然后再对它们进行精挑细选，找出那些比较一致的和存在问题的方面。通过这些必要的程序，可能会导致几种不同的结果：① 有些非治疗过程可以被完全确定；② 虽然有些非治疗过程能够发现，但无法提供导致变化的全面解释；③ 非治疗过程可能会影响疗效。患者通过治疗形成一种较稳固的方向感。

总之，解释学的单一个案效能设计是人本主义心理学方法论研究的一种新的发展。从其研究的变化可以看出，人本主义心理学正在和主流心理学的研究方法进行融合。它不再囿于简单地对实证研究方法进行批判，而是兼收并蓄地接受了他们的一些好的做法，同时发展了人文社会科学研究的一些独特方法。这是一种实事求是的态度，是应该继续发扬下去的。

从上述这些研究方法的发展，我们也获得了不少有益的启示。人的心理现象要比我们所设想的复杂得多，即使是简单的实验研究，也不要低估了被试复杂的心理变化。无论是量化研究还是质的研究，都可能存在某些矛盾和不足。在研究中我们要充分利用别人研究的优势，弥补自己的不足，这就需要我们做大量的深入细致的工作，取长补短，相互促进。另外，在心理治疗中，我们发现了患者可能会用假象来表现疗效。其实在大量的实证研究中也同样存在这类假象。我们在关注普遍规律性的同时，也要关注那些被剔除的被试，通过进一步的个案研究，或许能从中发现很多有价值的信息。

第七章

心灵救助:人本主义心理学的治疗观

人本主义心理治疗实在是一个相当丰富的研究领域,就这个主题专门写一本书也是完全可以的。在这一章,要想把人本主义心理学关于心理治疗的所有实际应用都阐述清楚显然是不可能的。我在简要地评述过罗洛·梅和罗杰斯的心理治疗观之后,重点阐述它的一些最新发展取向,使读者对人本主义心理治疗及其发展趋势有一个总体的把握。

第一节　早期人本主义心理治疗

人本主义心理学是以存在主义和现象学作为其哲学理论基础的,因此,在心理治疗的实践中它的很多做法不同于行为治疗和认知治疗,也不同于精神分析。他把医患之间的治疗关系视为治疗者与患者共同参与,并且使双方都得到成长的一种心理治疗方法。"因此治疗者的最基本的工作重点是个体的体验及其意义,而非针对外显行为进行工作。治疗的目标远非症状的消除、环境的改善或问题的解决,而是着眼于个人的成长、自我的理解、再教育和自我实现,帮助来访者澄清他自己的信念和价值观。"[①]凡是具有这种心理治疗理念的心理治疗学家都可以称为人本主义心理治疗学家。在人本主义心理学创建之初,罗洛·梅、罗杰斯、布根塔尔等人做了大量开创性的工作。我们就先来看看他们的心理治疗观。

① 林崇德、杨治良、黄希庭主编:《心理学大辞典》,上海教育出版社2003年版,第978页。

一、罗洛·梅的存在分析心理治疗

早在20世纪30年代，罗洛·梅刚从大学毕业，就跟随一个艺术团体访问了欧洲一些国家，并参加了阿德勒主办的心理治疗研讨班。他对心理治疗的兴趣就是从这时开始的。回到美国后，他开始在密歇根州立大学从事心理咨询。显然，他早期的心理咨询观点是深受阿德勒影响的。例如，他对个体在家庭中的出生顺序和位置的观点就带有明显的个体心理学思想的痕迹。除了阿德勒之外，精神分析学派的奥托·兰克和荣格也对他产生了重大的影响。例如，他说："咨询师的作用就是引导被咨询者接受他或她对其生活行为和后果的责任。"这个观点几乎直接来源于兰克。他还说："咨询师的作用就是帮助被咨询者发现他真实的自我，然后帮助他或她有勇气成为这个自我。"[①]这个观点则来源于荣格的个性化理论，因为荣格认为，个性化就是一种个人的生活形式，罗洛·梅用真实的自我来表述这种生活形式。由此可见，罗洛·梅的心理治疗取向就是强调个人成长和自由。

罗洛·梅是人本主义心理学中具有存在主义倾向的主要代表人物。他不仅在20世纪50年代把欧洲的存在主义观点介绍到美国，而且在后来的心理治疗实践中一直坚持这个治疗方向。1983年，他撰写的《存在的发现》一书就鲜明地表述了他的存在心理治疗观点。他说："在这里我的论点是，只有在更深层次的人类存在潜能的意义之上，我们才能理解压抑。在这一点上，'存在'可以被界定为个体的'潜能模式'。这些潜能将部分地与他人共享，但是无论如何，它都将在每一个人身上形成一种独特的模式。我们必须提出这样一些问题：这个人与他自己的潜能有什么关系？他选择或被迫选择阻止他意识到某些他所知道的事情，而在另一方面他又知道他知道这些事情。这种情况是怎么发生的呢？"[②]

正是以这种存在主义的心理治疗观为基础，他在长期的心理治疗实践中逐渐确立了自己的存在心理治疗体系。存在心理治疗的态度就是把人的现实存在作为最现实、最有意义、最合理的东西来接受；认为这种现实存在是人认识自己及其内外部世界的一种方式，是其人生、价值和意义的根本所在。罗洛·梅还据此提出了存在心理治疗的预先假设，这就是人类个体的独特性。因此，他把个体的自我意识、自由、焦虑、选择、责任心和寻求人生

---

① May, R. (1989). *The art of counseling* (revised ed.). New York: Garden Press, p. 69.

② May, R. (1983). *The discovery of being*. New York: Norton, p. 17.

意义的需要作为研究的重点和线索，把人在现实生活中的真实体验作为探索心理存在的突破口。

在具体的实际应用中，罗洛·梅把死亡、孤独、空虚感及其克服作为存在心理治疗的基本机制，也体现了鲜明的存在主义特色。他把治疗阶段分为对人格的解读、告白和诠释、人格的转型这三种动态的发展过程。罗洛·梅在早期曾提出心理治疗的基本原则是：理解性原则、体验性原则、在场性原则和付诸行动原则。在其晚年则把这些原则进一步深化，提出了治疗师所应遵循的基本治疗原则："① 引导来访者接受生活和行为的责任；② 在治疗过程中应帮助来访者发现他本真的自我，帮助他获得成为真实自我的勇气；③ 帮助来访者愉快地接受社会责任，鼓励来访者从强迫性的自卑感中解脱出来，帮助来访者向建设性、社会性的方向奋斗；④ 帮助来访者从病态的罪疚感中解脱出来，勇敢地肯定和接受人类本性中的精神张力。"①

总之，按照罗洛·梅的理解，存在心理治疗的目标，就是通过心理治疗的理论和实践，寻求建立一门新的关于人的科学。这门科学不是以实证主义为理论基础的，而是把人视为现实生活中活生生的存在，通过对人生意义和价值的探讨，找到人生存在的真谛。

二、罗杰斯的以人为中心的心理治疗

罗杰斯是从 20 世纪 40 年代开始实践他的心理治疗理论的。也正是由于他的观点得到了广泛的认可和接受，1946 年他才当选为美国心理学会主席。在其心理治疗的理论和实践中，最著名的就是他提出的"患者中心治疗"，这种治疗方法体现了他的以人为中心的基本原则，也体现了人本主义心理学的价值观。当然，这种观念在罗杰斯身上也经历了一个发展过程。正如罗杰斯所说：

"对于在我身上发生的改变进行描述的一种简要的方式是说，在我早年的职业活动中，我一直在询问这个问题。我怎样才能治疗、或治愈、或改变这个人？现在我会用这种方式来描述这个问题。我怎样才能提供一种关系，使这个人可以用于他自己的个人成长？正是当我开始以这个第二种方式提出问题的时候，我才开始认识到，我所学到的东西可以适用于我的所有的关系，而不仅仅是与患者一起探讨他的问题。"②

---

① 宋湘勤：《罗洛·梅的存在心理学及其心理治疗观》，烟台师范学院研究生论文 2002 年，第 63 页。

② Rogers, C. R. (1961). *On becoming a person*. London: Constable, p. 32.

这段话鲜明地表述了人本主义心理治疗的基本主旨，那就是通过医患之间治疗关系的建立，使双方都得到成长。那么，这种关系究竟是一种什么关系？它为什么具有如此重要的治疗作用呢？根据罗杰斯晚年所做的总结，这种关系就是：作为咨询师要真正地处在这种关系之中，使患者感到自己的话真正有人倾听，自己得到了认真的对待，并且开始学会自己认真地看待自己。因此，这种关系的最困难之处就是真正地处在这种关系之中，以及真正地倾听患者的倾诉。

要做到这一点，咨询师必须接受严格的训练，在正式开始从事咨询工作之前，首先要使自己的心灵得到健康的成长，使自己能够敞开心扉，接受外面的大千世界，而不是把它们拒之门外。其次，要求患者做到的，咨询者或治疗师自己首先要做到。当然，成长是一个不断发展的过程。在与患者交往的过程中，他自己也在不断地发现和改变自己的不足，不断地成长着。这才是以人为中心的心理治疗的要旨。

罗杰斯还提出了以人为中心的心理治疗的基本要求，其中有三个要求是最基本的，它们是真诚、无条件积极关注、移情理解。所谓真诚，有时也称为“和谐”，就是咨询师要把自己的感情开放。意思是说，咨询师要意识到自己的感受，让情境来决定是否把它们说出来，如果是的话，又怎样进行。最重要的就是要“真诚”。因为“在这种关系中治疗者越真诚与和谐，就越有可能使患者的人格发生改变”①。这里的人格改变是指把患者过去曾经分离开的有机体与其感觉经验、与身体内脏器官体验、与自我的联系再整合起来，使之成为和谐一致的整体。

“无条件积极关注”又被称为“非占有的温暖”。意思是说，治疗师对患者表示关怀，但是，如果患者做了一些不好的事情，这不会使治疗师受到伤害，也不会使他感到痛苦。一句话，对患者的精神负担不加以评论。这话听起来似乎是矛盾的，因为关怀和不关怀是一对相互对立的概念。但是在无条件积极关注中却得到了辩证的统一。这显然是中国古代道家学说中的“无为无不为”思想在罗杰斯的心理治疗思想中的绝妙体现。罗杰斯自己是这样认为的：“‘无条件’意味着对当事人的消极的体验如痛苦、害怕、异常等等，像对积极的体验如自豪、满足、自信、关系一样地接纳；对他的表里不一致之处像对表里一致之处一样接纳。它是对当事人的关爱，但又不是一种占有式的关爱，如有些父母对待孩子那样。也许从当事人的角度谈的感受更有助于体会无条件积极关注是怎么回事。有位当事人形容他的治疗者

① Rogers, C. R. (1961). *On becoming a person*. London: Constable, p. 62.

说，他‘鼓励我拥有我自己的感受……那是我的感受；而且我的确拥有着它们；想我之所想；感受自己之所感受；欲自己之所欲；怕自己之所怕。没有‘要是……’，‘但是……’，‘其实不……’等诸如此类的东西跟在后面。”①

“移情理解”又称同感理解或感情移入式理解或共情。意思是说，在治疗中只有真诚和无条件积极关注是不够的，还必须要有理解。正如罗杰斯所说：“除非它包含着理解，否则接受并不意味着什么。只有当我理解了对你来说似乎那么可怕、或那么脆弱、或那么伤感、或那么稀奇古怪的感情和思想时——只有当我看到它们就像你看到它们那样时，你才感到真正自由地探讨所有隐藏的角落，和你内心的、常常是隐藏着的经验中的可怕裂缝。”②这种移情理解实际上是一种感同身受，尽管一个人实际上很难完全使自己进入另一个人的内心世界。因此，在治疗中要不断地询问，以便核查治疗师所理解的是不是患者内心的真实感受。

以多年心理治疗的谈话记录为基础，罗杰斯概括出一个七阶段的心理治疗过程。这个过程既是一个相互连贯的过程，也有助于患者自己针对自己的情况进行自我治疗。

第一阶段：交往只是外部的。没有明显的想要改变的欲望。内部交往有很多障碍。是根据过去来看待现在的。

第二阶段：可能表现出某些情感，但显然并没有认识到这些情感是自己的。对自己身上出现的心理问题没有责任感。避免涉及这些体验。

第三阶段：开始谈论一点自我，但只是把它当做一个客体。描述的是过去的情感体验。但很少接受这些体验，认为它们是不可接受的。

第四阶段：开始较深入地描述过去的情感体验。开始认识到可能有不止一种看待事情的方式。有点认识到自我中的一些矛盾之处。

第五阶段：可以自由地表达当前的一些情感体验，对体验开始有较多的区分——比较准确，比较有自我责任。但对此还有些担心。

第六阶段：这是一个突破的阶段。当某些感受出现时能够体验到，并予以接受。较多地意识到自己的身体，在心理上更加放松。

第七阶段：新的情感被体验到和被接受。作为一个人，你开始信任你自己的过程。不再对事情进行压抑。有一种能够自我选择和负责的强烈感受。

在罗杰斯看来，这七个阶段是心理治疗中必须经历的。一般说来要经

① 江光荣：《人性的迷失与复归——罗杰斯的人本心理学》，湖北教育出版社 2000 年版，第 116 页。

② Rogers, C. R. (1961). *On becoming a person*. London: Constable, p. 34.

过数年的时间才能完成,而不是短短几个星期或几个月即可。当然,后来也有人对这七个阶段提出了质疑,甚至提出一些不同的阶段。我们不在此详述。

罗杰斯的心理治疗是以人为中心的,他并不特别强调技术的作用。其突出的特点就是带领患者走进自己的心理世界,学会自己看待自己。因此,罗杰斯的这种观点具有广泛的应用价值。甚至在我们日常的社会交往和人际关系中也可以加以应用。但是,需要记住的是,要按照我们自己的方式去做,而不是想到罗杰斯是怎样做的。如果这样想,那就不是真诚的自我,因为我们并不是罗杰斯。这也是罗杰斯心理治疗给我们的一个重要启示。

三、布根塔尔的存在—人本主义心理治疗

布根塔尔(Bugental,J. F. T.)是美国人本主义心理学会第一任主席,是存在心理治疗的主要代表,他是在罗洛·梅影响下开始从事存在心理学理论研究和存在心理治疗实践的。因此,他的理论和实践的哲学基础也是存在主义和现象学。在他看来"现象学和存在主义……是可以适用于人本主义心理学的替代的和补充的观点"。他还说:"对我来说,最真实的存在主义就是人本主义的,而最健康的人本主义就是存在主义的。这两者虽然并不相同,但是,它们的交叉重叠对于更好地理解人类的经验,对于更有效地努力丰富那种经验提供了丰富的可能性。"①

布根塔尔在罗洛·梅研究的基础上,进一步丰富了存在心理治疗的内涵。他把自己的研究取向称为"存在—人本主义心理治疗"。他出版了一系列重要著作,例如,《寻求存在的同一性》(1976)、《心理治疗与过程》(1978)、《寻求本真》(1981)、《心理治疗者的艺术》(1987)等。他在理论和实践方面的努力都奠定了他作为一个存在—人本主义心理治疗学家的地位。关于布根塔尔的主要思想,本书因限于篇幅,不能深入评述。感兴趣的读者可以参阅拙著《存在心理学》。在这里,我着重对布根塔尔的几个重要的心理治疗概念做一说明。

1. 本真

我们在前面说过,人本主义心理治疗非常强调整体的人和医患之间的关系,反映在存在—人本主义心理治疗中,布根塔尔称之为"本真关系"。这

① Bugental, J. F. T. (1981). *The search for authenticity*. (rev. ed.). New York: Irvington, p. 10.

里的“本真”要比存在主义哲学所理解的本真有更广泛的含义。他曾写过两本书对这个概念进行专门的阐述，在他看来，本真就是自尊和自律的结合。自尊的意思是，我们并不是一个未分化的世界的一部分，而是一个独立的自我完整性的个体，一个人应该认识到自己的尊严和价值。自律则是指我们能够以某种可见的方式表达我们的关爱，或者参与到世界中去，所有这些活动都是我们自己确定的。布根塔尔明确指出：

“所谓本真，我的意思是指一种核心的真诚和对存在的觉知。本真就是一个人在他的生活的现场，在当前时刻和当前情境下他能完全觉知到。本真是难以用词语表述的，但从经验上讲，它很容易被我们自己和他人所感知。本真有三个功能特点：① 本真的人能够在所有的方面广义地觉知到他自己、他的关系以及他的世界。② 本真的人接受下述事实，而且似乎愿意面对这个事实，即他处在不断进行选择的过程中，这些决定是生活的原料和本质。③ 本真的人为他的决定负责，包括完全认识到它们的后果。对本真的可怕威胁也恰恰就在这里。”①

其实，用人本主义心理学的语言来说，所谓本真就是一种对自己真实自我的体验。一个人若没有认识到或者否认这种真实自我的存在及其重要性，他就决不可能产生这种真实自我的体验。这就好比说一个人可以在理论上和书本里奢谈民主和自由，但在他的行动中却根本就没有民主和自由，这样的人就不是一个本真的人。因此，本真的人应该是言行一致、表里如一的人，是切实地实践自己的内在自我的人。

2. **在场**

在心理治疗中，布根塔尔经常提到“在场”(presence)这个概念。实际上，这个概念非常类似于存在主义哲学中的“此在”(Dasein)。

海德格尔指出：“此在向来已从某种被示揭了的‘那里’为自己指派了某种此在式的‘这里’。”②按照字面的意思，此在就是“在这里”或“在那里”，但同时它又和自我密切联系在一起。海德格尔在论述存在的特点时指出，此在有两个特点：一个是“此在不是现成摆在那里的东西……人之为人，倒在于他先就领会着他竟存在，领会到一切事物竟存在”；第二个特点是“存在的存在‘总也就是我的存在’，所以此在中包含着向来我属的性质”。③

---

① Bugental, J. F. T. (1981). *The search for authenticity*. (rev. ed.). New York: Irvington, , pp. 102～103.

② 陈嘉映：《海德格尔哲学概论》，生活·读书·新知三联书店 1995 年版，第 57 页。

③ 陈嘉映：《海德格尔哲学概论》，生活·读书·新知三联书店 1995 年版，第 59～60 页。

布根塔尔把这个概念运用到存在心理治疗中，并在实践中对它做了新的阐释。他说："在场远非仅指自然地存在于那里，这是很明显的。它是完全存在于那种情境中……在场就是在身体、在情绪、在关系、在思想、在一切方面都存在于那里……虽然从根本上说，在场是一个人处在某种情境中的单一的过程或特点，但是，可接近性和表达性可以被确定为它的两个主要的方面。"①虽然字面上表达的意思不完全一样，但仔细推敲就不难发现，布根塔尔的"在场"在本质上就是海德格尔的"此在"。

布根塔尔在心理治疗中发现，患者之所以患上心理疾病，在很大程度上就是因为把在场表面化了。换句话说，患者在生活中可能身在现场，但他的自我、他的灵魂却不在现场。"身在曹营心在汉"或许就是很多患者心态的某种表征。因此，在心理治疗中要帮助患者克服在场的障碍，通过良好的医患关系的建立，使患者学会全身心的在场。当然，这个过程不是一蹴而就的，即使当时做到了，以后可能还会重蹈覆辙。"因此，它是心理治疗工作持续寻求的、常常被忽略的，而且总是非常重要的一个目标。"②努力学会在生活中和他人真诚地友好相处，这确实是一个很不容易掌握的能力，而存在—人本主义心理治疗就恰恰把它作为其研究工作的一个核心主题。

第二节　以人为中心的心理治疗：一些新发展

以人为中心的心理治疗是人本主义心理治疗的核心取向，它是在罗杰斯的以患者为中心的心理治疗基础上发展起来的。1987 年罗杰斯去世以后，这种治疗取向仍然在继续发展着。当然，这种发展不仅出现在美国本土，就是在欧洲国家也出现了一些新的进展。近年来，苏格兰的一位教授戴夫·默恩斯经过多年的研究，在以人为中心的心理治疗方面取得了一些重要的进展。在这里我将分三个主题加以评述。

---

① Bugental, J. F. T. (1978). *Psychotherapy and process*. New York: McGraw-Hill, pp. 36～37.

② Bugental, J. F. T. & Sterling, M. M. (1995). Existential-humanistic psychotherapy: New perspectives. In A. S. Gurman & S. B. Messer (Eds.), *Essential psychotherapies*. New York: Guilford, p. 231.

一、与个体建立深度关系

戴夫·默恩斯在运用以人为中心的心理治疗时，一直尝试与患者建立深度的个人关系，他用“关系深度”(relational depth)一词来加以描述。这实际上是医患之间一种深层次的相互作用。用患者的话来说：“我觉得他仿佛就在那里，就在花园里，和我在一起——好像他也能够看到。仿佛他就在我的心里——在我感受我自己的同时他也在感受我。我知道他感受到了我的恐惧。但是还不仅仅如此——它是我认识的一个人之一，他知道我知道这些事情——好像我们同时在许多不同层次上进行交流。”①有时医生也会表现出类似的感受：“我以前从未和一个患者进行那么远……我相信这确实是偶然发生的……我感到自己是如此放松，如此自在。我并没有往前思考一步，我只是发现我自己在此刻正在对他做出反应——有时候是以那些在我看来不同寻常的方式进行的。真是令人惊奇，这个过程多么强有力啊，但又是多么简单啊。”②

显然，这个过程非常类似于罗杰斯的移情理解。只不过默恩斯把这个过程又向前发展了，变成了医患双方都能感受到的。默恩斯进而指出，在这个过程中，“在场”的体验是非常重要的。“咨询师确实能够在她自己内部保持平静，允许她这个人与患者的体验产生共鸣。在某种意义上说，咨询师允许她这个人径直地走进患者的经验之中，而无需做任何事情来确定她的分离。如果咨询师没有自我意识到的话，这第二种情况对她来说就容易多了。”③

当然，要达到这样的深度关系确实是不容易的，就是有经验的咨询师或治疗者也只是偶然才能做到。实际上，这也不是一种技能，因此不是通过学习而获得的。有时候，一个接受培训的人甚至会把这种体验视为一种困惑、无助，甚至绝望。后来，默恩斯专门写了一篇文章论述这种现象。他说：“以人为中心的治疗者有一种倾向，在接受培训的早期，就力图对诸如移情和无条件积极关注这类治疗状况进行描述，白费力气地希望他们能够表明，即使

① Rowan, J. (2001). *Ordinary ecstacy: The Dialectics of humanistic psychology*. Hove: Brunner-Routledge, p. 62.

② Rowan, J. (2001). *Ordinary ecstacy: The Dialectics of humanistic psychology*. Hove: Brunner-Routledge, p. 63.

③ Rowan, J. (2001). *Ordinary ecstacy: The Dialectics of humanistic psychology*. Hove: Brunner-Routledge, p. 63.

不经过培训他们也能成为一个很好的以人为中心的治疗师。在深入而广泛的培训过程中，学生们会发现，他或她不可能只通过描述就在关系深度上遇见患者或一起上课的同学，而是会发现一致性功能的发展向他或她的个人发展提出了许多挑战。一致性功能要求在治疗者这个人的内心深处要保持平静和没有恐惧。要达到那种个人的平静和没有恐惧就要求有大量个人的发展，这种个人发展首先能够帮助受训者意识到恐惧，其次开始理解这种恐惧，第三是尝试建立越来越没有恐惧的关系。”①

但是，这种深度关系不能仅依靠培训或心理治疗来做到。在现实生活中有大量的机会使人们进行这种深度关系的建立。其核心要素是要有这种意识，既要意识到自我，又要意识到他人；既要意识到人与人之间的关系，又要意识到人与社会、与自然环境之间的关系。这种自觉意识的建立有利于人与人之间和谐关系的保持和发展，当然也有助于减少由此而引起的心理疾病。

二、自我的结构

自我(self)是一个统一不可分的整体，还是一个由不同成分组成的完整结构。这个问题在心理学家中历来就有争论。我们在前面的章节中论述了人本主义心理学的创立者们提出的自我观，在这里我们来看看一些人本主义心理学家的新观点。

早在90年代初，人本主义心理学家约翰·罗文就出版了《子人格：我们内部的人》一书。该书的出版在心理学界引起了激烈的争论。因为这个观点和早期人本主义心理学家的整体论观点是相背离的。对此，在人本主义心理学阵营中形成了三种意见：一种意见坚持人格是统一的不可分的整体，以存在心理学家弗雷克等人为代表；第二种意见认为人格是多重的存在，以超个人心理学家罗文和法迪曼等人为代表；第三种意见则试图超越这种人格的分裂与整合，强调通过相互作用和人格面具来表现人格的不同方面，持这种意见的人以博嘎尔特为代表。目前，关于子人格的争论虽然已经告一段落，但问题并没有得到彻底解决。

90年代末，默恩斯通过对以人为中心的心理治疗的长期探索，提出了自我结构的新观点。他说：“就我自己的理解而言，我使用‘结构’一词，而不使

---

① Rowan, J. (2001). *Ordinary ecstacy: The Dialectics of humanistic psychology*. Hove: Brunner-Routledge, p. 64.

用‘部分’，因为每一个部分本身都是由许多成分组成的，这些成分构成了一个首尾一致的模式，它是对自我内部存在的一个维度的概括反映。”[①]显然，默恩斯的“结构”这个概念非常类似于“子人格”、“内部的小人”、“自我的状态”、“内在的声音”等反映不同心理结构的概念。在默恩斯看来，自我的结构成分所发挥的作用是不同的。在以人为中心的心理治疗中，他发现有些结构成分起积极的促进个体成长的作用，而有些结构成分则并不促进人的成长。即使在患者身上，我们也经常发现很多患者实际上并不愿意来看心理医生，或者即使来了，他或她也并不想发生改变。这种现象就是不同的自我结构成分在其中所发挥的作用。

那么，这些不同的结构成分究竟是怎样发挥作用的呢？默恩斯认为，由于父母或某个有重大影响的人物在患者生活中所产生的影响，使患者把所有的结构成分都内投到自己的心灵深处。只有在适宜的环境中，这些不同的结构成分才开始努力实现自己原来的价值。那些具有积极作用的结构成分便努力促进个体向好的方面发展，而那些起消极作用的结构成分则使人做出诸如恐惧、抑郁、焦虑等反应。一个以人为中心的心理治疗学家应该认识到这些不同的自我结构及其作用，并且有针对性地进行区别对待。显然，这种自我结构的观点和弗洛伊德的自我、本我、超我的人格结构学说也有很多相似之处。

三、研究的取向

在人本主义心理学家看来，研究和心理治疗是一个不可分割的统一整体的两个方面。治疗是为研究提供实践依据，而研究为将来更好的治疗提供理论指导。在人本主义心理治疗中，治疗师要把患者当做平等的人来面对，而不是居高临下地把他们当做治疗的客体或对象，而这种态度正是人本主义心理学研究所得出的以人为中心的心理治疗的基本理论观点。对此，默恩斯也做出了他独到的贡献。他说：

“对社会的研究来说，作为一个平等的人面对参与者这个观念并不是新的：‘参与的观察者’这个观点强调的是研究者在研究中参与到这个过程中去的关联性。但是，虽然许多研究者在实际研究中发现这是一个比孤立的观察更可行的程序，但它却从未在理论上获得地位。总有一种倾向把这种

① Mearns, D. (1999). Person-centered therapy with configurations of self. *Counselling*, 10(2), p. 126.

参与看作是一种‘必要的邪恶’。但是，在以人为中心的取向的背景中，这种取向却是实践和理论框架的一个重要方面，从中可以形成诸如接受、和谐一致和移情理解这类过程。”①

其实，这种观点就是理论与实践相结合的观点。虽然说起来容易，但在实践中，总有一些人要么过分强调理论，而把在实践中进行研究看作是一种累赘，一种下里巴人的活动；而另一些人则过分看重实践应用，基本不关心其实践的理论指导价值。这两种倾向无论在国内还是在国外都是存在的。一些人本主义心理治疗学家的这种在治疗实践中进行研究的思想对我们应该是一个很好的启示。

第三节　经验心理治疗

经验心理治疗是在以人为中心治疗基础上发展起来的，也可以说是以人为中心治疗的第三个发展阶段，即从 1957 年到 1970 年期间发展起来的。这时罗杰斯认为，治疗者的态度如无私的真诚、无条件积极关注和准确的移情理解是促进患者人格改变的必要条件。因此，治疗的焦点从反映患者的感受转向治疗者表达自己的移情理解。

在罗杰斯研究的基础上，一些人本主义取向的心理治疗学家把研究的焦点集中在医患关系上，使患者体验到建立一种安全的治疗关系是促进其行为和情感改变的重要方式。还有一些人提出了简单的过程体验治疗、焦点心理治疗等方法，旨在促进这种治疗关系的发展。此外还有詹德林、玛勒、博哈特等人分别提出的经验心理治疗观点。所有这些新的观点都极大地促进了人本主义经验心理治疗的发展。

一、关于过程体验的研究

在心理治疗过程中，患者有时会表述他们体验到某种特殊的认知或情

① Rowan, J. (2001). *Ordinary ecstacy: The dialectics of humanistic psychology*. Hove: Brunner-Routledge, p. 66.

感方面的问题，并且想要通过适当的干预来解决这些问题。一些心理治疗学家如格林伯格、赖斯和埃利奥特等人提议，把患者的这些治疗过程中的经验表述作为指导治疗者进行治疗干预的突破口。这种治疗方式也被称为过程一经验治疗。

他们发现，患者经常会表露出他们的一些心理冲突，进行自责，提到尚未完成的一个重要生意、难以名状的感受以及失去意义感等。因此，他们把患者的表述做了分类，如习惯性表述、任务表述、随时加工的表述等。这样做是为了确定患者相信这些经验术语的特点方式，促进他们对其心理问题的解决。治疗者尽可能多地收集各方面的信息，然后根据患者的情况制定出相应的治疗计划。

过程体验的心理治疗重视患者过去形成的人际关系和交往方式。通过对其早期生活中形成的人际交往历史的分析，初步确定他的习惯性的人际交往和个体内部的交互作用方式。患者在讲述其心理问题时会提到他们通常是怎样对待自己和他人的。了解患者的病史和典型的行为方式，有助于对患者的表述进行定位，了解对患者来说最重要、最突出的问题是什么，进而促进双方建立比较适合的人际交往关系和确定治疗计划。

这种过程体验的方式适合于简短的心理治疗。当患者学会阐述他们所体验到的心理问题，并且有目的地使用内部主体参照物进行追溯后，这种经验过程就会发生重大的质变。例如，患者会重新确定他们的问题，其体验的质量也会发生明显变化。在以后的生活中，他们也会主动地通过体验来改变他们的心理状况。

治疗者是通过对患者的内部经验做出移情反应而促进患者产生体验的，这就需要医患双方相互协调，形成感同身受的体验。要做到这一点，治疗者必须认真地倾听患者的叙述，尤其要注意那些重大的方面，例如，那些带有强烈感情色彩的特殊语言，声音的突然中断，以及体验到强烈情绪时的非言语行为等。这时，治疗者要做出移情的肯定和理解的反应，使患者感到他的话有人倾听和理解。

另外，治疗者还可以使用其他方式促进患者产生体验。例如通过唤起反应和探索式移情反应。前者要求治疗者使用带有感情色彩的想象的语言或隐喻，使患者产生鲜活的感受；后者则通过激励患者考察他们的感知而形成一个探索的焦点，使之与治疗者形成感同身受的体验。这种方法能帮助患者确定他们的体验中最突出的方面，以及对他们来说具有重大意义的事件。有时，治疗者还可以通过移情的猜测来促进患者探索自己的内心体验，还可以鼓励患者去设想一些可以替代的观点和方式，但要注意不能让他感到自己是被迫采纳这些观点的。

使用任务或干预以唤起患者的情绪，也是促进患者产生体验的一种方法。例如，通过让患者从事“主持工作”的任务，使他表述对其生活中某个要人的消极感受。通过让患者想象自己就是这位主持工作的要人，帮助患者接近他们的感受和需要，使患者意识到和拥有这些曾使他受到挫折的感受和需要。用我们通俗的话来说，就是让患者将心比心或进行换位思考。这时患者就会思考一些可以替代的方式，以便使其需要得到满足。他还可以重新审视以前的观点并且能够看到别人的观点，这样一来，情感和理性便得到了较好的整合。

系统唤起也是帮助患者产生体验的一种治疗技术。治疗者使用生动、具体和想象的语言来帮助患者恢复对某一事件的记忆。使患者能比较容易地确定引发事件的原因，同时能够更好地理解这些原因的特殊意义，从而有助于患者用语词来重新建立对事件的想象，使患者对曾经受到压抑或否认的某些感受或反应进行重新加工。

总之，经验治疗运用一系列技术手段促进患者产生体验，使治疗者能够确定患者对待自己和他人的习惯化方式，从而更有效地阐释患者的心理问题，并且帮助患者通过简短的心理治疗就可以较迅速地解决其生活中的某些问题。

二、詹德林的焦点心理治疗

尤金·詹德林是美国著名的哲学家和心理学家，同时在心理治疗领域他也以提出经验心理治疗而闻名，其中最著名的是他撰写的论焦点治疗的著作。因此，他所提倡的这种治疗方法也被称为“焦点倾向的心理治疗”。

詹德林认为，经验是包括认知和情感在内的一个持续不断的过程，其构造有序和内容之复杂是任何言语也难以准确描述的。换句话说，当我们用言语把经验描述出来之后，实际上我们已经改变了这种经验。因为在经验中隐含着我们所生活的情境，过去我们所习得的东西，以及言词、概念、哲学观点和规则等都和当前的情境交织在一起，对我们的情境体验产生影响和反影响。因此，经验的意义是经常处在变化之中的。每当我们遇到新的情境时，就有可能使我们的概念、规则、言词或存在方式发生新的变化。正如詹德林所说："一个活生生的身体就是一种自我组织的过程。"[①]在这个自我组织过程中，经验是不断向前发展的。

对心理治疗学家来说，最重要是要关注那些能促进患者向前发展的新情境，因为那些旧的情境已经不能起作用了。在心理治疗中，治疗者要帮助患者"向前思考和体验"，从而帮助他们产生新的存在和行为方式。

在传统的罗杰斯心理治疗中，治疗者可能除了倾听之外，并不做其他任何事情。对有些患者来说，这样做很难使他们表述自己的体验，治疗者也很难做出移情反应。而使用詹德林的焦点技术则克服了这方面的不足。所谓"焦点"就是促进患者产生体验的过程。其基本步骤是：要求患者在体验到他们的感受时进行身体定位，然后注意这些身体部位，同时把他们的感受用语词或想象表达出来。换句话说，这是一种身体经验和心理经验的真正整合。后来，有人经过研究把这个焦点步骤确定为四个方面：① 产生身体感受；② 产生某种意象；③ 形成描述这种感受的标记；④ 产生一种放松感。对于那些远离其感受，或者被这种感受所压倒的人来说，焦点治疗尤为有效。

詹德林的焦点治疗并不排斥其他心理治疗。在他看来，只要能够帮助患者产生体验，这些心理治疗的概念和程序就是可用的。这些不同的治疗取向是导致患者发生改变的不同路径，每一条路径都可以通过经验的方式来尝试使用。因为任何路径都可以导致某种经验感受，都可以把这种感受向前推进。无论是认知治疗还是行为治疗，只要把焦点集中在经验感受上，并针对这种感受进行治疗，就是在进行经验治疗。

三、玛勒的经验心理治疗

美裔加拿大籍心理治疗学家阿尔文·玛勒是经验心理治疗的重要代表人物。有人甚至认为"马斯洛去世以来，他对人本主义心理学的理论贡献最大"[②]。玛勒长期从事心理治疗研究，早在1978年他就出版了一本很有影响的著作《经验过程：一种人本主义的心理学与精神病学理论》。在这本书中他提到了人类更深层的潜能问题。在他看来，潜能并不都是坏的和危险的，例如，像弗洛伊德所认为的那样，其中也有很多好的成分。心理治疗就是要追溯患者与这些潜能的关系的本质，所有的心理治疗都必须要使人能够发

① Levin, D. M. (Ed.), (1997). *Language beyond postmodernism: Saying and thinking in Gendlin's philosophy*. IL: Northwestern University Press, p. 27.

② Rowan, J. (2001). *Ordinary ecstasy: The dialectics of humanistic psychology*. Hove: Brunner-Routledge, p. 86.

现和探讨这些潜能。

1996年，玛勒对他的经验心理治疗进行了全面总结，写出了《经验心理治疗指导全书》。在这本书里，他把经验潜能视为人的全部心理功能的核心。经验治疗的目标就是要接近这个深层的经验潜能，通过治疗使人成为一个全新的拥有整合潜能的人。他还指出，经验治疗并不是像其他治疗那样，旨在减少或消除诸如焦虑、抑郁、精神分裂症状、强迫症、酗酒、厌食症之类的心理疾病，而是通过对自己潜能的经验过程，使自己正确地面对人类潜能中这些不好的感受。

经验治疗的过程是分四步进行的，在整个治疗过程中医患双方都要经历这些步骤。由于每一步都自成体系，因此，玛勒认为，有些患者可能只需通过一个步骤的治疗就能发生重大改变。这四个步骤是：

1. 产生强烈的感受和接近内在的经验过程

此时患者想象自己处在强烈的感受情境中，例如，和某个领导发生冲突。治疗者要努力使患者把这个经验过程再体验一次。而治疗者的工作就是尽可能地和患者一起进行体验。当他接近这种强烈感受时，就会在他的内在潜能中产生强烈的震动。总之，这是医患双方对导致冲突的情境进行重新体验并对自己处理这种冲突的潜能产生强烈感受的过程。

2. 与内在的经验过程形成一种整合的良好的关系

这时，治疗的目标是帮助患者意识到内在的经验过程，尝试这种身体上的感受，让其表现出来，并对这种体验表示欢迎和赏识。

3. 探索早期生活中的内在经验

要求患者思考他早年经历过的某种情境，例如，在童年时做了某件错事而没有受到惩罚，向某个权威人物挑战等，然后把这个经验过程进行重现。如果整合的方法得当，这两个步骤就可以使患者对某种能够丰富其人格的潜能予以接受，并把它结合到自己的潜能之中。

4. 使内在经验处在当前情境中，并按照这些经验采取行动

让患者想象自己生活在当前情境中，同时正在经历深刻的内心体验。例如，把童年发生的事情复述一遍，就好像是现在发生的一样。最后，治疗者和患者共同努力，把这件事缩减成一种现实的情境，以后再遇到这种情境，他就能够自行处理了。

显然，这种经验治疗也是一种存在—人本主义治疗，因为它承认每个人都是有潜能的，通过扩展这种潜能使其发挥作用，就是这种心理治疗的根本目标。通过内心体验来发掘潜能只是一种手段，至于他怎样把这种潜能转换成其生活的一部分，那就要看他自己的努力了。

四、存在一整合治疗

存在一整合治疗是存在心理治疗的一种新的取向，是罗洛·梅晚年和施奈德共同探讨的一种心理治疗方法，其目标是最大限度地发挥患者的自由。所谓自由，就是一个人能够在自然限制和自我施加的生活限制之内进行选择，是一个人压缩或扩展人类存在的意识范围和子意识方面的能力。这些子意识方面包括生理、行为、认知、心理性欲、人际关系、经验等方面。要想解决患者身上发生的与这些方面有关的心理问题，就必须把医学治疗、认知一行为治疗、精神分析治疗、关系治疗以及经验治疗等方法整合在一起。存在一整合治疗体现的就是这种以存在为基础的整合。

施奈德和罗洛·梅认为，人的经验是沿着压缩和扩展这个连续统一体而组织起来的。处在这个连续统一体的恰当位置上，人的心理就平安，走向任何一个极端都会导致心理功能失调。例如，过分压缩可能导致抑郁、焦虑、依赖、广场恐怖症、偏执狂和强迫症；而过分扩展则可能导致躁狂症、反社会人格、癔症和自恋。相应地，在患者的子意识方面也表现出各自的特点，存在一整合治疗要针对这些不同的特点，进行各个击破。例如，在生理方面要帮助患者学会自主地处理个人的生活；在环境方面改变患者过去的一些不适当反应；在认知方面帮助他们更有洞察力地思考；在心理性欲方面帮助他们把情感和驱力整合成适应的经验和行为模式；在人际关系方面帮助他们不再害怕别人，而是努力与他人建立友好的关系。

既然是一种整合的治疗，就需要采取多种不同的治疗技术。例如，治疗者可以使用生理学方面的技术手段，如药物治疗或解毒，还可以使用认知行为技术、心理动力学技术和人际关系技术，使患者从相应的存在方式中解放出来。治疗者在患者存在的最深处进行探索，尽可能全面地了解他的存在体验。当然，有些患者并不愿意在自己的存在水平上进行探索，因为很多本真的基本问题就发生在这里。

通过综合地使用不同心理治疗观点的技术手段和观点，同时又没有放弃存在一人本主义治疗的基本价值观，存在一整合治疗就可以发现和阐释患者很多方面的内在需要，这种治疗确实具有很大的实践价值。但是，有时候治疗者很难进行最深层次的心灵探索，这时就需要治疗者做一些其他的安排，而不要一味地纠缠。

五、患者自我治疗

经过长期的实证研究，博哈特和托尔曼于1999年提出了一种元理论的观点。这种观点虽然和其他人本主义心理治疗及经验治疗有很大的不同，但它把患者作为积极的自我治疗者，其基本理念和人本主义是一致的。按照这种观点，在治疗过程中患者是真正的治疗者，而治疗者则是患者的助手。患者可以使用治疗的理论、结构和程序。换句话说，在整个治疗过程中，患者是在进行自我治疗。或者说，“是在和另一个创造性的智慧进行对话”①。

博哈特和托尔曼的研究得出了几个重要的结论：① 治疗的程序和技术在产生疗效方面只起很小的作用；② 一般地说，不同的治疗方法所起的作用大致相同；③ 对治疗真正起作用的是患者的自我帮助；④ 医患之间的关系比治疗的程序更重要；⑤ 患者的参与程度是检验疗效的最重要指标；⑥ 大量的证据表明，人是很有恢复活力的，因而具有自我治愈的能力。这些结论有力地说明了“解铃还需系铃人”这个根本的道理。当然，如果患者不需要任何指导就能自我治愈，那也就没有必要到心理治疗医生这里来了，心理治疗这个行业也就没有必要存在了。实际上，在治疗过程中良好的医患关系和掌握必要的方法技巧对患者自我治愈的程度同样发挥着重要的作用。治疗者要帮助患者参与到治疗中去，并向他提供一些可行的治疗结构和解决问题的方法或技术手段，患者通过大量地采用这些来自不同观点的治疗结构和手段，就可以逐步学会自我治愈。

显然，这种让患者自我治愈的观点确实是一种元理论的观点，因为患者可以和治疗者一起从许多治疗程序中选择一种患者认为最可行和最适合的程序。这和通常医学模式的心理治疗是大不相同的。在医学模式的心理治疗中，治疗者被视为专家，他指导着整个治疗的过程和后果。所使用的程序就是“干预”和“治疗”，然后观察这种干预或治疗是否在患者身上发挥作用，也就是有没有疗效。而患者自我治疗的观点则认为，如果没有患者的积极参与，干预是不可能对患者的改变发挥任何作用的。因为干预是外来的，其本身并没有生命活力。只有当患者真正接受或者投身于这种干预之中，它才具有了生命活力、能量和智慧。在这个意义上说，干预只是一种工具，患

① Rowan, J. (2001). *Ordinary ecstasy: The dialectics of humanistic psychology*. Hove: Brunner-Routledge, p. 83.

者可以用来对其自我治疗产生作用。这种治疗的基本步骤就是：患者→对治疗者的干预进行操作→产生影响或后果。

这种自我治疗的最大作用就是，患者可以创造性地使用这些程序，把治疗者的建议进行自我解释，为自己的治疗目的服务。1997年，博哈特和鲍伊德在研究中发现，如果治疗者的移情理解正是他们的成长所需要的，患者就会把这种移情解释为对他提供了支持或启发。托尔曼在与以前的患者谈话时也发现："我把我的干预和我的话语看得太严肃了。病人报告了下面这些我不记得提过的建议。他们创造性地做了自己的解释，这些解释有时和我所收集到的东西大不相同，有时比我的建议更具有创造性和更合适。"①

显然，心理治疗是医患之间进行的一种特殊的对话，其中患者是这出戏的主角，但配角的作用同样不可或缺。双方相互合作，共同探讨，提出一些最适合于患者自我治疗的方式。双方都要提出自己的观点，其中患者的创造性理解是尤为重要的。治疗者也提出干预或治疗的技术程序，但这些都不是机械地运用在患者身上的。它们能否发挥作用，关键在于患者是否理解了、他是否同意并积极地予以合作。根据患者的陈述，治疗者可以提出自己的建议，认为某种方法有助于患者的自我治疗，但治疗者不能下命令，也不能认为这就是他开的处方。治疗者的建议是否起作用，需要医患双方的合作，也就是要把患者看作是心理治疗关系中的一个真正的合作伙伴。这样，在治疗过程中医生和患者就是在进行合作指导。

和传统的心理治疗不同，自我治愈不是对患者进行操作和控制，而是向他提供一系列学习的机会，把一些主要的心理治疗的方法和手段告诉患者，由他自己做出选择。这些机会包括：① 以患者为中心的治疗。给患者提供移情的活动空间，使患者能够创造性地思考他们双方所探讨的问题。② 存在治疗与心理动力学治疗。提供一个有效的人际关系学习环境，治疗者要成为一个良好的学习榜样。③ 心理动力学的解释和苏格拉底式的提问。提供一个促进对话的环境，使人产生新的顿悟和观点。④ 换位思考和模棱两可的干预，提供一些练习，促使患者创造性的发挥。⑤ 认知—行为治疗。提供一些教学计划，这些教学计划要给患者讲授一些新的技能并减少他的恐惧感。

由于充分相信患者具有自我治愈的潜能，因此，这种元理论观点是非常灵活的。治疗者并不给患者开处方，而是尽可能地提供一些治疗的程序，通过双方真正的对话与合作，达到自我治愈的目的。治疗者除了提供一些必

---

① Tallman, M. (1990). *Single session therapy*. San Francisco: Jessey-Bass, p. 60.

要的程序之外，其主要的任务就是与患者进行对话，看他使用了什么程序，学到了什么东西。在提供了必要的程序之后，患者在使用时也可能会进行变动，不一定死板地恪守原来的做法。这很有点像我国古语所说："师傅领进门，修行在个人。"只要在治疗过程中医患双方能够进行有效的合作，并创造性地使用相应的治疗技术，就可以认为这种治疗是"人性化的"，是以人为本的。

第四节　心理治疗的技术与发展

从前面的一系列论述中，读者不难发现，人本主义心理学虽然反对以技术为中心，反对把人机器化和动物化，但是，它并不反对在心理治疗中使用必要的技术和治疗手段。而且，它始终认为技术是为人服务的，如何使技术更好地发挥作用，关键在于使用技术的人具有什么样的关于人的理念。经过半个多世纪的发展，人本主义心理治疗已经形成了一套比较成熟的治疗技术，尽管在不同的治疗者之间仍然存在着分歧。由于篇幅所限，在这里我着重评述几种主要的人本治疗技术。

一、身体治疗

从广义上讲，身体治疗是经验心理治疗的一个分支。按照这种观点，人的身心是一个完整的统一体，进行心理治疗也必须同时兼顾人的身体方面。这个观点的早期探索者是奥地利精神分析学家赖希。正如威斯特所说："身体研究，包括患者的身体以及他们对其身体的觉知都是治疗的一部分，这是赖希对现代心理治疗的一个重大贡献。这可以包括治疗者所持有的觉知，提高患者对其身体的觉知，实际的改变心境或使用生物能量练习。赖希的观点是，治疗者向患者传达关于患者身体的信息，鼓励患者在运动中、声音表述和情绪表达中使用他们的身体。"①

---

① West, W. (1994). Post-Reichian therapy. In D, Jones (ed.) *Innovative therapy: A handbook*. Buckingham: Open University Press, p. 139.

赖希最初曾师从精神分析学派的费伦茨，在结识了弗洛伊德之后，他主持弗洛伊德倡导的讨论心理抵抗的研讨小组。在身心关系问题上，赖希认为在身体中有一种正常流动的自然能量。但是，当它遇到身体某些部分（他区分了7个部分）的阻碍时，能量流动就会发生停滞。这些阻碍最初是作为对某些冲动或创伤的防御机制而建立起来的，后来逐渐发展成为一个人性格结构的一部分。心理治疗就是要探讨这些阻碍，打通能量流动的渠道，使个体得到健康发展。在赖希的倡导下，身体治疗便逐渐成为精神分析学派和人本主义心理学经常使用和比较青睐的一种治疗方法。

把人视为一个身心统一体，这种观点对心理治疗是非常有用的。身体治疗也由此而在欧美各国流行开来。例如，英国心理治疗委员会的人本主义与整合治疗分会就把身体治疗作为其主要的治疗取向之一。目前，从身体治疗中又逐渐演化出一些新的治疗取向，如生物能量治疗、素食治疗、生物综合、生物动力心理学、新赖希治疗、亚历山大技术、生物放松法等。

人本主义心理学把身心一体化视为其研究的基础，在很多与人本主义心理治疗有关的治疗取向中都可以看到它的踪迹，例如，在格式塔治疗、心理剧、以人为中心的治疗、焦点治疗和经验治疗中。我们前面提到的玛勒就曾着重指出，身体和心理并不是两个分离的事物。他说："从生物学的观点来看，生理的需要是理解身体的基础；从一种完全不同的人本主义理论的观点来看，产生经验的潜能使理解人的身体的基础生理学的结构和人本主义的结构相互之间并没有层次关系，每一套都享有独立的完整性。"①

詹德林的焦点治疗也同样非常重视身体的作用。他从哲学、心理学和心理治疗的角度阐述了他对这个问题的看法。"并不是说，这个身体是一件东西，而你是另一件，即第二件东西。你的身体对你的情境发挥作用，并且在你能够思考其做法之前就已经把它们建构在一起了。当你的注意力加入到这个生活过程中来的时候，你就能比当你只是驱动身体，仿佛它是一部像汽车那样的机器时寻求更多的可能性和做出更多的选择。它和其他的事物是内在固有地生活在一起的。它和人有与生俱来的相互作用，并自然地隐含着朝向人的运动。"②

在治疗的技术方面，早期的身体治疗是沿着赖希等人开拓的道路进行的，其中包括很多非常紧张的，有时甚至是痛苦的做法，例如，拳打、脚踢、尖

---

① Mahrer, A. (1978). *Experiencing: A humanistic theory of psychology and psychiatry*. New York: Brunner/Mazel, p. 152.

② Gendlin, E. T. (1996). *Focusing-Oriented psychotherapy*. New York: The Guilford Press, p. 304.

叫、紧张的呼吸、引起应激的姿势和动作、导致肌肉紧张的深刻压力等。

20世纪80年代，一些德国女性治疗学家发展了一些新的身体治疗技术，例如通过动作、身体触摸、自然呼吸、感觉觉知和声音的变动等，来促进患者对身心的觉知和整合。这些技术比较柔和，也不太紧张，因而很快便在人本主义心理治疗中流行开来。

我们以身体触摸为例对此做个简要的说明。阿什利·蒙塔古曾写过一本专论身体触摸的书。在这本书里，她明确指出："在感觉的进化中，触觉毫无疑问是最早形成的。触觉是我们的眼睛、耳朵、鼻子和嘴的父母。正是由这种感觉才分化出其他感觉来的，这是在把触觉视为'感觉之母'的古老的评价中被人们认识到的一个事实。"①

在人本主义的心理治疗中，触觉作为一种治疗手段也是经常采用的。通过身体的轻微接触，可以使患者消除疑虑、感到愉快、感受到父母般的爱抚、感受到支持等，还可以作为药物治疗等方式的辅助手段。

二、心理剧

心理剧是美国医学家和心理学家莫雷诺于1923年在奥地利的维也纳首先开创的，是群体心理治疗中经常采用的一种治疗技术。20年代初，他在维也纳创办"即兴剧院"，演员可以根据观众的提示进行现场表演。在此基础上他发明了心理剧疗法。1925年他移居美国，从20年代到40年代他致力于心理治疗技术的研究，可以说，在目前人们常用的交朋友小组和格式塔治疗中几乎所有与此有关的技术都是他发明的。他相信游戏、欢笑、自发性和行动等非言语交流的作用。在心理治疗中，通过心理剧的表演，患者可以自由地把那些无法用言语表述的东西表达出来，借以宣泄自己的情绪或澄清问题，进而发现自己的心理症结，最终实现自己的潜能。

心理剧的脚本取自来访者的生活情境。先由来访者对某种情境或事件进行描述，然后挑选小组中的一些人作为戏剧中的人物，以戏剧表演的形式把情境表现出来。小组的领导者被称为导演，他的任务是提出一些积极的建议，使演出能顺利进行。例如，他可以提议"把门放在这里，把窗户安在这里，这里要摆一张桌子"等等，从而使场景尽可能表现真实。

当演出进行一段时间之后，导演可以提议进行角色转换，也就是主角和配角进行互换，还可以通过双重角色、独白、镜像等表现来访者的人际关系、

① Montagu, A. (1986). *Touching* (3rd ed.). New York: Harper & Row, p. 3.

内心冲突等。在表演中也可能会出现一些新的情况。例如，小组中的某个成员可能认为主角说的话没有确切地表达他的真实意思，这时他可以走到主角身后与他进行交谈。如果这个主角同意他的意见，就按照他的意思进行重新表演，如果不同意，他就会说“不，你说的不对”。由于这种表演方法需要暴露自己的内心世界，因此，有可能导致来访者产生抵抗。这就需要来访者具有较好的理解力和内省能力，能够与同伴进行必要的交流，并且和治疗者保持良好的治疗关系。

目前，心理剧的具体技术已经达200多种，而且绝大多数都是莫雷诺发明或首先设想到的。例如，“多重双面人”技术就是指一个人的内心深处有许多不同的部分在进行相互作用，通过心理剧的形式可以把这些多重的心理冲突表现出来。

用心理剧进行心理治疗的目的是开发人的创造潜能，这也是人本主义心理学的一个基本观点。因为人本主义心理学认为，创造性是一个普通人所具有的正常属性。有心理疾病的患者之所以没有认识到自己的创造性，其主要的障碍在于害怕失败、不愿意表现、避免挫折、过分需要保持平衡、感觉迟钝、幻想和情绪生活枯竭、不愿意对别人施加影响等。只有消除这些障碍，才能使原本就有的创造性潜能被发掘出来。而心理剧恰好可以使这些事情自发地表现出来。在这个意义上说，心理剧和创造性的开发是有密切联系的。

莫雷诺的方法是通过心理剧的形式来影响患者内心深处的自我，从而间接地和人的创造性联系起来，后来，科伯格和巴格纳尔提出了一种直接与创造性建立联系的方法。总之，心理剧对创造性的开发已经成为很多心理治疗学家的共识，但在具体的开发策略和内容方面还存在很多的分歧。对此，约翰·罗文做了如下归类：

第一类是儿童自我创造性。也就是说，儿童强烈要求摆脱成人的束缚，使自己能够真正快乐地玩耍。这是一种快乐的创造性，是对已知的各种可能禁忌的一种摆脱。

第二类是魔幻般的创造性。这是根据某些特殊群体的需要而专门设置的。例如，某些迷信幻术的少数民族或宗教团体。由此而表现出来的创造性能以某种方式使群体成员感到震惊，使其在一段时间内产生狂热或幻觉。

第三类是角色扮演创造性。这种方法就像花钱买东西一样，通过心理剧的形式把自己想要表现的创造性表现出来，把想要解决的问题充分展示出来，然后在表演过程中得到解决。

第四类是自主的创造性。这种创造性起源于一个人对自己的个人觉知。其表现形式有时是反叛的，但基本上是独立的。这个人可以自主地对事件做出新的反应，也可以创造一些新的事件。

第五类是放弃的创造性。这种创造性产生于自我之外，意思是说，在遇到一些非常值得解决的问题时，患者实在无法解决，只好采取放弃的方式。通过心理剧的表演，希望能为问题的解决找到一条可行的途径。

第六类是纯粹的创造性，指人本身就成为创造性。在这个舞台上我们对解决问题并不感兴趣，因为我们看不到任何问题。①

罗文的这种分类虽然不一定能被大多数人所接受，但多少能够解决一些与创造性有关的争论。例如，他把莫雷诺的心理剧确定为自主的创造性，也就是通过患者自主的表演，创造性地反映自己的内心现实，并自主地加以解决。由此可见，心理剧不仅能够宣泄人的某些在正常情况下无法表露的内在感情，而且是培养人的创造性和自发选择能力的一种很好的方式，也是促进人的心理健康和更好地发挥人的心理功能的好形式。正因为如此，心理剧已经被广泛地应用在学校、心理医院、监狱、管理培训机构等，而且还可以根据人的需要不同，在很多活动中加以运用。

当然，一开始运用的时候可能会遇到一些障碍。例如，由于人们不熟悉，在开始启动和运行过程中可能会出现紧张、不能真实表现等情况。即使是莫雷诺本人也需要有一段时间的适应过程，才能使心理剧得到较好的实施。另外，随着心理剧研究的深入，有人抱怨说，心理剧有一种过分复杂化的倾向。例如，对房间的大小、家具的布置、受过训练的助手等都有许多严格的规定，这样做有时反而违背了心理剧的初衷。

近年来，心理剧的使用也有了一些新的发展。有人开始在心理剧表演中使用录像，也有人面对录像机进行直接交谈，展示自己的内心世界，然后再进行回放，这是一种真正的自我揭示，而且不一定通过小组的群体活动，从而避免自己的隐秘被公开。

三、原始整合心理治疗

近年来，人本主义心理治疗在英国的一个重大发展就是原始整合心理治疗的提出。其早期先驱者是弗兰克·莱克，而真正把它引入到英国来的则是比尔·斯沃特利。或许是受弗洛伊德精神分析学说的影响，这种治疗

---

① Rowan, J. (2001). *Ordinary ecstasy: The dialectics of humanistic psychology*. Hove: Brunner-Routledge, p. 100.

方法强调早期生活的创伤是神经症的根源，通过在心理上退行到引发创伤的时代，产生一种精神宣泄的体验，来达到心理治疗的目的。这种治疗方法也深受超个人心理学家格罗夫的影响，因为格罗夫通过研究发现，深刻的心理创伤常常和出生时的体验密切联系着。

在通常意义上，“精神宣泄”是指一个人把积郁在内心的苦闷和情绪纠葛完全倾诉出来，而在原始整合心理治疗中，这种宣泄则指强烈地表达对以前从未被意识到的那些体验的感受。显然，这些体验是和潜意识心理活动密切联系的，涉及到人的深刻的内在心理冲突，也涉及到超个人心理学关于象征、直觉和更深刻自我等研究领域。也正是由于它是从精神分析和超个人心理学以及其他一些心理治疗方法中产生出来的，其治疗的实践也就带有这些心理治疗取向的特点，因此它使用的技术也包括诸如身体治疗、情感治疗、精神分析治疗以及超个人治疗等。又因为它是以想象的方式进行的，因而这种治疗方法非常强调身体、情感、思想和精神性的统一，或许这也是它被称为原始整合治疗的一个原因。

根据原始整合心理治疗的分析，神经症最常见的原因是儿童时期的一些共同体验，简单地说，就是儿童的需要没有得到满足或者受到了挫折。但是，我们决不能简单地认为，神经症就是由这种单一的创伤引起的，还要根据儿童时期的具体情况进行分析。

原始整合治疗的目标是比较简单和直接的，一言以蔽之，就是把意识与人的真实自我联系起来，并把真实自我释放出来。一旦做到这一点，就可以使人进一步探讨其深刻的内在含义，使人的生活发生相应的改变。因此，在原始整合治疗中，最重要的目标就是通过一些具体的技术与人的真实自我建立联系。

原始整合治疗的主要技术就是“退行”，也就是使人回到导致神经症的创伤情境中。具体地说，可以通过信息表述、绘画、有指导的幻想、做梦以及药物治疗等方式来达到。这种方法和超个人心理治疗所使用的方法有很多共同之处。但需要注意的是，当一个人退行的越深，就越有可能产生精神的体验，这类体验非常类似于马斯洛提出的“高峰体验”。它有积极的成分，也有消极的成分，它们是和不同层次的潜意识联系在一起的。心理治疗学家必须重视这些不同的层次及其相应的积极或消极成分，才能有针对性地进行治疗。

米歇尔·布罗德提出，原始整合心理治疗过程包括五个阶段：① 参与到治疗过程中；② 进行精神宣泄；③ 产生顿悟（进行认知—情感方面的重新建构）；④ 在这个世界上采取新的行动；⑤ 发生真正的改变。这五个阶段自始至终都是同样重要的，尽管治疗者最关注的可能是精神宣泄的过程。但实际上，如果没有其他过程的配合，精神宣泄也不会起到应有的作用。

我们知道，心理疾病在很大程度上是由外部环境引起的。如果只注意治疗患者当前的病状，而不从根本上改变患者的生活环境，那只能是治表不治本。原始整合心理治疗不仅关注治疗的过程和技术，而且非常关注患者的生活环境。在这种治疗方法的支持者们看来，外部的环境因素和治疗本身是同样重要的，因此，在治疗中应该认识到这些环境因素以及它们所发挥的作用。然后针对患者的具体情况提出一些可行的建议，从而达到根治疾病的目的。

四、心理综合

心理综合法是意大利医生罗伯特·阿萨乔利提出的强调通过幻想进行心理治疗的方法。他早年曾接受精神分析的训练，也是第一个把精神分析介绍到意大利来的人。早在1910年，他就提出了一种心理动力学的观点，这种观点和荣格的观点比较接近，而不同于弗洛伊德的观点。在他看来，动力心理学不仅应该关注深层的潜意识，而且应该关注高层的“超意识”。他发现，治疗者施加的干预措施可以通过患者的幻想通向两种不同的方向，一种是向下进入到潜意识之中，而另一种则向上进入到超意识之中。由此而引发了他对幻想的注意。

在早期治疗中，患者的幻想是自发产生的。后来，阿萨乔利发现，可以通过某种系统的方式引导幻想的产生，以此来探讨那些所需要探讨的领域。阿萨乔利的“蛋型图”对此做了清楚的说明。（见下图）

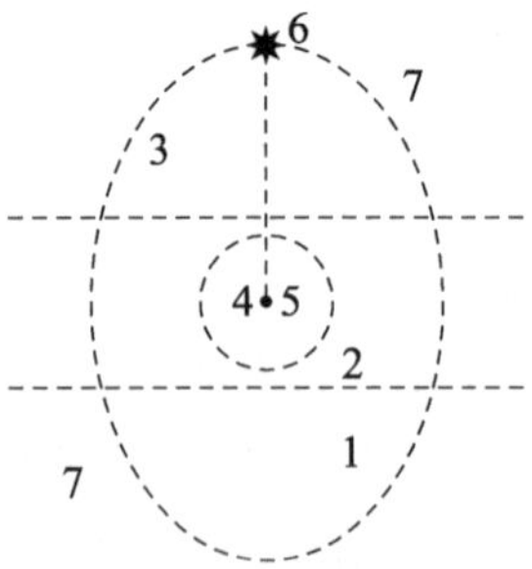

1. 低层潜意识　2. 中层潜意识　3. 高层潜意识或超意识　4. 意识的领域
5. 意识自我或“我”　6. 超个人自我　7. 集体潜意识

图7.1　阿萨乔利的蛋型图

这个图形清楚地表明，从中间的圆心开始，也就是从意识领域、意识自我开始逐步向外扩展，就可以比较容易地形成一些幻想，分别探讨人的精神世界的各个不同层面。20世纪80年代，勒纳对此做了一些新的补充，使幻想有了一些比较明确的分类。这里只举几个幻想的例子及其分析：

① 草地的幻想。每个人幻想中的草地各不相同：有的草地是绿色的和自然的，有的是正式的花园，有的甚至像沙漠；有些是实际的地方，有些则是想象的。但不管怎么说，它们却都和来自前意识领域的情绪记忆有关。这里的前意识领域就是蛋型图中的中层潜意识。

② 高山的幻想。这是一种攀登的幻想，通常和攀登者的志趣有关。有时候在接近山顶处会有一条龙或其他对手。有人曾通过研究发现，可以把这种幻想中的奋勇攀登与这个人的成就动机和志趣水平联系起来。

③ 黑暗的森林。在幻想中一个人被要求进入一个深深的峡谷，在峡谷的最下面有一片黑暗的森林。要求他在向森林里面看的时候描述一下所发生的事情。如果里面的情景太吓人的话，治疗者可以提出一些有帮助的建议。①

在阿萨乔利的蛋型图中有一个最重要的概念，这就是“超个人自我”，它位于整个蛋型图的最上方。按照阿萨乔利的看法，在个体的人格中，那些最积极、最富有建设性的内容就储存在超个人自我中。患者通过运用这些幻想，就可以探讨自己的整个精神世界，而对超个人自我的探讨就是这个过程的最高境界。

从上面的分析不难看出，心理综合法的一个重要特点是通过幻想来发现人的心灵深处的某种子人格或子自我。在心理治疗中，我们会经常发现患者表现出各种稀奇古怪的行为和言语，有时甚至出现一些破坏性或毁灭性的行为。如果用这种子人格或子自我的观点来进行分析，就可能会使类似的行为得到合理的解释。1974年，詹姆斯·瓦吉乌曾写了一本名为《综合法》的书，书中详细论述了心理综合法的工作流程，阐述了探讨子人格的五个阶段：认识、接受、协调、整合和综合。当代人本主义心理学家约翰·罗文对子人格亦有独到的研究，并且由此而引起了关于人格问题的一系列争论。他把子人格的来源确定为如下六种：

① 荣格提出的集体潜意识。因为在集体潜意识中有很多不同的原型，例如阴影、人格面具、阿妮玛和阿妮姆斯等。罗文认为，他的子人格在很多方面类似于原型。

---

① Leuner, H. (1984). *Guided affective imagery*. New York: Thieme-Stratton.

② 文化潜意识。这是外部社会文化的影响在人的心灵中的内部表征。因为我们生活在社会中，总是会受到社会文化传统的影响，由此而强迫性地或潜意识地形成我们对生活的态度、观念和情感。例如，男人常常把支配和控制进行内化，而女人则常常把沉默和依赖内化成自己的人格，进而成为一种内在的潜意识，对人的行为产生某种影响。

③ 个人潜意识。这是综合了弗洛伊德、荣格、冈特里普、伯恩、佩尔斯等人的论点后提出的。这种个人潜意识在每个人身上都有各自不同的表现。

④ 冲突与问题。有时候心理冲突或问题情境的两个或多个方面会突出地表现出来，仿佛是要证实对方的存在，这些不同的方面是对存在子人格的一种证明。

⑤ 角色。人们在不同的社会群体中可能会表现出不同的角色，而每一种角色都会产生一种不同的子人格。

⑥ 幻想的意象。人们心目中总会有某个所崇拜的英雄或群体，并吸收他或她的某些特点，也许会把几个英雄人物的特点集中在一起，以幻想意象的形式表现出来。这也构成了子人格的一个来源。①

由于心理综合法在技术上提倡应用多种治疗方法，而各种不同的治疗方法又和不同的人格理论观点或对自我的不同认识有关。因此，实际上心理综合法已经承认了不同子人格的存在，其综合的前提就是对子人格的承认，而这种承认又需要有一个协调阶段，使子人格在内部发生一些必要的变化。例如，原先占统治地位的子人格不再那么具有支配性和排外，而是开始考虑人格的其他方面。换句话说，在“坏的”子人格中出现了许多积极的能量，在“虚弱的”子人格中也能发现一些强壮的成分。心理综合就是在这种相互发现中产生的。

按照心理综合治疗的要求，超个人自我是治疗的最高级阶段。在这个阶段心理综合最容易发生，因为此时超个人自我会表现出各种象征，而且经常和某种欣喜若狂或豁然大悟的体验密切联系着。因此，心理综合法也是超个人心理治疗经常采用的一种治疗方法。

总之，除了上面提到的这些治疗方法之外，人本主义心理治疗还有很多不同的心理咨询和治疗的观点和方法，例如，格式塔治疗、交朋友小组、存在主义的跨文化治疗、行动治疗、艺术治疗、超个人治疗等。如果按照精神分析治疗、人本主义治疗、行为治疗和认知治疗这四个大类来进行划分，那么

---

① Rowan, J. (2001). *Ordinary ecstasy: The dialectics of humanistic psychology*. Hove: Brunner-Routledge, pp. 107～108.

在人本主义治疗之下就可以划分出近百种治疗方法，而且还有很多新的观点在不断地涌现。这一方面说明了人本主义心理学仍然具有很强的生命力，另一方面也说明它具有不断吸收其他学派的观点，不断探索前进的“自我实现的人格”。

第八章

健康成长：人本主义心理学的人格观

人本主义心理学批评精神分析的人格理论只研究病态的人格，因而不能揭示正常人，尤其是健康人格形成和发展的规律。马斯洛明确指出："如果一个人只潜心研究精神错乱者、心理变态者、罪犯、越轨者和精神脆弱的人，那么，他对人类的信心势必越来越小，他会变得越来越'现实'，尺度越放越低，对人的指望也越来越小……因此对畸形的、发育不全的、不成熟的和不健康的人进行研究，就只能产生畸形的心理学和哲学。这一点已经是日益明显了。一个更普遍的心理科学应该建筑在对自我实现的人的研究上。"①

正是在这种思想理念的指导下，人本主义心理学在长期的理论和实践研究中，逐渐形成了一种健康人格的心理学观点。除了早期有罗杰斯、马斯洛、罗洛·梅等人的人格理论研究之外，人本主义心理学家也提出了一些测量人格的评价技术和应用研究，近年来更是有了一些新的发展。本章在简要评述早期人本主义心理学的人格研究基础上，将着重阐述其中一些新的人格评价的应用研究。

① 戈布尔著，吕明、陈红雯译：《第三思潮——马斯洛心理学》，上海译文出版社 2001 年版，第 14 页。

第一节 早期人本主义心理学的人格研究

一、罗杰斯的成长人格及其研究

罗杰斯是个心理治疗学家，他首先关注的是人的健康成长，而这种成长又不仅仅是在心理疾病发生之后才在治疗者的帮助下促成的。每个人在自己的社会生活中都应该积极主动地关心人格的健康成长。罗杰斯认为，一个健康成长的人格应该表现出如下特征：

• 开放的态度。包括对自身经验、新的观察方式、存在方式、新的思想和观念开放。

• 真诚的品格。包括人与人之间的真诚交往，反对虚伪和欺诈。

• 即使科学能征服自然和人类，人格健康的人对此仍会表示怀疑，但对科学能增进自我觉知表示支持。

• 追求生命的完整。反对身与心、知与情、个人与集体、工作与娱乐的分离，主张在体验中感受思想、情感、物理能和心理能的结合。

• 不断建立具有共同目的的亲近关系。

• 体验自我实现的过程。敏锐地认识到生活和人的变化，敢于承担风险和迎接挑战。

• 热诚关怀助人。

• 保持对大自然的亲近感和关切感，与自然融为一体，从中获得乐趣，保持生态平衡，而不是要征服自然。

• 反对因循守旧，对生硬的、不灵活的官僚化机构表示反感。

• 相信自己的内在权威，如自己的体验和道德判断，对外部权威持怀疑态度。

• 不看重物质利益，不过分追求金钱、地位、物质享受和奖励。

• 对精神生活的渴望。追求大于个人意义的生活目的，崇拜精神富有的人，寻求内在安宁的生活，能体验宇宙的统一与和谐。

罗杰斯所列举的这些人格特征是以他的“功能充分发挥”的人为依据的。但在现实生活中完全表现出这些特征的人是很少的，尽管它们代表的是人类潜能发展的方向。

罗杰斯对健康成长的人格的研究主要是通过现象学方法进行的。我们在前面的章节中说过，这种方法的特点就是原原本本地描述现象的自我并配合以实证研究。因为罗杰斯相信，个人的现象场是人的科学研究的可靠的数据来源，是可以进行科学研究的。罗杰斯及其追随者运用现象场的探讨进行了大量实证研究，其中包括个案研究、评定研究和Q分类法等。

1. 个案研究

个案研究是对某一个体进个别、系统研究的心理学方法。这种方法虽然不是罗杰斯首创，但在心理治疗中对个案进行有计划的研究却是他首先采用的。他最初采用持续性研究计划，对个案的治疗过程做好详细的记录。他还把以人为中心治疗的一些访谈拍成电影；把治疗经过的档案资料保存下来，以供后来的研究之用。这些都是他通过个案研究而对心理治疗做出的科学贡献。因为在他之前还没有人把心理治疗当做一项科学研究来对待。

在运用现象学方法进行个案研究中，罗杰斯对来访者的经验不仅认真倾听而且认真对待，详尽记录。此外，他还使自己提出的问题不仅显示出他已经掌握了谈话的内容，而且非常熟悉其中的矛盾和问题，从而使来访者的体验能更彻底地显示出来。最后，这种现象学方法的实质是要描述事件的本来面目，而不是按治疗者认为它们是怎样的方法去描记。

2. 内容分析

“内容分析是研究资料处理的一种方法。将言语文字表示的非数量化资料转换成用数量表示的资料。”①最初，罗杰斯在心理治疗中使用的主要是质的访谈记录，但是，要确定疗效和说明自我口语表达发生改变的程度，就需要进行量的分析，这样，罗杰斯便提出了他对访谈资料的内容分析，即对访谈的内容进行客观的、系统的和数量的描述研究。

例如，布根塔尔的导师维克多·雷米（美国自我心理学家）1948年在考察心理治疗过程中自我推论的改变方式时，对进行过2～21次访谈的14名来访者的访谈资料做了内容分析，并根据这种分析建立了6个自我推论（如正向的或认可的、负向的或不认可的、矛盾的自我推论等）。在内容分析过

---

① 林崇德、杨治良、黄希庭主编：《心理学大辞典》，上海教育出版社2003年版，第861页。

程中，他对每一次访谈资料都进行认真检查，对每一位来访者的自我推论都以上述6个自我推论进行分类。结果发现，来访者在刚开始接受治疗时，对其谈话内容多做负向或矛盾的自我推论，而在结束治疗时，那些有改善的来访者对自我多数用正向语词进行推论，那些没有改善的来访者则仍然用负向或矛盾的自我推论。①

内容分析的方法很适合于心理治疗，但也有一些不一致之处。如罗杰斯提出，人格健康成长的人是能接受自己的人，同时他也必然能接受别人，但有人对访谈资料进行的内容分析却得不出这种明确的结论。造成这种不一致的原因可能是：① 访谈材料本身可能不可靠，因为来访者的谈话内容可能有扭曲，此时就是研究方法再好也难以取得一致性的结论；② 即使访谈资料可靠，但是如果研究者所建立的分类标准模棱两可、含混不清，研究者之间掌握的分类标准不一致等，也会导致不一致性的结论。

3. 评定量表法

评定量表法是对人格和行为特质进行评定的一种测量方法。它要求把所要测量的行为特质列举出一系列价值高低不同的项目，让评定者根据与自己的相符程度进行选择，最后给予数量化的评定。例如，罗杰斯学派的追随者汤姆林森和哈尔特在1962年对过程量表所做的验证研究就是其中的一种。过程量表是对心理治疗中七个阶段访谈过程进行评定的量表，其中共有七个纵向分布的子类别：① 感觉和个人意义；② 经验；③ 不一致性；④ 自我沟通；⑤ 经验的解释；⑥ 与问题的关系；⑦ 相关的方式。在评定时要求评定者记住每个子类别，然后从1到7对来访者访谈过程的水平进行整体评定。由两位有经验的评定者对10个治疗个案的访谈摘要进行检视。在对每个个案进行治疗系列之前和之后都有一段访谈。每一位评分者都要评定20卷录音带。最后，他们得出结论认为：第一，两位评分者之间的信度较高（$r=0.60$）；第二，过程量表能区分出较成功和不成功的来访者，前者在开始和结束时评分都较高；第三，较成功的来访者在评定过程中有较大的变化。

4. Q分类法

这种方法是美国心理学家史蒂文森于1953年在《行为研究》一书中首创的。此法是他用来进行自比性研究的（即对一个被试的前后测验结果做相关分析）或两个被试测验结果之间做相关对比。该方法要求被试把描述

① 黄希庭：《人格心理学》，浙江教育出版社2002年版，第408页。

人格的句子分别归于不同的类别，这些类别的分布分别从“最赞同”或“最相似”到“最不赞同”或“最不相似”。罗杰斯等人在研究患者的自我概念的变化时，意识到这种方法非常有用，经过他们的改造后发展成为Q分类法(Q-sort)。

(1) 编制量表。

通过心理治疗的谈话，从中挑选出关于自我体验的100种具有一定代表性的陈述，编制成100张卡片。这些卡片代表患者可能感受到的自我概念，例如，“我很聪明”、“我很容易交朋友”、“我有种失落感”、“我不善于和人交往”、“我是个快乐的人”、“我常感到害怕”、“我通常先想到我自己”、“我常因愤怒而招致麻烦”、“我喜欢人际交往”等。

(2) 进行测量。

把被试按照年龄、性别、职业、社会经济地位等分成对应的两个小组，即实验组和控制组。要求被试把100张卡片按下面的数目分成11堆，每堆卡片的数目按正态分布排列：2—4—8—11—16—18—16—11—8—4—2。要求被试根据卡片所述最符合本人的程度，按排列等级进行分类。在进行分组测验的60天里，对实验组的患者进行治疗，而对控制组的患者则不进行治疗。60天后再照原样进行一次分类测量。

(3) 分析结果。

① 研究者按照实验组被试前后两次分类的结果进行分析，以了解其相关程度。若相关系数高，表明治疗前后变化不大，疗效低；若相关系数低，则表明治疗前后变化较大，疗效明显。② 对实验组被试治疗前后的自我概念的特征进行相关处理。若治疗后的相关系数高于治疗前，说明治疗已经发挥作用，使患者的现实自我和理想自我概念比较接近了。否则，就表明治疗效果较差。③ 把控制组被试前后两次测量的自我概念进行相关处理。若没有显著差异，又通过与第② 种分析结果的相关比较得出了有效的结果，就证明实验组所发生的变化是由治疗变量引起的。④ 让一组不知道测量和治疗内容的专家从100个条目中挑选出代表适应良好的条目，再把这些条目和实验组被试的选择进行相关比较。若治疗后的条目与专家的条目相关程度高于治疗前的相关，则说明治疗促进了患者自我概念向社会适应良好发展。

黄希庭先生曾引用一项Q分类研究，较好地说明了患者的现实自我和理想自我之间的变化。研究者设想，来访者在治疗前对自己是不满意的，经过成功的治疗之后，不满意的程度会降低。他们选择24名来访者和16名成年人的控制组，两组在性别、年龄、社会经济地位和文化程度等方面大致相当。实验组在治疗前、治疗结束时和治疗结束后6个月和1年后的某个时刻都做Q分类。控制组不接受治疗，但在类似的时间也做Q分类。被分类的卡片共100张，要求被试对每张卡片上的陈述句，如“我是一个冲动的人”、“我是可爱的”都做两种分类：① 现实自我的分类（即当时他们如何看待自己）；② 理想自我的分类（即他们希望自己将是什么样的人）。再对自我的分类堆数与理想自我的分类堆数求相关。见下表。

理想自我和自我的平均相关

	治疗前	治疗后	6个月至1年后
实验组	−0.10	0.34	0.34
控制组	0.58		0.59

控制组的现实自我与理想自我开始时就有较高的相关，这种相关未随时间而变化；而实验组的自我理想与自我之间的相关则显著增加，这种改善在6个月到1年后仍继续维持。[①]

罗杰斯也曾报告过类似结果，来访者治疗前的自我与理想自我之间的相关为0.36，第七个疗程后为0.39，第25个疗程后为0.41，治疗结束时为0.61，治疗后的12个月为0.79。表明随着治疗的进展，来访者的自我概念逐渐趋近理想自我，这种倾向在治疗后仍保持着。

Q分类法的项目可根据一定的理论来设计，用来探讨个人的主观经验，因而受到不少人格理论家的赞许。但它有两个缺点：第一，它是一种自比性研究，有时可能会引起被试的防御反应。从而使理想自我与现实自我之间的相关系数比较接近，这就使研究的效度受到了影响。第二，它要求被试对卡片进行强迫性分配，这很容易引起被试的反感。另外，要求被试把100张或100张以上的卡片进行分类，也很容易使被试的注意力分散或缺乏合作精神。

总之，罗杰斯对人格的研究是以现象学为理论基础的，但他并没有完全排除实证研究的方法。在他看来，人格是毕生发展的，只按照一种方法进行简单机械的研究是不符合人本主义心理学思想的。因此，对人格的研究也必须坚持现象学的观点，按照事物的本来面目进行描述。无论使用什么方法，只要能够达到现象学描述的目的，就可以拿来使用。

① 黄希庭：《人格心理学》，浙江教育出版社2002年版，第409～411页。

二、马斯洛的自我实现的人格观及其研究

马斯洛强调“自我实现”及其在人格发展中的作用。在他看来，自我实现是人与生俱来的一种生存、生长、促进自我发展的倾向，在这种发展倾向的推动之下，人自然而然地产生了许多不同层次的需要。人格的发展就是在从低到高地逐步满足自己需要的过程中进行的。正如马斯洛所说：‘自我实现’的人（即更为成熟、更为完满的人）的定义是：在他们的基本需要已得到适当满足以后，又受到更高层级的动机——‘超越性动机’的驱动。”[①]这里的超越性动机是指人的友爱、合作、认知、审美、创造等特性或潜能，而这些潜能的充分实现就是人的自我实现。马斯洛通过对一些历史人物和在世的著名人物的人格特征进行长期研究，从中总结出自我实现的人所具有的如下特征：

- 能准确客观地洞察现实，并与之形成较适当的关系。
- 对自己、他人及整个自然表现出更大的认可。
- 思想言行比较自然、坦率和纯真。
- 以问题为中心，而不是以自我为中心。
- 有独处和独立的需要。
- 能自立、自制、超越文化和环境的约束。
- 能以新奇的眼光，欣赏生活中的许多事物和经验。
- 能经常地经历神秘体验或高峰体验。
- 对人类怀有一种很深的认同、同情和爱的感情。
- 具有深厚的人际关系。
- 具有民主的性格结构。
- 能分辨善与恶、手段与目的。
- 具有富含哲理、善意的幽默感。
- 富有创造力。
- 不随波逐流。
- 能超越各种二歧式对立而达到一种整合的状态。[②]

马斯洛得出上述结论，最初是通过对他的两位老师，即魏特海默和本尼

① 林方主编：《人的潜能和价值》，华夏出版社 1987 年版，第 209 页。

② 彭运石：《走向生命的颠峰——马斯洛的人本心理学》，湖北教育出版社 1999 年版，第 138～143 页。

迪克特的人格特征的观察。后来，他选择了一些个案进行分析，运用的技术主要是访谈、自由联想和投射测验法，对历史人物则通过传记分析法。总之，按照严格的实证研究标准，马斯洛的研究是很不规范的，只能算是一种印象式的整体研究。但是，这种观点和马斯洛的人本主义立场是基本一致的。因为在研究方法上，马斯洛重视特殊规律的研究，提出心理学研究应以问题为中心，而不是以方法为中心。所以，他本人虽然在理论上对人的需要层次、对自我实现、高峰体验等人格观点做了大量阐述，但并没有做实验研究。在马斯洛之后有人进行了验证。

1. **关于需要层次论的有关研究**

1973 年，格雷厄姆和巴龙根据马斯洛的两个假设对需要层次论进行了验证研究。这两个假设是：① 每一需要的满足程度和满足该需要的欲望呈负相关；② 通过对各层次需要的成对比较，发现低层次需要的满足程度高于高层次需要的满足程度。在研究过程中，他们根据被试的年龄、性别、经济状况和文化水平等因素，用分层取样法选择出 37 名被试，然后让有经验的访谈者到每一位被试家中进行访谈，通过两种步骤收集资料来验证上述假设。第一步，让被试讲述他们生活中最重要的事情是什么，然后让几位心理学研究生根据生理、安全、社交（归属和爱）和自我实现四种需要，用五点量表分别对每位被试进行评定，每种需要给出一个评定等级。例如，把自我成长和完善的需要评定为高自我实现欲望；把追求金钱、住宅、食物、服饰和汽车等需要评定为高安全需要，等等。第二步，以四种需要为基础，请被试根据自己表现出已满足的程度和渴望满足的程度对自己进行等级评定。从非常满足到很不满足分为五等；渴望得到满足的评定有四个等级，从不希望到很希望。

先对第一个假设进行验证，即对被试自评的四种需要的满足程度和需要的欲求程度求相关（见下表）。结果表明，高负相关系数呈对角线排列，验证了第一个假设。

四种需要满足程度和欲求程度的积矩相关

需要的满足	需要的欲求			
	生理	安全	社交	自我实现
生理	－0.57	－0.21	－0.24	－0.20
安全	－0.40	－0.66	－0.2	－0.11
社交	－0.22	－0.27	－0.72	－0.18
自我实现	－0.09	－0.04	－0.17	－0.42

然后对第二个假设进行验证，将实验中评定的原始分数按每种需要各自相加，再求出样本的平均等级值。等级值越低表示被试越关心这种需要，表明这种需要尚未得到满足。下表中的平均等级值证实了第二个假设。然后以被试自己报告的需要已满足程度为指标进行检验，得出了基本一致的结论。右边一栏为自评等级的平均数。需要注意的是，在这里社交需要的满足程度(3.73)大于安全需要的满足程度(3.35)，与原先的假设不太符合。

访谈资料和满足程度等级评定的平均数

需要	平均数	
	访谈资料	满足程度
生理	14.23	4.14
安全	12.69	3.35
社交	9.09	3.73
自我实现	7.20	3.00

2. 关于自我实现的实证研究

1966 年 Shostrom 设计了一个客观测验，称为个人取向量表(POI)。该量表由 150 对由相反性质的句子组成的纸笔人格测验。要求被试从每一对句子中选择一个最符合他的叙述。例如：

Ⅰ. a　我觉得生活中需要遵循社会标准和规范。

　　b　生活中，我不觉得总是需要按照社会标准和规范行事。

Ⅱ. a　一个人最好是独自为之，不与他人为伍。

　　b　一个人最好是大众化。

该量表包括 12 个分量表：时间能力、内在导向、自我实现价值、存在感、感觉反应、自发性、自我注重、自我接受、人的本质、合力性、攻击性的接受、亲密接触能力。测验的评分有许多方法，前 2 个分量表是测验的主要分数，后 10 个分量表是互补的次级分数。

现在已有很多研究讨论过个人取向量表中的心理测验特性和建构效度。但也有人对此提出质疑，以平均侧面图为基准的标准化测验来测量自我实现(即个人的各种独特潜能的充分发挥)是否合适，用心理测验或平均法来研究人本主义的人格概念是否合适。

3. 高峰体验

马斯洛把个人在达到自我实现时的片刻体验称为高峰体验。其特点是幸福感和成就感，它是一种暂时的、无纷争的、非自我中心的完善和达到目标的状态。高峰体验有不同的强度，包括各种不同类型的活动，如创造活动、欣赏自然、对艺术的感受、参加体育运动、与友人的亲密关系、做父母的经历等。为了解高峰体验的意义，马斯洛曾要求 120 名大学生按指导语写出他们的反应。（指导语略）

然后他对大学生的反应进行概括。大学生谈到的高峰体验的认知有如下一些特征：完整性、完美性、活力、独特性、自发性、自足性以及真善美的价值。例如，“在高峰体验的情绪反应中有一种奇妙的、敬畏的、虔诚的、谦逊的特别滋味，并且像臣服于某些伟大事物那样臣服于这种体验之前”。这种研究是完全对现象开放的，完全相信经验的。

4. **存在主义的研究**

这种研究强调的是经验的描述——立即性经验的现象学分析。不要任何科学理论，也不推演出可在实验室进行验证的假设。凡・卡姆（Van Kaam）在 1966 年做的研究可以说明这种研究的特点。他要求一些高中生和大学生回忆他们经验到“被了解”的情境，以及在此情境中他们的感觉怎样。在收集到这些叙述后，研究者在心中以下列问题来进行考察：

(1) 这个被试所做的具体、生动、有系统且确切的描述，是否包含了可能作为真正感到被了解了的充分必要成分的瞬息间经验？

(2) 如果是，是否有可能抽取出这一瞬息间的经验，并简短、确实地标明这个抽象概念，而不违反被试的陈述？

将不符合这些标准的叙述去掉。以这样的方法，研究者找出了真正感觉到被了解了的经验的元素。见下表。

被了解了的成分

成分	表达该成分的学生百分率
从某人那里知觉到被了解了的信号	87
知觉到某人和被试对事情的意义具有共同的经验	91
知觉到某人接受被试者	86
感到满足	99
开始感到轻松	93
从经验到的孤单中开始感到轻松	89
在这个能了解人的关系中感到安全	91
从这个了解人的身上感到安全的共享	86
知觉到此人的出现，感到安全经验的共享	64

但这类研究的问题是：每个评量者在他们对被试经验的理解和分类上

是否一致？是否经得起实际的考验？此外还有为测量弗兰克尔(Frankl)的存在真空概念而设计的生命目的测验:存在研究以及疏离感测验。但这些测验的影响还不大,问题也很多。

第二节　合作探索:一种人格评价的新取向

早期人本主义心理学家主要是从理论上对人格问题进行阐释性研究的,因而主要是一种哲学思辨式的研究。而当代人本主义心理学家则并不完全否认实证研究的价值。他们在反对唯科学主义的心理学研究的同时,也在积极地吸收实证研究的长处和优势,把他们的研究结果和质的研究结果进行对照。从而表现出一种兼收并蓄、融合发展的新取向。

最近,人本主义心理治疗学家费舍提出了一种在心理治疗中进行人格评价的研究取向,即医患之间合作探索的人格评价。这种研究虽然使用了一些传统的实验室研究的测验材料、研究技术和常模等,但研究者同时也使用了哲学框架中的某些资料,在理论上做了必要的阐述。这种研究取向对人格评价的研究是很有启示意义的。

一、合作探索的个案分析

在这种合作研究的心理治疗中,患者和治疗者都要对治疗的目标进行说明,按照不同的疗程探讨患者经历了哪些人生阶段,产生了什么样的个人体验,以及达到了什么样的疗效。治疗者从研究的分数中获得一些直接的印象和预感,而来访者则据此进行更正,并提供一些生活中的实例。其中对促进个体理解最重要的是对背景关系和可能出现的例外进行相互的系统说明。在这里,来访者被当做一个特殊的个体,在评价者的鼓励下,来访者还可以尝试一些对待评价任务和具体的生活情境的其他方式。因此,在这类心理治疗中,对人格的评价是通过双方的合作来进行的,他们都会对新的理解感到惊讶,对其中的含义产生会心的理解。下面我们就通过医患之间的一场对话来展示一下这种合作评价是怎样进行的。来访者是一位 48 岁的名叫玛丽的妇女。

评价者：玛丽，你已经向我解释了你的父母具有家庭倾向，这对你来说有多么幸运。而且你告诉我你是多么地想念他们，虽然你的父亲在11年前去世了，而你的母亲在6年前去世了。但是我现在想的是家庭有多么复杂。在这里[一张句子填空表，我把它放在玛丽和我之间]，一开始写着“我所需要的但却没有从我的父亲那里得到的东西是……”，你写的是“尽可能像对我兄弟说话那样来对我说话”。

玛丽：是的，但是有好几次——那是很久以前的事了——他像大多数父亲对待他们的女儿那样给过我很多鼓励。

评价者：对，他似乎确实很关心你，尽管他并没有用话语这样表达过。要是……就好了。

玛丽：是啊……

[在玛丽填写完《本德视觉动作格式塔测验》并进行了一些初步的讨论之后]

评价者：那么，对于我认为你写得很简单，特别是写得很快，你感到很惊讶吗？

玛丽：哦，是的。我非常清楚地意识到你一直在看着我。我甚至有点出汗了。

评价者：对，我觉察到你在写字时扫视了我好几次。我甚至觉得有点不太舒服，认为你可能觉得我不够公平——没有给你所想要的额外的指令。我甚至怀疑你是否要停下来，并拒绝做完。但是你没有这样做。

玛丽：我总是做自己的事，即使别人不这样做。

评价者：我想要知道这是不是像你和威洛先生在一起时所发生的情况呢？

玛丽：我不知道你是什么意思……但是，即便是当他并没有告诉我是否做得可以时，我也总是做我自己的事。瞧，这就是你与他不同的地方。至少在我完成测验之后，你和我讨论了我做得怎样。

[后来，看了看明尼苏达多项人格调查表—2，连同剖析图一起]

评价者：这不会令你惊讶吧。这个量表[L原始分数＝7]反映了你所告诉我的你实际上是怎样试图按照你的“道德标准”生活的。而且，正如你告诉我的，并没有迹象表明你“有抑郁症”。

玛丽：我告诉过你。是的，我给你说过这话。

评价者：请帮我看看这一部分(指量表4＝69，量表8＝65)。当这些量表的分数在这个高度时，它有时候反映这个人很有警惕性——很戒备。我猜想你可能就是这样的。可能是你自己很警惕要把事情做好，而同时你又在搜索，防止有人对你提出批评。

玛丽：并非总是这样的。我和我的朋友马里恩在一起的时候就很放松。她很理解我，当她提出建议时，那确实是个建议，而不是批评。

评价者：很好。你能告诉我一些其他的例子吗？

玛丽：我想到很多关于搜索的例子。我的耳朵就是我的搜索器。（玛丽提供了很多例子，比如她听到一些信号，威洛先生在他的办公室里看她的报告，或者根本无视她的报告就打电话，以及她倾听一个银行出纳员说话的声调以确定她[玛丽]是否受到尊重）

评价者：（回到明尼苏达多项人格调查表—2 的剖析图，注意到量表 0～50）这张剖析图的另一个方面在我看来很突出，使我感到有点惊讶。你在这里的分数和那些认为自己有自制力的，不太突出自己的人很相似。但在我看来，你一直很直率……。

玛丽：人们都说我是个内向的人，我想也是这样的。但是，有人对我的这一点并不了解，因为我会为正确的事情挺身而出。（在评价者的建议下，玛丽举了几个工作中的例子）

评价者：玛丽，我开始了解你在对待威洛先生时的一些表现了。你尽全力高质量地完成任务，但是，他除了向你提出一些问题外，对你的工作表现未置可否。这些问题似乎很像是一些批评，就像你在例子中所讲的那样吗？（玛丽疑惑地点点头）我确信你一定觉得很受挫折，没有得到赏识（玛丽同意地点点头），或许你很想向他表明你对她多么生气，是吗？

玛丽：哦，我只是心里生气。我决不会不适当地表达出来。

评价者：我想我们已经充分了解了某些事情。你还记得在《本德视觉动作格式塔测验》期间我觉得很不愉快（指着封好的卡片）而且怀疑你是否拒绝完成吗？当我这样想的时候，我体验到你会生气。（玛丽认为她可能会觉得生气，但不会罢手不干——她不是那种人）对。但是我却是那样认为的。我敢打赌威洛先生也是那样体验的。你和我谈到了你是怎样努力把工作做好，尽管并非一切都那么完美，而且你告诉我你确实多么需要更多的指导，但是你却认为我不想让你问更多的事情。不管怎么说，我确信威洛先生也感到他受到了你没有说出来的那种挫折，并且错误地认为你基本上是一个不合作的人。

玛丽：马里恩说我应该去和他谈一谈，但是我不知道应该说些什么才不会得罪他。

评价者：哦，或许你可以告诉他我们的谈话，告诉他如果他能给你提供更多的指导——以及更多的反馈——你会觉得很高兴！（两人还谈论了她怎样告诉威洛先生，我们发现玛丽是个特别忠诚的员工，并不想对他的领导风格进行挑战）我们需要做的另一件事情是：我们马上进行一次角色扮演，你和威洛先生分享我们提出的这些观点。

这个人格评价访谈不仅局限于两人之间的对话，而且使用了一些必要的测量工具，对谈话的内容做了记录。这种把实证研究方法与现象学方法结合起来的做法在人本主义心理学的研究中是比较常见的。有人认为这是对过分依赖专家评价的一种扩展，应该称为“合作评价”。目前，不仅有专论这种评价方法的著作，而且还出版了“个体心理学评价”的教科书。美国杜奎森大学的费舍是这个领域研究的专家。

二、关于生活世界的实践探索

这种人格评价并不是马斯洛所主张的对心理健康的人进行人格评价，而是对那些来心理诊所进行咨询和接受治疗的来访者进行人格评价。在实施访谈的过程中大体需要经过如下几个阶段。我们通过费舍提供的一个案例来进行具体说明。

1. 开始阶段

在这个阶段，如果来访者是由第三方介绍来的，就要首先询问第三方一些有关的问题，了解他所进行的诊断，以及人格紊乱状态和焦虑紊乱状态等。在和来访者谈话时也要提出一些问题，询问他对治疗的理解和看法，并且澄清一些问题。例如，一位名叫特鲁克的女来访者，在治疗过程中经常发怒，有时甚至大发雷霆。经过询问发现，原来的治疗者对她经常发怒、不知所措。这究竟是她很久以来形成的对付威胁的一种策略呢，还是和特鲁克当前的焦虑状态有关？特鲁克自己也承认会经常发火。在会面时她主动询问是否以前的治疗师认为他无可救药了。此时评价者的回答是能怎样尽最大可能地帮助她。然后在交谈中了解她对自己这些天的焦虑状况的认识程度，以及她所无法确定的方面，还有她什么时候发火，什么时候不发火。了解这些情况就为下一步的治疗奠定了共同的基础，即奠定了医患之间“我—你关系”的相互了解的基础。同时还要阐明进行合作探索来加强理解所应负的责任。

2. 探索阶段

探索阶段之初，评价者先用主题统觉测验（TAT）对特鲁克进行测试。

特鲁克根据图片自由地陈述她组织的故事。结果发现,故事中的“主人公”经常等待别人给他想办法、提供指示或解决问题。评价者询问特鲁克是否注意到图片中有什么主题,她唯一的回答是里面有一些引人悲哀的故事,对此评价者予以肯定。然后再进行下一张图片,描述一个年轻人面临着与一位老妇人分离,双方似乎都很平静和严肃。就在特鲁克要讲故事的时候,评价者插话说:“他们有点意见不一致,她为什么不告诉他她想要他做什么呢?”特鲁克开始时吃了一惊,当她看到评价者在笑时,她也笑了起来,并更正说,她实际上正在从那个老妇人的立场来考虑这个故事,并且认为这个老妇人对年轻人没有完成好他的角色而感到生气。评价者请她就这个卡片讲一个不同的故事。特鲁克想了半天说道,她无法摆脱最初形成的知觉印象。评价者提示说,那个老妇人可能会直接询问那个年轻人想要做什么。沉默了好一会儿之后,她说,“但是,如果他想要做的和我想要做的相反怎么办呢?要是他不理睬她怎么办呢?”评价者点点头,并请她继续说下去。又沉默了一会儿,特鲁克说道:“你要知道,我现在对你很生气,尽管你的确对讲一个故事提供了帮助。”她的声调是很生气的样子,但这种生气是针对他们双方的。下面是一段具体的对话:

特鲁克:你不是只想给我解释这件事吧?

评价者:哦,和你一样,我是想要了解究竟发生了什么情况。我需要你的帮助。(停顿良久)是不是和泽勒博士(她以前的治疗师)一起的时候发生了像我们这里所发生的这种事?

特鲁克:我以前是这样想的。你把钱付给人家请求帮助,而他们却坐在那里等着你去做事。对他们来说你可能看上去很愚蠢。我认为,这就是像泽勒博士所说我“大发雷霆”的时候。

评价者:这事你得帮我一下。似乎你倾向于认为泽勒博士、艾琳(她的上司)和我都知道答案,但却有意让你自己来回答。

特鲁克:(很恼火,但也很悲哀)这真地使我看起来很愚蠢。我知道你们并没有所有的答案,但我却想要你们有。而且你们确实知道一些答案。

评价者:但是在过去,你不是一直对是否直接寻求意见和忠告感到很犹豫吗?(然后两人谈论了进行表面干预、使人脱离某种需要,以及过分强烈地要求另一个人提供帮助所带来的危险)

3. 分析阶段

前面的探索表明,进行合作评价需要实施必要的测验,了解患者已经形成习惯的生活风格,以便对这种风格进行集中探讨,并找出一些可以替代的方式。在治疗后期可能会提出很多建议,这些建议本身就会使患者想到自己可能确实存在某些人格问题，需要通过这一阶段的分析，为自己找到新的生活方式。下面的对话就是这种分析的一个片段。

评价者：(对罗夏墨迹测验的结果分析表明，在积极—消极指标方面患者偏重于消极，没有合作运动反应，墨迹的整合水平较低[zd = —5])我对罗夏墨迹测验进行分析之后，认为该测验使我触及到某些有关的可能性。你瞧，我对你用积木解决问题和用该信息进行分测验留下很深的印象(指韦克斯勒成人智力量表—3)。我们发现，当你知道应该遵循的标准时，你做得又快又好又完整。但是，用墨迹测验时，因为没有提供标准，结果你退缩了，并没有像我期待的那样真正投入到任务中去。比如，这里(拿出第X张卡片)你只是给动物命名，却没有把它们放置在某种情境中。

特鲁克：我认为我确实有一种水下景色的一般感受，但是我并没有把它们弄到一起。我应该这样做吗？你并没有告诉我呀。

评价者：不，我感兴趣的是你自己的倾向。不过，你的选择有点消极(特鲁克插话说：是的，这样保险……)，这意味着你并没有充分利用你所得到的信息。你当然并不想系统地阐述“这么大一张画”。你说，你现在是不是对我很恼火？这是不是你通常可能“勃然大怒”的时候？听起来是不是我在批评你？

特鲁克：不，我并不这样认为。到目前为止，我已经习惯了你这样严肃地对待我。但是，假如你是艾琳的话，我可能会感到是在受批评。请问在这种情况下我应该怎么办，可以吗？(两人都笑了。)

评价者：当然可以！我敢打赌，你刚才所做的完全适用于泽勒博士和艾琳。你发现你自己感到惊讶，你主动询问我是否对你有什么指示，我认为这恰恰就是你发现自己面对一个模棱两可的情境的时候，就像面对这些墨迹图，面对一项新的工作，面对泽勒博士不表态时，你可以请求指导。我想，当你开始讨论，而不是依赖地等待时，你就会觉得不是在受到批评，也不是孤立无助的。这里的诀窍就是要认识到，当你面对某个困境时，要迅速地改变方式或进程，以便树立驾御这种情境的自信心。改变方式之后，你就不会有一种等待救助的挫折感，也就不太容易感到愤恨和发火了。

上面的对话阐明了对话双方在分析阶段所得出的一些结论的要点。当然，在不同的评价分析过程中，要根据情况的不同确定双方都同意和不同意的方面，以便达成真正的相互理解。来访者知道没有什么秘密可以向评价者隐瞒的。通过这次谈话所获得的经验对双方都是有意义的。在接受评价之后，来访者可以通过采取适当的行动来改变当前的状况。

三、对评价探索的书面描述

除了上面的口头交谈之外，还要把评价的内容用书面的形式记录下来。这里也有一些具体的要求。根据杜奎森大学的操作实践，这种书面描述有如下要求：

1. 一般要求

首先，杜奎森大学的人格评价课程要求：在进行书面记录时要使用第一人称和主动语态(例如，“特鲁克和我通过使用主题统觉测验和罗夏墨迹测验而探讨了这些问题。”)；要把所发生的情况用过去时态具体地写下来，以便说明过去的行为是可以改变的(如，“吉姆曾宣布，他想要退出摆积木这个活，他说这太难了。”)，而不用现在时态进行描述。

其次，对来访者最初的情况进行动感的视觉描述，使读者能产生鲜明的印象。强调动词和副词的作用，使读者感到犹如身临其境。书面报告是通过重新展现那些有代表性的场面而进行描述的。来访者、评价者、辅助人员和决策者都可以阅读这篇反映来访者真实生活的报告。在讨论中读者可以使用报告中提到的评价探讨作为参照点。

再次，也可以使用简短的书信，使读者大体了解评价过程，然后直奔讨论的主题和有关建议。有时候可以给儿童及其家人写一些寓言和故事之类的东西，有时候还可以给来访者及有关人员写一份讨论总结，而不必非要有全面的报告。最后，在需要的时候，要写出诊断书，对具体事件进行描述。其中有一些技术方面的要求，如提供测验的剖面图，所讲述的主题统觉测验的真实故事等。还要邀请来访者对书面报告写出评论，内容包括澄清一些事实、进行阐释和更正、说明不同意之处等，并把这种评论送交有关方面。

2. 书面摘录的具体要求

人格评价的书面报告要求真实地反映来访者的实际生活，因此有一些具体的要求。

(1) 介绍性描述。

对来访者的衣着打扮、发型、坐姿、说话或行为时的表现等要进行具体描述。对谈话、测验和评价过程中来访者的一些行为表现(如姿势、手脚的放置、身躯的姿态)，从中反映的人格特点等要详细地记录，并且阐发报告人对其行为的看法。

(2) 呈现提出的问题。

来访者在评价过程中肯定要涉及到他所关注的一些核心问题，例如，“摆脱毒品”。要把他的感受和他为什么这样做的原因等记录下来（例如，为了摆脱孤独感和失望感而沉迷于毒品之中）。然后把医患双方针对这些问题所进行的讨论记录下来。

（3）对测验过程中的细节表现进行描述。

在评价过程中，有时会使用一些必要的测验或量表。要注意观察来访者在测验过程中的具体表现。例如，特别关注哪些方面，在哪里花费的时间最多，进行测验时的面部表情，认真态度等。在必要时可以询问来访者为什么这样做，以及在日常生活中人们对他的看法和评论（例如，说他是个“完美主义者”）。此外，还要注意来访者所表达的个人感受，尽可能把他对自己生活中的事件描述清楚，并把这些事件和来访者的当前心理问题联系起来，使之产生恍然大悟的感觉。

（4）提出建议。

在测验结束之后，评价者要进行认真地分析和思考，针对来访者的具体情况提出可行的建议。

四、对问题的回应

杜奎森大学提出的这种人格测验方法主要是针对有心理问题的患者，因此，它和老一代人本主义心理学家所提倡的健康人格的研究观点并不完全一致。近年来，人们从不同角度对这种观点提出质疑。而杜奎森大学的研究者们也对此进行了回应。关于这些问题的讨论对人格评价是有积极启发意义的。

1. 合作评价与心理治疗的区别是什么

我们通常所说的心理治疗是指“受过专业训练的治疗者运用心理学的理论与技术，通过言语或非言语沟通方式，对患者的认知、情感、行为等方面给予影响，以消除、矫正或缓解症状，调整患者异常心态与行为模式，促进其人格向健康、协调方向发展的过程”[①]。而这种人格评价虽然也是在心理治疗中进行的，但它主要是通过几个不同的治疗过程，说明某个特别提出的问题，了解来访者是何时出现这个问题，怎样解决这个问题的，并向来访者提出不同地参与到这些问题解决情境中去的建议。这种评价也可以称为“治疗”。因为它首先是要对来访者的心理问题进行更正或使之发生变化；其

① 林崇德、杨治良、黄希庭主编：《心理学大辞典》，上海教育出版社2003年版，第1 417页。

次，来访者会发现他的体验得到了肯定，他的行为和力量得到了证实，他要达到个人目标的通路经过更改后已经成功地打通了，从而为其今后通过自己的努力而获得健康成长奠定了基础。

但是，这种合作评价又不是传统意义上的心理治疗，因为它并不花费很多的时间对个人的生活史进行彻底的了解和探索，其目的也不是致力于人格结构的转变。或许这种合作评价有点类似于“简短心理疗法”。不过，在合作评价中，也要给来访者提供一份打印出来的记录，使他能够理解测验的情况与其生活事件的关系，以及评价者提出的一些个人建议。因此，合作评价和心理治疗最主要的区别在于评价者把关注的焦点集中在哪些方面。

2. 这种评价如何解决文化多样性的问题

在这种合作评价过程中，评价者需要了解来访者的生活背景，包括文化传统、宗教信仰、家庭成员、经济状况以及性别、年龄等。这样，就需要对评价者进行一些必要的培训，使之对来访者的风俗习惯、文化传统以及某些禁忌等都要有所了解。有时候也可以到来访者的家里或社区进行评价，从而保证所提出的建议和改进措施不至于发生错误。

3. 合作评价是否适用于非常健康的人

合作评价主要针对的是有心理疾病的人、脑损伤患者、精神分裂症患者以及法庭鉴定，但同时也适合于心理健康的人。因为通过这种人格评价，可以确定来访者是否有心理问题，可以根据来访者的具体情况提出相应的建议，从而提高其自我指导和自我实现的水平与能力。再者，世界上没有绝对健康的人，这种合作的人格评价可以为人们认识自我和发展自我提供很多有益的建议。

4. 为什么不用存在主义的测验方法来取代标准化的测验工具

存在治疗的一个重要特点就是重视来访者整个人及其所处的现实环境，重视其人生观和价值观。在这种合作评价中已经隐含着存在治疗的意义。对来访者使用标准化的测验，如韦克斯勒成人智力测验，这本身对来访者就是一种生活的挑战，其测验结果同样可以反映他们的生活价值观。而且在评价过程中对来访者生活中的成败问题的讨论，也同样可以揭示其价值观。当然，也有一些人致力于开发价值观的测验和调查问卷。合作评价方法力图通过现存的测验工具来验证存在主义的某些假设。

5. 关于客观性与主观性的质疑

进行人格评价的一个主要目的是对来访者的人格状况进行客观的描述，而合作评价似乎是以治疗者为中心的。因此，有人对其主观性提出了质疑。合作评价的提出者们认为，关键在于正确地理解合作的意义。“合作”就是一种“主体间性的”活动，也就是治疗者、来访者和读者都参与到讨论中来，以了解来访者的心理状况。当然，在评价过程中也必须使用一些客观的研究数据和测验工具，得出的数据并不是最后的结论，而只是了解人格结构和进行诊断的参考。评价者的个人印象也必须用文字记录下来，并且要进行验证，这样可以较好地保证主观性与客观性的统一。

6．对评价者的训练是否强调人际关系的敏感性

成为一个好的合作评价者，首先要接受必要的培训，学会使用测验和量表、常模，学习人格理论等，最重要的是要把评价者培训成为治疗者。在西方很多国家，对心理治疗师的培训是非常严格的，要探讨接受培训的人自己的动机、假设和效果，还要使之形成移情的能力，也就是能够设身处地地为他人着想、站在他人立场上思考问题的能力，此外还要进行一些关于艺术和人性方面的探讨，以扩展和深化人际关系能力。

7．实施测验是否会妨碍医患之间的人际交流

对来访者实施客观的测验肯定会涉及到人际关系问题。合作评价是人本主义心理学框架中的一种评价方法，它强调的是人对人的理解，而不是对测验结果的解释，强调的是生活世界，而不是人格结构，其最终目的是保持完整的人格。运用客观测验是为了更好地了解来访者的内心世界，因为测验毕竟能够部分地反映来访者人际关系方面的一些实际状况，所以，使用测验只是一种手段，最终还要通过合作探讨来提高来访者的人际关系能力。

8．关于评价的效度问题

合作评价并不考虑评价工具的效度，它所关注的是把生活事件视为数据，把修改过的对数据的有用理解视为结果。对评价效度的把握在于该评价对参与的各方能提供多大的帮助。来访者是否得到了较多的理解？现在来访者是否能够更有效地追求其目标？提供帮助的人是否知道怎样进入来访者的内心世界，并且通过合作努力达到所期望的目标？在这个意义上说，合作评价的效度不是数量化的，而是根据不同来访者的情况确定的。

此外，围绕这种合作评价人们还提出了很多问题。但不管怎么说，这种人格评价方法探讨的是人的生活世界，而且主要是以人文社会科学研究的手段来进行的，因而具有明显的人本主义心理学色彩。而且，美国的杜奎森大学是人本主义心理学的一个重要堡垒，它提出的这种合作评价的观点是人本主义的人格研究的一种进步。

第九章

学生中心:人本主义心理学的教育观

人本主义教育是人本主义心理学的一个重要的应用领域,它采纳的是一种以学生为中心的教育理念。换句话说,它超越和打破了传统的师生关系是上下级关系的框架,把教学过程视为人人都可以学到东西的过程,实际上相当于我国教育学中所说的“教学相长”。教师对学生有基本的信任,把学生视为对世界充满好奇的人,渴望与他人建立成功的关系,其价值观既是相对固定的,又是可以变化的。每个人都是有血有肉,有认知、有情感、有思想、有灵魂的活生生的人,但有时也会有挫折、有痛苦、有失望、甚至有恶念的人。

人本主义教育的形成和发展在很大程度上是受罗杰斯影响的,目前已经成为一个影响很大的学术思潮。尽管在20世纪70年代末和80年代初它受到了强烈的批评,曾经一度陷入低潮。但是,它并没有停止运作,而且在这个领域不断有一些新的观点出现。在这里我们就从历史和现实两个方面来看看它的发展历程和现状。

第一节　罗杰斯的教育观及其最新发展

卡尔·罗杰斯是人本主义教育思想的早期倡导者,其教育思想是在“患者中心治疗”基础上提出的“以学生为中心”的教育观。这种教育思想在1969年《学习的自由》、1983年《80年代学习的自由》以及1994年出版的他生前与别人合著的《学习的自由》中做了最全面的论述。经过30多年的发展，罗杰斯的以学生为中心的教育思想发生了那些历史演变呢？

一、罗杰斯教育思想简论

罗杰斯认为，传统的教育观对学生的健康成长帮助很少，而把“患者中心治疗”的思想运用到教育中，就可以从根本上改变师生关系，把教师变成学生成长的促进者。在这种思想的驱使下，罗杰斯初步确定了他的人本主义教育的教育目标、学习方式、教学过程、教师的作用等，也为其后来的发展奠定了初步的理论基础。

1. 教育目标

罗杰斯把患者中心治疗的思想运用在教育中提出，人本主义的教育目标是促进学生的发展和变化，使他们成为能够适应变化、知道如何学习的真正“自由的人”。罗杰斯明确指出：“只有学会如何学习和学会如何适应变化的人，只有意识到没有任何可靠的知识，惟有寻求知识的过程才是可靠的人，有教养的人。在现代世界上，变化是唯一可以作为确立教育目标的依据。这种变化取决于过程而不取决于静止的知识。”①

以这种教育目标为基础，罗杰斯强调指出，人本主义教育应该培养出具有下列鲜明特征的人：① 有创造性。即对经验采取开放的态度，对新旧条件进行健全的顺应，总是对生活赋予新的内容和意义。② 有建设性和责任感。总是积极进取，抱着建设性的态度来对待社会和他人，因而也受到他人的尊重和信任。③ 行为合乎规律但又不随意受人控制。具有相对的独立性和自主性，能够随情境而不断变化，但又不违背身心发展的规律。④ 有选择的自由。能自主地做出自己的选择，并为这种选择负责。

2. 有意义学习

罗杰斯强调的有意义学习主要是指学习的内容对学生的个人成长所具有的价值。这种学习具有如下特征：① 意义性。学生要尽可能在真实的情境中学习，通过自己的具体操作、行动和体验，通过把智力活动和情感活动结合在一起而获得知识。这样的知识对学生的个人成长是有意义的和有价值的。② 投入性。有意义学习需要学生全身心地投入，把理性的、逻辑的学习和直觉的、情感性的学习结合在一起。③ 自发性。有意义学习是靠自我发动的。但开始时要启发儿童的学习兴趣，由外向内的发展。正如罗杰斯

① Rogers, C. R. (1969). *Freedom to learn*. Columbus, Ohio: Merrill, p. 104.

所说："即使激发或刺激来自外部，那种发现的感觉、达成的感觉、掌握和理解的感觉，却是发自个人内心。"[①]④ 自我评价性。罗杰斯主张让学生自己确定评价的标准和所要达到的学习目标，通过自己给自己评分，来衡量自己进步的程度，从而把自我发动的学习变成自我负责的学习。

3. **教学过程**

罗杰斯所倡导的这种"以学生为中心"的教学是一种"非指导性教学"，其基本原则是：① 教师是学生的"促进者"，而不是机械的传授者。② 师生共同承担学习的责任，包括确定课程内容、进度、课堂规范和班级管理措施等。③ 师生均可提供学习材料。这些材料来自他个人的感受或经验，也可来自书刊文献和生活中的事件。④ 让学生依据自己的学习兴趣、目的、意图等，自行或在别人帮助下制定自己的学习计划，并为这些计划负责。⑤ 在课堂教学中形成一种促进学习的气氛，师生之间要以本真、无条件积极关注和移情理解为基础。⑥ 教师关注的重点是学生的学习过程而不是学习内容，评价标准是学生在"学会学习"上取得了多大进步。⑦ 纪律是为学生实现自己的学习目标而确定的，但学生的学习主要靠"自律"。⑧ 对学习的程度和评价主要靠学生自己进行，教师的评价只起参考作用。

显然，罗杰斯的这种教育思想就是"患者中心治疗"在教育中的翻版。毋庸质疑，按照这种教育思想实施教育是对几千年传统教育的一种猛烈冲击，因此，要在广大教师当中真正实施起来是相当困难的。一些心理学家和教育工作者就曾对这种教育思想提出过批评。但是，罗杰斯引用一些有关教育的研究对这种批评进行了回击。在他看来，要正确地实施人本主义教育，教师必须具备这三种基本特性，即本真、无条件积极关注和移情理解，这样不仅能够提高学生的学习成绩，而且能促进他们的人格发展和健康成长。他说："研究表明，它们和三年级阅读成绩的较大提高有重大和积极的关系；它们和年级的平均成绩有积极的关系，和认知的成长有积极的关系；它们和普遍的喜欢和信任课堂教学有关，而这些又和学生更好地利用了他们的能力以及更自信有关。"[②]

① Rogers, C. R. (1983). *Freedom to learn for the 80's*. Columbus, Ohio: Merrill, p. 20.

② Rogers, C. R. (1972). Comment on Brown and Tedeschi's article, *Journal of Humanistic Psychology* 12(1), p. 19.

二、罗杰斯教育思想的后期发展

根据美国人本主义教育中心 1972 年所做的研究，运用“以人为中心”的教育方法，不仅使课堂教学的气氛得到了改进，使之变得更温暖，更富有人情味，而且提高了学生的学习成绩。“当学生们获得高水平的理解、关怀和真诚时，要比在低水平时学得更多，行为更好。”从 70 年代以来，人们对罗杰斯提出的这些教育思想进行了大量的验证性研究，这些研究的结果不仅得到了北美地区不同文化背景的亚文化学校教育的支持，而且在欧洲很多国家也取得了令人瞩目的成果。例如，有研究表明：“当人们走进这样的教室，它看上去和传统的课堂教学不同，听起课来也是大不相同。孩子们以小组的形式在一起学习，而不是成行成排地坐着，有一种活跃的嗡嗡的声音，它既不像一个‘好的’班级（用管理的术语来说）那样的安静，也不像一个‘坏的’班级那样吵闹。当孩子们在课堂外面的时候，表现出的是一种基本健康的情境。”①

在罗杰斯去世后再版的《学习的自由》（1994）一书中，有四章的内容是专门介绍他的以学生为中心的教育取向的，从中我们也可以发现某些问题以及人们是怎样解决这些问题的。使用这种方法的人本主义教师通常都会对学生公开地谈论他们的个人经验，而没有多少掩盖和防御。他们要求学生自己设置学习的目标，以自己的方式进行学习，或者为每天所要做的事情签定一个合同等。那么，在这些情况下会发生什么事情呢？有一位教师说：“当我看到一个孩子在一天的大多数时间里几乎没有做任何（有益的）事情时，我就必须加以严格控制。有时，提供一些形成自律的机会甚至是一种更重要的尝试。我已经开始认识到，在实行这种教学计划时，一个人必须确信他自己的自我概念。为了放弃这种已经被接受的以教师为指导的教学计划中的教师的角色，一个人就必须首先理解和接受他自己。”②

显然，要成为一个人本主义的教师并不是那么容易的事，在某种意义上甚至可以说，就像心理治疗学家必须接受自我治疗一样，人本主义的教师也必须首先进行自我理解和自我发现。只有从外到里真正接受了这种“以学生为中心”的教育思想，才有可能正确地加以实施，才能使教学工作得到真

① Rowan, J. (2001). *Ordinary Ecstasy*: *The dialectics of humanistic psychology*. Hove: Brunner-Rourledge, p. 130.

② Rogers, C. R. and Freiberg, H. J. (1994) *Freedom to learn* (3rd ed.). New York: Macmillan, p. 76.

正的改观。还是前面那位教师，他说，在实施这种教育思想的过程中，“我经常受到挑战，‘但是你怎么教那些实际知识和新的概念呢？’一些好询问的人显然是这样假设的，除非教师下命令、进行指导或解释，否则就没有教学。我的回答是，我并没有‘教’；孩子们是自己教自己，是相互教”①。至于这样教学的效果如何，书上并没有说，但有一点是明确的，即这种教学方法确实改变了学生对学习的态度。

实际上，这个班的学生是一些不寻常的学生。全班共 36 人，其智商从 82 分到 135 分不等，但这些学生有一个共同的特点，就是都被称为社会失调者、学习成绩落后者或有情绪障碍者。他们普遍存在着纪律问题，对学习不感兴趣，与父母交往困难等。而且，这位教师也并不是一个有超凡魅力人格的教师。她和大多数教师一样，对自己的工作很感兴趣，决心要恰当地做好工作，而且能理智地适应环境等。她的不同之处就在于，她能消除自我防御，以开放的心态真诚地对待每一个学生。或许由此我们可以得出结论认为，要想实施“以学生为中心”的教育思想，教师首先必须解剖自己，才能真正成为人本主义的教师。

第二节　布朗的融合教育思想及其发展

融合教育(confluent education)是把理性、情绪和身体行为结合在一起，形成一种单一的教育体验的教育取向。它最初是 1966 年在美国圣巴巴拉的加利福尼亚大学由乔治·布朗(George Brown)提出的一个科研项目。它把 60 年代中后期在欧美许多国家出现的人本主义心理学的某些观点和经验加以组织，并把它们运用在教育中。它不完全等同于罗杰斯的以学生为中心的教育思想，而是强调把知情行结合在一起的一种融合性的教育观。

1968 年，布朗在加利福尼亚大学教育系提出开设融合教育课程的教学大纲，该申请得到福特—埃瑟琳学院研究项目的经费资助。首先开设的是硕士研究生课程，1970 年确定了博士学位教学大纲，1971 年开始招收美国

① Rogers, C. R. and Freiberg, H. J. (1994) *Freedom to learn* (3rd ed.). New York: Macmillan, p. 76.

和世界各国的学生。当时，帮助布朗从事这一项目研究的还有夏皮罗(Steward B. Shapiro)和菲利普斯(Mark Phillips)。后来，专注于教育政治学和组织行为学研究的艾恩纳科恩(Laurence Iannaccone)也加入进来。1970—1974年，他们获得了福特基金会的一项为期四年的经费资助，称为“融合教育的发展与研究项目”。有四五十位合作者加入到这一研究项目中，他们在中小学、公立学校、大学乃至研究生教育方面开展了广泛的研究。1978年他们又获得了福特—奇卡诺资助金，开始招收国外攻读博士学位的研究生。80年代艾恩纳科恩加入该项目后，由于他的影响和努力，融合教育的研究范围和重点发生了很大变化，转向了社会政治和组织、行政管理等问题。这一方面是由于艾恩纳科恩在这些领域中的影响，另一方面是由于布朗的研究兴趣开始从课堂教学的应用转向教育内部和外部的组织问题。从1991—1994年，融合教育的几位主要倡导者相继退休，融合教育的教学大纲便被合并到其他的教学大纲中，形成了一种新的融合。目前这种融合教育的实践仍在加利福尼亚大学和其他一些大学以及公立学校中进行着，并且已经流传到其他国家。正如夏皮罗所指出的：“或许这一教学大纲在机构方面的最大影响是在挪威，有相当多的学校、学院、大学和个人及专业大纲与研究中心在明确地以融合原则为基础。”①

所谓“融合教育”，实际上是把人的情意活动(如情绪情感、态度、价值观)和认知活动(如理智知识和能力)结合起来，其核心思想是希望把认知教育与学生自己的生活实际相结合，使人得到全面发展。因此，融合教育并不否认知识教学在教育中的作用，而是试图把情意教育和人格教育加到常规的学科教学中，使学习的内容和结果都具有个性的意义。显然，这种教育思想是符合当代教育发展潮流的，也是符合教学规律的。

30多年来，融合教育在理论和实践方面取得了以下几个方面的成就。

一、实现了多因素的教育整合

融合教育的一个显著特点就是它的整合性。它以人本主义心理学的理论为基础，兼收并蓄了其他教育思想中的某些理论观点和研究方法，实现了三个方面的整合：

① Shapiro, S. B. (1997). The UCSB confluent education program: Its essence and demise. In *Journal of Humanistic Psychology*, Vol. 37, No. 3, p. 105.

1. **在教学过程中认知与情感的整合**

我们知道,人本主义教育的主旨是反对传统教育重认知轻情感的倾向。融合教育最初也是强调情感教育的重要性,但随着其研究的日益深入,他们认识到,认知和情感都是教育的基本因素,忽视任何一方都不能称为完善的教育。1974年,布朗在《情感教育的教训》一书中把融合教育定义为“认知因素与情感因素在个体和群体学习中的合流”①。夏皮罗也明确指出:“融合教育从最初作为一种具有情感倾向的教育的人类潜能运动,转向把认知与情感相结合的概念。这种转变是它的第一次突破,是它的第一个具有指导性的范式,这已成为专门的定义。”②

2. **个人发展和人际关系及社会环境的整合**

融合教育坚持人本主义的教育原则,表现为一种强调个人价值和潜能的教育倾向。但是,仅靠发展个人潜能是不能真正达到自我实现的,因为人不是生活在真空里,而是必然和他人、和社会发生各种复杂的联系,因此,融合教育的倡导者们在其教学大纲和教学原则中明确要求加强人际关系的沟通。夏皮罗在80年代中期的研究中发现,接受融合教育的学生“在态度、与他人的关系、感情移入、与权威的关系、理解具有不同观点的人、热情、开放和与别人有更亲近感方面发生了重大改善”③。后来,由于艾恩纳科恩的努力,融合教育在探讨社会政治、组织和教育行政管理等问题方面也取得了一些重大进展。例如,夏皮罗所做的关于人际关系和小群体的研究;艾恩纳科恩所做的把社会组织和政治机构看作学习系统的一个组成部分的研究,以及课堂教学中相互作用群体的研究等。

3. **经验研究与实证研究的结合**

最初,融合教育运用人本主义的观点进行情感教育,单纯强调主体性和个人体验,强调情感交流和人际关系的价值,但它一直未能提出可以重复验证的实验数据,这在崇尚科学实证的美国,很难受到学术界和社会的普遍接纳。后来,为了使融合教育的思想得到具体的贯彻实施,融合教育的研究者们也尝试运用实证科学的方法,设计了一些融合教育的量表,进行调查分

① Shapiro, S. B. (1983). Confluent education: Paradigm lost?. In *Journal of Humanistic Psychology*, Vol. 23, No. 2, p. 90.

② Shapiro, S. B. (1983). Confluent education: Paradigm lost?. In *Journal of Humanistic Psychology*, Vol. 23, No. 2, p. 90.

③ Shapiro, S. B. (1997). The UCSB confluent education program: Its essence and demise. In *Journal of Humanistic Psychology*. Vol. 37, No. 3, pp. 80～105.

析。在研究学生的价值观、学习倾向、人格模式和学习风格等方面取得了一些有价值的成果。这些成果既对融合教育的实际效果提供了有利的实证支持，又证明融合教育在许多方面有其独到的特色，是一种值得开发研究的教育取向，因而在一定程度上获得了学术界的认可。

二、提出了有关的理论模型

随着融合教育课程的开设，以及对有关问题研究的深化，融合教育的倡导者们相继提出了一些有关的理论模型。例如，约曼斯（Yoemans，1973）提出的同心圆模型。该模型由三个同心圆组成，分别代表个人内部的、人际之间的和非人的（即环境的）方面，旨在说明在教育中要把个人内部的真实自我、人与人之间的相互关系与外部环境整合起来，使之在个人所“经验到的现实领域”中发生相互作用。夏皮罗提出了系统展示模型（1975）、学科之间相互作用模型（1979）和层次协调模型（1979），从超个人心理学、哲学、一般理论、教学理论和技术这五个层次探讨了个人发展和教学结构的关系。马库斯（Marcus，1977）提出了大脑两半球与两类认知的整合模型，探讨了左右脑与命题和组合思维的关系。此外还有融合教育的教员们集体开发的、体现个人与群体、与社会关系的系统模型等。这些模型作为指导融合教育的理论基础，在融合教育的理论研究和实际工作中起到了某些积极作用，对以这些模型为基础的教育实践产生了不同的影响，也深化了人本主义的教育思想。

为了验证融合教育的实践效果，融合教育的倡导者们反复进行过多次追踪研究和反馈性研究。结果发现，实施融合教育无论对教师还是对学生，在许多方面都比未实行融合教育的教师和学生效果好。许多接受调查的人认为，融合教育的价值主要表现为：① 它允许个人发展成为一个“属于自己的人”，即形成一种鼓励学习和个人成长的不同寻常的学习气氛；② 它强化了人的创新的勇气；③ 它提供了一个用新的职能、新的行为、新的方法进行实验的安全地方；④ 它持续不断地强调意识和责任，帮助人们更有意识性和更负责任；⑤ 它使人和人本主义运动相认同。由这些反馈可见，融合教育是建立在强调主体性、个人发展和创造性等人本主义教育理论基础上的，并通过其具体的研究和实践，使人本主义教育的观点具体化为实际可操作的理论模型。目前，它的某些观点已经渗透到西方当代教育的理论和实践中，这在某种意义上和融合教育的这些理论模型的创建及实践研究是分不开的。

三、确立融合教育的教学价值观

从70年代中期到80年代末，融合教育的研究者们先后对40位(后来扩展到89位)从事人本主义教育的专家进行问卷和调查分析，并依据这些分析归纳出16种融合教育的教学价值观，从而确立了融合教育的基本教学原则。它们是：

1. **注重过程**

认为在教育过程中探讨事情是“怎样”的比了解“是什么”和“为什么”更重要，即强调某种活动是怎样进行的，以及怎样被教师和学生所体验到的。

2. **自我决定**

这条原则包括学生的自主性、自我指导和自我评价，即在任何可能和可行的情况下，使学生表现出某种首创精神和自我负责的态度。

3. **建立各种良好关系**

在教学中鼓励教师和学生感情移入，以多元化的方式进行教和学，建立良好的关系，包括在学生之间、师生之间以及人际之间的相互关心和理解。

4. **关联**

强调学习对学生的个人意义和学生对学习的准备，因为教学和学生自己对学习的潜在关注及适当准备有关，也和社会的利益有关。

5. **整合**

主张情感与认知整合、生活与学习整合，强调要对完整的人进行教育，包括对学习者的价值观、情感、态度、身心发展和精神的教育。

6. **背景**

学生在学习过程中对环境、文化、历史、政治和经济气氛的觉察和意识。

7. **有创造性**

鼓励学生趋向于改变现状、不迷信权威、面向社会和进行创新。对教学者来说这种创造出来的东西可能是某种新的东西，但能使他们从中受益。

8. **情感倾向**

喜欢在教学中运用情感和具体体验，包括把对自己感知的意识、当前的情绪情感及其表现方式作为学习经验的一个核心部分。

9. **民主参与**

强调学习中的社会公平、一致性与合作，包括学生之间、师生之间、教师之间、学校与教育行政部门之间的合作，由团体决定教育将怎样进行。

10. **个人成长**

强调学习的方法和结果是通过自我觉知实现的。教师和学生都是人，他们的成长比教育中的课程计划、内容和其他软硬件都重要。

11. **注重人**

每个人都具有内部的和最终的价值观，要相信学习者基本上是努力的、负责任的、先天善的和自然地相互关心的，因而能够实现自己，自己教育自己。

12. **个人主义**

学习者是独特的、自我决定的、自我觉知和在集体中有自我价值的，因此教育要给人以表达的自由，使之具有本真的自我性。个体是教育最终关注的对象。

13. **现实性**

这条教学原则把现实性界定为具体的和实用的，因此，真正的现实性是提供一种客观的现实条件，通过直接的情感和内心体验来指导这种现实性，而不是依据教师的想象和对一般心理结构的了解。现实总是以当前的具体教学情境为依据的。

14. **评价**

有助于发展和改进的评价优于结论性的评价，因为前者强调人的成长和发展，偏重于定性，而不是定量的测量。

15. **多样性和创造性**

这条教学原则鼓励学习过程中的自发性、灵活性和进行自发的情感探索，这与传统教学所提倡的遵从、标准化和设立学习与成长的预定目标是不同的。

16. **超个人的**

学校和其他学习环境是促进完整的人的发展的环境，因而教学既促进包括精神潜能的、神秘的、直觉的和感受的方式的发展，也包括促进认知的、理性的、逻辑的和积极的意识方式的发展。①

夏皮罗在对这些由专家们提出的教学原则进行了分析之后，归纳出融

① Shapiro, S. B. (1997). The UCSB confluent education program: Its essence and demise. In *Journal of Humanistic Psychology*, Vol. 37, No. 3, pp. 91～92.

合教育的五个基本因素。它们是：① 参与：这要求教学双方在一致性、权力、分享、协商和共同参与等方面承担联合责任，其中非权威性和非单向性是一个必要条件；② 整合：在教学中需要把思维、情感和行为整合起来，使它们发生相互作用和相互渗透；③ 关联：教材必须在情感和理智方面与师生的需要和生活紧密联系并具有重要作用；④ 自我：自我是学习的合法对象，因此在教学中要进行自我决定的评价；⑤ 目标：融合教育的社会目标就是把学生培养成在人类社会中发展完整的人。①

这些教学价值观的确立为融合教育进行理论阐述和开展进一步的教学实践提供了可资借鉴的依据。后来，融合教育的研究者们从这些被调查对象所写的书面说明中开发出一份由 90 个项目组成的学习倾向量表。以这份量表为基础，他们对学生的学习倾向、人格模式和学习风格等进行了深入研究，获得了许多具体的实验数据和分析资料。

四、进行学习倾向的调查分析

首先，从 1983 年到 1990 年，夏皮罗等人对圣巴巴拉的加利福尼亚大学教育系从事融合教育的学生们进行了为期八年的学习倾向调查，并和学习咨询心理学、小学教师资格证书、中学教师资格证书以及有经验的教师进行了比较研究。结果发现，在全部 360 名接受调查的被试中，从事融合教育的学生八年来在学习倾向量表上的平均分数普遍高于执行其他教学大纲的学生。只有 1988 年出现显著下降。据分析，这一年招收的学生数最少，n＝13，而且用个性倾向量表所做的研究发现，这些学生普遍比较内向、小心谨慎、缺少自发性、比较保守。但经过一年的学习后，他们和接受融合教育的其他学生已经没有什么大的区别了。这从另一个角度说明，融合教育的人本主义教学原则提高了学生对融合教育和教学方法的信任度。出于对教师、同学和教学大纲的高度信任，学生的学习倾向分数普遍提高。

其次，融合教育以其独到的教学方式吸引和选择了一个特殊的学生群体、教师群体和群体气氛，对在这一群体中授课、学习、组织、个人和专业发展的影响提供了一种有启发的参考框架。也可以说，形成了一种特殊的有利于个人发展和情感交流的子文化。融合教育的教学价值观已经内化为教师和学生的自觉意识，也强化了他们的最初信念，从而形成和保持了这一子文化所特有的学习风格和人格特征。这在某种意义上启示我们，一所学校

① 转引自单丁：《课程流派研究》，山东教育出版社 1998 年版，第 176 页。

或群体的学术气氛、师生关系、教学环境和课堂气氛等的形成，对于促进和发展学生的人格、提高人的素质和培养创新能力等都具有非常重要的影响。

再次，在对人本主义教育专家的100篇作品的内容分析中，夏皮罗发现，在上述16种教学价值观中有三种是最经常得到赞同的，它们是情感倾向、个人成长和相互联系。其中情感是对课堂教学中师生情感联系的觉察和表示认可的一种强烈倾向，甚至具有反理智的色彩；个人成长是通过情感在充满热情的、和谐的群体背景中的本真表达而获得的主要目标；联系则体现了在教学中师生之间相互作用的原则。这三种教学价值观占全部16种教学价值观中的38.5%，因而比较集中地反映了融合教育是一种重感情、强调个人发展和人际关系的人本主义教育倾向。正如夏皮罗所指出的："在热情、本真的人际关系背景中，情感的表达倾向于使个人得到成长，而且是一种非常重要和合理的学习目标。"①

五、发现融合教育的人格模式和学习风格

融合教育的另一项研究成果，体现在它对融合教育所导致的人格模式和学习风格的研究上。1978年，基尔西和贝茨（D. Kiersey & M. Bates, 1978）在梅彼类型指标（MBTI）基础上开发了基尔西气质分类量表②。1985年克尔伯（D. A. Kolb, 1985）开发了学习风格量表，他分别对从事融合教育的学生和接受其他教学大纲的学生进行测验，发现了接受融合教育的学生所特有的人格模式和学习风格。

用基尔西气质分类量表对融合教育、咨询心理学、小学教师教育和中学教师教育的学生进行了为期三年（1984年—1986年）的人格模式研究。结果发现，高达80%的接受融合教育的学生在测验中得出的人格模式是外倾、直觉、情感和判断，其中外倾—直觉型的人占大多数。具有这些人格模式的咨询心理学的学生则为64%，从事小学教师资格证书学习的学生为56.5%，从事中学教师资格证书学习的学生为58.2%。经过x^2多项混合测验发现，这四种学生人格模式之间得显著性差异水平大于0.05。按照梅彼类型指标的术语分析，外倾、直觉、情感和判断型的人的特点是：从积极的方面讲，他们具有领袖人物的独特超凡魅力。他们高度重视合作、善于处理人

① Shapiro, S. B. (1997). The UCSB confluent education program: Its essence and demise. In *Journal of Humanistic Psychology*, Vol. 37, No. 3, p. 97.

② Kiersey, D. & Bates, M. (1978). *Please understand me: Character and temperament types*. Del Mar, CA: Prometheus Nemesis Books.

际关系、理解他人、热情、有欣赏力，能熟练地促进人际交往。从消极的方面讲，他们经常感到应该为别人的情感负责，因此经常背负着情感负担，却又不会通过退缩来保护自己，他们倾向于理想化地看待人际关系。如果他们觉得自己使别人或组织感到失望，他们往往进行自我批评。

用克尔伯学习风格量表对接受融合教育的学生进行测量，发现他们在学习风格上与一般人和接受其他教育的研究生及教师也大不相同。融合教育的学生最偏爱的学习风格是通过自己的具体经验来学习。这种具体经验包括直接的感觉经验、触摸、情感交往以及与学习对象进行联系，产生具体的内在经验。研究发现，接受融合教育的学生显然非常喜欢把具体经验作为一种主要的学习方式，在学习风格量表上发现，喜爱具体经验的百分比在融合教育的学生中占 82.7%，而咨询心理学的学生达 63.8%，中学教师资格证书的学生达 68.4%，小学教师资格证书的学生达 64.8%。x^2 检验表明，融合教育和其他群体的差异在统计学上的显著性水平大于 0.01。①

另外，研究还发现融合教育的学生在最喜爱的信息加工方式上表现为活动型和思考型两种。外倾者喜欢在积极的活动群体中学习，内倾者则喜欢在思考型的群体中学习。但是，喜欢这两种信息加工方式的学生大多以发散和顺应的学习风格为主。这两种学习风格也是可以具体体验到的，与抽象的和概念的学习风格完全不同。从职业倾向来看，喜欢分散学习风格的学生适合于从事帮助人的职业、创造性艺术和人文科学，而喜欢顺应的学习风格的学生则适合于在企业和商业销售、公关和广告业工作，其特点是灵活和容易适应当时的情境。

概括地说，作为人本主义教育思潮的一种具体研究范式和教学实践，融合教育的许多思想和做法具有如下启发意义：

第一，它强调把个人的成长和与他人的关系、与社会和环境的相互作用结合起来，因而在重视满足个人需要、发掘个人的成长潜能和价值，承认个体的独特性和本真的自我性的同时，也非常重视学生之间、师生之间的相互关联和情感交流，重视学习过程中的相互理解与合作，在教学过程中重视发挥集体讨论的作用。但是，融合教育所倡导的绝不是十足的个人主义，而是以人为本的教育，是和人本主义心理学思想一致的。正如人本主义心理学的著名领导者 C·彪勒所说："如果我们不把儿童训练成能理解他人，与他人建立联系，给予他人又从他人那里得到帮助的这样的人，我们就使人性和

① Kolb, D. A. (1984). *Experiential learning: Experience as the source of learning and development*. Englewood Cliffs, NJ: Prentice -Hall.

人生历程的广阔领域又变成了以自我为中心的被歪曲的狭隘范围。一句话，我们就不再是有道德价值的人本主义者了。”①这种既尊重个人的发展，又强调人与人之间的情感交流、相互理解与合作的教育思想，实际上也是我们的教育所追求的。只不过我们往往把这种追求停留在口头上，而没有或很少落实在行动上。这里固然有教育体制的因素，但我们自己的教育观念的滞后不能不说是导致这种状况的一个重要原因。我们希望融合教育的这种教学范式能够对我们的教育有一定的启示作用。

第二，融合教育非常强调个人的选择在教学中的作用，它把教会学生进行自我选择看作是教育的一个重要目标。麦克尼尔在概括融合教育的课程观时这样说道：“融合主义者并不认为课程应当教给学生感受什么和持什么态度。他们的目标是给学生提供更多的选择机会，以使学生根据他们自己的生活进行选择，对他们所欣赏的这些选择负责并且意识到他们(学习者)确实能够做出选择。”②当然，融合教育所提倡的这种选择并“不鼓励牺牲另一个人的发展来促进某一个人的发展”。这种观点对于我们的教育只考虑教师的教，而很少考虑学生的自我选择；只重视知识教学和成绩评估，而相对忽略情感教育和社会教育的片面性倾向应该是一种警示。其实，现代教育的发展早已证明，知识并不是教师教出来的，而是学生学出来的。“教是为了不教”就是这种思想的具体体现。

第三，从融合教育的发展史来看，融合教育反对传统教育的重知轻情的灌输式教学。它从60年代着重抓情感教育开始，到70年代把情感与认知相结合，再到80年代提出促进“完整的人在世界上的发展”，其中更多注意的是影响学生发展的那些政治的、经济的、历史的和组织的因素，尝试提出一套更适合人本主义教育范式的教学原则和研究策略。为了使融合教育的思想和原则得到学术界的认可和支持，融合教育的倡导者们还积极地进行实证研究，从学生、校友和实际教育工作者那里获取反馈信息、进行批判反思。他们归纳的16条教学原则比较全面地反映了融合教育的基本思想，展示了它作为人本主义教育的一种主要范式所特有的风格。进入90年代，虽然它的几位主要倡导者相继退休，但融合教育的思想仍然在继续发展。1995年，融合教育的教学大纲和加利福尼亚大学的教育政策、组织和领导(EPOL)教学大纲合并，组成了一个新的教学大纲“教育领导与组织”。就是

① 彪勒等著，陈宝凯译：《人本主义心理学导论》，华夏出版社1990年版，第100页。

② McNeil, J. D. (1985). *Curriculum: A comprehensive introduction* (3rd ed.). London: Little, Brown and Company Ltd., p. 11.

说，它把融合教育的思想同组织行为学的研究和教学结合起来，进一步发展了融合教育的思想。除加利福尼亚大学外，在美国还有一些大学受到融合教育的影响，例如安蒂奥克大学、费尔丁学院、圣巴巴拉地区的太平洋研究院，以及在一些公立学校中进行的融合教育的实践。另外，融合教育的最大影响或许是在北欧的挪威。由于布朗、夏皮罗等人的积极传播，目前在挪威有相当多的学校、学院、大学和个人在明确地以融合教育的原则为基础，继续进行这方面的实践和理论探索，这也表明融合教育确实是有生命力的。

当然，作为人本主义教育思潮的一种教学范式，融合教育还不能成为当代西方教育的主流。这固然和西方社会崇尚科学实证、强调科学主义的倾向有关，因为融合教育重视情感体验，它的很多思想是难以进行量化研究的。尽管它在学校实践中进行了多年实验研究，对提高学生的综合素质和情感交流有积极作用，但在有效地提高学生的学习成绩方面还不甚理想，这也使它的观点一时难以被政府、社会、学校和家长所普遍接受。因此，我们在吸收其教育思想的积极方面时，如重视情感交流、发挥学生和教师的自主性、创造性、提高民主参与性、增强社会性等，也应摒弃它的某些思想糟粕，如过分强调个人感受、忽视知识的系统性等。至于它能否成为一种理想的现代社会教育范式，还有待于今后的实践和时间的检验。

第三节　经验学习及其教育思想

“经验学习(experiential learning)”是人本主义教育思想的一个重要方面。从广义来说，大多数人本主义教育都是按照经验学习的模式进行教学的，而很少采用传统的说教模式。从其定义来看，经验学习是从亲身体验或实际操作中进行学习。它最早起源于20世纪30年代的美国，从教育研究的角度讲，它是在杜威“从做中学”的教育思想的影响下形成的。其主要过程有：① 获得某种经验(或体验)；② 对该经验进行思考；③ 做进一步的抽象概括，最后形成概念；④ 检验此概念的适当性，并产生新的经验。[①]

---

① 林崇德、杨治良、黄希庭主编：《心理学大辞典》，上海教育出版社2003年版，第631页。

但是，时至今日，经验学习的内涵和外延都发生了很多变化。有很多学习都可以称为经验学习。在这里，我们从人本主义心理学的视角来阐述一些主要的经验学习的教育观点。

一、罗杰斯的有意义学习

我们知道，罗杰斯曾经区分了两种学习，一种是认知（无意义）学习，一种是经验（有意义）学习。前者主要与学术性的知识有关，例如，学习词汇、记住乘法口诀等。后者主要指应用知识，例如，了解发动机的原理，以便应用于修理汽车。对学习的意义性的理解，罗杰斯是这样认为的："意义这个词可以做两种解释，一是指学习的材料对学习者来说是不是可以理解，如果是可以理解的，就说是有意义学习，如果是不能理解的，就是无意义学习。"① 这种解释强调的是学习的理解性。还有一种解释是强调学习的价值性，即学习的内容是否对学习者有价值，是否值得学习。两者的根本区别在于，意义学习是一种经验学习，是符合学习者的需要和要求的。按照这种解释，经验学习比较适合于成人教育和职业技能教育，而不太适合普通学校教育，因为其内容并不是完全按照学生的需要和要求来开设的。

但是，学校中的学习并不是完全没有意义的。罗杰斯曾列举了意义学习的一些基本特点：

1. 个人参与性

在学习过程中，尽可能地通过学生的积极参与，使之获得第一手的经验。在教学中，教师可以努力创造一些真实的情境。因为"在真实的情境中，学习者去感受、去做、去行动，他的智性活动和感知、情感活动交织在一切，他是全身心都在学习之中，因为所学的对他有切实的个人意义"②。

2. 自我发动性

有意义的学习是自我发动的学习。在学校教育中，教师应该努力调动学生学习的兴趣。从兴趣入手才能使儿童学习的兴奋中枢始终处于活动状态，才能不断地通过自我发动来开发其学习的创造潜能。小学儿童可以通过游戏或其他适合其心理特点的活动来增加学习的趣味性，中学可以通过课堂讨论、辩论、实际操作等实践活动来促进学生自发地投入到学习之中。

---

① 江光荣：《人性的迷失与复归：罗杰斯的人本心理学》，湖北教育出版社 2000 年版，第 194 页。
② 江光荣：《人性的迷失与复归：罗杰斯的人本心理学》，湖北教育出版社 2000 年版，第 195 页。

3. **由学生进行自我评价**

既然学习对自己的成长和发展是有意义的，学生就应该为这种学习负起责任。其学习的效果最好由学生自己来进行评价，包括制定评价的标准和所要达到的学习目标。在我国的学校教育中，要完全做到这一点是不现实的。但是，教师可以通过与学生签订学习合同的方式，要求每个学生制定出自己本学期，甚至本月、本周、本日的学习目标，只要学生按照这个目标顺利完成了学习计划，就可以由教师和学生协商，给学生的学习做出一个中肯的评价。

在罗杰斯看来，意义学习有助于个人的发展和成长，因为在每个人的心灵深处都有一种学习的自然倾向。教师是学生学习的促进者，其作用就是要保护和促进这种学习的潜能。罗杰斯提出了如下方式作为促进学生潜能发展的手段：① 形成一种积极的课堂学习气氛；② 阐明学习的目的；③ 组织和利用好学习的资源；④ 使学习中的认知和情感成分保持平衡；⑤ 与学习者共同分享学习的感受和思想。总之，罗杰斯的意义学习思想虽然难免有些偏激，但他主要强调让学生通过学习来促进自身的发展。在这个意义上讲，他的意义学习是以人为本的，也为人本主义的教育思想奠定了初步的理论基础。

二、克尔伯的经验学习

大卫·克尔伯(David Kolb，1939—)是美国韦瑟雷德管理学院的组织行为学教授。70年代中期，他和他的同事阐述了一种至今仍很有影响的“经验学习”的理论模型。1984年，出版了其名著《经验学习：经验是学习和发展之源》，该书的出版对终生学习和教育产生了很大的影响。克尔伯根据他的理论而开发和设计的“学习风格量表”在学术界也产生了很大的影响。现在我们就来看看他的经验学习的基本思想。

1. **经验学习的成分模型和步骤**

通过对经验学习的长期研究，克尔伯和他的同事弗赖伊于1975年共同创造了著名的经验学习四成分模型，该模型由四个基本成分组成：① 具体经验；② 观察和反思；③ 抽象概念的形成；④ 新情境的检测。见下图。

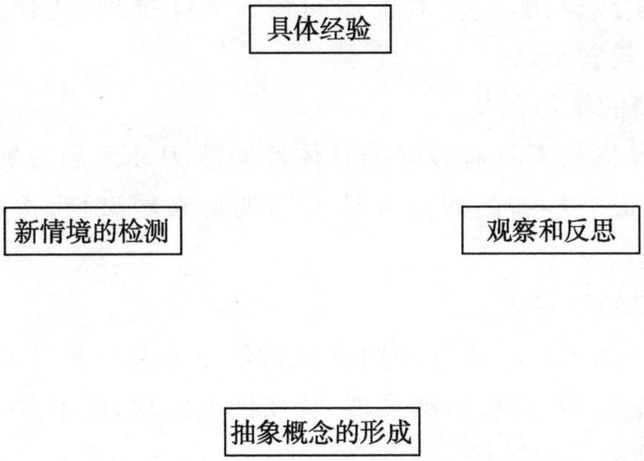

图 9.1　经验学习的四成分模型图

该模型表明,经验学习是一个不断循环发展的过程,就像一个螺旋一样。概括地说,它包括四个基本的过程或阶段:第一,学习过程通常是从个人的参与开始的,在参与活动中个体可以看到自己活动的效果,从而产生一些积极的个人体验。第二,通过一些具体的实例来观察和理解自己活动的效果。如果在同样情况下仍可观察到相同的活动,就可以预期自己的这种活动会导致什么情况发生。第三,通过对那些具体例证所遵循的一般原则的思考,形成抽象概念。第四,通过自己的实际行动,把学习到的东西在新的情境中加以应用。在应用过程中,有两点需要特别注意:① 使用具体的、当时当地的经验去检测这些观点;② 通过反馈而不断地在实践中修正这些理论。总之,克尔伯的这种经验学习是强调实践活动对个人发展的影响,重视角色经验在学习中的作用,其目的是为了与传统的知识学习的过程理论区别开来。在这个意义上说,他的经验学习和人本主义教育思想是一致的。

2. 学习风格及其测量

通过对四成分模型的阐述,克尔伯和弗赖伊认为,有效的学习应该包含四种不同的能力,它们是:① 具体经验能力;② 反思观察能力;③ 抽象概念化能力;④ 积极实验能力。显然,这四种能力是和四种基本成分相对应的。但是,在现实生活中很少有人能够完全掌握这四种能力,而主要形成某一种能力或倾向。在反复验证的基础上,他们于 1985 年编制出学习风格量表,该量表可以揭示学习者最偏爱的学习风格,阐明他们的学习特点。通过上述四种能力的相互组合,他们确定了四种主要的学习风格:

(1) 会聚型的学习风格。

有这种学习风格的人具有抽象概括化能力和积极实验能力。他们重视对理论观点的实践应用，关注对具体问题的演绎推理，比较理性，而较少情绪性，兴趣也比较狭窄。

(2) 发散型的学习风格。

这种学习风格的人具有较强的具体经验能力和反思观察能力。他们喜欢想象，擅长形成一些新的观点和从不同视角来看事情，擅长与人交往，有广泛的文化兴趣。

(3) 同化型的学习风格。

有这种风格的人具有良好的抽象概括化能力和反思观察能力。他们善于创立新的理论模型，擅长归纳推理，关注抽象概念，而不太关注人。

(4) 顺应型的学习风格。

持这种学习风格的人有良好的具体经验能力和积极实验能力。他们最擅长做具体事情，敢于冒险。当环境要求他们做出反应时，他们会有良好的表现。有时能够直觉地解决问题。

这个学习风格量表显然深受皮亚杰观点的影响，是依据人的思维发展的规律，并结合他们关于学习能力的研究而开发出来的。该量表能够在一定程度上反映学习者的学习风格，并具有较好的信度和效度。我们在前面论述融合教育时曾提到，融合教育的研究者用该量表对学生进行过测量，并取得了有益的研究结论。

3. 存在的问题和争议

经验学习是人本主义教育所大力提倡的一种学习方式，它可以帮助学生扩展和巩固所学的知识，使学生打下坚实的知识基础，同时也为将来工作的成功做好积极的准备。由于这种学习操作性比较强，形式活泼，而且在理论上把学生视为积极的学习者，在学习过程中师生是平等的伙伴。因此，这种经验学习在成人教育、职业教育等实践性较强的学习中深受欢迎。而且，该模型对制定教学计划和组织学习活动提供了很好的参考框架，对理解学习困难的学生，对职业咨询和学习辅导等都有积极的参考价值。但是，对系统的知识学习而言，很多内容是无法通过直接经验的方法获得的。因此，它只能作为对正规课堂教学的一种补充，而不宜替代课堂教学。

随着相关研究的不断深入，人们对经验学习也提出了一些批评意见，主要集中在：

(1) 经验学习对反思过程的重视不够。

虽然这种学习强调学生的反思观察能力，但反思本身究竟有哪些具体成分，通过什么样的活动来表现学生的反思等，都揭示得不够。

(2) 对四种学习风格提出的要求太高。

因为经验学习并不适用于所有的学习情境，这四种学习风格也不能涵盖学生所有的学习风格，实际上还有很多其他的学习风格。

（3）该模型没有考虑不同文化的差异。

学习风格量表适用的范围有限，不能在不同文化差异的群体或状况中使用。

（4）它所归纳的学习阶段和步骤并不完全适用于人的思维发展的规律。

在实际的学习过程中，有些阶段是可以跨越的，前后的顺序也不完全一致，因此，这种经验学习的思维方式过于整齐和简单化。

（5）对该模型的实证支持较少。

克尔伯等人最初的研究数据库就比较小，以后的支持性研究也不多。另外，该量表也无法测量几种不同学习风格整合的程度。

（6）学习过程与知识的关系存在问题。

虽然克尔伯对两者之间的关系做过说明，但仍存在两个问题：第一，他没有深刻地探讨知识的本质。虽然他从社会心理学的观点阐述了知识的结构问题，但没有把大量关于知识本质的争论和他的观点在哲学和社会科学的理论中联系起来。第二，他忽略了学习与知识产出的关系。他强调的是学生在投身到学习过程中所获得的经验，但忽视了学生掌握经验和转换经验的结合。掌握经验是学习，转换经验是产出，因此只有通过两者的结合才算真正掌握了知识。

三、人本主义取向的经验学习

经验学习并不是人本主义心理学的专利，很多不同的研究取向都采用经验学习的方法，例如，精神分析学派、荣格的分析心理学以及一些管理学的课程等。在这里我们着重阐述人本主义对这种方法的使用。

在人本主义教育中，对经验学习进行了很好阐述的当属特里·博顿。他于1970年写的《达到、接触和教学》一书，描述了一个教师在真正关心学生的基础上实施教育的经验学习取向。在他看来，教育就是关于“什么”、“那又怎么样呢”，以及“现在又怎么样呢”。他用下面这段话对此做了明确的表述：“例如，如果一个学生过分多疑，那么，他必须首先发现他在做什么，或许可以通过沉浸在一种角色扮演的活动中，这样他就能够看到在哪里形成的他的行为模式。然后他需要开始询问，‘那又怎么样呢？’即他的行为有什么不同呢？这对他有什么意义呢？其后果是什么呢？最后他需要询问，‘现在又怎么样呢？’既然他发现他很多疑，那么他想要做什么呢？他的新理解怎样才能转换成新的行为模式呢？他需要用一种新的态度进行实验，评价它的后果，以及重新应用他所学到的东西吗？”①

博顿用大量的实例证明，他的这种经验学习是怎样在具体情境中应用的。他相信，一个学生在学校里学习的东西，以及他最终要成为什么样的人，都深受他的自我感受和他对外部世界的感受的影响。这些感受就是学生的经验或体验。学校应该重视这些感受，并且教给学生各种方式去恰当地认识和表达这些感受。否则，没有学生深刻的自我理解和体验，这种教育只不过是在进行一种知识与理论积累的训练，而和学生的内心体验及个人成长无关。

在这个理论模型的基础上，博顿还对第二个过程做了专门的补充说明，他认为这个过程可以包括两种方式：“第一种是分析的方式，这是我们大多数人都熟悉的方式——硬驱动、直截了当的、尖锐的、符合逻辑的、强硬的和严厉的。但是，如果把人们置于过大的压力之下，就很难使人发生改变，因此我们也使用一种沉思的方式，一种比较放松的方法，它可以通过自由联想和隐喻来避免对自我进行挑剔，允许提出一些可以替代的方式。”②

总之，人本主义教育重视通过经验学习来促进学生的健康成长。从理论上讲，这种学习方法是一种整合的方式，的确有助于学生整体素质的提高，但在实践中却比单纯的知识教学困难得多，需要教师花费很大的时间和精力进行课堂教学的设计和组织，而且有时可能会和知识的系统教学发生矛盾。这些问题还有待于今后更多的研究来解决。

第四节　人本主义教育的现场实验

罗杰斯的以学生为中心的教育思想不仅在中小学教育中得到了大量的研究，就是在大学教育中也曾深受欢迎。美国加利福尼亚州立大学的心理

① Rowan, J. (2001). *Ordinary Ecstasy: The dialectics of humanistic psychology*. Hove: Brunner-Rourledge, p. 135.

② Rowan, J. (2001). *Ordinary Ecstasy: The dialectics of humanistic psychology*. Hove: Brunner-Rourledge, p. 136.

学教授霍巴特·托马斯花费14年的时间进行实验研究，探讨了以学生为中心的教育怎样在大学教育中促进学生的理智和情绪发展的，并且阐述了他所提出的一些实施策略。在这里我们通过对他的一个课程实验的阐述来展示他是怎样在大学的课堂教学中实施以学生为中心的教育的。

一、问题的提出和研究背景

传统的大学教学也基本上是以知识的讲授为主要教学方法的。因此，要想在这样的学术氛围中实施以学生为中心的教育，就必然会引发出一些疑问。例如，能否在这种体系内提供一种促进学生个人价值观的学术气氛？怎样通过重新确定学术要求来满足学生的个人兴趣和需要？学术要求怎样才能促进和提高学生的素质，如责任心、学习的欲望、创造性、与他人的交往和合作等？

1986年，托马斯在主讲"书面与口头分析"这门课时，运用以学生为中心的教育思想开展了实验研究。在实验之前，他所面临的研究背景是这样的。首先，这门课的目的是提高学生的书面和口头交往的能力。但是，由于是必修课，一些学生并不是真心愿意上这门课的。这种现状和以学生为中心的教育的初衷是相背离的。其次，是否需要对学生想要学习什么，对什么感兴趣，需要哪些有意义的指导等进行调查咨询。这在传统的大学教育中是很少进行的，更多的是要求学生接受教师的传授，学习各位专家所讲述的内容，掌握必要的概念和程序，满足他人对学生的期待，以及怎样做出正确的回答以通过考试和获得学位。在这样的学术背景中，要把教学的重点从以教师为中心转向以学生为中心确实是一个严峻的挑战。

要在大学教学中实施以学生为中心的教育，教师必须清醒地认识到一些基本的现实。第一，在目前的教育体制下大多数学生是受许多外部要求支配的，例如，必须在规定的时间内修完所规定的课程，并获得相应的学分。学生要接受几位教师的教诲，却很少有机会把这些大量而不同的信息整合在个人的价值观体系中。这就陷入了我们通常所说"上课记笔记，下课背笔记，考试抄笔记"的怪圈。第二，有些教师的讲课不受学生欢迎，学生大量逃课或上课不注意听讲。学生个人的兴趣和需要得不到满足，又怎么能够促进其个人成长。第三，对致力于解决这些问题的教师而言，他所提出的学术要求怎样才能满足每个学生的个人需要，怎样才能提供足够的时间使他熟悉自我发现的基本过程。第四，学校教育是有一定的学术标准和要求的，实施以学生为中心的教育的教师怎样才能提供证据证明其教学方式符合大学教育的学术标准。所有这些问题和现状不仅是人本主义教育所着力想要解决的,其他教育取向也都不同程度地提出了这些问题。

二、实验的模型

在教授“书面与口头分析”课的过程中,托马斯提出了他的实验模型。这个模型的基本步骤如下:

1. 提出基本的要求

在每次课开始的时候,都要提出这堂课的一些基本要求。例如,要求学生发现是什么使他生活在这个世界上的,根据他的基本价值观和兴趣来确定自己是谁,确定自己需要学习什么来发展自己的兴趣,自己决定把时间和精力花费在哪些方面。找到自己面临的困难,通过口头、书面讨论的方式表达出来。自己设计整个学期的学习目标和时间安排。每人至少要在全班做三次口头讲述,六篇书面论文。最后一篇要求是一个比较全面的书面和口头报告……等等。

2. 布置作业

在第二堂课一开始,要求每个人对全班(或分组)做 3～5 分钟的自我介绍,还有一篇书面文章。要求学生在介绍时考虑下列问题:我在哪些方面与众不同?在我身上有哪些使大多数人感兴趣的东西?我怎样才能与他人共享我的兴趣和价值观?我怎样才能使这门课对我发挥作用?等等。要求学生尽可能风趣而有创造性地讲述。

3. 课程的内容与评价

给学生提供这门课的纲要,提供推荐的参考书,提出获得不同等级分数的标准,对积极参与评价过程提供一些建议。例如,要求学生阅读同样的两本书,并写出书面感想和进行口头表述。

4. 课堂教学的组织形式

除了课堂讲授之外,学生要进行分组讨论。一般 3～4 人一组,每次讨论的成员是不固定的。讨论的内容是要求他们阅读的书,并把这些内容和他们当前的个人价值观联系起来。对书面文章,教师要进行评论并返还给他们。最后,留出 15～20 分钟的时间,在全班分享一些小组讨论的经验。在口头报告中,要求每个学生用 5 分钟时间进行口头陈述,总的时间控制在 15～20 分钟内,因此,每次只允许 3～4 个学生发言。学生们也可以谈论他们认为重要的任何事情。

5. **教学时间的安排**

在一个学期的课程中安排约一半时间学习教科书中的有关概念和原理，然后安排其他时间使学生追求自己感兴趣的东西。表面看来时间很紧张，但通过和学生经常讨论发现，给学生提供阅读参考书和所讨论的问题，可以使学生主动参与，并负责任地完成他们所扮演的角色。总之，学生在课外花费的时间多于在课内的时间。在整个学期，给学生适当的学习压力，前半个学期主要是进行口头报告，后半个学期则主要致力于书面报告，需要学生在课外进行适当的研究，才能做好口头和书面报告。

三、研究的结论

在学期结束时，托马斯对 6 个班共 128 名学生进行了匿名评价。结果发现，大多数学生认为获得了非常有意义的学习经验。大多数学生的书面和口头表达能力有很大提高，很多学生写出的报告也非常感人。当然，也有少数学生在试听了开始的几堂课之后就选择不上这门课了。托马斯本人也曾劝告几名学习很差的学生不学这门课，但是，一年后这些学生又重新选修了这门课，这从一个侧面说明这门课是比较受欢迎的。

但是，调查也发现，大约 5%～7%的学生认为没有从这门课中学到特别有意义的东西。例如，一些学生认为，这门课“需要更多的结构，太不明确”，“我不想太深地去挖掘，我想要的就是毕业”，“课程进展太慢，可能需要更多的挑战”，“完全是浪费时间”，“需要更多的等级评定，布置更具体的作业。我需要更多的推动才会去做事”。这些正反两方面的结论比较客观地反映了该教学实验的基本特征。从人本主义教育的观点来看，它较好地体现了以学生为中心的教育思想，因为它使大多数学生把学习的内容和自己的生活实际结合起来，使学习成为发展自我、提升自我价值的一种很好的方式。当然，课堂教学和心理咨询不同，它面对的是很多学生，有时很难顾及到所有学生的心理现实。如何通过课堂教学，使所有的学生都能深切地感受到以人为中心教学的魅力，这恐怕还是一个有待进一步研究的课题。

第十章

以人为本:人本主义心理学的管理观

在西方管理心理学发展史上,人本主义的管理心理学思想具有相当大的影响。一般认为,20世纪50年代以来,马斯洛提出的自我实现的理论假设为人本主义管理心理学思想开创了研究和发展的先河。半个世纪以来,西方的管理学和管理心理学都得到了很大的发展,但是,人本主义的管理思想仍然占据相当重要的地位。1983年胡岑斯基在其《管理发展方法百科全书》中指出,有40%以上的管理发展方法来源于人本主义心理学。后来的一些其他有关管理的著述也都提出了大体相同的看法。目前,人本主义的管理心理学思想仍然在不断地发展,可以说,在这样一个强调"以人为本"的时代,人本主义心理学对组织管理和发展的影响和作用仍将不断持续。

第一节　人本主义的组织发展与管理理论概述

组织发展是"对组织进行有计划变革的干预措施的总合"[①]。西方关于组织发展的研究起源于格式塔心理学家科特·勒温。他在美国麻省理工学院建立的团体动力学研究中心,开创了"民主型领导"研究和培训的先河。在50年代美国的国家培训实验室就把他们的工作称为"民主型领导的培训"。后来,随着敏感性训练的出现,民主价值观的培训就主要通过这种训练方法来进行。70年代人们开始更多地使用"组织发展"一词,到80年代则

① 林崇德、杨治良、黄希庭主编:《心理学大辞典》,上海教育出版社2003年版,第1793页。

改称人力资源和常模系统，到90年代人们对组织发展的兴趣转向“转化系统”。

实际上，从这些名称的变化就可以看出人本主义心理学的影响。因为，关于组织发展的理论越来越清楚地认识到，“人就是其本身的目的”，而希望通过干预来改变组织和人绝不是“价值无涉的”。因此，对人本身发展的重视，对个人价值观的强调，都在很大程度上反映了人本主义的价值观思想。

一、马斯洛的管理思想及其影响

现代西方以人为本的管理心理学思想是和马斯洛的贡献分不开的。他提出的需要层次论、动机理论、创造性、自我实现等观点都对现代西方的管理思想产生了重大的影响。在60年代，当时的管理学大师如杜拉克等人都把注意力集中在企业管理的工作现场，而很少有人注意人的因素。马斯洛很早就认识到，企业管理的情境可以作为研究心理动力学、研究人的高级发展、研究人的理想生态的一个新的实验室，工作环境是研究人和实现人的潜能的一个重要领域。他在60年代写成的《马斯洛论管理》(1965/1998)一书就是他的管理心理学思想的主要代表作。

在这本书里，马斯洛系统阐述了他的管理心理学理论及其在企业管理中的应用，阐述了他对当时的经济学和管理学的心理学思考，从心理学角度论述了以人为本管理的重要性。在他看来，任何组织的管理问题，都可以用一种新的方法来解决，这种新的方法就是以人为本的管理。只有在人性的基础上建立起某种适合人性健康发展的环境条件，使个人目标与组织的目标有机地结合起来，就不仅能够实现人的潜能和价值，也能极大地提高组织的效能。

我们知道，西方早期的科学管理思想是以“泰勒制”为基础建立起来的。其思想的核心是否认工人有思想和创造性，而认为工人只能按照工业管理的标准机械地完成规定的任务，工人就是机器的扩展。因此，科学管理就是要求工人必须适应技术的要求。和泰勒制的管理思想相反，马斯洛认为，工人并不仅仅为了挣钱和吃饭而工作。按照他的需要层次理论，在满足了工人的“低级需要”(如生理和安全需要)之后，对工作环境的设计和管理就必须发生相应的改变，使之成为促进人的发展和潜能实现的重要场合。马斯洛是从整体上来考虑人的，而不是简单地把人还原成为可以交换的“雇员”，只是用来完成某些特定的任务。这种对人的需要以及对工作与人之间关系的本质所做的重新阐释是对传统的泰勒制的一种颠覆。

马斯洛及其人本主义管理心理学思想的一个重要观点是，在企业管理中提高人的创造性和革新能力。在现代社会，竞争与合作是社会发展的潮流。而只依靠个人的力量去进行竞争，创造的潜能就会大打折扣。因此，合作是提高竞争力的一种有力的手段。马斯洛从人类学家玛格丽特·米德那里借用了“协同作用”(synergy)一词。按照他的理解，在工作环境中一个追求自身利益的人，同时也要自动地帮助别人。一个无私奉献帮助他人的人，同时也会得到自我需要的满足，这就是协同作用给人们带来的好处。

马斯洛管理思想的核心是追求人的本性的健康发展和企业的长远目标。他说：“我几乎没有看到那些管理者或撰写组织理论的作者们有勇气用长远的术语、用范围广泛的术语、用乌托邦的术语、用价值的术语来进行思考。一般地说，如果他们把较小的劳动力流动或较少的旷工或较好的精神面貌或较多的利益等标准用作成功管理的标准或健康组织的标准，他们就感到他们是精明而讲究实际的。但是，在这样做的时候，他们却忽略了企业的完整的尤赛琴(Eupsychian)成长和自我实现以及个人发展方面。”①这里所谓“尤赛琴成长”是马斯洛提出的一种理想化的企业管理模式，也有人称之为”Z 理论”。按照这种管理模式，个人的自我实现需要就可以得到最大限度的满足。

马斯洛通过对人的需要、动机、自我实现等的研究来寻求实现企业和人的长远目标，这些研究和观点在很多方面是有预见性的。时至今日，有很多组织都在运用他的理论，组织员工积极参与到个人的发展和企业的长远目标建设之中。可以说，正是通过马斯洛在理论上的阐述，才使以人为本的管理成为管理心理学思想的一种重要思潮。正如马斯洛自己所说：“人们达到的层次越高，人们的心理就越健康，为了在竞争中获得胜利，开明管理政策就越有必要，独裁主义者的企业就越容易破产……这就是为什么我对优心态(即尤赛琴)管理抱如此乐观态度……这也是为什么我认为它将成为未来的浪潮(的原因)。”②

二、人本管理面临的挑战

虽然组织发展的研究在当代社会仍然非常活跃，但是，马斯洛的人本主义管理思想主要是在理论上进行阐述的。虽然也有一些少量的研究把他的

① Maslow, A. H. (1998). *Maslow on Management*. New York: John Wiley, p. 49.

② 霍夫曼著，许金声译：《马斯洛传：人的权利的沉思》，华夏出版社 2003 年版，第 264 页。

理论运用在企业管理中，但它们能否经受住时间和实践的考验，却是马斯洛所一直担心的。他在日记中写到："这些理论正在被奉为真理，然而它们还没有接受可靠性和有效性的真正检验。实际上，这些理论从临床转到工业确实是前进了一步，但却显得过于热情和乐观，还很不成熟。"①

再者，自从第一代人本主义心理学家如马斯洛、罗杰斯、罗洛·梅等人去世之后，人本主义心理学在组织发展和管理心理学方面的影响越来越小。这一方面反映了有必要重新探讨这些人本主义心理学大师的思想，指出他们的管理思想中的优点和不足，另一方面也需要通过对人本主义心理学中一些新的研究观点的系统阐述，开发出一些新的思想。

近年来，西方一些研究管理的学者指出了人本主义管理心理学思想的一些不足，主要表现在以下方面：

1. 应用开发不足

马斯洛关于组织管理的观点，以及人本主义管理心理学思想主要是在理论上进行探讨的，缺乏技术和工具方面的开发应用。从理论上讲，要准确地运用人本主义的管理心理学思想，就需要对全部管理哲学进行更新，这对于长期受泰勒制影响的科学管理者来说，确实是难以接受的。另外，由于人本主义的管理缺乏相应的技术标准，因此，即使企业家愿意实施这种管理，但如果它和企业的经济利益发生冲突，企业家们往往首先考虑的还是后者。换句话说，这是"软"价值观与"硬"价值观之间的争执。一般地说，人本主义对人的关注是一种软的价值观。很多人认为，它只能作为对人的因素表示让步的一种形式而起作用，而不可能作为组织生活和运作的一个基本部分。因此，要想使人本主义的管理思想真正发挥作用，就要在应用开发方面多下工夫，而且要从跨学科的、多维度的视角重新审视它和整个企业管理的内外部关系。上下一心、内外一致，才能真正做到在把"人"放在第一位的同时，又能使经济利益得到最大限度的发展。

2. 缺乏深刻理解

人本主义心理学家提出的很多观点无疑是正确的，但在具体实施过程中却往往变了样。例如，罗杰斯从心理治疗的立场出发，提出在企业管理中进行积极倾听并不是促进生产力提高的一种工具，而是在管理者与工人之间建立一种不同的关系的方式，这种关系是本真的、非指导性的，通过这种关系可以使人的创造性发挥出来，而不是把它作为对工人实施监督和控制

① 霍夫曼著，许金声译：《马斯洛传：人的权利的沉思》，华夏出版社 2003 年版，第 253 页。

的方式。但是,一些研究者尖锐地指出,在很多情况下这种观点被人们误解了,倾听被视为进行控制、保持管理特权和实施非本真的“意象管理”的一种方式。换句话说,在形式上似乎管理者在积极地倾听工人的意见和建议,但实际上并没有真正听进去,更不用说进行更深刻的探讨,开发人们的创造力了。

3. 整体互动不灵

在具体实施人本主义的管理思想时,人们往往只注意单向度的方面。例如,把罗杰斯的积极倾听作为一种工具,但实际上原有的权力关系和官僚机构并没有发生根本的改变。再者,信息流通、角色、权力的差异等都保持不变,在这种情况下积极倾听也只能成为一种形式。人本主义者虽然提出了一些关于组织发展和人力资源管理方面的好建议,但是,它并没有明确地阐述诸如权威的性质、商业环境、组织结构以及其他超越心理学范围的因素。因此,在具体实施中,虽然实施者的主观愿望是良好的,但由于整体互动不灵,实施起来困难重重。即使在西方国家,很多实施人本主义管理的策略最终也难逃失败的命运。

显然,第一代人本主义心理学家在组织发展和管理思想方面只是提出了一些初步的设想,要想在实践中恰如其分地加以应用,还要进行更多具体的研究。当然,在这个过程中,也要防止走入纯技术应用的误区,因为这和人本主义的哲学观是相背离的。

第二节 人本管理的实证研究

人本主义心理学的创立者们在理论上开创了人本主义管理的理念,但他们本身并没有进行多少实质性的研究。在过去的几十年里,一些赞成或持有人本主义思想的研究者和实际工作者进行了大量的研究,在实证研究方面补充了人本主义管理心理学的不足,也为具体地实施人本主义管理提供了科学的依据。

一、关于等级层次和官僚机构的研究

人们通常认为，所有的组织都是有等级层次和结构的，总有一些人是发布命令的，也总有一些人是服从命令的。但是，越来越多的研究却发现，这些等级层次对人的伤害是很大的。例如，有研究发现，它使人产生不适当的感受，无法表达自我，无法影响他人，没有参与感等等。还有研究发现，处在高层和处在下层的人们会产生不同的感受，前者会感到工作很有趣，很有挑战性，而后者则常常感到厌倦，甚至有宿命感和挫折感。

因此，人们试图通过改变等级层次和结构，来提高工作效率和改变人们的这些不良感受。90 年代以来，很多管理者越来越多地采纳人本主义的观点，并取得了一些重要的研究成果。

1. 阶段论观点

艾伦在研究中提出，可以把组织的发展看作是一个循环，通过四个阶段的组织干预，可以较好地促进组织的发展。第一阶段是进行诊断和研究，以发现问题所在和你的干预目标。第二阶段是进行咨询和制定行动计划，以帮助有关人员理解所发生的情况，并促使他们制定计划进行改变。第三阶段是实施阶段。把一致同意的目标付诸实施，随时了解实施的结果，对取得进步的人员进行奖励。第四阶段是监控阶段。对所做过的事情进行重新检查，对可能影响它的新因素予以关注。这个阶段的结束预示着一个新的循环的到来。艾伦的研究是在 80 年代进行的，2000 年人本主义心理学家约翰·罗文提出了一个六阶段的研究模型，其观点是基本一致的。

2. 功能论观点

前面说过，任何一个组织都是有等级层次的，近几十年来的很多研究也证明，管理者仍然是必要的，但是必须在功能上进行相应的改变。这样做的目的是：① 在整个组织中形成一种开放的、解决问题的气氛；② 保证知识和能力与所做的工作相符；③ 设法把制定决策和解决问题的责任尽可能与信息资源联系起来；④ 使整个组织中的个体和群体之间相互信任；⑤ 使竞争与工作目标更加相关，以增加合作性；⑥ 建立奖励机制，既鼓励人们在实现组织目标方面的成就，也奖励个人发展的成就；⑦ 在整个组织中形成拥有共同的组织目标的感受；⑧ 使组织内部的人加强自我控制和自我指导。当然，这些研究结论都有相应的方法为基础，都是在不同的组织中进行研究的结晶。但是，要想在你自己的组织中加以实施，还要根据你的组织的实际情况进行研究，这也是管理心理学常说的“权变”思想的一种具体体现。

二、关于领导的研究

在管理心理学对领导的研究中，从 40 年代到 60 年代表现出两种倾向：一种是关心人的领导方式，另一种是关心任务的领导方式。前者强调领导者要关注人的社会情绪关系，认为人是有其特殊需要和感受的个体，领导者应该通过幽默的话语来释放紧张，对他人的疾病和困难表示关心等。后者则强调工作第一、重视劳动效率、不犯错误、不浪费时间，领导者应该以坚定而明确的方式对日常活动进行发动、组织和指导，使人人都知道做什么、什么时候做和怎样做。进入 80 年代，兰德尔和索斯盖特通过研究发现了一种健康的工作循环，这就是“培养——能量兴奋——放松”。这是三个不同的工作阶段，关心人的领导者在培养和放松阶段做得最好，而关心任务的领导者则在能量兴奋阶段最能发挥作用。

1964 年，美国德克萨斯大学布莱克和莫顿提出了著名的管理方格理论。他们把关心人和关心任务这两个维度各分成 9 等份，这样在理论上可以派生出 81 种不同的领导类型。

但是，1977 年雷丁对此做了改进，提出了一个四象限的模式图。见下图。

图 10.1 雷丁的四象限模型图

在左上角的象限中是关系型的领导者，他高度关心人，但对任务不太关心。这种领导者通常被称为支持型的或乐观型的。雷丁认为，关系型的领导者可能有效也可能无效。这样，在一个象限内就存在两种不同的领导效率。在左下角的象限中是分离型的领导者，这种领导者既不太关心人，也不太关心任务，而是让人们自由放任地从事自己的工作。这种领导风格同样是既有有效的方面，也有无效的方面。有效的方面是，在这种官僚体制下，人们可以随心所欲地做他们需要做的事，而不会和组织的规则发生冲突；无效的方面是，领导者形同虚设，几乎不起任何领导作用。在右下角的象限中是奉献型的领导者，这种人对任务高度关注并大权在握。从有效性方面讲，他通过自己的奉献精神来实施专制管理，由于对工作任务非常熟悉和有专业特长而使工作一丝不苟；从无效的方面讲，这种人会变成狭隘的惩罚型的自我防御者，处事武断。在右上角的象限中是整合型的领导者。他既关心人又关心任务，是一种促进和鼓励型的领导者。其有效的方面是，他是一个很好的团队工作者，能有效地调动员工的积极性，也能很好地适应新的情境；无效的方面是，经常会发生妥协，无法预测，犹豫不决和前后不一致。

对于雷丁所做的这种改动，布莱克和莫顿并不完全赞成。作为人本主义心理学家，他们认为，整合型的领导风格是最好的，而不同的情境和群体应该有不同类型的领导者或不同的领导风格。在他们看来，雷丁是把对人的关心增加到对任务的关心之中，从而混淆了“增加”和“整合”的区别。如果一个领导者只是机械地把这两个方面加在一起，这实际上仍然是一种家长式统治的领导风格。而布莱克和莫顿所感兴趣的是所有员工的真正参与。1982 年，他们撰文指出，雷丁等人在研究中使用的程序是存在问题的，这些程序使他们根本不可能得出这样的结论，即有一种领导风格可能适合于所有的情境。“因此，人本主义的观点是，认为在某些情境中独裁的领导是最好的，这是不真实的。”①总之，关于领导风格的争论仍在继续。人本主义心理学在这种争论中发挥过独特的作用，对于其今后的发展我们将拭目以待。

三、关于组织水平的研究

在管理心理学的研究中，组织发展是以人本主义心理学关于尊重人、信任人和平等的民主价值观为基础的。因此，组织发展的研究在很多方面都体现了人本主义心理学的思想。在这里，我们从组织水平的角度阐述一下人本主义心理学在这些领域的影响。本文主要阐述的是约翰·罗文关于三水平模型的研究。

罗文认为，在所有的组织中都可以看到三种不同的组织水平，它们是控

① Rowan, J. (2001). *Ordinary Ecstasy: The dialectics of humanistic psychology*. Hove: Brunner-Rourledge, p. 152.

制水平、人类水平和规则水平。在控制水平，组织通常是由少数人垄断的，它要平衡各方面的利益，由高层做出组织决策，如董事会。在人类水平，组织内部的各个层次都可能会发生冲突。许多决定是在下层做的，许多等级评定、协商或参与可能都包含在这些决定中。在规则水平，冲突和其他问题的解决都是通过工会的渠道，具体方法有集体辩论、法律、习俗或强迫仲裁等，其结果是形成一些联合制定的规则。

这三种水平并不是各自孤立的，它们之间可以通过反馈发生相互作用。例如，在规则水平制定的规则可以通过反馈在人类水平得以实施。这种实施又必须根据参与讨论的工人的规范来进行，因此，许多小的决策是可能必须在这个水平上制定才能保证其顺利实施。但是，由于规则发生改变，而使组织的平衡被打破，这种改变在控制水平反映出来，在这里必须通过某种方式使平衡得到恢复。

由此可见，在这个三水平模型中，人类水平是最主要的领域。如果在这个水平协商的作用能得到较好的发挥，它就能一方面避免组织系统过分地依赖积极反馈，另一方面又防止其失去控制。但是，如果过分地依赖这种水平，而规则水平无事可做，那么当要求规则水平发挥作用的时候它也很难发挥好作用。

人本主义心理学重视在组织发展中人们的协商作用，因此，其基本的管理理念主要体现在人类水平上。当然，在控制水平上，它的理念对团队建设的高级管理是有贡献的，在规则水平上对于协商、谈判和冲突的解决都是有帮助的。总之，在现实的组织中，这三种水平都是存在的，人本主义者钟情于第二种水平，但并不忽略与其他两种水平的联系。其目的是使每个人在组织中都得到成长和个人发展，即使是处在下层的工人也能通过他们的参与为组织的变革做出贡献，同时也实现他们自身的价值。

以上是从组织决策的水平来阐述人本主义的参与式管理的。但是，作为组织中的普通工作人员，他们怎样通过与组织的协同作用来获得组织的参与权和变革权呢？鲁斯·利兹提出了一个七步骤的模型，来说明通过工会组织获取权力的过程。

第一步是发现联盟。虽然人们普遍认为，英雄可以创造历史，但在现实生活中，这样的孤胆英雄实在是很少的。因此，在组织中寻找适合自己的同盟者，形成一种群体的力量，是可以达到“三个臭皮匠，顶个诸葛亮”的效果的。当然，这个联盟的寻找是有要求的，例如，通常要对权力结构或使用权力的某些方面感到不满，其中至少要有一个人是有一定影响的，或有人能够和组织的高层建立联系。

第二步是进行行动设计。群体要想获得成功，必须要有行动计划。因此，群体成员要经过协商制定出具体可行的行动计划。

第三步是解决领导问题。这需要进行诚实而公开的协商。根据人本主义的观点，每个人都具有成为领导者的潜能。因此，如果可能的话，不要指定具体的人担任领导者，大家是平等的合作伙伴。

第四步是提出现实的要求。既然目前的组织结构需要改变，那么就必须提出一些具体的规则和程序来提高群体的工作效率，使群体的决策有权威性。对这些要求有不同的意见，可以通过群体内部的协商来解决。一旦形成决议，就应该坚决执行。

第五步是做好工作。这是该群体的一个明显的标志，群体成员也会有很多非正式的压力。这时开会的次数增多了，来自外界的其他群体的干扰也增多了。需要加强与外部群体的联系，保持本群体的工作士气。这个阶段可能在延续的时间上会比较长。

第六步是注意高层的介入。此时高层管理者可能已注意到这个特殊的群体，可能会另眼相待。高层管理者也可能会对群体的活动加以限制，尤其是对涉及到组织改革的方面。这显然和该群体的目标是不一致的，因此，必须进行抵制。在这个阶段的目标是使高层管理者要么进行组织结构的改革，要么就邀请一个顾问对这种情境进行说明。该群体要与这个顾问进行交谈，并要拥有否决权。

第七步是与中层管理者交朋友。工会组织若想取得在组织中的发言权，争取中层管理者是一个很重要的策略。因此，不要轻易地贬低他们。在一个有高度协同作用的组织中，冲突的产生和解决都是在内部通过协商进行的。

经过这七个步骤的组织发展，这个工会组织的新群体已经和开始的时候大不相同了。某些自我指导的障碍已被扫除，工会组织已不再只是组织管理这台机器上的一个小齿轮，它作为一个新的改革组织已经在组织中获得了必要的发言权。

以上是采用人本主义观点进行组织变革的两个研究：一个是从高层对组织管理进行变革，一个是从底层逐步获得发言权。但不管采用哪种方式，这些组织变革都是要求人们为自己的生活和行动负责，都是为了通过组织的变革而使人得到成长，实现人的潜能。

四、关于组织转换的研究

从80年代以来，西方的组织发展研究出现了一种新的取向，这就是关于组织转换的研究。按照这种组织转换的观点，从本质上讲，人是在一个精神宇宙中的精神存在，人类最终是在工作中寻求意义的，创造性的工作对心理和精神成长都是必要的。它强调在组织发展中应该使人的成长和组织的发展保持一种生态的平衡，而不能只顾及某一个方面。它包括组织的基本性质要发生转换性的改变，也就是给组织一种新的视角和使命。因此，这是一种改良主义的组织发展取向。有人认为这种取向属于超个人心理学的范畴，但是，也有人认为它介于超个人心理学和人本主义心理学之间，或者在基本的方面属于人本主义心理学的范畴。

这种取向的基本含义是：在一个组织中，使人的主动性和被动性、理智和情绪、身体和灵魂、强硬和温柔保持平衡，公平地对待男性和女性。它包含如下一些基本的概念和思想。

1. 联合

人们在一起工作，仿佛他们是一个有机整体的一部分。就像一支球队，每个人都有自己独特的作用，都是不可缺少的。当这种联合的精神得到高度发展时，团队中的每个成员都致力于一个共同的目标，个体的关系感以及他们的自我概念都可能会发生转变。它使人能发挥出很高的能量，使人保持兴奋和持久的内驱力。

2. 协调

指系统的各部分之间或部分与整体之间产生共鸣或保持和谐。意思是说，在组织中充满了友爱的气氛，深刻的感情移入，相互理解、关爱、体贴和相互支持。这种协调发挥着润物细无声的作用，通过对每个人的细微力量的充分肯定，把组织成员紧密地结合在一起，把人与自然结合在一起。

3. 赋权

人本主义心理学家曾经在自我实现的意义上使用过这个概念，意思是指“自我赋权”。但是在组织转换的研究中给这个概念赋予了新的意义，指在组织中成员之间相互赋权。这个概念含有女性主义的特点，因为它特别强调使女性拥有和男性一样的权利，而反对使女性保持传统的组织中的角色。通过这种相互赋权，在组织中人们可以相互支持，而不是相互拆台。

4. **直觉的领导**

人本主义心理学强调直觉的作用，认为直觉的领导者能够给人以鼓舞，而不仅仅是提供一些好的观点。他能使组织在关键时刻具有高瞻远瞩的目光。为了使组织发生相应的变革，他们往往改变组织的结构，这样做常常会收到意想不到的好效果。

5. **变动的意识**

常言道："流水不腐，户枢不蠹。"人本主义心理学也非常强调这种变动的意识。在一个组织中人们必须要经常看到变化，因为变化才能使人看到希望，看到未来。当人们在一个组织中所做的一切不能使他们看到自己的发展、成长和变化时，这就标志着组织需要进行变革了，否则就会有人才流失、组织瘫痪的危险。

五、其他有关的研究

在组织变革的研究中，"行动研究"是比较有影响的。其基本含义是：在行动过程中把诊断测评与改进解决问题两个环节有机结合，对某种实践活动采取干预，并根据干预的结果获得反馈的信息，从而进一步调整和改变以后的干预，或重新认识事物。这个观点最初是勒温在 1946 年提出的，1975 年弗罗曼、萨什金和卡瓦纳把这个概念用于组织变革的研究。它包括五个步骤：① 诊断，即收集变革所需要的信息；② 分析，即通过信息分析，了解职工所关心的主要问题，研究变革行动；③ 反馈，即把有关问题反馈给员工，让他们参与发现和解决问题，开发变革的行动计划；④ 行动，即通过行动来改进所发现的问题；⑤ 评价，即对行动计划的效果进行评价。

1987 年库珀赖德和斯里瓦斯特瓦从人本主义心理学的观点对行动研究提出了批评。他们指出："如果我们承认亚伯拉罕·马斯洛的告诫，真正的科学是在惊奇中开始和结束的，那么，我们马上就可以清楚明白地揭示，为什么行动研究未能产生革新的理论，这种理论能够鼓舞人们的想象、信念和进行热情的对话，而这些想象、信念和对话是经过协商后重新安排社会行为的秩序所要求的。"①

但是，仅有批评是不够的。他们在自己研究的基础上提出了一种"赏识

① Cooperrider, D. & Srivastva. (1987). Appreciative in organizational life. In R. Woodman & W. A. Pasmore (Eds.), *Research in organizational change and development* (Vol. 1). Greenwich, CT: JAI, p. 131.

性探究”的组织发展干预方法，用来取代行动研究的那种发现问题和解决的传统方法。这种方法是改革者与员工进行赏识性对话，其最终目的是让改革者产生一些新的、富有想象力的组织变革的观点，它关注的是组织意义的社会建构的性质，可以把它看作是通过对话来达到“自我系统实现”的一个必然发生的过程。

当然，上述观点是对一些不同的人本主义心理学家所做研究的简要总结。这些研究表明，人本主义心理学在组织发展的研究方面取得了丰硕的成果。他们强调参与和合作，而不是客观地操纵组织中的变量，也不是机械地模仿自然科学的研究方法。人本主义心理学对管理的启示是：把参与研究的人当做活生生的人，通过研究获得对其生活经验的真正理解，在此基础上进行的组织变革才是以人为本的。

第三节　人本管理的未来思考

人类社会是一个有组织的社会，只要有人类存在，就必然会有组织，组织也必然要不断地发展和变革。在过去的几十年里，人本主义心理学对组织的发展和变革做出了很大的贡献。那么，在未来社会人本主义的管理思想还会做出什么样的贡献呢？

一、对人的整体理解

人本主义心理学的基本理念是采用整体论的观点来理解完整的人，这个观点和系统论的“整体论原则”是一致的。在把人本主义心理学的观点与一般系统理论及其分支研究（如系统动力学、生活系统理论、软系统理论等）联系起来进行研究方面，一些人本主义心理学家确实做了大量的工作，例如，克里普纳、鲁顿伯格、英格尔曼和格兰杰等人。但是，在管理心理学和组织行为学等有关领域的研究中，相对于系统论的影响，人本主义心理学的影响就小多了。我们知道，系统论的概念和方法是直接从自然科学中借用来的，而很少使用社会科学中的整体论思想。但实际上，社会科学的整体论思想对我们完整地理解人的价值观、意义、同一性等具有非常重要的意义。一些人本主义心理学家开始认识到这一点，并且正在努力用他们的研究为管理心理学的理论和实践做出他们的贡献。

二、女性主义的组织发展观

女性主义心理学在很大程度上是受人本主义心理学的影响而发展起来的。在完成了其早期争取妇女权利、男女平等这些基本任务之后，一些女性心理学家也把关注的目光转向组织发展和工作领域的研究。近年来，女性主义者在组织发展方面的研究主要关注的是人与人之间的相互联系、关怀、个体的独特性、情绪在工作中的作用、女性的价值观等，这些研究在很多方面和人本主义心理学的观点是一致的。还有些女性主义研究者把关注的目光集中在组织发展的背景关系、完整的人、理性与情绪的整合以及现实生活中的经验等，也有人通过对女性购买心理和消费心理的研究，提出了很多改变管理模式、生产包装和销售方法的合理化建议。这些新的观点的出现和人本主义心理学的发展是密不可分的。

三、个体与组织之间的关系

研究组织发展就必须探讨个体与组织之间的关系。在过去的研究中，一些人本主义心理学家曾强烈反对运用社会的力量来压抑个体的本真和创造性，认为个体是通过自我实现来完善自己的，这就在一定程度上割裂了个体与社会、个体与组织之间的整体关系。因此，一些人本主义心理学家要求重新评价这种关系的本质，探讨这种关系对人的创造性和完善所起的作用。他们还提出了一种理论观点，认为个体的本质是埋置在社会之中的，人不能脱离社会而存在，但同时他们又承认个体具有重要的自我选择、本真和个人成长等要素，组织和社会不能忽略或无视这些个体的要素。因此，在研究组织发展时人们既要关注组织的利益，又要强调人的尊严。可以说，人本主义心理学的这些观点和具体研究是很有启示意义的。

四、存在主义的组织观

1995 年，波钱特等人进行了一项“组织存在主义”的研究，它是以人本主义和存在主义心理学及哲学观为理论基础的。他们对传统的“卓越”这个概念提出了批评,认为这个概念只关注个体对组织发展的贡献,而忽略了个体本身存在的价值。这项研究的目的不仅仅是指出企业要关心人的方面,而且强调在组织现实的内部要处处体现人的存在和价值。他们的研究是人本主义和存在心理学在组织中的应用,很多人对此予以极大的关注。

五、意义与价值观的研究

目前,在组织发展的研究中,人们对意义和价值观的研究表现出一种新的兴趣,英格尔哈特称之为“后唯物主义”社会的到来,认为这是人本主义心理学和存在—人本主义理论与实践的一个新浪潮。在后唯物主义的经济学理论中,意义这个概念在工作环境中发挥着越来越重要的作用,它对人的心理健康和工作动机都具有重要的影响,同时也会影响新的价值观、新的工作和组织方式的产生和发展,相应地也会提出一些与此有关的技术改革。

总之,人本主义心理学在组织行为和发展的研究方面曾经做出了很大的贡献。当前,它正通过许多心理学家的共同努力而在新的世纪做出更多的贡献。当然,人本主义心理学在组织发展研究方面也不是完美无瑕的,公正地评价其贡献和缺陷不仅是心理学理论研究所必需的,也是当前组织发展研究的迫切要求,这方面的有关研究还期待更多人们的积极参与。

第十一章

第四势力:超个人心理学

超个人心理学是20世纪60年代末在马斯洛、萨蒂奇和格罗夫等人的策划和领导下,从人本主义心理学阵营中分化出来的一个心理学流派。由于人本主义心理学被称为心理学的第三势力,因此,超个人心理学便自称是心理学的第四势力。就其研究内容而言,“它不仅关注个人及其潜能的充分实现,而且更加关注超越个人的经验和精神生活,即将个人的生命与外部的世界和意义联系起来的精神领域。”①三十多年来,超个人心理学经历了从产生到壮大,从理论假设到实证研究,从主要关注心理健康到涉及许多研究领域的发展过程。它的很多理论观点和实践都与人本主义心理学以及存在心理学、现象学心理学等有密切的联系。因此,研究人本主义心理学就不能不探讨超个人心理学及其发展。

第一节　超个人心理学的产生

作为一个独立的心理学流派,超个人心理学的历史是非常短暂的。但是,其思想的先驱却可以在古代东方的精神传统中发现。例如,在佛教、伊斯兰教的泛神论神秘主义、中国的道家学说、印度婆罗门教的古代传统等;也可以在西方古代思想家的论述中发现,如在2000多年前古希腊的学者普

① 郭永玉:《人本主义心理学的新进展——超个人心理学》,载郭本禹主编:《当代心理学的新进展》,山东教育出版社2003年版,第127页。

罗泰格拉、德谟克利特、柏拉图、亚里士多德等人关于人性及其潜能的理解中；还可以在西方的宗教活动中发现，如在天主教和东正教的僧侣及圣徒的精神实践中；在美国的超验主义运动、在贵格会教徒的宗教民主中以及在一些宗教心理学的研究中等等，都可以找到超个人心理学思想的早期痕迹。

超个人心理学的当代先驱主要是瑞士分析心理学家卡尔·古斯塔夫·荣格和美国心理学家威廉·詹姆斯。荣格提出的集体潜意识及其原型的概念，特别是他想从心理学观点来理解宗教原型的尝试，对超个人心理学有很大的启示。而詹姆斯则通过对超自然体验和各种宗教经验的研究为超个人心理学奠定了研究的理论基础。

在人本主义心理学内部，马斯洛和萨蒂奇不仅是人本主义心理学的创立者，他们也一直对许多超个人的心理现象深感兴趣。马斯洛甚至明确指出："我认为人本主义的、第三种力量的心理学是过渡性的，为'更高的'第四种心理学，即超个人或超人本心理学做准备，这种心理学以宇宙为中心而不是以人的需要和兴趣为中心，它超出人性、同一性和自我实现等概念。"①正是在这种思想驱使下，马斯洛和萨蒂奇经过多次协商，于 1969 年 6 月正式创办了《超个人心理学杂志》，由萨蒂奇任主编。

但是，马斯洛不幸于 1970 年去世，他没有能够看到超个人心理学会的正式成立。不过，他为创建超个人心理学所做的努力鼓舞着后来者沿着他指出的道路继续走下去。1972 年，在萨蒂奇、詹姆斯·法蒂曼、米歇尔·墨菲、迈尔斯·维奇等人的共同努力下，超个人心理学会正式建立。在这些创立者们看来，现代心理学必须阐述起源于人的神秘体验的一些问题，因为这些体验代表着人类心理活动的一些积极后果。但是目前的心理学研究缺乏对这些观点和体验的系统阐述和评价，也没有提出如何帮助人促进这些体验产生的方法。心理学如果不去研究这些现象，那就必然会被诸如宗教、巫术等非科学的东西去占领。因此，超个人心理学就是要把那些超个人的观点扩展到包括心理咨询、心理治疗、医学、护理、社会工作等心理健康领域的研究，扩展到人类学、经济学、政治学等社会科学的研究，扩展到商业、政府、法律等应用领域的研究。虽然现在还不能说它已经实现了超个人心理学会创立初期的理想，但是，经过三十多年的努力，超个人心理学确实得到了很大的发展。

1976 年，萨蒂奇因病去世。但是，超个人心理学已经成为一个独立的心

① 郭永玉：《精神的追寻：超个人心理学及其治疗理论研究》，华中师范大学出版社 2002 年版，第 4 页。

理学研究取向，许多人积极投身于这场运动。目前，《超个人心理学杂志》的主编是玛茜·鲍库瓦拉斯，副主编是艾琳·拉扎勒斯和道格拉斯·麦当纳。此外还有诸如布根塔尔、法蒂曼、格罗夫、塔尔特、克利普纳、墨菲、沃恩、维奇、沃什本等人担任该杂志的编委。

超个人心理学会创立的目的，最初是为了研究和促进一些终极的体验和心理状态，例如高峰体验、存在状态、神秘的意识状态等。它希望通过对这些体验和状态的研究，来改变个人和文化的观点。三十多年来，它确实取得了很多的成功。例如，它运用“沉思”（或静坐、打坐、冥思）来进行健康关怀已经得到人们的普遍认可和接受，它提倡的科学与宗教精神传统之间的对话也越来越多，它对人的精神信仰和精神价值观的研究也对经济和贸易的可持续发展提供了可资借鉴的内涵。但是，它的很多研究仍然无法或很难用现代科学的方法或手段来验证，因此，科学研究在很大程度上仍把它排斥在外。时至今日，美国心理学会（APA）仍然没有正式承认它，只是在美国心理学会第 32 分会，即人本主义心理学会中把它作为一个重要的研究主题。但是，1997 年英国心理学会批准在英国建立了“超个人心理学分会”，以及旨在研究意识和经验心理学的相关领域的学术组织。

1973 年，在格罗夫的召集下，国际超个人心理学会建立。目前超个人心理学会的会员已包括四十多个国家，大约有三千多名。此外，还有一些与超个人心理学有关的分支机构也相继建立。1975 年，罗伯特·弗雷格在加利福尼亚州创建了超个人心理学研究所。还有一些大学和教育机构专门设立了培养研究生的教学计划，培养超个人心理学研究方面的硕士生和博士生，使超个人心理学后继有人。

进入 21 世纪，超个人心理学仍然在蓬勃发展之中。在我国已经有心理学家进行超个人心理学的研究与实践。2007 年，第三届人本主义与中国文化国际研讨会在我国广州召开，其中国际学者三十多人，我国心理治疗和教育领域的很多学者参加了这次大会。会议的主要内容是探讨人本主义，尤其是超个人心理学思想和研究及其与中国文化的关系。表明我国学者已在这个领域具有了国际话语权。当然，作为一门介于科学与非科学之间的研究取向，超个人心理学的发展固然是艰难的，但其勇于探索的精神以及它在这个领域取得的成就仍旧是令人鼓舞的。

第二节 超个人心理学的主要理论观点

超个人心理学是在人本主义心理学基础上产生和发展起来的，因此，在主要的理论思想方面，它和人本主义心理学有很多共同之处。例如，在哲学基础、方法论、对人的本性的看法等方面，两者是有很多共同语言的。但是，在具体的理论研究和方法上，它们又各有侧重。经过三十多年的发展，超个人心理学已经形成了自己比较成熟的一些理论观点。

一、超个人心理学的研究对象

人本主义心理学在创立之初，马斯洛、萨蒂奇等人就为人本主义心理学确定了基本的研究对象，这就是“对那些在实证主义和行为主义理论中或古典精神分析理论中都没有系统地位的人类能量和潜能感兴趣，例如，创造性、爱、自我、成长、有机体、基本需要的满足、自我实现、更高价值、自我超越、客观性、自主性、同一性、责任心、心理健康……（研究这些有趣的问题）应该极大地加速描绘一幅更适当的——一种更科学的——关于人类本性中内在的全部能量的图画”[①]。但是，在实际研究过程中，人本主义心理学家虽然研究了上面提到的一些主要观点，却仍然在很大程度上受传统的科学实证观点影响，对那些超个人的、超越的、神圣的或精神的体验很少用超个人心理学的观点进行研究和解释。人本主义心理学虽然研究的是心理健康的人，但它研究的是现实生活中的健康个体，而不是超越自我和时空的转换的意识状态和经验。因此，在某种意义上说，超个人心理学的建立是基于对人本主义心理学研究的不满。正如马斯洛在 1965 年 7 月 12 日的日记中所记述的：“第三种思潮就像在瑞典、挪威和丹麦一样，在那里没有上帝，上帝死了，因此，每件事物都是可感觉到的，合理的，符合常识和符合逻辑的，都是实证的而不是超越性的。你可以羡慕和尊重斯堪的纳维亚，但你不会热爱

① Sutich，A.（1961）. Introduction. In *Journal of Humanistic Psychology*. Vol. 2，p. viii.

它，更不会崇拜它，在那里，世俗的、合乎理性的智慧能做到的每一件事情已经做了，但这是不够的。”[①]正是由于这种不满，才导致马斯洛和萨蒂奇等人产生了创立超个人心理学的想法。

要理解超个人心理学，就必须首先理解“超个人”这个概念。从目前我们掌握的材料来看，超个人心理学家所使用的“超个人”这个概念最早是从美国心理学家威廉·詹姆斯那里借用来的。1902 年，詹姆斯出版了他的《宗教经验种种》一书，第一次提到了“超个人”心理现象。在他看来，人的某些精神生活是不能以生物学的概念和感官的满足来解释的，所以可以通过一些现象来领会某种超越性价值，这表明人的有机体能同超生物的力量接触。[②] 这里的所谓“超生物力量”就蕴涵着“超个人”的含义。后来，他在 1905 年的一篇演讲提纲中明确使用了“超个人”一词。

瑞士分析心理学家荣格在阐述他的集体潜意识概念时，也把集体潜意识看作是“超个人潜意识”。正如后荣格学派的心理学家爱丁格（E. F. Edinger）所说：“荣格把客观精神的事实描述为超个人的精神。尤其是它们是一些在炼金术中表现出来的事实。他在《炼金术研究》的一段话中对他的基本原理做了解释：‘从一个单一个体的有关材料那里常常不可能确定一系列全面的（关于原型意象的）意义。……（因此）有必要对象征进行比较研究……为了这个目的，研究者就必须追溯到人类历史的这些时期。此时象征的形成还没有受到阻碍，就是说，对意象的形成还没有进行认识论的批评，其结果，那些本身还没有被人们所知的事实能够以明确的视觉形式表现出来。这个与我们最接近的时期就是中世纪的自然哲学时期……在这里，就像在仓库里一样，收集了古代世界中最持久、最重要的神话材料。’”[③]按照荣格的理解，这里的超个人精神就是潜藏在人类心灵深处的普遍的共同的心理经验的积淀。在中世纪，由于宗教神学的存在和允许，这些精神现象可以肆无忌惮地表现出来，但在现代社会，科学的认识论却不允许这些无法用科学实证来证明的东西随意地表现。于是，它就以集体潜意识的形式储藏在人类集体的心灵中，但却会随时以原型、象征、意象、梦境或心理疾病等非正常的形式表现出来，并且对人类的心理活动和行为产生重要的影响。

在超个人心理学创立之初，马斯洛、萨蒂奇等人也对超个人心理学的概念做了大量的阐述和说明。在 20 世纪 60 年代，马斯洛试图在人本主义心

---

① 霍夫曼著，许金声译：《马斯洛传：人的权利的沉思》，华夏出版社 2003 年版，第 260 页。

② 车文博：《人本主义心理学》，浙江教育出版社 2003 年版，第 478～479 页。

③ Edinger, E. F. (1995). *The mysterium lectures: A journet through C. G. Jung's Mysterium Coniunctionis*. Toronto: Inner City Books, p. 18.

理学基础上建立超个人心理学，“旨在把人的精神放在一个更广泛的人类本性与潜能的框架中来研究”①。但是，由于马斯洛于1970年6月8日不幸去世，他没有能够对超个人心理学做出具体的研究，这个任务就留给了萨蒂奇及其他超个人心理学家。萨蒂奇在1968年为《人本主义心理学杂志》写了一篇宣布超个人心理学诞生的文章，对这个概念做了最早的定义。他说：“超个人（或第四势力）心理学是心理学领域中正在形成的一种势力的名称，一群心理学家和来自其他领域的专业工作者对人类的终极能力和潜能问题感兴趣，但这种问题无论在‘第一势力’即实证主义或行为主义、‘第二势力’即经典的精神分析那里，还是在‘第三势力’即人本主义心理学那里，都没有得到系统的考察。正在形成的‘第四势力’即超个人心理学是关于如下主题的科学研究和负责任的践行：成长、个体和种系的元需要、终极价值、合一意识、高峰体验、存在价值、入迷、神秘体验、敬畏、存在、自我体验、本质、天赐之福、惊奇、终极意义、自我超越、精神、唯一性、宇宙意识、个体与种系的协同作用、神奇的相遇、日常生活的神圣化、超越的现象；宇宙的自我幽默和嬉戏；最大限度的感知能力的发挥、反应与表达；以及一些有关的观念、经验和行为。”②

当然，在以后的实践中一些不同的超个人心理学家和组织机构都从不同角度对超个人心理学做了定义。1992年美国心理学家拉乔伊和夏皮罗对此前有关超个人心理学的文献做了分析，从他们整理的202条定义性描述中，最后归纳出40条定义。他们写成了一篇题为“超个人心理学的定义：前23年”的文章，在《超个人心理学杂志》上发表。1993年以后又有一些新的定义出现。我国学者郭永玉教授在《精神的追寻：超个人心理学及其治疗理论研究》一书中对此做了很好的评述，感兴趣的读者可以参阅该书。

最近，英国心理学家米歇尔·丹尼尔斯发表了一篇题为《探索超个人心理学》的文章，对超个人心理学做了他的定义性说明。他说：“目前超个人心理学家主要研究：爱的体验、移情、创造性和灵感、打开通路、超个人艺术、转换的意识状态、梦的意识、心身关系、幻觉体验、神秘体验、精神的浮现与危机、灵魂的黑夜、原型经验、濒死体验、死亡和将死、沉思心理学、东西方宗教和奥秘传统的实践与经验、佛教心理学、生态学意识、自我与自我实现心理学、更高级自我、自我超越、男性和女性对超个人的看法、超自然体验、心理

① 霍夫曼著，许金声译：《马斯洛传：人的权利的沉思》，华夏出版社2003年版，第309页。

② Sutich, A. (1968). Transpersonal psychology: An emerging force. In *Journal of Humanistic Psychology*. Vol. 8 (1), pp. 77～78.

治疗、咨询和教育中的超个人取向、意识的进化、超个人研究方法、知识的整合取向、长青哲学。”总之，从以上的这些定义性研究可见，超个人心理学确实在很多方面不同于人本主义心理学。简单地说，它研究的是“超自我、超时空的心理现象的特殊规律”①。“是关于个人及其超越的心理学，是试图将世界精神传统的智慧整合到现代心理学的知识系统中的一个学派。”②

超个人心理学虽然研究“超越”现象，但“超个人”和“超越”这两个概念也是有区别的。根据罗恩·瓦尔的看法：“当前‘超个人的’指的是任何超越自我的经验，包括荣格的集体潜意识的原型现实和激进的超越性觉知。虽然像集体潜意识这类概念指的是超越我们的正常自我意识或者比正常的自我意识更深刻的心灵状态，但‘超越的’指的是至高无上的或灵魂的觉知，没有丝毫的倾向要根据它自己之外的任何东西来进行界定，包括根据心灵的内容，意识的或潜意识的，个体的或集体的（就是说，这种觉知不仅是超越自我的，而且是超越心灵的）。超个人的和超越的觉知之间的区别，可能会实际上导致一个‘第五势力’或更纯粹的精神心理学的出现。”③换句话说，从研究的范围来讲，“超个人的”比“超越的”要宽泛些；而从研究的深度讲，“超越的”却比“超个人的”更深刻，达到了心灵、精神等纯粹个人内部世界的深度。对于超个人心理学而言，这两个方面却都是它所要研究的。

二、超个人心理学的研究特点

从超个人心理学的学术渊源、哲学基础、心理学方法论及其心理治疗和学术研究的实践来看，超个人心理学的重要特点可以概括如下。

1. 超越性

超个人心理学的研究对象就是研究超个人的和超越的心理现象，这个定义本身就显示了它和一般实证心理学研究的根本不同。概括地说，它所表现出来的超越性在于：

(1) 它超越了东方智慧和西方科学的绝对界限。

超个人心理学非常重视东方文化和宗教传统，它从古代印度和中国哲学中获得了很多超个人的精神启迪。例如，超个人心理学关于“沉思”和转

---

① 车文博：《人本主义心理学》，浙江教育出版社 2003 年版，第 489 页。

② 郭永玉：《精神的追寻：超个人心理学及其治疗理论研究》，华中师范大学出版社 2002 年版，第 23 页。

③ Valle, R. (1998) *Phenomenological inquiry in psychology: Existential and transpersonal dimensions*. New York: Plenum Press, p. 276.

换的意识状态的研究，在方法上就得益于东方的瑜伽术和禅宗佛学。道家的无为而治、天人合一、阴阳五行、方士学术等是很多超个人心理学家所推崇的。此外还有一些其他东方宗教和传统文化都使超个人心理学家深感兴趣。生活在西方严谨的科学传统中的超个人心理学却超越了这种文化传统的界限，试图把两者较好地结合起来，来研究这种人类共有的超越的心理现象。

(2) 它超越了个人通常的心理和意识层面。

超个人心理学关注的是在超越的精神状态下所产生的心理活动和现象，是一些转换的意识状态，是一些现代科学还无法很好的解释的心理体验、超验知觉，如共时性、高峰体验、存在价值、神秘体验、致幻状态、濒死体验等。这些心理现象虽然暂时还无法进行科学的解释，但在心理治疗中却经常出现。超个人心理学正是超越了一般意义上的心理学研究，来探讨这些超越的心理现象。

(3) 它超越了一般的科学研究和技术手段。

超个人心理学虽然也使用现代科学的研究技术和手段，也运用严格的实验室实验和心理学的统计方法，但在大多数情况下它更推崇使用非常规的技术手段。例如，通过使用致幻剂、沉思、麻醉、瑜伽，甚至一些宗教仪式来引发某些心理现象的产生，然后对其进行研究。这也是由于其研究对象的独特性所导致的。如果用常规的科学方法来进行研究，常常得不到它想要探讨的那些超越的心理体验。因此，对于超常的心理现象也只好使用超常的研究方法了，或许随着科学的不断发展，这些超科学的手段又会被新的科学技术和手段所超越。

2. 广泛性

超个人心理学的研究范围是非常广泛的。如果说，人本主义心理学是以人为中心的，那么超个人心理学则是以宇宙为中心的。从前面论述的研究内容可见，它研究的不是现代心理学的知情行等心理过程，也不是一般意义上的个性心理特征，而是那些不为常人所知的超越自我的意识状态、高级动机、人生价值、生活意义、人类幸福、宗教经验、宇宙觉知、协同作用、生死体验、意识顿悟和神秘体验等等。正如科特赖特所说："意识的其他维度或方面显示出智慧传统的真谛，及宇宙间所有存在的连通性、一切外在多样性之间的统一性，意识的敏感领域和层面从而更加朝着这样的境界敞开：澄明、宁静、明朗、爱、知识以及内在的力量感。将意识的这些维度中的任何一个排除于心理学之外都会导致意识理论的贫困。"①

超个人心理学研究的广泛性还表现在它把理论研究与实际应用结合起来。例如，它重视研究转换的意识状态及其体验，但它不仅停留在理论层面的分析上，而是使用特殊的训练方法使人产生这些体验，并应用在临床心理治疗中，达到祛除疾病、延年益寿的目的。例如，它通过意识训练来控制自主神经系统和躯体过程，用来改善心率、血压、胃肠活动和激素分泌等。一些超个人心理学家还运用沉思训练来减轻焦虑、减少吸毒、增加知觉敏感性等。这些不同方面和领域的研究都极大地扩展了心理学的研究范围。

3. **深刻性**

超个人心理学所要研究的是人类三大奥秘之一的"意识之谜"，这当然也是所有心理学家致力于研究的主要任务。但是，大多数心理学家过分依赖实证科学的方法和手段，因此，尽管他们声称是在研究人类心灵深处的奥秘，但得出的结论却常常是浅尝辄止。超个人心理学家虽然也使用实证科学的研究方法，但它同时也重视其他领域有用的研究手段，例如，哲学的深刻思考、宗教的体验、医学的探究、文学的隐喻和想象等，从而能够比较深刻地探索潜藏在人们的思想、情绪和感受背后的真实自我。

当然，这些深刻的心理感受和真实自我是一些高级的心理现象，由于其隐藏较深，因而难以用一般的科学研究手段来获知，这常常使人感到心理活动的神秘性和不可捉摸性。"其实，在科学家眼里，未知的领域都带有神秘的性质，否则，求知的欲望从何而来？正因为神秘，才需要人去研究。"②我们相信，随着科学技术的发展和心理学研究的不断深化，在今天看来似乎神秘的东西，在未来或许已经成为不争的事实。当然，这也需要用科学的证据来证明，或许对今天的一些看法会有所修正，但不应因此而否认超个人心理学研究的价值。认知心理学取代行为主义，不也是通过批评它的外周论而转向研究内在的心理活动的吗？

4. **终极性**

超个人心理学研究的侧重点是如何超越自我、超越现实，在终极的精神世界中实现自己的价值。要做到这一点，一个人就必须正视"我是什么"这个具有终极归宿和意义的问题，而不是回答"我是谁"这个具有现实意义的

① Cortright, B. (1997). *Psychotherapy and spirit: Theory and practice in transpersonal psychotherapy*. Albany: SUNY Press, pp. 16～17.

② 郭永玉：《精神的追寻：超个人心理学及其治疗理论研究》，华中师范大学出版社 2002 年版，第 303 页。

客观问题。其实，对这个问题的探询本身就体现了超个人心理学试图超越世俗的现实境界，而去追求和宇宙、大自然融为一体的价值理念。当然，人生活在现实社会不可能完全脱离现实。根据一般心理学的原理，人必须学会在社会生活中适应现实。然而，当现实中充满了污浊、肮脏的世俗交易，纯净、高尚的自我又不甘与之为伍的时候，找不到出路的人们就会陷入心理疾病的泥潭。超个人心理学强调人应该有一种宏大的宇宙观，把自己视为宇宙中的一分子，通过各种超个人心理学的方法来提高自己意识的自觉性和敏感性，"从而使意识的去认同功能发生作用，使原来的意识内容不再具有危害性。也就是说，当事人的意识水平超越了原理的经验层面，过去纠缠人的苦恼不再是苦恼，反而成为可供观赏的经历"①。这是一种多么崇高的精神境界。但是，也正是由于其崇高和具有终极意义，一般人往往难以做到。超个人心理学通过这种超越的精神探索，帮助人们在认识现实的基础上，形成一种超越现实的乌托邦精神，这对提高人们的心理健康水平是绝对有益的。这种精神的实质就是回归大自然，在和宇宙万物的普遍联系中体验人的永恒，追求精神的逍遥和超脱，这才是人的终极价值所在。

5. **精神性**

超个人心理学的精神性主要体现在对超越现实自我和人性的最高追求上。换句话说，超个人心理学不仅研究现实的自我和人性，即在现实生活中人的精神是怎样通过自我得到表达的，而且更重视研究精神是如何超越现实自我的。在心理治疗中，通过对当事人自我意识的扩展，使之在广阔的精神领域中进行新的探索和体验，达到精神整合、人性与自然融为一体的目的。概括地说："精神性是人性中最深最高的层次，亦即人内在的超越性、超个人、超理性的层次。它与生理、情绪、理性等层次一样，属于人的内在本质。"②人正是因为有了这种精神性，才使个人的自我有了得以支撑的框架。可以说，精神性位于心灵的统帅地位，自我的超越就是在精神性的支配下进行的最高层次的追求。

6. **意义性**

人的一生就是追求意义和价值的一生，因此，人的任何活动，包括意识的和潜意识的，都是具有某种意义的。超个人心理学用更加开阔、积极的眼光看待生命和生活中的事件，因此，它给予人的心理活动以更加深厚、广阔

---

① 杨广学：《心理治疗体系研究》，吉林人民出版社2003年版，第409页。

② 车文博：《人本主义心理学》，浙江教育出版社2003年版，第492页。

的意义内涵。超个人心理学认为，我们的生命本身就具有本真的意义，但这种意义是潜藏着的，需要人们用心去探索和发现。有心理疾病的人就是因为感到失去了人生的意义和价值，感到人生渺茫、没有出路、没有前途，才患上心理疾病，甚至走上不归之路的。超个人心理治疗就是要帮助患者重新发现人生的意义，而且这个发现生命意义的过程本身就具有很高的治疗价值。在某种意义上说，弗兰克尔的"意义治疗"为超个人心理学提供了很好的借鉴。弗兰克尔把意志自由、意义意志和生命意义视为其意义治疗的理论基础。"意志自由是意义意志的一个心理学前提，没有意志自由，人就不可能对生活进行态度上的选择，就只能被动地受需要的支配；而意义意志则是生命意义的动力，人们对意义的追求和倾向，使人无论在什么样的生活环境下都要考问生命的意义……人类具有意志的自由和对意义的追求，因此人的生命是有意义的。"①

超个人心理学接受了这种观点，并对此做了自己的解释。罗恩·瓦尔指出："意义，包括选择和意向，以及主体'共同创造'他们自己生活的概念。"他还说："所有的主体，都在不同程度上和以不同的方式受到驱使，想要从他们所描述的经验中为自己创造出意义。就是说，这种创造意义的方面是'由一系列在一种正确的和所期望的后果中达到极点的一些未曾预见的环境或事件所引发的经验'的完整整体的一部分。"②显然，超个人心理学家试图通过心理学研究，帮助个体从自己的环境和生活事件中产生超越的个人体验，并在这些体验中发现人生的意义。

三、超个人心理学的基本概念

从人本主义心理学建立以来，它就非常关注所谓"入神"(ecstasy)的体验。这种体验在马斯洛那里就是"高峰体验"。他说："我们害怕我们最高级的潜能(以及我们最低级的潜能)。一般地说，我们害怕成为在我们最完善的时刻、在最完善的条件下，在具有最大勇气的条件下我们所能瞥见的东西。我们对我们在这些高峰时刻所看到的我们自己身上的那些神圣的潜能非常欣赏，甚至感到毛骨悚然。但与此同时，我们在这些同样的潜能面前因

① 刘翔平：《寻找生命的意义：弗兰克尔的意义治疗学说》，湖北教育出版社1999年版，第46页。

② Valle, R. (Edi.) (1998) *Phenomenological inquiry in psychology: Existential and transpersonal dimensions*. New York: Plenum Press, p. 302.

虚弱、敬畏和恐惧而战栗。”①

人本主义心理学关心潜能及其实现，因此，人本主义心理学家是在对潜能的体验中产生高峰体验的，这就必然要包括那些无法言传的入神、创造性、各种意识状态的统一等超个人心理学所要研究的主题。这些主题在通常都被压抑在人的心灵深处，而一旦它们被发掘出来，就会产生惊人的力量。超个人心理学家正是看到了这种神奇的力量，才决心不畏艰难从事这些心灵探究的。三十多年来，超个人心理学的研究，尤其是在心理治疗方面，取得了很多有益的成果。为了更好地理解和把握超个人心理学的研究及其价值，我们首先要理解它所提出的一些基本概念。

1. 超个人自我

即使是在超个人心理学家中，对“超个人自我”这个概念也有不同的提法。阿萨吉奥利称之为“更高级自我”，认为这个概念比“精神性”能更准确地反映其内涵。一些人本主义心理学家称之为“更伟大的自我”或“更深层的自我”。最早使用“超个人自我”这个概念的是戴恩·鲁德海尔，他是20世纪20年代在占星术的研究中使用的。1949年，加德纳·墨菲在心灵学研究中做了进一步阐述。随着人本主义心理学的崛起，马斯洛等人对这个概念做了大力的强调，从而在心理学研究中得到了广泛的应用。1967年，超个人心理学家斯坦尼斯拉夫·格罗夫也使用了这个概念。不久，一个以《超个人自我》为名的杂志于1968年在美国创刊。

在今天的西方心理学中，随着人们对荣格认识的加深以及对其理论观点的兴趣的增加，超个人自我的研究得到了更多重视。我们知道，荣格在其分析心理学研究中使用的是“自性”(Self)这个概念，它是集体潜意识中的一个核心的原型，对人格具有某种统摄性的力量。今天，《荣格全集》已被许多国家翻译出版，人们对他的思想的研究愈益丰富和深入，尤其是研究心理综合的心理学家做了大量的研究来阐述荣格的自性理论、曼荼罗象征、集体潜意识等与超个人自我的关联。

超个人心理学研究转换的意识状态，随着这些研究的不断深入，人们对超个人自我的认识也日益加深，例如，来自古老东方的太极拳作为一种健身的体育运动，可以通过运动的沉思来达到超越自我的境界。1978年，迈克尔·墨菲通过对高尔夫运动的研究，认为这项运动同样具有运动的沉思作用。这给人们很大的启示，体育运动之所以如此令人入神和沉醉，是因为它

---

① Maslow, A. H. (1973). *The farther reaches of human nature*. Harmonds-worth: Penguin, p. 37.

具有“运动的沉思”这种超个人自我的精神力量。

总之，超个人自我是一种超越的意识状态，是个体所未曾认识到或很少体验过的一种身心愉悦、超凡脱俗、精神震撼的深刻的内心体验。人们一旦产生这种体验，就会对自己以前的所作所为感到愧疚和不安，或许弗兰克·哈罗尼安在“崇高的压抑”一文中的表述对这种感受是一种很好的解释：“我们为什么这样做的一个可能的理由是因为，一个人越是意识到他的积极的冲动，意识到他对崇高的渴望，就越是对他未能表达这些冲动而感到羞愧。结果便产生一种良心的痛苦煎熬，一种对未能成为其所能成、未能做其所能做的罪疚感。这不是超我的罪疚，而是自我为其实现而发出的哭喊。”①这显然是一种相当矛盾的心理活动。一方面，人们渴望达到超越自我的精神境界；另一方面，人们又担心和害怕这种内心体验，因为它使人感到一种良心的谴责。但不管怎么说，这种境界是人们在内心深处所追求的，只有摆脱世俗困境的人们才能经常地产生这种超越自我的内心体验。

2. 致幻剂研究

很多超个人心理学家在研究转换的意识状态时使用了致幻剂，常用的致幻剂包括酶斯卡林、塞罗西宾、MDMA、MDA 和 LSD 等。概括地说，这些致幻剂可以使人唤醒自己的内在意识，产生深刻而不同的内心体验。“身体的、情感的、心智的和灵性的意识都可能敞开，感官知觉的范围变得更加开阔，身体意识变得更加丰富、细致，思维摆脱了语言符号的限制，凭着直觉流转跳跃，更具流动性、变通性；意识变得清纯精妙。”②

关于致幻剂研究的报道在西方是相当丰富的。仅以 LSD(麦角酸二乙基酰胺)为例，到 1971 年，也就是超个人心理学刚刚建立之初，在欧美各国就有约 2 000 份公开发表的报告，讲述了使用 LSD 对三四万名患者进行心理治疗的结果。在尚未分裂之前的捷克斯洛伐克，对成为一名医生有一条规定：在他获得开处方权之前，他必须观察使用致幻剂的治疗过程达 30 次以上，并且亲自服用 LSD 达 5 次以上。

服用致幻剂可以使人产生一些神秘的或超个人的体验，这已是一个不争的事实。1991 年，多布林发表了他的长达 25 年的追踪研究报告，证明服用塞罗西宾确实可以使人产生某些神秘体验，其中有些类似于人本主义心理学的所谓高峰体验，有些类似于宗教体验。

但是，服用致幻剂也容易引起一些不良的后果，如上瘾、损害青少年的

---

① Haronian, F. (1974). The repression of the sublime, *Synthesis* 1(1), p. 61.

② 杨广学：《心理治疗体系研究》，吉林人民出版社 2003 年版，第 398 页。

身体健康成长等，由此而引发了很多争论。目前，使用致幻剂的实验研究虽然并未完全终结，但已经受到很大的限制。

3. 意识的发展水平与阶段

1983年，超个人心理学家肯·维尔伯出版了一部专著：《眼睛对眼睛：追求新范式》。在这本书里，他从发展的角度对意识活动的发展水平和阶段做了如下分类：

(1) Pleroma(材料融合)。

这是结构组织的最低级阶段，通过初级的基质而在人身上得到概括的重现。又称前个人阶段(PP)。

(2) 身体。

简单的感觉运动智力和情绪性欲驱力。有一种与身体相认同的感觉。亦属前个人阶段(PP)。

(3) 魔幻的。

第一个象征的认知方式，初级过程：内部和外部、整体与部分、主语与谓语、想象与现实混淆在一起。前个人阶段(PP)。

(4) 神话的。

得到较高级陈述的思想，但仍然不是能够进行形式运算的深刻洞见；仍然是拟人的；把逻辑和前面的魔幻相混淆。前个人阶段(PP)。

(5) 心理自我。

自我的合理性和形式运算逻辑。这是西方社会"正常的"同感意识。这属于个人阶段。(Personal)。

(6) Centaur。

视觉—逻辑心灵与情绪身体的整合；统一的身心。存在主义的自我：自主的、整合的、本真的。这是超个人阶段(TP)。

(7) 精神的。

实际的精神能量，或超个人方式的开端。其中总是包含着某种神圣感。超个人阶段(TP)。

(8) 精妙的。

高级原型的家园，或可以作为典型的和超个体的表现模式的家园。培养形成的一些代表神圣的象征和意象。超个人阶段(TP)。

(9) 因果关系的。

在唯一的精神中的最终统一。在这个阶段没有象征或意象。超个人阶段(TP)。[①]

实际上，致幻剂所引起的超个人体验是相当丰富的，维尔伯把这些大量的个人体验进行高度概括和压缩，构成了这个简明扼要的超个人体验发展的阶段理论雏形。80年代后期，通过进一步研究，维尔伯提出了他的意识发展阶段理论，明确地将意识分为“前个人阶段”、“个人阶段”和“超个人阶段”，每个阶段包括三种不同的水平。这些不同阶段和水平的划分为他的意识谱学说和超个人心理治疗奠定了基本的理论基础。

4. 个人与社会

大多数超个人心理学家都致力于心理治疗，在某种程度上他们都承认弗洛伊德的压抑理论，但同时又根据他们的研究和理解做了新的阐释。例如，超个人心理学家罗文就明确指出：“我们的某些心理障碍来自于对我们并不喜欢的我们身上的那些东西的压抑(对此我们可以在我们个人的成长活动中很好地对付)，但有些则来自于对我们确实很喜欢的那些东西的压抑。”[②]

根据超个人心理学家的看法，人们之所以对这些东西进行压抑，是因为对某些社会力量的恐惧。由于不同的文化传统都有自己的习俗和社会规范，一个人如果过分关注自己的精神世界，按照自己的意图随心所欲，就可能不被社会所接纳。在不得已的情况下，无论个人自己是否喜欢，只要社会不允许，人们就不得不予以压抑。

但是，无论是人本主义心理学家还是超个人心理学家，都不赞成这种永久的压抑，因为这样做不利于人的潜能的发挥，个人的价值也根本无法实现。那么，当有人因为这种压抑而患上了心理疾病时，他该怎么办呢？超个人心理学认为，人生的道路是跳跃式和循环发展的。有时候，人们必须进入到自己的内心世界进行深刻的心灵探索和反思，有时候则必须走出来，在社会生活中汲取养分，把社会的要求和个人的自我发展较好地融合在一起。当然，在不同的人身上，其发展的周期可能存在差异，但总的发展趋势却是基本一致的。一个人如果能够自如地控制和把握自己心理世界的进出，他的心理就是健康的。那种担心入定、静修之后就出不来的想法是完全没有必要的。

---

① Rowan, J. (2001). *Ordinary ecstasy: The dialectics of humanistic psychology*. Hove: Brunner-Routledge, p. 166.

② Rowan, J. (2001). *Ordinary ecstasy: The dialectics of humanistic psychology*. Hove: Brunner-Routledge, p. 168.

另外，这个在心理世界进出自如的过程也是一个螺旋式上升发展的过程，每一次循环都会给人打开一个新的境界，使人的潜能得到一次新的升华，使人获得更多的个人经验和进行更多的社会参与。这才是心理高度健康的表现。

5. **宗教与异教**

超个人心理学研究宗教经验，但又超出了宗教的狭隘范围，将许多不同的超个人体验，如审美体验、科学家追求真理获得发现时的成功体验、对生活中不同于自己的弱小生命的关爱等。因此，简单地认为超个人心理学因为研究宗教经验而被视为宗教，这显然是不合情理的。如果这样划分的话，那么，研究宗教哲学、宗教心理学、宗教人类学、宗教文化学等与宗教有关的学科就一定也是宗教了。恐怕没有多少严谨求实的人们会认同这种观点。

但是，超个人心理学家又确实和宗教有密切的联系，他们非常关注宗教研究中的许多与精神成长有关的理论、神秘体验和方法技术，并试图把他们整合到自己的心理治疗中去。为了更深刻地领会宗教及宗教经验在心灵净化和心理健康方面的作用。许多西方的超个人心理学家深入到一些不同的宗教领域，探讨与宗教有关的心理病理学问题，并且因而信奉某种宗教。正如罗文所说："有一种自然的倾向，一个人一旦对超个人感兴趣，就倾向于越来越专门地研究它，就倾向于采取某种宗教信仰。"①

尽管如此，我们仍然不能武断地认为超个人心理学就是一种宗教。实际上，它既没有自己的宗教教义，也没有专门信奉的神灵，更没有自己独特的教会和教堂。它只是致力于研究与所有宗教有关的心理现象。如果从严格的宗教意义上讲，超个人心理学家主要是一些异教徒，或者说是一些并没有宗教信仰的人。这些人是要通过对各种包括宗教经验在内的高级(神秘)的心理现象和心理健康状态的研究，探讨人类意识之谜。

6. **跨文化研究**

由于研究不同的宗教经验，而世界各国的宗教门类和内容又因为文化的不同而表现得五花八门。因此，超个人心理学就在跨文化心理学研究方面发挥着其独特的作用，尤其是在心理治疗方面。近年来，超个人心理学的研究表明，不同宗教信仰的人们对心理咨询和心理治疗采取的态度是不同的。有些宗教，如伊斯兰教、印度教等对西方的各种治疗都感到怀疑。而超

① Rowan, J. (2001). *Ordinary ecstasy: The dialectics of humanistic psychology*. Hove: Brunner-Routledge, p. 169.

个人心理学正是通过它对不同宗教经验的独特理解，而在宗教和恰当的治疗之间架起了一座桥梁。

超个人心理学关注转换的意识状态，作为心理治疗师，他们也会特别关注患者细微的精神变化，因而对患者的内心世界也会有更好的理解，这或许就是超个人心理治疗能够取得其他心理治疗所不能取得的疗效，并因而受到很多人欢迎的一个原因。

当然，超个人心理学在跨文化领域中的研究仍然是有局限性的。它主要研究的是不同文化和宗教中的神秘体验和神秘现象，而没有从更深远的文化人类学、民俗学、历史、政治等不同角度进行综合的分析。这的确是一项十分艰巨的任务，仅仅依靠超个人心理学本身是难以完成的。但不管怎么说，超个人心理学从跨文化的角度探讨不同民族、不同文化传统的心理病理学问题，探讨达到心理健康的有效途径，这本身就是一项艰难但却很有价值的任务。

7. 转换的意识状态

我们多次提到，超个人心理学研究和关注的核心问题就是意识及其不同的状态。这种意识不是西方传统的意识理论，而是包含着意识和潜意识在内、分层次、有高低级之分的意识活动。根据超个人心理学家的理解，人的意识可分为正常的意识状态和转换的意识状态。前者是低层次的、分化的意识状态，而后者则是高级的、超越自我的意识状态。超个人心理学家塔尔特把后者定义为："个体明显地感觉到其心理功能的模式发生了质的变化，就是说，它感觉到的不只是一种量的转换，而且其心理活动的质已有所不同。"①另一位美国超个人心理学家克瑞普纳（Krippner）则具体划分了 20 种不同的意识状态，用来说明人的意识活动是存在差异的。这 20 种意识状态包括：

（1）做梦状态。

其特点是睡眠者出现快速眼动（即进入快波睡眠或熟睡），在脑电图上呈现快速的脑电波，此时睡眠者往往会正在做梦。

（2）睡眠状态。

睡眠者虽然在熟睡，但未出现快速眼动，脑电波呈慢速、高振幅。

（3）入睡状态。

其特点是在出现睡眠循环时，在睡眠者的意识中有生动的表象。

---

① Tangeson, C. W. (1982). *Humanistic psychology: A synthesis*. Homewood, IL: Dorsey, p. 198.

(4) 朦胧状态。

这是睡眠循环结束时出现的意识状态。

(5) 过度警觉状态。

其特点是个体高度集中注意和警觉，通常是在生命受到威胁时出现，或表现为服用某些药物后的反应。

(6) 困倦状态。

表现为心理活动速度明显减慢，例如在强烈的抑郁状态下，或由于低血糖、过度疲劳等引起的意识状态。

(7) 狂喜状态。

个体的行为表现出强烈的主动性或欣喜若狂的情绪，有时是由狂欢仪式等所引起。

(8) 癔症状态。

个体表现出强烈的消极破坏性情绪，如主观暴力行为、恐惧或愤怒等。

(9) 分裂状态。

表现为个体人格的主要成分无法整合，出现精神分裂症状，例如在变态心理、多重人格等意识状态下。

(10) 退行状态。

一种与实际年龄明显不符的意识状态。例如，在某些催眠状态下，当催眠师发出年龄退行指令时，被催眠者所表现出的意识状态。

(11) 沉思状态。

这是一种转换、扩张的知觉形式，具有强烈的自我超越感。个体的感知能力提高、情感体验强烈，一般是通过专门的沉思训练所引起。

(12) 迷离状态。

表现为高度的易受暗示，对某一刺激非常警觉和关注。例如，在某些催眠状态下。

(13) 遐想状态。

个体沉浸在某种幻觉之中。

(14) 白日梦状态。

在非睡眠状态下产生的高度自我卷入的幻想状态。

(15) 内部扫描。

个体对自己的内部心理活动进行反思。

(16) 因酒精、药物等引起的木僵状态。

个体接受新刺激的能力大大降低。

(17) 昏迷状态。

表现为个体不能接受新刺激。

(18) 储存的记忆状态。

个体对过去的某一生活经历能够生动地再现或回忆起来。

(19) 扩展的意识状态。

这是由致幻剂等药物引起的，通常不受主体控制的一种知觉方式。

(20) 正常的醒觉状态。

在这20种不同的意识状态中，前19种属于转换的意识状态，而最后一种则属于正常的醒觉意识。除了克瑞普纳之外，很多超个人心理学家都在转换的意识状态方面做过大量研究，也有相当丰富的研究成果。当然，其中也存在一些争议。本书因限于篇幅，不在此详细评述。

第三节 超个人心理治疗

超个人心理学主要是在心理治疗的实践中发展起来的。因此，研究超个人心理学就必然要探讨其心理治疗的理论与实践。三十多年来，超个人心理治疗学家在临床实践中提出了很多不同的理论观点，也创造了大量心理治疗的方法和技术。在这里我只能择其要点做一简要阐述。

一、超个人心理治疗的基本原则

超个人心理治疗是西方尤其是美国社会发展的时代产物。在20世纪60年代，西方文化中极端自我中心的过度膨胀，使很多青年人过分关注和张扬自我，把个人的生理和心理需要的满足视为至高无上的东西。一旦这些个人的需要得不到满足，他们就会感到深深的个人价值失落，出现严重的精神危机。在这种情况下，用精神分析、行为治疗、认知疗法，甚至人本主义治疗都无法获得满意的疗效。超个人心理治疗吸收了东方文化传统中的人生价值观念和修行训练的方法，并把它们和西方的心理治疗实践结合起来，开创了具有东西方文化结合特色的超个人心理治疗。其基本的治疗原则有：

1. **精神成长原则**

超个人心理治疗虽然重视人的低级需要的满足，肯定世俗的社会文化对人的影响，但它更注重人的高级精神的成长和发展。这里的高级精神就是指人类身上存在的巨大的潜能。“它关系到对终极目的、上帝存在、生命意义、慈悲仁爱等等的体验。……东方的传统心理学，像禅宗心理学、道家心理学、瑜伽心理学等等，都是拥有悠久历史又解决精神问题的知识体系，在这些知识体系中就包含着对超越自我的意识和体验的论述和实践。”① 超个人心理学从东方传统文化中获得了很多重要的启示，在心理治疗中，很多超个人心理治疗学家把东方的生活践修和精神境界的提升作为心理治疗的重要原则。他们鼓励患者勇敢地面对自己的精神存在，把超越个体的精神能量灌注到自己的心理生活之中。这样，即使是低级的物质需要没有得到完全的满足，个体一样可以在快乐的精神成长中得到健康的发展。这种心理治疗原则在一定程度上遏制了西方社会过度膨胀的个人中心倾向，对个体和社会的健康和谐发展都是有益的。

2. **天人合一原则**

超个人心理治疗虽然重视个体价值的实现，但又不仅仅停留在这一层面。受东方传统文化的影响，很多超个人心理治疗学家把人看作是整个宇宙生命系统中的一个组成部分，个体是具有普遍联系的存在，个体的价值归属和疾病的康复都依赖于个体对这种宏大宇宙和个体存在之间关系的正确认识。正如美国加州超个人心理学研究所咨询中心第一任主任沈娥所说：“我们的工作是在这宇宙系统内提高自己的警觉，意识到我们自己的存在。”② 在维尔伯的意识谱理论中，最高层次的心灵层就是一个宇宙意识层。在这里，人的意识和宇宙合为一体，我和非我的界限也基本消失。这就是意识的最高状态。实际上，超个人心理学的“超越”就是指超出个体的狭隘范畴，把个体与整个世界和宇宙联系在一起。在心理治疗中，治疗师要努力使患者产生超越性体验，通过沉思、呼吸训练、感官觉知等各种治疗手段，使个体产生精神的自我顿悟，从自我认同转变为宇宙认同，实现人与自然、与宇宙的和谐存在。这和中国古代“天人合一”、“顺心自然”等生生和谐的生存智慧的思想是有一致性的。

① 葛鲁嘉：《心理文化论要：中西心理学传统跨文化分析》，辽宁师范大学出版社 1995 年版，第 122 页。

② 李绍昆：《美国的心理学界》，商务印书馆 2000 年版，第 136 页。

3. **超越性原则**

超个人心理学试图超越人本主义心理学，不赞成把个人潜能及其实现只局限于个人的成长和个体自我的实现。它所追求的是超越单一个体的人性的根源，旨在揭示人的终极价值，在这个基础上最大限度地开发人的潜能，实现人的超越性价值和达到人性的最完满实现。在日常生活中，人们的意识状态是分化的、变动的，个体往往受社会现实的影响，出现意识的狭隘，而陷入不可自拔的心理疾病境地。超个人心理治疗就是要使个体把日常的世俗意识转变为超越的意识。正如拉乔伊和夏皮罗所说："超个人心理学是关于人性的最高潜能的研究，它承认、理解和实现人的精神、合一的意识以及意识的超越状态。"①超个人心理治疗认为，有些精神生活的危机不一定是病态心理的表现，而可能是个体心灵深处的某种超越性需求在呼唤。即使是某些精神病或神经症的症状可能也隐含着常人难以理解的超个人含义。因此，超个人心理治疗不是要治愈疾病，而是要开放我们的意识和经验，使我们的心灵进入一个全新的超越的意识境界，最终达到精神自愈、身心健康成长的目的。

4. **整体性原则**

和人本主义心理学一样，超个人心理学在心理学的理论研究和心理治疗的实践中也持整体论的观点。这实际上是对西方社会长期采取主客二分的分析研究取向的一种反抗。在心理治疗中，超个人心理学家主张一种更大范围的整体性。例如，在维尔伯的发展理论中，意识的发展过程是从前个人阶段到个人阶段再到超个人阶段，最终达到完整的自我意识。心理治疗就是在治疗师的指导下，通过沉思（静修），沿着不同的发展阶段逐步上升，使个体的自我意识在最高的纯粹意识中达到认同和精练。超个人心理治疗把人视为一个由身体、心理、灵魂和精神四个方面组成的有机整体。心理治疗不能只注意某一个方面，而应该对这几个方面进行统一的整体考虑。症状可能表现在某一个方面，但其根源可能源于其他方面，因此，治疗也应该是整体性的、多层面的。整体性原则的另一层含义在于，人是一个由生物、心理、社会和精神四个层面组成的有机整体，在心理治疗中要对这些不同的层面进行整体的理解，既要开放性地面对意识经验的这些不同形态，又要注意各层面之间的整体联系。

---

① 郭永玉：《精神的追寻：超个人心理学及其治疗理论研究》，华中师范大学出版社 2002 年版，第21～22页。

5. **多样性原则**

超个人心理学非常注重人的个别差异,因此,在心理治疗中也特别强调因人而异,强调治疗方法的多样性和多维度。例如,一个人在智力等认知方面可能发展得非常好,但在情绪上可能并不稳定,或者在意志力方面并不成熟。相反,另一个人可能智力上并不超常,但由于个人的非智力因素的作用,同样可以取得很大的成功。在心理疾病方面,有些人可能因为认知方面的不成熟而导致心理疾病,有人则可能由于情绪、人格等非认知因素的作用而导致心理疾病。在治疗过程中,有人易受暗示,很容易进入沉思和催眠状态,而有人则不容易接受暗示,对这样的人就不能一味使用沉思或催眠等暗示性的治疗方法。超个人心理治疗首先要认识到每个患者不同的个别差异,包括了解患者的身体、心理、灵魂和精神,了解患者的个人经验、家庭生活、社会环境、工作场合和朋友关系等。然后再根据他的症状,采取有针对性的治疗措施。超个人心理治疗对人的经验是全面开放的,采用的治疗方法也是多维度的、多途径的,从而保证了其治疗的有效性。

6. **发展性原则**

超个人心理治疗不强调心理疾病的治愈,它关注的是怎样开放患者的意识经验,针对患者现有的发展水平,提出相应的治疗方案,其最终目的是促进患者的心理发展。例如,根据维尔伯的发展理论,可把个体的发展阶段确定为前个人阶段、个人阶段和超个人阶段。对处在不同发展阶段的个体,应采取不同的治疗方式和确定不同的治疗目标。这些治疗措施和目标的确定都是以个体心理的发展水平为依据的。同时,治疗师还要针对这些不同的发展水平,对患者进行精神的指导,促使其向最适合自己的更高级的发展水平迈进。这条原则和多样性原则是相辅相成的。只有承认和发现人的多样性和差异性,才能根据人的发展水平提出相应的治疗措施和目标,其最终目的都是促进精神的发展。

二、超个人心理治疗的主要理论

在三十多年的发展历程中,超个人心理学家提出了很多不同的心理治疗理论和模型,如阿萨吉奥利提出的心理综合理论、维尔伯的意识谱理论和发展理论、格罗夫的全回归模型、沃什本的新荣格理论、阿里的钻石理论等。这些理论和模型从不同的角度阐述了超个人心理学对心理治疗的一些基本的理论观点。

1. **维尔伯的意识谱理论**

肯·维尔伯是超个人心理学家中最著名的理论家。他发表和出版了很多文章及专著，系统地阐述了他的超个人心理学思想。意识谱理论就是他从 20 世纪 70 年代以来提出的一种个体心理发展的模型。该理论认为，由于人的意识的分化作用，使原本浑然一体的天地万物却被人为地割裂开来，划分成有不同边界和范畴的层次和成分。造成现代人心理疾病的根本原因就是这些成分之间的相互冲突。维尔伯把人的意识划分为四种基本的层次，即心灵层、存在层、自我层和人格面具层。在这些层次之间还存在一些夹层或层次带。处在不同的意识层次中，个体的自我认同就表现出不同的形式，表明个体对自我有不同的理解。见下图。

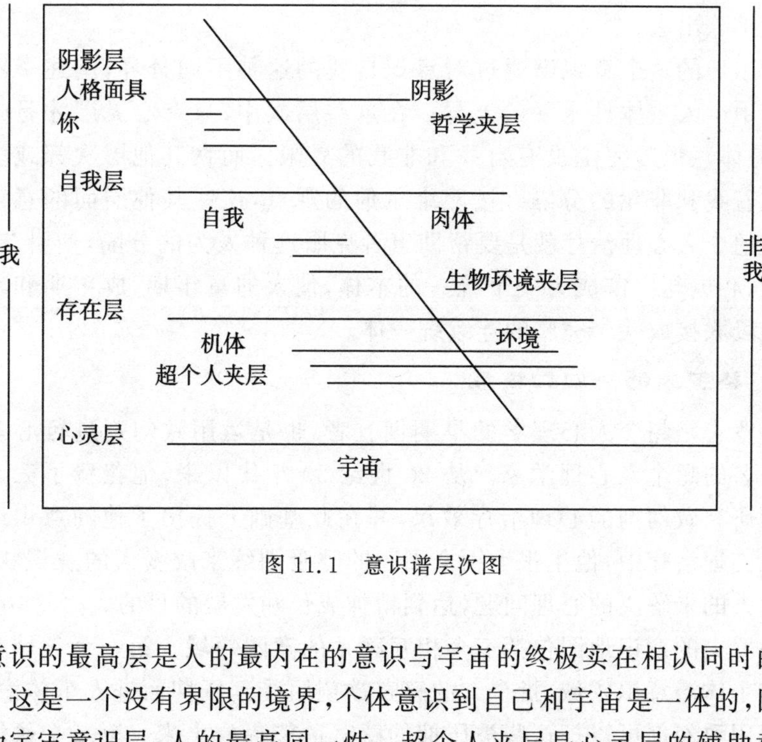

图 11.1　意识谱层次图

意识的最高层是人的最内在的意识与宇宙的终极实在相认同时的意识状态。这是一个没有界限的境界，个体意识到自己和宇宙是一体的，因而又被称为宇宙意识层、人的最高同一性。超个人夹层是心灵层的辅助意识谱区，斜线是我和非我的界限。但在这个层次中，我(self)和非我的界限被打破，即达到东方哲学中天人合一的境界，达到有些宗教中的婆罗门道、阿拉、神性等无限永恒的终极本体。

意识的第二个层次是存在层，此时人开始把自己与有时空的心身机体相认同，开始把我和非我、有机体和环境区分开来，但区分的界限是个体的皮肤。在这一层次，人的理性思维开始发挥作用。位于其上的生物社会夹层代表一个人的家庭关系、社会文化因素、语言、逻辑等对个人的内在影响。在这里，个体虽然没有感到自己与宇宙万物同体，但仍然能与自己的有机体融为一体，认为自己是一个身心统一的有机整体。

意识的第三个层次是自我层，个体只和他的自我意象相认同。人的有机体一分为二，一个是作为自我奴仆的肉体，另一个是与肉体相脱离的自我。身心的分离使人一方面把身体视为快乐的根源，另一方面又把身体视为痛苦、疾病的温床。人的本体意识在这一层次进一步缩小。处在自我层和人格面具层之间的是哲学夹层。

意识的第四个层次是人格面具层，它是意识范围最狭窄的层次。个体只和自我意识的某些部分相认同，这时个体就会戴上与此相认同的人格面具，而把那些不认同的心理活动视为“非我”，被当做令人痛苦的、不适当的“阴影”排除出去。

维尔伯的这个意识谱通过对意识自我的这种不同分界，阐述了不同意识层面中个人主体性水平的差异。在这些层次中，只有心灵层才是唯一真实的“一体意识”，完全没有自我和非我的界限。而在其他层次都或多或少地存在着我和非我的分隔。按照维尔伯的观点，这些其他层面的意识都是幻觉。超个人心理治疗就是要帮助患者克服这种人为的分隔，使身与心、我和非我、心灵与宇宙成为一个统一的本体，使人的童年期、成年期和精神发展的阶段联接成一个完整的连续统一体。

2. 格罗夫的全回归模型

格罗夫是超个人心理学的早期创立者，也是运用致幻剂进行心理治疗的最著名的超个人心理学家。从 20 世纪 50 年代以来，他花费了三十多年的时间研究致幻剂的心理治疗效果，并在此基础上提出了他的意识地图理论。在心理治疗中，他主张运用全回归的呼吸训练来改变人的意识状态，进而探讨人的未解决的心理问题，达到精神成长和发展的目的。

格罗夫的意识地图包括三个相互联系的宽阔领域。第一个领域是感官障碍和个体潜意识领域，指个人的感官欲望因受到压抑而进入个体潜意识，通过服用致幻剂可以把这些被压抑的感官欲望释放出来。第二个领域是基本围产期的经验，包括子宫内的安静状态、出生的发作过程、向产道的移动和出生这四个阶段。与此相对应的有四种心理组织或情结，即 COEX 系统。第三个领域是超个人领域，个体可能会体验到各种传统的精神状态或主题，如“宇宙之心”、宇宙体验等。

通过对意识地图的描绘，格罗夫提出了与这三个领域相对应的心理治疗的三个阶段。当然，他最初主要是通过运用致幻剂来进行治疗的。但是，后来美国对致幻剂的使用进行了法律上的限制。于是，格罗夫便运用他创立的“全回归呼吸训练”来取代致幻剂治疗，收到了很好的效果，同时也避免了法律问题，消除了一些当事人的疑虑。

3. 沃什本的新荣格理论

迈克尔·沃什本是超个人心理学家中荣格思想的重要阐发者。我们知道，在荣格的分析心理学思想中与很多令超个人心理学深感兴趣的思想内涵。沃什本运用超个人心理学的术语对荣格的理论观点做了全新的阐释，提出了所谓新荣格模型。

该模型的前提假设是建立在西方的人神二元论基础上，即强调个体的心灵与神的关系。超个人心理治疗就是要超越自我，这种超越就是将自我转换到一个更高的联合状态，而不是消除自我。在这种状态下，自我就不再是独立的存在，而是变成了一个“二元统一体”的一个侧面或部分。达到这种状态的途径是通过“超越的退行”，即意识的自我(ego)退行到前自我的潜意识之中，使之与其本源相整合，达到超自我的状态。

沃什本认为，在荣格那里人格的前自我和超自我虽然是两种不同的水平，但都是同一潜能的不同表达方式，因为其动力基础是没有变化的，所变化的只是表达和体验这些潜能的意识自我。人格发展的最终目标就是在自性水平上达到的最高整合。荣格还提出了中年期危机的观点，认为在经历了这一危机之后，个体的心理能量便开始从向外流动转向向内流动。自我开始重新回归，并且与集体潜意识中的原型和自性结合，最终达到精神的再生，即个性化。沃什本接受了荣格的这些观点，并对此做了超个人心理学的解释。在他看来，这种结合就是超自我状态的联合。所谓中年期心理危机就是自我回归到它的本源，从而走向超越的一种外部表现。这个本源就是个体发展甚至种族发展或人类发展的早期。在这个意义上说，中年期心理危机就是超越过程开始的一种退行。此时个体心灵内部的潜意识力量开始发挥作用，自我与非我开始出现整合，肯定的情感和精神体验开始显现，童年期的对象关系逐渐活跃，早期心理创伤开始康复，个体开始通过好母亲和好父亲的镜头来体验和看待世界，自我的善良本性得到感受，消极体验开始减退等等。所有这些正是超个人心理治疗所希望达到的目标，也就是人类生活的最终目标。尽管这个目标在现实生活中只有很少数的人达到。

4. 阿里的钻石理论

哈米德·阿里是阿拉伯裔的美国心理治疗学家。他提出的钻石理论以其独特的方式把精神分析的对象关系理论与身体感觉训练结合起来，并且融合了伊斯兰教的泛神论神秘主义的传统，提出了一种与荣格的心理学思想非常相似的心理治疗理论体系。之所以称之为“钻石理论”，是因为他是用笔名 Almaas 来进行写作的，这个词在阿拉伯语中的意思是钻石。

我们知道，精神分析的对象关系理论认为，个体先天就具有和别人（即对象）建立联系并保持密切关系的倾向，特别是和早期对他有重大影响的人的关系，会影响他一生的交往模式。阿里把个人的自我同一性感从意识的自我（ego）或自我意象（self-image）转移到存在或本性（essence）的领域。这里的本性就是荣格所谓的“自性”（Self）。它是一种可以被人们所感觉和体验到的东西，具有某种确定的性质，如意志、力量、真理、觉醒、慈悲、价值等。儿童从一出生就和本性密切相通，但到了成人期却和本性发生了疏离。如果有早期创伤发生，就会缺乏相应的体验本性和认同自己的反映和支持，由此而导致虚空。这种虚空是对缺失了“主要本性”的一种体验，而这种主要本性就是荣格所谓“原型能量”。为了弥补这种虚空的体验，个体便形成了一种自我与对象的投射关系。经过后来多次的重复，个体与本性的联系越来越疏远，而和对象的联系却越来越密切，仿佛生活在一种影像的世界里，从而导致心理生活的扭曲。

阿里进一步指出，为了使我们的人格成为健康的，具有才能、力量、智慧和爱等良好品质，就需要对早期创伤进行治疗，最好的办法是以失去的本性来填补虚空中的空洞。空洞是主要本性缺失的体验，个体能够体验到自己缺失什么。治疗师要根据其早期对象关系和早期创伤来揭示这种空洞的心理学意义，从而使个体从早期对象关系的阴影中解脱出来，与自己的主要本性建立积极的联系，体验到自己的力量感。

总之，阿里的钻石理论吸收了不同的心理治疗理论和观点，并且通过自己的理解和实践，阐述了具有超个人心理学特色的心理治疗方法。例如，他主张通过深呼吸来增加身体能量和促进自己的情感体验，进而与早期的对象关系取得联系，认识到自己心灵的虚空，并努力填补这种虚空，达到恢复本性、健全人格的目标。

三、超个人心理治疗的技术方法

超个人心理治疗有很多不同的分支和方法。在这里着重对其常用的一些心理治疗技术和方法做一评述，以加深读者对超个人心理学的理解和认识。

1. 沉思的技术和方法

沉思(meditation)又被称为静坐、入静、静修、打坐和冥想等，这是一种非常古老的心理治疗方法。早在四千多年前，人们在印度的雕刻中就发现了这种以沉思的姿势坐着的雕像。此外，在人类历史的很多文化传统中也可以找到这种沉思的渊源。显然，这种实践方法是具有跨文化意义的。随着超个人心理学对沉思及其实践研究的深入，沉思已经成为人们用以修身养性，改变自己的意识状态，深入探讨和认识自我的一种重要手段，也成为用来进行心理疾病治疗的重要方法。

由于在沉思训练中需要使注意力专注于某一方面，而且沉思的目的也各不相同。因此，沉思的训练方法可分为许多不同的派系。例如，根据沉思时人的注意力专注点的不同，可分为“专注式沉思”和“开放式沉思”。前者指注意力专注于某一个对象，通过排除外在刺激的干扰，在高度专注的精神状态下，“达到与超越自我，与精神存在融通无间的状态”①。后者指在沉思中首先排除任何进入意识的私心杂念，以纯然放松的心态使自己的肉体和心灵自由地流动和改变，并且以开放的心态迎接进入心灵的任何体验。但是，在这个过程中，沉思者并不对这种体验进行有意识的控制，而是对这种体验保持一种感受的心态，从而使心灵得到静息。

根据沉思的目的和作用的不同，又可将沉思分为超越的沉思、灵性充盈的沉思和瑜伽修炼等。超越的沉思起源于瑜伽修炼，后来经过简化，成为当代西方流行的沉思方法。其基本技术要领是：① 沉思时要保持身心内外环境的安静，即外部无干扰、内心要平和。② 心理活动专注于某一对象，如在心中默念某种声音或某个单字，也可以在心中想象某种图像。③ 排除杂念，心无所思、无所欲，始终保持一种被动的心态，静观心灵的自然变动。④ 使身心始终保持轻松、舒适、安静、自然。超越的沉思的基本步骤是：① 在环境安静、灯光柔和的房间内，盘腿坐在褥垫上。② 闭上眼睛。双手拇指相对，围成椭圆形，然后把手置于丹田处。③ 全身肌肉放松。通常先从脚底开始，由下而上，直至头部完全放松。④ 用鼻孔进行呼吸，每呼吸一次，心中就默数“1”，持续约 20 分钟后结束。睁开眼睛看看时间，然后再闭眼休息 1～2 分钟，沉思过程结束。⑤ 这个沉思的过程贵在坚持练习。不要急于求成，尤其是在最初阶段，一般不容易进入深度放松，需要按照练习的要领和步骤，坚持不懈地做下去，才能收到效果。⑥ 时间为每天 1～2 次，一般饭后两小时后开始。

---

① 杨广学：《心理治疗体系研究》，吉林人民出版社 2003 年版，第 403 页。

灵性充盈的沉思是源于禅宗佛教的一种修炼方法。它要求沉思者把注意力集中在自己的觉知(awareness)本身,对我们所觉知到的内容进行观察,任由其自如地出现和消逝,就像一个旁观者在观看天上飘荡的云彩,超然于其外,而又静观其变。这种沉思的要点是使自我与觉知的内容相分离,任凭经验在意识中出现、变动和消逝。这样做会收到旁观者清的效果,使狭隘的自我从这种沉思中得到扩展,使个体的心怀得以敞开,最终与大我融为一体。经过长期的修炼,个体能够获得较大的包容性。

瑜伽修炼是起源于古印度的一种沉思方法。瑜伽一词含有结合、联系之意,意思是为达到冥想的目的而集中自己的意识。在瑜伽修炼的过程中,要遵循8个基本阶段:① 以德为本的道德规范。即要求修炼者不使用暴力、真诚、不偷盗、节欲。② 身心的内外净化。内部净化即根除愤怒、贪欲、狂乱、迷恋、恶意和妒忌等不良欲念。外部净化指端正个人的行为习惯,并保持和美化周围环境。③ 体位锻炼。针对修炼者的身体不同部位,按照规定的姿势进行身心修炼,从而达到对肌肉、消化器官、腺体、神经系统等机体组织进行修炼的目的,使身体和精神保持平衡。④ 瑜伽呼吸。即有意识地延长吸气、屏气和呼气的时间。正常人每分钟呼吸15~16次,运用瑜伽修炼,可逐步达到每分钟5~6次,修炼得法甚至能达到每分钟1~2次。这个过程既可以排除体内废气和污浊之气,还可以使身心得到安定。⑤ 控制精神感觉。即控制自己的欲望和感情,努力使自己的心情平定下来,得不到的东西就不要去想它。⑥ 意识专注。在沉思中把注意力集中在一点或某一件事情上,使整个精神保持安定平静。“在意念集中的情况下,才能将担忧转变为宁静,妒忌转变为仁慈,紧张变为松弛,敌意变为友好,焦虑变为安静,自私变为无私,焦躁变为平静,悲痛变为快乐。”[①]⑦ 进入冥想和静定状态。这是一种只可意会不可言传的个人体验。⑧ 忘我状态。即修炼者意识不到自己的呼吸、自我精神和智性的存在。一切仿佛都不存在了,个体在自己创造的无限广阔的宁静世界中得到精神的升华和身体的舒畅。

除了上面提到的这些方法之外,实际上进行沉思的方法还有很多。超个人心理学运用沉思的技术和方法进行身心治疗,确实收到了很好的疗效,在一定程度上也提高了超个人心理学的声誉。

2. 身体治疗的技术与训练

以身体为中心的心理治疗是超个人心理治疗的一种治疗取向,之所以称之为身体治疗,是因为它把人的身体作为进入超个人境界的出发点。身

---

① 沈维德:《瑜伽健身术》,上海文化出版社2004年版,第38~39页。

体治疗是一个学派纷杂、观点各异的心理治疗取向的总称。在具体的观点和理念上他们之间有很多分歧，但有一点是共同的，即他们都认为“进入身体意识是进入更广阔的精神意识的途径”①。这样，心理治疗就通过对身体的专注而达到对当时的情绪体验的把握，并消除消极的情绪体验对身体的束缚，最终达到身心协调和朝向精神领域开放。

我在第七章曾谈到身体治疗，其最初的创立者是精神分析学家威廉·赖希。超个人心理学的身体治疗也同样起源于赖希，但超个人心理学家对此做了新的改变，使之从理论和实践方面都适合超个人的目标。概括地说，超个人心理治疗有三种主要的技术手段：身体训练、呼吸训练和感官觉察和灵性充盈。

（1）身体训练。

超个人心理学的身体训练有一个基本的理念，即相信个体对经验的反应在身心两个方面是一致的，当个体出现情感体验时，相应地在他的身体上也会有所表现。例如，儿童最初应对痛苦体验的方法是屏住呼吸和绷紧肌肉，这种体验长期发生，就会使肌肉收缩成为一种习惯性的身体表现。因此，身体训练就是在找到当事人个体潜意识中的问题情结之后，通过身体放松，使紧绷着的肌肉得到缓解。然后训练当事人学会主动地控制自己生命能量的流动，进而使情绪的感知愈益明显和清晰，使早期的心理创伤得到康复和痊愈。与此同时，使个体在身体训练中意识到自己的希望、期待等超越性力量，在新的精神需求的引导下，使个体的内在能量与更广阔的生命存在融为一体。

在具体的训练方法上，身体训练主要以培养个体对自己的心理能量流动进行控制的能力为目标。例如，通过系统的肌肉运动锻炼，使原本紧张僵硬的肌肉得到放松。通过把注意力集中在身体的某些关键部位，并进行相应的按压训练，使该部位被压抑的心理能量恢复系统的循环流动。还可以通过按摩、暗示、生物反馈等方法，使修炼者松弛身体特定的部位，减轻心理的压力和恢复心理平衡。

（2）呼吸训练。

呼吸训练是身体治疗的一种重要方法。超个人心理学认为，呼吸可以在一个人的意识和潜意识之间架起一座桥梁，因为呼吸可以通过我们的意志活动来随意地控制，也可以不受意识支配而自然地进行。因此，通过呼吸

① 郭永玉：《精神的追寻：超个人心理学及其治疗理论研究》，华中师范大学出版社 2002 年版，第 137 页。

可以使人觉知到潜意识功能的活动,帮助人们学会排除干扰,进行自我调节。

在具体的呼吸方式上,不同的学派有不同的要求和方法。格罗夫的全回归呼吸治疗认为,通过深呼吸使氧气摄入量增加,进而激发人的内在心理能量,使情绪处于高度兴奋的状态,这时就可能会使个人进入超个人的或转换的意识状态。身体治疗也采用呼吸训练的方法,但它不同于瑜伽的呼吸方法,瑜伽修炼是要求呼吸越来越慢,呼吸的次数减少,深度增加,达到身心平静,进入到内在意识的目的。而身体治疗则要求加强呼吸,使呼吸的频率越来越快,目的是把隐藏在潜意识中的感情和冲动唤醒,使自己意识到这些感情和冲动,然后加以适当的控制和调节。超个人心理治疗认为,不论使用哪种方法,其目标都是为了深化自己的内在体验或进入超个人的意识状态。

呼吸觉知也是超个人呼吸训练的一个重要要求。所谓呼吸觉知,就是训练者对自己的呼吸过程给予微妙的注意,以增强其自我觉知水平。通过对呼吸过程的专注,使个体对出入身体的感知觉进行净化,其目的是为了最终获得生命的智慧。在呼吸训练中,要求训练者集中注意自己的呼吸动作,对身体内部的活动进行体会,并听任其发展,直到呼吸恢复到自然节律。例如,让训练者曲腿仰卧,轻缓地呼气。在注意呼气的同时让腹壁下陷,直到吸气止。也可以让训练者在曲腿的同时吸气,放松关节时呼气,体会气流正在松解绷紧的关节。通过让训练者反复练习并进行觉知,找出自己呼吸过程中身体的差别,间接达到治疗的目的。

(3) 感官觉察和灵性充盈。

感官觉察类似于呼吸觉知,都是把注意力集中在身体的某些功能活动上。只不过呼吸觉知注意的是呼吸的过程,而感官觉察关注的是身体的自然功能。超个人心理学家把身体看作是一个既定的统一体,训练者通过对自己身体的感官经验的觉察和聆听,提高自己的知觉敏感性(如觉察阈限和辨别阈限)。正如身体治疗的著名代表詹德林所说:"不能认为这个身体是一码事,而你是另一码事,是第二件事。在你能够想到你的身体是怎样运作之前,你的身体就基本上规定了你的情境并对其进行了组织建构。当你的注意力加入到这种生命过程中来,你就能够追求许多更多的潜能并做出更多的选择,这比你只是驱使你的身体仿佛它是一个像汽车那样的机器时要多得多。它和其他的事物内在地生活在一起。它天生就和人是相互作用的,并自然地隐含着朝向人的动机。当它刚降临人世的时候,它隐含着受到哺养和呵护的意思,而当它把所有复杂的人类情境吸收进来之后,它可能隐含着在一种从未听说过的困境中的复杂的新动机。”[①]正是这种身心一体的观点，使超个人心理学家强调要通过对身体感知的觉察来探索影响人的情绪生活的身体智慧，进入到超个人的意识境界。

3. 致幻剂治疗与意识状态转换

引起意识状态转换的方法很多，例如，通过沉思、瑜伽训练、催眠等都可以做到。这里着重评述的是通过致幻剂引起意识状态转换的一些治疗方法。

(1) 低剂量治疗。

这是把致幻剂应用于心理治疗的一种最初级的方法，也是心理治疗的一种辅助手段。其做法是：在心理治疗中定期地给来访的患者服用少量的致幻剂。这样做并不影响医患之间的交流，而且由致幻剂引起的内心体验也比较容易回忆，从而导致后期的治疗比较容易进行。在 20 世纪 50 年代，弗洛伊德学派和荣格学派的治疗师曾尝试运用这种方法进行治疗，但他们所报告的意识体验却并不相同，前者报告的多是童年生活的经验，后者报告的多是超越性的经验，而且他们都认为由此而取得了很好的疗效。但是，如果让弗洛伊德学派的治疗师引导患者产生超越性体验，或者让荣格学派的治疗师引导患者产生童年生活的体验，却没有发现心理治疗出现疗效。因此，有人认为，服用低剂量的致幻剂能否取得疗效，关键在于治疗师的个人理念和治疗引导。

(2) 高剂量治疗。

这是 20 世纪 50 年代由奥斯蒙德和豪佛在治疗习惯性酗酒者的过程中提出的治疗方法。他们发现，在给酗酒者服用了高剂量的致幻剂(LSD)之后，经过三四次治疗，酗酒者会产生一些神秘的精神体验，从而使他对酒精的心理依赖发生转变，达到了通过致幻剂来戒酒的效果。但是，服用高剂量的致幻剂也隐含着一定的危险。例如，导致医患之间的交流出现困难；由致幻剂引起的个人体验和现实生活有很大的差距，不利于解决患者现实生活中的实际问题；高剂量的致幻剂可能使人直接超越个人心理层面而进入超个人层面，导致个人心理层面的问题得不到解决。

(3) 程序治疗。

程序治疗是超个人心理学家萨尔瓦多·罗凯特依据定势和场景理论，

---

① Gendlin, E. (1996) *Focusing-oriented psychotherapy*. New York: The Guilford Press, p. 304. In Rowen, J. (2001). *Ordinary ecstacy: The dialectics of humanistic psychology*. Hove: Brunner-Routledge, pp. 94～95.

在群体心理治疗中通过致幻剂而实施的治疗方法。这种治疗方法在性质上有点类似于低剂量治疗，在很大程度上依赖于治疗师对场景的布置和行为及语言引导。治疗师运用幻灯机、电影机和立体声系统来控制和支配参与者的视觉和听觉体验。要求参与者服用少量的致幻剂，然后把他们安置在设计好的影像和音乐的环境之中，目的是通过这些设计来唤起参与者的深度潜意识。在开始阶段，音乐和影像的主题往往与战争、混乱、破坏、死亡和性等活动有关，随着治疗过程的发展，在接近尾声的时候，这些音乐和影像的主题变得温和、平静和自然了。这种程序治疗通常要持续一整夜，在第二天用一整天的时间进行小组讨论和分享各自的体验，目的是为了使所有参与者的心灵体验得到某种程度的整合。应该承认，这种方法确实可以为参与者产生某种超个人的心理体验提供一个基本的参考框架，但其缺点是这些影像和音乐的主题不一定符合参与者的心理主题，尽管罗凯特的报告认为有 85%的参与者获得了疗效。

（4）萨满治疗。

萨满治疗也称巫医治疗，是美州地区的一些土著部落用仙人掌、蘑菇或其他具有致幻剂作用的植物进行的心理治疗。一些超个人心理治疗学家受到启发，逐渐形成了这种群体治疗方法。在要求接受治疗者服用这些植物后，或者添加一点 LSD。让参与者围成一个圆圈，治疗师进行简短的说明，告诉大家这样做的主要意图。然后进行击鼓、唱歌和祈祷，成员之间进行简短的交流。随着致幻剂作用的逐渐发挥，成员间的交流越来越少，鼓声、歌声和祈祷声也越来越小，最后终于默默无声，所有的参与者均已进入自己的幻觉世界。

（5）自我治疗。

这是在患者了解到致幻剂所产生的转换的意识状态之后，能够在自己身上进行正确的实施，而无需治疗师的具体指导。他们可以独自服用一定剂量的致幻剂进行自我探索，也可以和亲朋好友一起服用，相互交流体验。其治疗的场景由他们自己决定，可以在家中进行，也可以在野外进行，但都要求环境要保持安静，不受外部干扰。这种治疗也需要一定的心理定势和外在场景作为准备，然后在致幻剂的作用下促进超越意识的显现。

通过致幻剂引起意识状态的转换，在西方的心理治疗中进行了三四十年，也取得了一定的治疗效果。但是，由此也引发了一些新的问题，如服药上瘾、影响儿童身体健康等，从而导致社会对服用致幻剂进行心理治疗的激烈争论。目前，由于法律的干预，大多数这类实验和治疗都已经终止，有些人改变了治疗方法，同样可以收到转换意识状态的效果。

总之，超个人心理学创立三十多年来，在心理学理论和实践方面都取得了相当丰硕的成果，成为在国际心理学研究中一支十分重要的力量。尤其是它吸收和借鉴了很多古代东方的思想，并把它们运用在具体的心理学研究和心理治疗的实践中，从而为东西方心理学思想的整合奠定了一定的思想和实践基础。它对很多超个人心理现象的研究虽然有些神秘色彩，但这些现象又是确实在人类心理生活中普遍存在的。超个人心理学坚持研究这些比较高级而又一时难以用科学原理来解释的心理现象，这本身就体现了一种博大和高远的胸怀。它在一定程度上打破了人本主义心理学过分关注个体自我的狭隘的心理学观，而把小我与社会、自然、宇宙的大我结合起来，试图阐述一种具有更高定向的终极价值，这对我们更深刻地理解人的心理活动是有启示意义的。当然，超个人心理学在理论研究和实践方面毕竟还缺乏坚实的科学基础，即便是它所进行的实证研究也经常受到一些正统的主流科学家的批评。因此，时至今日它仍然还没有被美国心理学会所正式承认。尽管超个人心理学提出了一些引人注目的心理学研究的理想模型和研究取向，但它要想跻身于科学心理学之林，恐怕还有很长的路要走。对于其未来的发展趋向，我们将继续关注。

第十二章

面向未来:对人本主义心理学的评价

本书行文至此,已经比较系统地阐述了人本主义心理学在西方,尤其是在美国的历史发展过程,阐述了其基本理论观点,并着重评述了它在实践领域中的应用和最新发展。通过这些论述,我们已经大体了解了人本主义心理学发展的历史轨迹和思想路线。在最后一章,我将着重对人本主义心理学进行概要的评价。当然,这个评价只是一个主观的、带有个人见解的评价。

第一节　争执犹存:对人本主义心理学的批评

人本主义心理学从创立到现在,已经走过了半个多世纪的历史历程。如果说它早期是作为对传统心理学的一种抗议运动而出现的,那么经过几十年的发展,它理应已经发展成为一种相当成熟的心理学体系。但是,在整个心理学界(无论在西方还是在我国),对人本主义心理学的批评却始终没有停止。这些批评主要集中在如下方面:

一、表现出有限的地域文化特色

人本主义心理学主要是在美国发展起来的,这不可避免地使其带有美国或北美文化的地域色彩。例如,从它一开始建立,它就和美国社会当时流行的"反主流文化"运动相呼应。这一运动的主体是美国的一些青年文化团体，例如嬉皮士、黑豹党、吸毒成瘾者、摩托车帮、群居村、新左翼激进派等。他们大多出身于中产阶级家庭，过着衣食无忧的生活。但他们却并不安心现状，而是否定传统的价值观念，但同时又没有建立新的符合社会要求的价值规范。很多青年人失去了理想和信念，把追求即时的快乐当做自己生活的目标，把欲望的满足作为自己幸福生活的标准。人本主义心理学不仅没有对这种反主流文化思潮进行正确的价值引导，反而推波助澜，在理论上大力提倡个体主义的价值观，强调自由选择，追求个人价值的自我实现等。这样做的结果是，不仅没有促进人与人之间的合作和分担各自所应承担的个人和社会责任，反而加剧了社会生活中人与人之间的竞争，同时也导致了只关注个人的主观体验，而相对忽略他人的体验，只关注个人利益和价值，而相对忽略他人利益和价值的极端个人主义倾向。这种人本主义心理学运动较好地适应了北美地区的社会文化氛围，但却不完全适合于其他文化和社会传统。正如斯皮内利所说："各种试图把人本主义心理学介绍进欧洲的努力，都受到了某种重大的抵抗，使得人本主义心理学在欧洲始终处于学术的边缘。"①

人本主义心理学家在理论上对这种个人主义价值观是相当推崇的。因此，他们的理论阐述也竭力保持个人与社会、自我与他人、自由选择与承担责任、自我价值实现与社会义务等观念之间的平衡。但是，这种阐述的着重点落脚在个人的自我价值上。因此，它在强调个体要努力创造自己价值的同时，并没有很好地推动整个社会向健康的道路发展，而是促使一些人把个人价值与社会价值相对立，导致个人主义的极端膨胀。

另外，人本主义心理学虽然竭力想从古代东方的传统文化中获得它所需要的思想支持。但是，由于缺少必要的文化土壤，东方的思想传统在西方也变了味。就像传统的中餐到了西方国家，经过一些厨师的改造，成了不伦不类的大杂烩一样。当然，我们也并不否认在人本主义心理学的思想中，确实存在着一些全人类所共有的心理学内涵，例如实现人的潜能、重视人的价值和尊严等。但这些主张必须适合一定时期、一定文化的社会土壤。人本主义心理学要想在整个人类社会实现他们的心理学理想，还需要做大量艰苦的跨文化研究。至于它能否摆脱目前的"人本主义心理学危机"，还有待时间的考验。

---

① Spinelli, E. (1989). *The interpreted world: An introduction to phenomenological psychology*. London: Sage Publications, 1989, p. 158.

二、阐述的概念模糊不清

人本主义心理学在长期的理论研究和实际应用中阐发了很多重要的心理学概念，如价值、潜能、本真、存在感、自我实现、个人体验等等。这些概念在一定程度上为人本主义心理学奠定了基本的概念基础。但一些批评者认为，这些概念过分主观，难以用准确的语言和研究证据进行客观的描述。这样一来，对某个人来说可能是真实的体验，对另一个人来说可能就不是真实的。对一个人是有价值的东西，对另一个人可能就不是有价值的。心理学研究虽然应该重视个别差异的研究，但人之所以为人，毕竟存在着某些共性的东西。如果过分强调这种主观体验，那么由此而得出的结论就是无法证实的。因此，在某种意义上说，人本主义心理学的研究不够科学，也带有强烈的相对主义色彩。

还有一些心理学家提出了更严厉的批评，认为人本主义心理学并不是真正的科学心理学，因为在它的理论观点中包含着太多的常识性的东西，而常识并不一定是科学的，只有经过科学严格检验的东西才是符合科学的客观性标准的。

这种批评实际上早已经是老生常谈，也是心理学界关于人文主义和科学主义长期争论的焦点。在我看来，这种批评虽然带有典型的科学主义倾向，但也不是毫无道理的。批评者所遵循的是严格的科学标准，他们当然希望心理学研究能够符合这个标准，这样才能像其他自然科学那样得到更多研究者的研究验证或反驳。如果连这样的验证都没有，何以说明研究者的观点就是正确的呢？当然，由于人的研究的复杂性，简单地把人等同于自然科学的研究对象显然也是不合适的。因为在实验室条件下或在其他严格控制的条件下得出的心理学结论，如果改变了环境或者其影响因素发生了复杂的变化，也会发生相应的变化。人的心理在绝大多数情况下是在不断变化的社会生活中形成和发展的，因此，对心理现象的研究应该尽可能考虑被试所生存的社会环境，使这种研究的结论无论在实验室里还是在现实的社会生活中都能经受住考验。

当然，人本主义心理学家大多数是从事心理治疗的医生，他们面对的是一个个具体的人，他们得出的这些概念也是在心理治疗中患者心态的反映和表现。他们很难像实验室里的研究者那样找到足够多的符合某一条件的被试，然后按照统一的要求进行符合科学标准的研究。因此，人本主义心理学家得出的很多概念就是这种个体心理生活的反映。近年来，一些崇尚人本主义心理学的研究者也开始使用科学实证的方法来验证人本主义心理学的某些概念，并且取得了一些有价值的成果，这些在本书中有部分论述。其实，人本主义心理学的这些概念是完全可以用现代心理学的实证方法去进行验证的，这需要更多后来者的亲自实践。正如马斯洛本人所说："我就是腾不出时间来进行一些计划周详、控制严谨的研究。它们将要耗费很多时间。尤其这对我有限的生命而言，要逐一验证这么多观念，实非力所能及。我自己只从事一些小规模但可立即获得效果的试验性研究。一般而言，研究对象至多也只有十来个。这些成果如公诸于世，似乎略嫌不妥，但却使我个人相信，它们是正确的，终有一天会获得证实。"①

三、带有宗教和神秘色彩

人本主义心理学所研究的很多心理现象都是目前实证科学难以进行验证的，而且这些现象中有很多往往是一些宗教团体或神秘活动涉足的领域，尤其是超个人心理学，利用古代东方的一些宗教传统进行所谓"沉思的修炼"，利用致幻剂进行转换的意识状态研究。如果他们抛弃其中的宗教色彩，进行真正科学的探究，实际上也同样可以获得很好的研究和治疗效果。但遗憾的是，很多人本主义心理学家在语言描述中仍然大量地使用让人难以理解的宗教和神秘主义语言。例如，罗洛·梅在其早期著作《咨询的艺术》中对人的"必要的道德结构"(即宗教道德感)所做的描述，就是想说明基督教所确定的个人行为规范是一种包罗万象的生活原则，这就是上帝的心灵和原则。换句话说，一个人要想获得心理健康和过有道德的生活，就必须信奉基督教的教义。这显然是一种宗教神秘主义的意识形态。

在马斯洛关于"高峰体验"、"超越"等观念的论述中，同样可以看到类似的描述。在论述"高峰体验"时，马斯洛谈到他对这个概念的第二点体会："请大家留意一下像'启示'、'天堂'、'拯救'等字眼的自然主义用法的含义吧。科学史正是一门又一门的科学从宗教中诞生分化出来的历史。今天，历史似乎又在我们探讨的这一领域中重演。或者换种说法，如果我们从高峰体验所具有的最美好、最深刻、最普遍和最人道的意义上看，这类体验倒的确可以被看成是真正的宗教体验。因此，对这方面的研究可能产生一个最重要的结果，即把宗教拉到科学领域中来。"②在论述超越性动机时，马斯

① 车文博：《人本主义心理学》，浙江教育出版社 2003 年版，第 550 页。

② 林方主编：《人的潜能和价值》，华夏出版社 1987 年版，第 368 页。

洛指出:"最终的宗教功能有不少是靠我们这种理论结构来实现的。从人类一直在追寻的永恒和绝对的观点来看,在某种程度上说,存在价值能达到这一目的。这些存在价值就其本身来说并不依赖于人类对自己的生存怀有的那种奇异的想法。这些价值是体察到的,而不是创造出来的。它们是超人的、超个体的。它们存在于个体的生命之外。它们可以被看作一种完善。它们确能满足人类对必然的渴求。……就已有的宗教组织的其它功能来讲。每一传统宗教中(不管是有神论的还是无神论的,不管是西方的还是东方的,哪怕是以其地区性的表达方式)所描述的大部分或几乎全部特殊的宗教体验,都能为我们这种理论结构所吸收,并能以经验意义的方式(亦即可测验的方式)表达出来。"①

诸如此类的描述性语言在人本主义心理学家的著述中时有所见,而他们又拿不出科学的证据来说明这些现象。于是,就只好用这些含混的,带有神秘色彩的语言来进行描述。对那些持有某种宗教信仰的人来说,或许这样的描述比较适合他们的胃口。而且在当今世界上,各种宗教信仰者的人数占 80%以上。这样,人本主义心理学(包括超个人心理学)的观点在很大程度上受到这些人的欢迎,也就在情理之中了。

近年来,也有人考察了人本主义心理学的发展方向,认为这一运动有转向宗教精神领域的迹象。"精神性可以作为一种方式来进行追求,因为它可以为已经取得的成就提供某种解释,而且它源自一种获得附加的,而不是替代的价值观和效果的渴望。"②实际上,这种精神追求就是人本主义的宗教观所竭力倡导的真实自我的追求,是一种认识论上的个人主义。人本主义心理学家是赞成这种主张的。尽管在理论上他们提倡个人与社会、与他人、与自然建立和谐的关系,但在他们的心目中,追求个人心灵的宁静,在自我的内心世界中求得自我实现才是人的价值的真实体现。这使他们不得不求助于很多宗教理论和实践。

除了上述批评之外,还有很多不同的批评。例如,有人批评人本主义心理学具有孤芳自赏的自恋倾向,它把过多的精力放在对自我和自我实现的讨论上,而又很少和主流心理学的研究取得一致。造成在心理学研究中似乎存在着两种或多种不同的自我的倾向。也有人批评人本主义心理学的理论观点经不起严格的科学推敲,因为它对很多概念的解释是因人而异的,许

① 林方主编:《人的潜能和价值》,华夏出版社 1987 年版,第 232~233 页。

② Rowan, J. (2001). *Ordinary ecstasy: The dialectics of humanistic psychology*. Hove: Brunner-Routledge, p. 256.

多解释也不够精确，都是作者个人的随意发挥。因此，有些心理学家认为，与其说人本主义心理学的理论是心理学的，倒不如说是哲学的。如果心理学研究仍然停留在这样的哲学假设阶段，那无疑是心理学的倒退。诸如此类的批评固然很多，但人本主义心理学也在实践中不断改进和完善自己的理论。本书所阐发的很多新观点就是对这些批评的回应。当然，要使人本主义心理学成为一种真正关于人的科学，还需要做大量的研究工作。

第二节　迎接挑战：人本主义心理学的新动向

面对来自各方面的批评，人本主义心理学家并没有因此而沉沦下去。在经历了80年代的低潮之后，从90年代以来人本主义心理学又开始了新的复兴，表现出一些新的学术动向。我认为，这些新的动向主要表现在以下方面：

一、第二届老塞布鲁克大会的召开

2000年5月11～14日，在美国西佐治亚州立大学召开了一次关于人本主义心理学的重要大会。大会的题目是“第二届老塞布鲁克大会”，副标题是“在新千年回家”。从这个会标就可以看出，人本主义心理学的第一次崛起就是通过1964年的老塞布鲁克大会。在新千年到来之际，人本主义心理学在这里召开第二届大会，就意味着它要进行新的复兴。这次大会的目的是对当代人本主义心理学进行重新评价和重新审视。从大会提交的论文来看，主要包括如下主题：① 人本主义心理学的价值观和理论的当代关联。② 在心理学中研究人的经验的核心作用。③ 人本主义心理学的科学哲学和各种后现代哲学之间的关系。④ 扩展人本主义实践领域的适时性。

这次大会所提交的论文涉及到内容相当广泛的领域，表明人本主义心理学在理论和实践方面都有了很大的发展，也预示着人本主义心理学将在21世纪有新的崛起。大会之后，由著名人本主义心理学家布根塔尔、施奈德和皮尔森主编的《人本主义心理学手册》于2001年出版，书中收录了当代很多有影响的人本主义心理学家的文章，内容涉及人本主义心理学的历史发展概述，人本主义心理学的主要理论观点，人本主义心理学的方法论，人本主义心理学的实践应用，人本主义心理学在更广泛领域中的应用等。很多文章展示了人本主义心理学家在各自研究中的丰硕成果，表现出一些新的研究取向。

我们知道，在经典的人本主义心理学中是非常关注价值观研究的，一些新的人本主义心理学家扩展了这些传统的价值观。例如，罗杰斯患者中心治疗的三个关键因素是真诚一致、无条件积极关注和移情理解，而当代人本主义心理学把它们扩展到更广泛的社会—政治领域。“真诚一致”可以被理解为一种个人正直，在社会的民主发展过程中，无论是政治家还是普通公民，保持这种个人的正直都是必需的。“无条件积极关注”可以在社会生活中被理解为包含接受、宽恕和包容等美德在内的民主价值观。而“移情理解”则是在诸如对话、交谈等基本的民主过程中的一种人对人的内在理解。这样，心理治疗的理论被应用在民主社会生活中，体现了一种更广泛的以人为本的价值观。

在某种程度上说，人本主义心理学是从心理治疗起家的。时至今日，心理治疗仍然是其发挥作用的重要领域。但是许多人本主义心理学家致力于扩展人本主义心理学的影响，使之超出狭隘的心理治疗领域。随着社会压力的增大，社会对心理咨询和治疗的要求越来越高，呼声越来越强烈，仅仅通过获得美国心理学会和各州许可证颁发委员会认可的注册心理咨询师进行咨询和治疗已不能满足社会的要求。很多心理学家呼吁，要把人本主义心理学的一些传统的观点和技能在社会生活中加以推广，例如，积极倾听的技术、诚实、愿意承担个人风险、作为对话和交谈的促进者(特别是在关注的焦点是冲突解决和合作性问题解决的地方)。这些人本主义的观点和技能与道德心理学关于建立友谊、爱、人际交往与友情以及好公民等基本技能是密切联系的。换句话说，心理治疗中的很多问题都可以和道德问题联系起来。如果把人本主义心理学的这些观点广泛地应用在个人、家庭、社会团体和组织以及社会生活之中，将会使社会的面貌发生很大的转变。一些人本主义心理学家对此抱有热切的渴望。

一些当代人本主义心理学家针对当前存在的问题进行了深刻的反思。这些问题包括：认为人性本善的观点过于天真；认为人本主义心理学在现实政治问题上过于天真；满足于对传统心理学的抗议，而没有采取积极的行动；忽视与其他心理学研究取向(例如，实证心理学)进行合作研究；没有对诸如预防、狭隘等社会价值观进行操作性研究；没有关注青年学生的问题，并在他们当中阐述一种共同的理论和价值观；没有在社会生活中实践倾听、尊重和比较等人本主义的理念；没有重视与那些持有不同观点的人建立友好的合作关系等。其实，这些批评本身从一个侧面反映了人本主义心理学想要扩展自己的研究领域的强烈愿望。

当代人本主义心理学还表现出一种要和后现代思潮建立联系的倾向。有人建议把后现代的建构主义观点和人本主义心理学的基本理念相结合，就可以形成一种更确切地描述人类经验的认识论观点。由于整合了后现代思潮中的某些思想，这种新的取向就可以对知识的象征过程的复杂性，对社会现实的复杂性进行自我反思。这显然不是仅靠一门专业领域就能解决的，需要多学科的合作。人本主义的价值观也只有在多元文化的社会现实中才能彰显其广博的人类潜能运动的魅力。

二、超个人心理学的发展动向

超个人心理学是在人本主义心理学基础上发展起来的，因此，有很多人本主义心理学家同时也是超个人心理学家，或者在某种程度上支持和实践超个人心理学。虽然美国心理学会还没有公开地批准超个人心理学作为它的一个分会，但在很多学术性会议上和刊物上也发表超个人心理学的研究，阐述其价值观和观念。有人（Ray，1996）把这个群体称为“文化的创造”，并且估计有大约 1/4 的人具有这种取向。

前文已经述及，超个人心理学是东西方文化相结合的产物。它的很多治疗实践都源自它对个人神秘体验（如高峰体验等）和潜能的信念，它相信通过对个人内心精神世界的探索，就可以使人产生无限广博的意识和智慧。超个人心理学在实践中形成了许多心理治疗和强身健体的方法，如整骨术、按摩脊柱治疗法、草药治疗、针刺疗法、生物反馈、躯体治疗、生物能量治疗等等。这些形态各异的治疗方法来源于不同的文化价值观，但有一个共同点，那就是与现代社会的理性主义是相背离的。超个人心理学强调人性的善和自然的善是相通的，相信通过唤醒人心灵深处的直觉、情绪和个人的神秘体验，通过肯定个人的创造性，就可以把这些非理性的心理活动调动起来，达到治疗和健身的目的。

除了在理论上不断接受东方哲学的影响，继续强调所谓宇宙意识、普遍智慧和常青哲学之外，在心理学上超个人心理学也坚信荣格的集体潜意识观点，并在此基础上进行了新的发展，如维尔伯的意识谱理论和发展理论。近年来，施奈德（1998）还提出了“浪漫心理学”，呼吁在心理学中复兴 18 世纪歌德、梵高等文学巨匠和艺术家的浪漫主义传统，充分发挥文学艺术和人文精神在心理治疗和心理健康中的作用，使人的创造性潜能得到充分展现。

范斯坦和克瑞普纳(1997)提出了“个人神话学”。认为个人神话对个体心理的影响不亚于社会文化中的神话对人的社会行为的影响，呼吁研究人的心理发展必须关注个人内心生活的神话及其演变过程，关注影响其变化的内部神经生理过程和外部环境影响。强调心理学应该重视研究人的意识、价值观、爱、同一性、自由、意志和自我超越等决定人的内在心理发展的重要领域，为心理学研究开辟一个更深刻的研究路径。

泰勒(1999)则从多元文化的角度阐述了文化传统对个人心理发展的影响。就是在美国社会内部，也存在着不同的宗教和文化传统。因此，超个人心理学不能只研究超越文化传统的统一意识和普遍价值观，还要关注不同文化、不同宗教传统对个体心理发展的影响。

曾任人本主义心理学会主席的沃莫斯(2001)也提出了和泰勒类似的观点。在他看来，超个人心理学只不过是一种以精神性为基础的子文化。超个人心理学对个人精神性的研究，对所有人类生活价值的肯定，以及个人价值和自然价值的整合，都是对生活和人性的自发反应。超个人心理学所宣扬的全球整合实际上是受美国社会的经济制度和技术变革所驱使的，有时还受社会的政治势力和民主制度的影响。因此，要在一个多元文化并存的全球社会建立一种超个人的心理学理想仍然是困难重重的。

总之，超个人心理学仍然在沿着它的既定道路前进着，而且在实践过程中不断会有一些新的观点和理念出现。在理论上它正表现出一种精神整合的趋向，在实践中它又继承心理学泛文化中的分析主义。这种独特的研究取向使它获得了很多非正统心理学所能获得的成果，也体现了其发展的生命力所在。

三、以问题为中心的跨学科研究取向

实证的科学心理学和人本主义心理学争论的一个焦点是：心理学研究究竟应该是以方法为中心，还是应该以问题为中心。实证心理学主张以方法为中心，因此，极力主张在心理学研究中运用还原主义和客观主义的态度，对心理现象进行客观的分析研究。这种研究取向当然也取得了很多令人瞩目的成果，发现了很多细微的人类心理的奥秘。这对促进心理学研究的发展确实是非常必要的。人本主义心理学则主张以问题为中心。马斯洛曾指出：“科学应被看成是对真知灼见的追求。对于科学来说，最重要的是

去解决‘可以为之奉献精力的最关键最紧迫的问题’，而不是去形成一套规则和程序。衡量科学与否的标准亦不在于科学的程序和方法，而是在于是否富有成效地解决了有价值的问题。方法只是手段，问题的解决才是科学的目的。方法要适应问题，为问题的解决服务而不是相反。”①

当代人本主义心理学继承了马斯洛的这种观点，从一开始就把人性的解放和人类潜能的实现这类紧迫的人的问题作为其研究的突破点。半个多世纪以来，虽然这些复杂的问题还没有得到解决，但与此相关的一些细小的问题在一定程度上得到了解决或正在探讨之中。在 21 世纪的今天，一些人本主义心理学家认为，它面临着三个相互补充的重大使命：

• 阐述一种适合于当前情境的认识论，这些情境承认人们之间的意识交流和反思在人类事物中的核心地位。

• 用人本主义的观点来参与治疗由那种过分理智主义的世界观（如美国和其他技术发达国家）所导致的社会创伤。

• 提出一些有效解决人类问题的研究策略并发挥心理学专业的功能。

时至今日，早期人本主义心理学家所提出的一些理想已经在人本主义教育、心理健康和人本主义管理等领域取得了较大的进展。它针对这些领域的问题所提出的解决策略也已经成为得到公认的学术思想。但是，当代人本主义心理学家也清醒地认识到，人本主义心理学在很多重大的社会问题的解决方面还没有发挥其应有的作用。因此，这就需要他们去探讨：当前我们的时代有哪些主要的社会问题？人本主义心理学家需要针对这些问题提出什么样的解决策略？

一些人本主义心理学家在分析了国际社会的现实之后，认为像“可持续性”、“暴力”和“贫穷”是当前社会迫切需要解决的最重大的问题。即使在美国这样的发达国家，生态的自我破坏、社会的暴力活动以及社会底层的贫穷，也仍然时刻威胁着社会的可持续发展。他们认为，以方法为中心的学院心理学很难独自为这些现实问题的解决提出有效的策略。只有通过多学科力量的整合，把人本主义心理学所倡导的现象学方法和学院心理学的客观技术手段、主体间性的人口统计方法、社会系统的信息方法以及艺术和人文社会科学的创造性想象等结合在一起，才有可能提出解决这些问题的有效策略。

当然，这种问题解决的理想是非常诱人的，但其难度也是非常大的。虽然有必要通过国际社会的共同努力来采取联合行动，但不同的学科很难形

① 彭运石：《走向生命的颠峰：马斯洛的人本心理学》，湖北教育出版社 1999 年版，第 54 页。

成一种合力。换句话说，由于不同学科的价值观差异、不同文化传统的差异以及各方面经济力量的差异等，要想形成一种解决问题的核心价值观，这本身就是一件相当不容易的事情。联合国在解决国际问题中虽然发挥着重要的作用，但在很多问题上各国的意见并不统一。人本主义心理学作为一种学术力量，想要参与国际社会问题的解决，其困难更是可想而知。

不过，从另一种视角来看，人本主义心理学所提出的参与社会建构、解决社会问题的理想，正是它的人本主义价值观的一种表述。个人价值和潜能的实现不仅体现在自我的建构和完善上，而且体现在参与社会事务、解决社会问题的宏大事业上。人本主义心理学和存在心理学、超个人心理学已经在很多方面进行了合作尝试，或许在不久的未来，更多的人本主义心理学家会和其他学科的有志之士共同合作，在社会变革的机遇和挑战面前，为心理学参与和解决社会问题开辟一条理想的道路。

第三节　并非尾声：人本主义心理学的未来发展

一种学术思潮的生命力不在于它在创立之初提出了什么，而在于它在后来的发展过程中如何面对来自各方面的挑战，如何解决在其发展过程中出现的问题。人本主义心理学在经历了20世纪五六十年代的创立、70年代的蓬勃发展、80年代的低潮、90年代的反思之后，在21世纪正以新的姿态出现在国际心理学的舞台上。面对风云变幻的时代，面对生活和发展的挑战，人本主义心理学将如何应对，其未来发展的趋势如何，这是许多关心人本主义心理学的人们所急切关注的。

一、以解决人的精神危机为突破口

现代社会是一个快速发展的社会，社会的巨变向人类提出了很多严峻的挑战。这些挑战包括未来希望的危机、人生意义的探求、个人目标的自我实现和集体利益的关系、自我选择与负责任的行动、竞争与合作、战争与和平等。人本主义心理学关注人的潜能和价值的实现，关注人的健康发展，它就必须面对这些挑战，解决这些现实的精神危机。

人本主义心理学家认识到，人类的心灵在很大程度上是受来自社会和人的潜意识中的一些决定性力量影响的，而且这些力量有很多是消极的和破坏性的。因此，有很多人本主义心理学家已经不再像马斯洛和罗杰斯那样坚持人性本善，而是像罗洛·梅那样承认人性中既有善也有恶。心理学家的任务就是通过唤醒个体对人性善恶的正确理解，解除因为破坏性力量而引起的焦虑、抑郁、绝望等心理危机。

人本主义心理学强调每个人都有自己独立的尊严和价值。但由于各种复杂的原因，导致一些人的价值和尊严得不到应有的发展，有些人甚至因此而患上了心理疾病。人本主义心理治疗就是帮助患者重新认识自己的尊严、潜能和价值，并通过学习必要的技能，有意识地发展个人的潜能，提高自己的尊严感。当时，人本主义心理学并不只是治疗病态的心理疾病患者，它的一个重要使命是研究人类机体活动的更加健康的方面，提高人们的生活质量。

但是，这个任务的完成不能孤立地进行，它是和整个社会，甚至整个人类的发展密切联系的。如果像超个人心理学那样，通过所谓沉思、致幻剂、神秘体验等纯属个人内部心理活动的东西来追求个人的身心健康，那么，这充其量是一种狭隘的个人心理学视野。人本主义心理学不仅要关注个体的心理健康，还要关注社会的健康发展。因为社会在人的成长中有时起促进作用，有时起阻碍作用。一些人本主义心理学家认识到，心理学应该积极参与社会生活。目前人本主义心理学在环境和生态心理学建设，在社会心理学领域，在国际社会的和平发展，在社会政策的制定等方面正在发挥着越来越重要的作用。

人本主义心理学认识到，人的精神危机的产生除了个人内在心理因素的原因之外，还有社会变化方面的原因。因此，要想解除现代人的精神危机，最重要的应该是改变旧的社会体制，建立新的体制，使个体的人和社会组织都得到健康的发展。当然，人本主义心理学在这一点上做得还很不够。其实，这也是整个心理学所面临的共同问题。

解除人的精神危机，还要正确处理好个人自由和选择与责任之间的关系。虽然早期人本主义心理学家非常强调个人价值的自我实现，强调个体应通过自己的自由选择来实现自己的人生价值，但他们并没有否认个体为自己的自由选择所应负的责任。当代人本主义心理学认为，现代人的精神危机在很大程度上体现为过度个人主义、个人至上和个人中心。人本主义心理学强调，社会是由具有自由选择能力的个体组成的，社会应该尊重个体的自由选择，但与此同时，个体也必须承认他为这种选择所应负的责任。在社会生活中，人类的生活不是孤立进行的，而是相互依赖的。在承认个体自由的同时，要勇于对他人负责、对社会和文化负责、对我们人类的未来负责。

二、以研究方法的整合为手段

人本主义心理学在很大程度上是一种心理治疗的理论和体系，但它同时也是一种重要的学术和研究取向，有其明确的研究目标。这个目标就是：提供对人的深刻理解，促进个人的健康发展、提高社会群体和组织的有效性。而要实现这个目标，就必须使用与这个目标相一致的研究方法。人本主义心理学认为，人的存在是由多层现实组成的，人既是一个自然的产物，又是一个生物有机体，还是一个有复杂心理现实的实体。正是由于人的这些多样性和复杂性，对人的研究就应该采用多种不同的方法。

人本主义心理学在创立之初，就强烈反对行为主义心理学把能够用量化的数据进行分析的实验研究方法当做唯一科学、合理的方法。由于人的心理活动的复杂多样性，心理学研究方法也应该是多种多样的。我们已经在前面的章节中说过，人本主义心理学是反对方法中心，而主张问题中心的。无论使用什么样的方法，只要有助于问题的解决，就可以采用（当然，也要考虑其中的伦理道德问题）。这固然是一种典型的美国实用主义哲学观的体现，但把它运用在心理学研究方法上，还是有一定道理的。

从人本主义心理学近半个世纪的发展来看，它经常采用的方法是现象学方法和临床研究或心理治疗的方法，对此我们在前面已做过系统阐述，故不在此赘述。但是，人本主义心理学也鼓励人们采用其他方法来研究人类心灵深处的丰富世界。例如，意识和象征是人类所特有的心理活动，人的价值、意义、文化、个人决策和责任等都在人的意识活动中得到表现。因此，人本主义心理学家，尤其是超个人心理学家，非常关注对意识状态的研究，他们有时甚至采用一些现代科学所摒弃的研究方法，来探讨人的转换的意识状态；有时通过研究人在非正常状态下的内心体验，来揭示象征在人的心理发展中的意义等。

人本主义心理学并不反对运用科学的、数量化的方法来研究人的价值和意义，它反对的只是一种所谓科学的霸权。我们知道，科学最初是作为一种系统的研究知识的方法而出现的。科学在最初是作为理性和经验的一种辩证的整合而发展起来的。但是，随着科学研究在改变社会和人类生活中的作用日益凸显，科学逐渐被视为一种知识的宗教，甚至达到了要取代所有其他研究方法的地步，从而走向极端，使科学对知识的探求发展为一种“唯科学主义”，即只有严格符合其研究标准的才是有意义的，才是正确的，否则就是无意义的，就是没有价值的。人本主义心理学认为，这是一种狭隘的知识观，它的问题在于对完整知识的分裂、还原主义、过分追求数量化、过分简化、严格的客观主义等。如果说这是科学研究本身所要求的，是科学研究方法的生命力所在，倒也无可厚非，最主要的问题在于它对其他研究方法的排斥。例如，在人本主义心理学受到的很多批评中，几乎没有例外地都提到其基本概念的模棱两可和不确定性。如果人类的心理现象都能用明确、一致的话语来进行描述和分析，那么，大概人类也和机器没有多少差别了。正是由于人类心理的复杂多样性，很多人本主义心理学家相信，对于人类心理活动中比较一致、共同的、规律性的现象，完全可以用数量化的、符合科学规范的方法进行研究；同时，对于那些具有个别差异的、随时变化的，甚至潜藏在每个人心灵深处的个人体验，就不得不用适合于个体的独特方法。

目前，人本主义心理学在这一方面所面临的挑战是：“主流的科学家怎样才能把他们的范畴放松到足以能够赏识其他认识方法的多样性和价值？人本主义—存在主义的支持者们怎样才能学会与这个事实和平相处，即某些重要的教训是通过主流的科学方法而获得的？对权利和一种不同的同一性的需要怎样才能在未来的发展中被视为学习的一些重要的资源？”①

三、以时代的召唤为契机

处在这样一个巨变的时代，人本主义心理学既面临着挑战，也有很多发展的契机。人本主义心理学在过去做了大量的研究，取得了许多有价值的成果。它以现实社会中的人为对象，以解决人的心理困境为己任，时至今日，它的许多观点和概念已经成为人们日常生活中不可或缺的一部分。在新世纪之初，人本主义心理学表现出一种复兴的希望，这种希望就是：迎接时代的召唤，使人本主义心理学成为引导社会潮流的时代先锋。

当然，人本主义心理学家也清醒地认识到，我们生活在一个非常微妙的世界上，人类的生存和心理经常受到各种确定和不确定因素的威胁。时代的多变、多样和不确定性，导致很多人的心理非常脆弱。由于各种心理疾病而引发的社会问题也越来越多。据有关资料报道，近年来，在我国因自杀而

① Schneider, K., Bugental, J. F. T. & Pierson, J. F. (Eds.) (2001). *The handbook of humanistic psychology*. Thousand Oaks, CA: Sage Publications, p. 663.

死亡的人数每年在25万～28万人之间，而且还有200多万人有自杀倾向。这是一个多么令人吃惊的数字。时代呼唤心理治疗，时代呼唤人们重视心理健康，时代更要求人们真正地认识自己、了解自己。然后在此基础上战胜自己的弱点，实现人生的超越价值。对此，人本主义心理学提供了一些有益的启示，有助于加深我们对自己、对他人、对人生的认识和了解。

人本主义心理学的研究涉及到很多领域，它的很多观点和价值观也已经被广泛地传播到社会生活的很多方面。可以说，目前的人本主义心理学已不再局限于当初的一种心理学的抗议运动。即使在美国心理学界，它的影响也已波及到很多不同的分支领域。例如，在心理治疗和社会问题的研究，在成长中心和人类潜能运动中，在维护自尊和吸毒成瘾的康复运动中，在家庭治疗，在整体健康和济贫院，在组织发展和组织变革中，几乎都可以看到人本主义心理学的影响和参与。在后现代主义哲学，在建构主义的认识论体系，在社会建构论和解构主义等哲学社会科学的理论建设中，也同样可以感受到人本主义心理学的思想影响。此外，在所谓绿色政治、深度生态学、女性主义、同性恋权利运动、和平运动、国际反恐怖主义等重大问题上，人本主义心理学家也进行了广泛的参与。或许正如罗洛·梅所指出的，人本主义心理学会(AHP)已经完成了它创建时的使命。在这样一个其宽度、深度和多样性都和从前大不相同的时代，人本主义心理学的理想正在变成一种变革社会的重要力量。它应该抓住这个有利于其发展的时代契机，在积极参与社会生活的实践中获得真正的发展和自我实现。

四、以博大的胸怀求发展

回顾心理学的发展史，我们不难发现，人本主义心理学的发展代表了心理学研究中的一条重要的发展路线，这就是人文社会科学的发展路线，另一条则是自然科学发展路线。心理学研究究竟应该走什么样的发展路线？这个问题已经争论了数千年，至今仍然没有得到根本的解决。

我认为，这个问题的根本症结在于方法论。人本主义心理学的方法论从根本上讲是一种哲学方法论，它要求对人的研究要“完全忠实于人类存在的全面丰富性”。由此而逐渐发展出一些适合于人类心理活动研究的独特方法。在本书中，我已经给读者展示了人本主义心理学研究的很多有价值的研究方法，这些方法至今仍然有其重要的应用价值。

但是，人的心理现象是一个复杂的开放系统，是一个多层次、多维度的有机实体，因此，对人的研究决不能囿于某种固定的模式之中。人本主义心理学应有博大的胸怀来容纳多种研究方法。例如，人本主义心理学一直反对以方法为中心，而主张以问题为中心。但是，以方法为中心的主流心理学长期以来在人的心理现象的研究中确实取得了令人瞩目的发展，其研究方法也日益精确，对人的心理现象及其生理机制的研究已经达到了相当深刻的水平。人本主义心理学应该承认，作为一种心理学研究取向，实证科学的方法是有其存在价值的，一味地排斥它并不是真正科学的态度。

当然，实证科学因为其研究标准的要求，而经常采用静止的、机械的和分析式的研究方法，经常忽略了人的变动性、复杂性和完整性。在这一点上，人本主义心理学就有很多值得实证科学借鉴的方法论和价值观。例如，它相信每个人都是有价值和潜能的，人的心理活动在一定程度上都是受其价值观和潜能引导的，对心理现象的研究应该和具体人的社会生活联系起来；生活是一种过程，在生活中人的心理也必然会发生变化。在这个意义上说，变化的观点、整体的观点、个别差异的观点等对人的心理现象的研究都是有重要的参考价值的。

总之，人本主义心理学正在积极地逐步走出低谷，正在热情地参与到火热的社会生活中去。一代新的人本主义心理学家正在心理学研究的舞台上发挥着重要的作用。在我国也已经有一些心理学家参与到这场运动之中，并且开始发挥其独特的作用。我们热切地期待着有更多的人参与进来，因为人本主义的精神是永存的，人本主义心理学的理想之树是常青的。

参考文献

中文文献

北京大学西语系资料组编:《从文艺复兴到十九世纪资产阶级文学家艺术家有关人道主义、人性论言论选辑》,商务印书馆 1971 年版。

彪勒等著,陈宝凯译:《人本主义心理学导论》,华夏出版社 1990 年版。

车文博:《人本主义心理学》,浙江教育出版社 2003 年版。

车文博:《心理治疗指南》,吉林人民出版社 1990 年版。

车文博主编:《弗洛伊德主义论评》,吉林教育出版社 1992 年版。

陈嘉映:《海德格尔哲学概论》,生活・读书・新知三联书店 1995 年版。

陈向明:《质的研究方法与社会科学研究》,教育科学出版社 2003 年版。

单丁:《课程流派研究》,山东教育出版社 1998 年版。

杜时忠:《科学教育与人文教育》,华中师范大学出版社 1998 年版。

高峰强:《现代心理范式的困境与出路:后现代心理学思想研究》,人民出版社 2000 年版。

戈布尔著,吕明、陈红雯译:《第三思潮——马斯洛心理学》,上海译文出版社 2001 年版。

葛鲁嘉:《心理文化论要:中西心理学传统跨文化分析》,辽宁师范大学出版社 1995 年版。

郭本禹主编:《当代心理学的新进展》,山东教育出版社 2003 年版。

郭本禹主编:《心理学通史・第四卷・外国心理学流派(上)》(总主编杨鑫辉),山东教育出版社 2000 年版。

郭永玉:《精神的追寻:超个人心理学及其治疗理论研究》,华中师范大学出版社 2002 年版。

赫根汉著郭本禹等译:《心理学史导论》,华东师范大学出版社 2004 年版。

黄希庭:《人格心理学》,浙江教育出版社 2002 年版。

霍夫曼著,许金声译:《马斯洛传:人的权利的沉思》,华夏出版社 2003 年版。

吉尔根著,刘力等译:《当代美国心理学》,社会科学文献出版社 1992 年版。

江光荣:《人性的迷失与复归:罗杰斯的人本心理学》,湖北教育出版社 2000 年版。

李安德:《超个人心理学——心理学的新范式》,桂冠图书公司 1994 年版。

李绍昆:《美国的心理学界》,商务印书馆 2000 年版。

里克纳著,刘冰等译:《美式课堂》,海南出版社 2001 年版。

林崇德、杨治良、黄希庭主编:《心理学大辞典》,上海教育出版社 2003 年版。

林方主编:《人的潜能和价值》,华夏出版社 1987 年版。

刘放桐等:《现代西方哲学》,人民出版社 1990 年版。

刘翔平:《寻找生命的意义:弗兰克尔的意义治疗学说》,湖北教育出版社 1999 年版。

罗洛·梅著,冯川译:《罗洛·梅文集》,中国言实出版社 1996 年版。

马斯洛著,李文恬译:《存在心理学探索》,云南人民出版社 1988 年版。

马斯洛著,林方译:《科学心理学》,云南人民出版社 1988 年版。

马斯洛著,林方译:《人性能达的境界》,云南人民出版社 1987 年版。

马斯洛著,许金声等译:《动机与人格》,华夏出版社 1987 年版。

马斯洛著,许金声等译:《自我实现的人》,生活·读书·新知三联书店 1989 年版。

马斯洛主编,胡万福等译:《人类价值新论》,河北人民出版社 1988 年版。

麦克尼著,贾湜译:《福柯》,黑龙江人民出版社 1999 年版。

苗力田主编:《亚里士多德全集》第三卷,中国人民大学出版社 1992 年版。

墨菲、柯瓦奇著,林方、王景和译:《近代心理学历史导引》,商务印书馆

1982 年版。

彭运石:《走向生命的颠峰:马斯洛的人本心理学》,湖北教育出版社 1999 年版。

戚万学:《冲突与整合——20 世纪西方道德教育理论》,山东教育出版社 1995 年版。

沈维德:《瑜伽健身术》,上海文化出版社 2004 年版。

舒尔茨著,杨立能等译:《现代心理学史》,人民教育版社 1981 版。

舒炜光、李秉平主编:《自然辩证法辞典》,天津人民出版社 1995 年版。

宋湘勤:《罗洛·梅的存在心理学及其心理治疗观》,烟台师范学院研究生论文 2002 年。

王建疆:《修养·境界·审美:儒道释修养美学解读》,中国社会科学出版社 2003 年版。

王甦、汪安圣:《认知心理学》,北京大学出版社 1992 年版。

王振林:《西方道德哲学合理性基础的摧毁与重构》,《吉林大学社会科学学报》2002 年第 1 期。

伍麟:《意识自然化的终结——论美国现象学心理学的基本精神》,吉林大学博士学位论文 2002 年。

伍麟:《人本主义心理学的危机与僭越》,《心理学探新》2003 年第 4 期。

修昔底德著,谢德风译:《伯罗奔尼撒战争史》,商务印书馆 1960 年版。

杨广学:《心理治疗体系研究》,吉林人民出版社 2003 年版。

杨韶刚:《存在心理学》,南京师范大学出版社 2000 年版。

杨韶刚:《精神追求:神秘的荣格》,黑龙江人民出版社 2002 年版。

杨韶刚:《寻找存在的真谛:罗洛·梅的存在主义心理学》,湖北教育出版社 1999 年版。

杨韶刚:《后现代主义思潮与人本主义心理学》,《长白学刊》1995 年第 6 期。

张焕庭主编:《西方资产阶级教育论著选》,人民教育出版社 1964 年版。

郑晓沧译:《柏拉图论教育》,人民教育出版社 1958 年版。

朱光潜:《西方美学史》上卷,人民文学出版社 1979 年版。

庄耀嘉编译:《人本主义心理学之父——马斯洛》,台北允晨文化实业公司 1982 年版。

英文文献

Aanstoos, C. M. (2003). The relevance of humanistic psychology. In *Journal of Humanistic Psychology*, Vol. 43, Summer 2003.

Allport, G. W. (1955). *Becoming: Basic consideration for a psychology of personality*. New Haven, CT: Yale University Press.

American Psychological Association. *Newsletter for Educational Psychologists*, July 2001, Volume 24. No. 3.

Anderson, W. T. (1990). *Reality isn't what it used to be*. New York: Harper & Row.

Anderson, W. T. (1996). *The truth about truth: De-confusing and re-constructing the postmodern world*. New York: Tarcher.

Aronoff, J. (1967). *Psychological needs and cultural systems*. New York: Van Nostrand.

Barron, F. (1979). *The shaping of personality: Conflict, choice and growth*. New York: Harper & Row.

Bridgman, P. (1950). *Reflection of physicist*. New York: Philosophical Library.

Bugental, J. F. T. (1965). *The search for authenticity: An existential-analytic approach to psychotherapy*. New York: Holt, Rinehart & Winston.

Bugental, J. F. T. (1978). *Psychotherapy and process*. New York: McGraw-Hill.

Bugental, J. F. T. (1981). *The search for authenticity*. (rev. ed.). New York: Irvington.

Bugental, J. F. T. (1997, Winter). Rollo May Award. *Forum*. (Saybrook Graduate School)

Bugental, J. F. T. & Sterling, M. M. (1993). The meld experience in psychotherapy supervision. In *Journal of Humanistic Psychology*. Vol. 33, No. 2.

Bugental, J. F. T. & Sterling, M. M. (1995). Existential-humanistic psychotherapy: New perspectives. In A. S. Gurman & S. B. Messer (Eds.), *Essential psychotherapies*. New York: Guilford.

Child, I. L. (1973). *Humanistic psychology and the research tradition: Their several virtues*. New York. John Wiley.

Cortright, B. (1997). *Psychotherapy and spirit: Theory and practice in transpersonal psychotherapy*. Albany: SUNY Press.

Criswell, E. (2003). A challenge to humanistic psychology in the 21st century. In *Journal of Humanistic Psychology*, Vol. 43, Summer 2003.

De Carvalho, R. J. (1991). *The founders of humanistic psychology*. New York:Praeger.

Deikman, A. (1976). *Personal freedom: On finding your way to the real world*. New York: Grossman Publishers.

Douglass, B. & Moustakas, C. (1985). Heuristic inquiry: The intimate search to know. *Journal of Humanistic Psychology*, 25(3).

Edinger, E. F. (1995). *The mysterium lectures: A journey through C. G. Jung's Mysterium Conjunctions*. Toronto: Inner City Books.

Foster, R. J. (1981). *Freedom of simplicity*. New York: Harper and Row.

Geertz, C. (1973). *The interpretation of culture*. New York: Basic Books.

Gendlin, E. (1996). *Focusing-oriented psychotherapy*. New York: The Guilford Press.

Giorgi, A. (1986). Status of qualitative research in the human sciences: A limited interdisciplinary and international perspective. Methods: *A Journal for Human Science*, 1.

Giorgi, A., Fischer, C. & Murray, E. (Eds.), *Duquesne studies in phenomenological psychology* (Vol. 2). Pittsburgh, PA: Duquesne University Press.

Glover, J, A. & Ronning, R. R. (Ed.) (1987). *Historical foundations of educational psychology*. New York: Plenum Press.

Haronian, F. (1974). "The repression of the sublime", *Synthesis*,

1(1).

Herink, R. (Ed.) (1980). *The psychotherapy handbook*. New York: A Meredian Book.

Jones, E. E. (1985). Psychotherapy and counseling with black clients. In P. Pedersen (Ed.), *Handbook of cross-cultural counseling and psychotherapy*. Westport, CT: Greenwood.

Josselson, R. (Ed.) (1996). *The narrative study of lives: Vol. 4. Ethics and process*. Thousand Oaks, CA: Sage.

Kazdin, A. E. (2000). *Encyclopedia of psychology*. London: Oxford University Press.

Kiersey, D. & Bates, M. (1978). *Please understand me: Character and temperament types*. Del Mar, CA: Prometheus Nemesis Books.

Kirshenbaum, H. From Values Clarification to Character Education: A Personal Journey, *Journal of Humanistic Counseling, Education & Development*, Sep. 2000, Vol. 39 Issue 1.

Kirshenbaum, H. (1955). 100 *ways to enhance values and morality in schools and youth settings*. Allyn & Bacon A, Simon & Schuster Company.

Kirschenbaum, H. (1979). *On becoming Carl Rogers*. New York: Delacorte Press.

Kirschenbaum, H. (1992). A comprehensive model for values education and moral education. *Phi Delta Kappan*. Vol. 73, No. 10.

Kirschenbaum, H. *Advanced values Clarification*. La Jolla, Calif: University Associates.

Kirschenbaum, H. "Clarifying Values Clarification: Some Theoretical Issue." In *Moral Education... It comes with the territory*.

Klemke, E. D. (1981). An introduction. In Auer, J. A. C. S. & Hartt, J. (Eds.), *Humanism vs. theism*. Iowa State University Press, VII-IX.

Kolb, D. A. (1984). *Experiential learning: Experience as the source of learning and development*. Englewood Cliffs, NJ: Prentice -Hall.

Laing, R. D. (1969). *The divided self: A study of sanity and madness*. New York: Pantheon.

Lakoff, G. & Johnson, M. (1999). *Philosophy in the flesh: The em-*

bodied mind and its challenge to western thought. New York: Basic Books.

Leuner, H. (1984). *Guided affective imagery*. New York: Thieme-Stratton.

Levin, D. M. (Ed.), (1997). *Language beyond postmodernism: Saying and thinking in Gendlin's philosophy*. IL: Northwestern University Press.

Lukoff, D., Edwards, D. & Miller, M. (1998). The case study as a scientific method for researching alternative therapies. *Alternative therapies in Health and Medicine*, 4(2).

MacIntyre, A. (1981). *After virtue: A study in moral theory*. Notre Dame: University of Notre Dame Press.

Mahrer, A. (1978). *Experiencing: A humanistic theory of psychology and psychiatry*. New York: Brunner/Mazel.

Maslow, A. H. (1968). *Toward a psychology of being* (2nd ed.). New York: Van Norstrand Reinhold.

Maslow, A. H. (1969). *The Psychology of science: A reconnaissance*. New York: Henry Regnery.

Maslow, A. H. (1969). Various meanings of transcendence. *Journal of Transpersonal Psychology*, 1.

Maslow, A. H. (1970). *Religions, values and peak experiences*. New York: The Viking Press.

Maslow, A. H. (1973). *The farther reaches of human nature*. Harmonds-worth: Penguin.

Maslow, A. H. (1976). *The farther reaches of human nature*. New York: Penguin Books.

Maslow, A. H. (1987). *Motivation and personality* (3rd ed.). New York: Harper & Row.

Maslow, A. H. (1987). *Motivation and personality*. New York: Van Nostrand Reinhold.

Maslow, A. H. (1998). *Maslow on Management*. New York: John Wiley.

May, R. (1953). *Man's search for himself*. New York: Norton.

May, R. (1961). *Existential psychology*. New York: Random House.

May, R. (1980). *Psychology and human dilemma*. New York: W. W. Norton.

May, R. (1982). The problem of evil: An open letter to Carl Rogers. In *Journal of Humanistic Psychology*, 22(3).

May, R. (1983). *The discovery of being*. New York: Norton.

May, R. (1989). *The art of counseling* (revised ed.). New York: Garden Press.

May, R. etc, (Eds.) (1958). *Existence: A new dimension in psychiatry and psychology*. New York: Basic Books.

McNeil, J. D. (1985). *Curriculum: A comprehensive introduction* (3rd ed.). London: Little, Brown and Company Ltd.

Mearns, D. (1999). Person-centered therapy with configurations of self. *Counseling* 10(2), p. 126.

Mearns, D. (2003). The humanistic agenda: Articulation. In *Journal of Humanistic Psychology*, Vol. 43, Summer 2003.

Merleau-Ponty, M. (1962). *Phenomenology of perception* (C. Smith Trans.). London: Routledge and Kegan Paul.

Misiak, H. & Sexton, V. S. (1973). *Phenomenological, Existential, and Humanistic Psychology: A historical survey*. New York: Grune & Stratton.

Montagu, A. (1986). *Touching* (3rd ed.). New York: Harper & Row.

Moss, D. (1998). *Humanistic and transpersonal psychology: An historical and biographical sourcebook*. Westport, CT: Greenwood.

Neisser, U. (1993). *The perceived self: Ecological and interpersonal sources of self-knowledge*. Cambridge, UK: Cambridge University Press.

Nietzsche, F. (1966). *Beyond good and evil*. New York: Vintage Books.

Procter, R. E. (1988). *Educational great amnesia*. Indiana University Press.

Raths, Louis E, et al: Values and teaching: Working with values in the classroom. Columbus, Ohio: Merrill, 1978.

Raths, Louis, Harmin, Merrill, and Simon, Sidney B. *Values and teaching*. Columbus, Ohio: Charles E. Merrill, 1978.

Rogers, C. R. (1951). *Client-centered therapy: Its current practices, implications and theory*. Boston: Houghton Mifflin.

Rogers, C. R. (1961). *On becoming a person*. London: Constable.

Rogers, C. R. (1969). *Freedom to learn*. Columbus, Ohio: Merrill.

Rogers, C. R. (1972). Comment on Brown and Tedeschi's article, *Journal of Humanistic Psychology* 12(1).

Rogers, C. R. (1983). *Freedom to learn for the 80's*. Columbus, Ohio: Merrill.

Rogers, C. R. (1986). A Client-centered/person-centered approach to therapy. In I. Kutash & A. Wolf (Eds.) *Psychotherapist's casebook*. San Francisco: Jossey-Bass.

Rogers, C. R. and Freiberg, H. J. (1994) *Freedom to learn* (3rd ed.). New York: Macmillan

Rowan, J. (2001). *Ordinary ecstasy: The dialectics of humanistic psychology*. Hove: Brunner-Routledge.

Schneider, K., Bugental, J. F. T. & Pierson, J. F. (Eds.) (2001). *The handbook of humanistic psychology*. Thousand Oaks, CA: Sage Publications.

Seeman, J. Theory as autography: The development of Carl Rogers. In *Person-centered Review*, (1990).

Shapiro, S. B. (1997). The UCSB confluent education program: Its essence and demise. In *Journal of Humanistic Psychology*, Vol. 37 No. 3.

Shapiro, S. B. (1983). Confluent education: Paradigm lost? In *Journal of Humanistic Psychology*, Vol. 23, No. 2.

Smith, M. B. (1973). On self-actualization: A tranmbivalent examination of a focal theme in Maslow's psychology. *Journal of Humanistic Psychology*, 13(2).

Spiegelberg, H. (1983). *The phenomenological movement: A historical introduction* (3rd ed.). Hingham, MA: Martinus Nijhoff.

Spinelli, E. (1989). *The interpreted world: An introduction to phenomenological psychology*. London: Sage Publications, 1989.

Sutich, A. (1961). Introduction. In *Journal of Humanistic Psychol-*

ogy. Vol. 2.

Sutich, A. (1968). Transpersonal psychology: An emerging force. In *Journal of Humanistic Psychology*. Vol. 8(1).

Tallman, M. (1990). *Single session therapy*. San Francisco: Jessey-Bass.

Tangeson, C. W. (1982). *Humanistic psychology: A synthesis*. Homewood, IL: Dorsey.

Valle, R. (Ed.) (1998). *Phenomenological inquiry in psychology: Existential and transpersonal dimensions*. New York: Plenum Press.

Vermeersch, D. A. & Lambert, M. J. (2003) A research agenda for humanistic psychotherapy in the 21st century. In *Journal of Humanistic Psychology*, Vol. 43, Summer 2003.

Walsh, R. & Vaughan, F. (Eds.) (1993). *Paths beyond ego: The transpersonal vision*. Los Angeles: Tarcher.

Wertz, F. (Ed.) (1994). *The humanistic movement: Recovering the person in psychology*. New York: Gardner Press, Inc.

West, W. (1994). Post-Reichian therapy. In D, Jones (ed.) *Innovative therapy: A handbook*. Buckingham: Open University Press.

Woodman, R. & Pasmore, W. A. (Eds.), *Research in organizational change and development* (Vol. 1). Greenwich, CT: JAI.

Yin, R. K. (1993). *Applications of case study research*. Newbury Park, CA: Sage.

后　记

作为西方心理学史上的第三势力，人本主义心理学已经走过了半个多世纪的发展历程。五十多年来，人本主义心理学从原初非常弱小的一种学术界的不同的声音，经过十几年的艰苦努力，终于发展成为得到主流心理学认可的学术思潮，充分显示了人本主义思想的强大影响力。当然，作为一种学术思潮，它也有其自身的缺陷。在经历了六七十年代的蓬勃发展之后，80年代的人本主义便受到了来自不同方面的批评。随着人本主义心理学的第一代领导者的去世，人本主义心理学也开始陷入低潮。但是，作为一种与唯科学主义相抗衡的学术力量，它的生命力仍然是很强大的。在21世纪的转折点上，人本主义心理学家们在它曾经起家的老塞布鲁克召开了一次重要的人本主义心理学大会，昭示着人本主义心理学要在21世纪有新的发展。本书是作者多年来关注和研究人本主义心理学的发展动向，经过多年悉心研究，依据人本主义心理学的最新发展动态和学术观点而阐述的个人浅见。书中的很多新观点是以前我国学术界的学者们很少探讨的，对我国的心理学研究也有非常重要的启示意义和学术参考价值。希望本书的问世能够为喜欢和研究人本主义心理学的学者们带来思想的共鸣和心灵的启示。

本书除第四章的第二节是解光夫（江苏商业管理干部学院）撰写外，其余各章节均为我自己撰写。感谢本套丛书的主编郭本禹教授的大力支持，也感谢山东教育出版社的李广军编辑为本书的出版付出的艰辛。我的研究生魏宏波帮助我对书稿进行了认真的整理。值本书出版之际，我愿真诚地向给予本书提供帮助的学界朋友表示感谢。学海无涯，探究无限。由于作者水平所限，书中的学术观点难免会有偏颇，我诚恳地希望得到学界同行的不吝赐教。

本书得到广东外语外贸大学科研启动项目“人本主义心理学的最新发展研究”资助，特此说明。

杨韶刚

2008 年 2 月

于广东外语外贸大学白云山麓